"十二五"普通高等教育本科国家级规划教材

针 织 学

（第 2 版）

龙海如　主　编

中国纺织出版社

内 容 提 要

本书主要介绍了针织与针织物的基本概念,针织机的基本构造与工作原理,常用纬编与经编针织物组织的结构特点、性能、用途和编织工艺,成形针织产品的编织原理,以及纬编和经编的织物与工艺计算等内容。

本书为高等院校纺织工程专业的主干课程教材,同时也可供其他专业师生、针织工程技术和科研人员以及纺织品贸易从业人员参考。

图书在版编目(CIP)数据

针织学/龙海如主编. —2 版. —北京 : 中国纺织出版社,
2014.8 (2023.1重印)

"十二五"普通高等教育本科国家级规划教材

ISBN 978 – 7 – 5180 – 0797 – 4

Ⅰ. ①针… Ⅱ.①龙… Ⅲ.①针织—高等学校—教材
Ⅳ. ①TS18

中国版本图书馆 CIP 数据核字(2014)第 154818 号

策划编辑:孔会云　　责任编辑:王军锋　　责任校对:王花妮
责任设计:何　建　　责任印制:何　建

中国纺织出版社出版发行
地址:北京市朝阳区百子湾东里 A407 号楼　邮政编码:100124
销售电话:010—67004422　传真:010—87155801
http://www.c-textilep.com
中国纺织出版社天猫旗舰店
官方微博 http://weibo.com/2119887771
三河市宏盛印务有限公司印刷　各地新华书店经销
2008 年 6 月第 1 版　2014 年 8 月第 2 版　2023 年 1 月第 18 次印刷
开本:787×1092　1/16　印张:21
字数:409 千字　定价:43.00 元

出版者的话

　　全面推进素质教育，着力培养基础扎实、知识面宽、能力强、素质高的人才，已成为当今教育的主题。教材建设作为教学的重要组成部分，如何适应新形势下我国教学改革要求，与时俱进，编写出高质量的教材，在人才培养中发挥作用，成为院校和出版人共同努力的目标。2011年4月，教育部颁发了教高〔2011〕5号文件《教育部关于"十二五"普通高等教育本科教材建设的若干意见》（以下简称《意见》），明确指出"十二五"普通高等教育本科教材建设，要以服务人才培养为目标，以提高教材质量为核心，以创新教材建设的体制机制为突破口，以实施教材精品战略、加强教材分类指导、完善教材评价选用制度为着力点，坚持育人为本，充分发挥教材在提高人才培养质量中的基础性作用。《意见》同时指明了"十二五"普通高等教育本科教材建设的四项基本原则，即要以国家、省（区、市）、高等学校三级教材建设为基础，全面推进，提升教材整体质量，同时重点建设主干基础课程教材、专业核心课程教材，加强实验实践类教材建设，推进数字化教材建设；要实行教材编写主编负责制，出版发行单位出版社负责制，主编和其他编者所在单位及出版社上级主管部门承担监督检查责任，确保教材质量；要鼓励编写及时反映人才培养模式和教学改革最新趋势的教材，注重教材内容在传授知识的同时，传授获取知识和创造知识的方法；要根据各类普通高等学校需要，注重满足多样化人才培养需求，教材特色鲜明、品种丰富。避免相同品种且特色不突出的教材重复建设。

　　随着《意见》出台，教育部于2012年11月21日正式下发了《教育部关于印发第一批"十二五"普通高等教育本科国家级规划教材书目的通知》，确定了1102种规划教材书目。我社共有16种教材被纳入首批"十二五"普通高等教育本科国家级教材规划，其中包括了纺织工程教材7种、轻化工程教材2种、服装设计与工程教材7种。为在"十二五"期间切实做好教材出版工作，我社主动进行了教材创新型模式的深入策划，力求使教材出版与教学改革和课程建设发展相适应，充分体现教材的适用性、科学性、系统性和新颖性，使教材内容具有以下几个特点：

　　（1）坚持一个目标——服务人才培养。"十二五"职业教育教材建设，要坚持育人为本，充分发挥教材在提高人才培养质量中的基础性作用，充分体现我国改革开放30多年来经济、政治、文化、社会、科技等方面取得的成就，适应不同类型高等学校需要和不同教学对象需要，编写推介一大批符合教育规律和人才成长规律的具有科学性、先进性、适用性的优秀教材，进一步完善具有中国特色的普通高等教育本科教材体系。

　　（2）围绕一个核心——提高教材质量。根据教育规律和课程设置特点，从提高学生分析问题、解决问题的能力入手，教材附有课程设置指导，并于章首介绍本章知识点、重点、难点及专业技能，增加相关学科的最新研究理论、研究热点或历史背景，章后附形式多样的习题等，提高教材的可读性，增加学生学习兴趣和自学能力，提升学生科技素养和人文素养。

　　（3）突出一个环节——内容实践环节。教材出版突出应用性学科的特点，注重理论与生产实践的结合，有针对性地设置教材内容，增加实践、实验内容。

（4）实现一个立体——多元化教材建设。鼓励编写、出版适应不同类型高等学校教学需要的不同风格和特色教材；积极推进高等学校与行业合作编写实践教材；鼓励编写、出版不同载体和不同形式的教材，包括纸质教材和数字化教材，授课型教材和辅助型教材；鼓励开发中外文双语教材、汉语与少数民族语言双语教材；探索与国外或境外合作编写或改编优秀教材。

教材出版是教育发展中的重要组成部分，为出版高质量的教材，出版社严格甄选作者，组织专家评审，并对出版全过程进行过程跟踪，及时了解教材编写进度、编写质量，力求做到作者权威，编辑专业，审读严格，精品出版。我们愿与院校一起，共同探讨、完善教材出版，不断推出精品教材，以适应我国高等教育的发展要求。

中国纺织出版社

教材出版中心

第 2 版前言

　　自普通高等教育"十一五"国家级规划教材《针织学》2008 年出版以来使用至今,有些内容已经与针织技术、设备和产品的发展不相适应,因此需要更新与补充。本书在修订时除了保留原教材的特色外,主要做了如下改进:新增了绪论部分,使读者在深入学习纬编与经编两篇之前,先对针织的基本概念、发展以及特点等有所了解;删去了一些已趋于淘汰的手动或机械控制针织设备及装置的相关内容,增补了一些电脑针织机及电子控制装置的结构与工作原理;鉴于针织成形技术、设备及产品发展较快,对有关内容进行了拓展与补充;对原教材中一些表述不够清楚或有错误的文字与插图进行了修改;对配套教学光盘的内容进行了补充与更新。

　　本书由龙海如教授任主编,负责全书的统稿,宗平生教授和冯勋伟教授任主审,提出修改意见并定稿。

　　参加编写人员与编写章节如下:

龙海如	第一章~第五章、第十章
刘正芹	第五章、第七章、第八章
宋广礼	第六章
杨昆	第九章
吴济宏	第十一章、第十二章、第十六章
秦志刚	第十三章~第十五章、第十八章
陈南梁	第十七章

　　在本书编写过程中,得到了国内外公司和有关院校的大力支持与帮助,在此表示衷心感谢。由于编写人员水平有限,难免存在不足与错误,欢迎读者批评指正。

编者

2014 年 3 月

第 1 版前言

自普通高等教育"十五"国家级规划教材《针织学》2004 年出版以来,针织科学技术又有了新的发展,各院校在使用该教材过程中也提出了一些好的建议。根据这些情况,本书在编写时除了保留原教材的特色外,还做了如下改进:(1)新增了一些针织基本理论和工艺参数计算,使新教材的深度与宽度略有增加。(2)针对计算机控制技术和电脑针织机的不断发展,增加了相关的内容,一些较少使用的针织技术与机型不再介绍。(3)针织物组织的种类有所拓展,并在工艺设计方面提供了更多的实例,以帮助读者加深理解。(4)在章节编排方面,只分纬编与经编两篇,将原教材的绪论部分分解到纬编概述和经编概述两章中去,并将圆纬机的选针与选沉降片原理单独作为一章,以使各章节的划分更为合理,整本书的内容更加循序渐进和连贯。(5)本书附有配套教学光盘,每一章后面都给出了思考练习题,以帮助读者加深理解、复习与巩固。

本书由龙海如教授任主编,负责全书的统稿,宗平生教授和冯勋伟教授任主审,提出修改意见并定稿。

参加编写人员与编写章节如下:

龙海如　　　　　第一章～第四章、第十章。

李显波　　　　　第五章、第七章、第八章。

宋广礼　　　　　第六章。

杨昆　　　　　　第九章。

吴济宏,陈明珍　第十一章、第十二章、第十六章。

蒋高明　　　　　第十三章～第十五章、第十八章。

陈南梁　　　　　第十七章。

在本书编写过程中,得到了国内外一些公司和有关院校的大力支持与帮助,在此表示衷心感谢。由于编写人员水平有限,难免存在不足与错误,欢迎读者批评指正。

编者
2008 年 3 月

课程设置指导

本课程设置意义

为了使我国的纺织高等教育适应经济建设和对人才的需求,各院校纺织教育专家讨论并达成了共识,纺织工程专业应设置包括《针织学》在内的几门主干课程,以拓宽学生的专业知识面,适应就业和进一步深造的需要。

本课程教学建议

《针织学》作为纺织工程专业的主干课程,建议学时 80~96 课时,每课时讲授字数建议控制在 5000 字以内,教学内容包括本书全部内容。

《针织学》还可作为服装类、染整类等专业的选修课程,建议学时 32~48 课时,每课时讲授字数建议控制在 4000 字以内,选择各自专业所需的有关内容教学。

本课程教学目的

通过本课程的学习,学生应掌握针织与针织物的基本概念,针织机的基本构造与工作原理,常用针织物组织与成形产品的结构特点、性能、用途和编织方法,以及针织物与工艺参数计算等知识。

目录

绪论

一、针织的基本概念

织物是纺织品中的重要一类。目前,形成织物的常用纺织加工技术包括机织、针织和非织造三种。

机织(woven)是将经纱与纬纱交织成为织物的一门技术,图1所示为常用的平纹机织物。

针织(knitting)是利用织针把纱线弯成线圈,然后将线圈相互串套而成为针织物(knitted fabric)的一门技术。根据工艺特点的不同针织生产可分纬编(weft knitting)和经编(warp knitting)两大类。最基本的纬编平针织物如图2所示。

非织造(nonwoven)又称无纺织,是先将纺织纤维成网,再对纤网加固形成非织造布的一门技术。图3所示为非织造布。

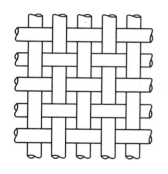 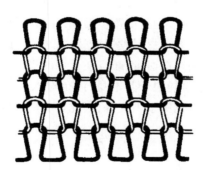 

图1　平纹机织物　　　　　图2　纬平针织物　　　　　图3　非织造布

二、针织发展简史

现代的针织技术是由早期的手工编织演变而来。利用棒针进行手工编织的历史可追溯到史前时期。1982年在中国江陵马山战国墓出土的丝织品中,有带状单面纬编两色提花丝针织物,是人类迄今发现的最早手工针织品,距今约2200多年。国外最早期的针织制品为埃及古墓出土的羊毛童袜和棉制长手套,经鉴定确认为5世纪的产品,现存英国莱斯特(Leicester)博物馆内。

机器针织技术始于1589年,英国人威廉·李(William Lee)从手工编织得到启示而发明了第一台手摇针织机,其利用机件来成圈编织的基本原理至今仍然适用。

针织工业是我国纺织工业中起步较晚、基础较差的一个行业。中国第一家针织内衣厂1896年创建于上海。20世纪上半叶我国针织工业一直发展很慢,1949年全国主要针织内衣设备不到1000台。

新中国成立以来,特别是改革开放以来,我国针织工业有了长足的进步,现已拥有各类针织设备逾百万台,成为世界上最大的针织品生产国和出口国,产量约占全球的三分之二。

三、针织特点与产品种类

针织生产除可制成各种坯布,经裁剪、缝制而成针织品外,还可在针织机上直接编织成形产品,以制成全成形或部分成形产品。采用成形工艺可以节约原料,简化或取消裁剪和缝纫工序,并能改善产品服用性能。

与机织和非织造相比,针织加工具有工艺流程短、原料适应性强、翻改品种快、可以生产半成形和全成形产品、产品使用范围广、机器噪声与占地面积小、生产效率高、能源消耗少等优点,成为纺织工业中的后起之秀。目前,全世界每年针织品耗用纤维量已占到整个纺织品纤维用量的三分之一,就服装类(服用)产品而言,针织与机织之比约为 55∶45。

针织产品按用途可分为服用、装饰用和产业用三类,目前的比例约为 70∶20∶10。随着新型纤维材料的不断问世与应用,对现有纺织原料的改性变性处理,针织设备制造水平和电脑控制技术的提高,以及针织物染整加工技术的进步,促进了针织产品的开发与性能的改进。

服用类针织品已从传统的内衣扩展到休闲服、运动服和时装等领域,并朝着轻薄、弹性、舒适、功能、绿色环保、整体成形编织与无缝内衣等方面发展。装饰用针织品也在向结构与品种多样化,性能可满足不同的要求方向发展,产品包括巾被类、覆盖类、铺地类、床上用品、窗帘帐幔、坐垫、贴墙织物等。产业用针织品所占的比重逐步增加,涉及的领域很广,其中以针织物为增强体并与其他高分子材料复合形成的复合材料发展较快,如农业用的篷盖类布与薄膜、工业用的管道、加固路基用的土工格栅、医用人造血管、航空航天用的飞行器的舱体等。

作为一门传统工业,针织已不再局限于其本身,而是融入了其他学科与技术,如材料科学、先进制造技术、计算机应用技术、生物医学工程等,因此具有广阔的发展前景。

第一篇　纬编

第一章　纬编概述

本章知识点

1. 线圈与纬编针织物的基本概念。

2. 织针的类型与成圈过程。

3. 针织物的主要参数与性能指标。

4. 纬编针织物的组织及其分类。纬编针织物结构和编织工艺的图形表示方法以及适用范围。

5. 针织机的一般结构、分类和机号。圆纬机、横机和圆袜机的基本特征与构造以及主要技术规格参数。

6. 针织用纱的基本要求和针织生产工艺流程。络纱(丝)的目的,常用的纱筒卷装形式。

第一节　纬编与纬编针织物

一、纬编与纬编针织物的一般概念

纬编作为针织技术的两大类之一,是指一根或若干根纱线从纱筒上引出,沿着纬向顺序地垫放在纬编针织机各相应的织针上形成线圈,并在纵向相互串套形成纬编针织物(weft knitted fabric)。

线圈(loop)是组成针织物的基本结构单元,几何形态呈三维弯曲的空间曲线,如图 1 - 1 所示。在图 1 - 2所示的纬编线圈结构图中,线圈由圈干 1—2—3—4—5 和沉降弧(sinker loop)5—6—7 组成,圈干包括直线部段的圈柱(leg)1—2 与 4—5 和针编弧(needle loop)2—3—4。线圈有正面与反面之分,凡线圈圈柱覆盖在前一线圈圈弧之上的一面,称为正面线圈,如图 1 - 3(1)所示;而圈弧覆盖在圈柱之上的一面,称为反面线圈,如图 1 - 3(2)所示。

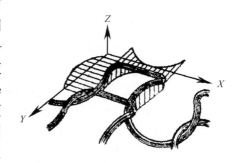

图 1 - 1　线圈几何形态图

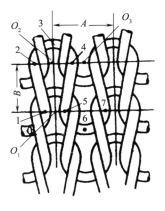

图1-2 纬编线圈结构图

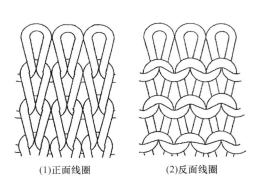

(1)正面线圈　　　　(2)反面线圈

图1-3 正面线圈与反面线圈

在针织物中,线圈沿织物横向组成的一行称为线圈横列(course),沿纵向相互串套而成的一列称为线圈纵行(wale)。纬编针织物的特征是:每一根纱线上的线圈一般沿横向配置,一个线圈横列由一根或几根纱线的线圈组成。

在线圈横列方向上,两个相邻线圈对应点之间的距离称圈距,用 A 表示。在线圈纵行方向上,两个相邻线圈对应点之间距离称圈高,用 B 表示。

根据编织时针织机采用的针床数量,纬编针织物可分为单面和双面两类。单面针织物采用一个针床编织而成,特点是织物的一面全部为正面线圈,而另一面全部为反面线圈,织物两面具有显著不同的外观。双面针织物采用两个针床编织而成,其特征为针织物的任何一面都显示有正面线圈。

一般说来,纬编针织物的延伸性和弹性较好,多数用作服用面料,还可直接加工成半成形和全成形的服用与产业用产品。

二、纬编针织物的形成

(一)织针

纬编针织物的形成,需要借助针织机中的织针(needle)和其他相关机件来完成。织针在成圈过程起着重要的作用。常用的织针分为舌针(latch needle)、复合针(compound needle,又称槽针)和钩针(bearded needle, 又称弹簧针—spring needle)三种。

1. 舌针 纬编针织机的舌针如图1-4(1)所示。它采用钢带或钢丝制成,包括针杆1、针钩2、针舌3、针舌销4和针踵5几部分。针钩用以握住纱线,使之弯曲成圈。针舌可绕针舌销回转,用以开闭针口。针踵在成圈过程中受到其他机件的作用,使织针在针床的针槽内往复运动。舌针各部分的尺寸和形状,随针织机的类型的不同而有差别。由于舌针在成圈中是依靠线圈的移动,使针舌回转来开闭针口,因此成圈机构较为简单。目前,舌针用于绝大多数纬编机和少数经编机。

2. 复合针 复合针的构型如图1-4(2)所示,由针身1和针芯2两部组成。针身带有针钩,且在针杆侧面铣有针槽。针芯在槽内作相对移动以开闭针口。采用复合针,在成圈过程中可以减小针的运动动程,有利于提高针织机的速度,增加针织机的成圈系统数;而且针口的开闭不是由于旧线圈的作用,因而形成的线圈结构较均匀。目前,复合针广泛应用于经编机。

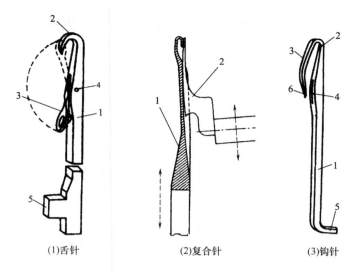

(1)舌针   (2)复合针   (3)钩针

图1-4　舌针、复合针和钩针

3. 钩针 图1-4(3)显示了钩针的结构。它采用圆形或扁形截面的钢丝制成,端头磨尖后弯成钩状,每根针为一个整体。其中1为针杆,在这一部段上垫纱。5为针踵,使针固定在针床上。2为针头,3为针钩,用于握住新纱线,使其穿过旧线圈。在针尖6的下方针杆上有一凹槽4,称为针槽,供针尖没入用。针尖与凹槽之间的间隙称为针口,它是纱线进入针钩的通道。针钩可借助压板使针尖压入针槽内,以封闭针口。当压板移开后,针钩依靠自身的弹性恢复针口开启,因此钩针又称弹簧针。由于在采用钩针的针织机上,成圈机构比较复杂,生产效率较低;同时在闭口过程中,针钩受到的反复载荷作用易引起疲劳,影响钩针的使用寿命;所以目前钩针只用于少数机型较早的针织机,已趋于淘汰。

(二)成圈过程

1. 舌针的成圈过程 舌针的成圈过程(knitting cycle)如图1-5所示,一般可分为以下八个阶段。

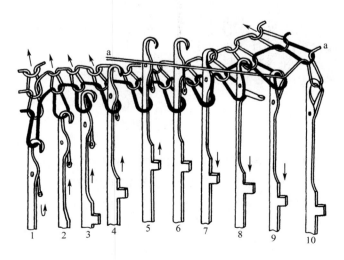

图1-5　舌针的成圈过程

（1）退圈（clearing）。舌针从低位置上升至最高点，旧线圈从针钩内移至针杆上，如图1-5中针1~5。

（2）垫纱（yarn feeding）。舌针下降，从导纱器引出的新纱线 a 垫入针钩下，如图1-5中针6~7。

（3）闭口（latch closing）。随着舌针的下降，针舌在旧线圈的作用下向上翻转关闭针口，如图1-5中针8~9。这样旧线圈和即将形成的新线圈就分隔在针舌两侧，为新纱线穿过旧线圈作准备。

（4）套圈（landing，casting-on）。舌针继续下降，旧线圈沿着针舌上移套在针舌外，如图1-5中针9。

（5）弯纱（sinking）。舌针的下降使针钩接触新纱线开始逐渐弯纱，并一直延续到线圈最终形成，如图1-5中针9~10。

（6）脱圈（knocking-over）。舌针进一步下降使旧线圈从针头上脱下，套到正在进行弯纱的新线圈上，如图1-5中针10。

（7）成圈（loop formation）。舌针下降到最低位置形成一定大小的新线圈，如图1-5中针10。

（8）牵拉（taking-down）。借助牵拉机构产生的牵拉力，将脱下的旧线圈和刚形成的新线圈拉向舌针背后，脱离编织区，防止舌针再次上升时旧线圈回套到针头上，为下一次成圈做准备。

就针织成圈方法而言，按照上述顺序进行成圈的过程称之为编结法成圈。

2. 钩针的成圈过程　钩针的成圈过程如图1-6所示，也可分为以下八个阶段。

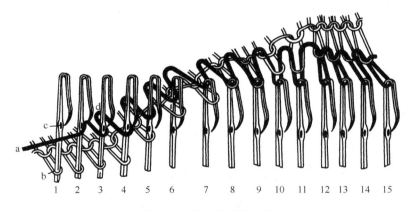

图1-6　钩针的成圈过程

（1）退圈。借助专用的机件，将旧线圈从针钩中向下移到针杆的一定部位上，使旧线圈 b 同针槽 c 之间具有足够的距离，以供垫放纱线用，如图1-6中针1。

（2）垫纱。通过导纱器和针的相对运动，将新纱线 a 垫放到旧线圈 b 与针槽 c 之间的针杆上，如图1-6中针1~2。

（3）弯纱。利用弯纱沉降片，把垫放到针杆上的纱线弯曲成一定大小的未封闭线圈 d，并将其带入针钩内，如图1-6中针2~5。

（4）闭口。利用压板将针尖压入针槽，使针口封闭，以便旧线圈套上针钩，如图1-6中针6。

（5）套圈。在针口封闭的情况下，由套圈沉降片将旧线圈上抬，迅速套到针钩上。而后针钩释压，针口即恢复开启状态，如图1-6中针6~7。

（6）脱圈。受脱圈沉降片上抬的旧线圈从针头上脱落到未封闭的新线圈上，如图1-6中针10~11。

（7）成圈。脱圈沉降片继续将旧线圈上抬，使旧线圈的针编弧与新线圈的沉降弧相接触，以形成一定大小的新线圈，如图1-6中针12所示。

（8）牵拉。借助牵拉机构产生的牵拉力，使新形成的线圈离开成圈区域，拉向针背，以免在下一成圈循环进行退圈时，发生旧线圈重套到针上的现象。

按照上述顺序进行成圈的过程称为针织法成圈。通过比较可以看出，编结法和针织法成圈过程都可分为八个相同的阶段，但弯纱的先后有所不同。编结法成圈，弯纱是在套圈之后并伴随着脱圈而继续进行；而针织法成圈，弯纱是在垫纱之后进行。

复合针成圈过程所包含的阶段以及顺序，都与舌针相同。有关内容将在后续章节介绍。

三、针织物的主要参数与性能指标

（一）线圈长度

线圈长度是指组成一只线圈的纱线长度，一般以毫米（mm）作为单位。线圈长度可根据线圈在平面上的投影近似地进行计算而得；或用拆散的方法测得组成一只线圈的实际纱线长度；也可以在编织时用仪器直接测量喂入每只针上的纱线长度。

线圈长度不仅决定针织物的密度，而且对针织物的脱散性、延伸性、耐磨性、弹性、强力、抗起毛起球性、缩率和勾丝性等也有重大影响，故为针织物的一项重要指标。

在生产中若条件许可，在针织机上应采用积极式送纱装置以固定速度进行喂纱，来控制针织物的线圈长度，使其保持恒定，以稳定针织物的质量。

（二）密度

密度用来表示在纱线细度一定的条件下，针织物的稀密程度。密度有横密、纵密和总密度之分。纬编针织物的横密是沿线圈横列方向，以单位长度（一般是5cm）内的线圈纵行数来表示。纵密为沿线圈纵行方向，以单位长度（一般是5cm）内的线圈横列数来表示。总密度是横密与纵密的乘积，等于25cm²内的线圈数。横密、纵密和总密度可以按照下式计算：

$$P_A = \frac{50}{A} \tag{1-1}$$

$$P_B = \frac{50}{B} \tag{1-2}$$

$$P = P_A \times P_B \tag{1-3}$$

式中：P_A——针织物横密，纵行/5cm；

　　　P_B——针织物纵密，横列/5cm；

　　　A——圈距，mm；

　　　B——圈高，mm；

P——总密度,线圈/25cm^2。

需要注意的是,两种或几种针织物所用纱线细度不同,仅根据实测密度大小并不能准确反映织物的实际稀密程度(即空隙率多少);只有在纱线细度相同的情况下,密度较大的织物显现较稠密,而密度较小的织物则较稀松。

针织物的横密与纵密的比值,称为密度对比系数 C。它表示线圈在稳定状态下,纵向与横向尺寸的关系,可用下式计算:

$$C = \frac{P_A}{P_B} = \frac{B}{A} \tag{1-4}$$

密度对比系数反映了线圈的形态,C 值越大,线圈形态越是瘦高;C 值越小,则线圈形态越是宽矮。

由于针织物在加工过程中容易受到拉伸而产生变形,因此针织物尺寸(即密度)不是固定不变的,这样就将影响实测密度的正确性。因而在测量针织物密度前,应该将试样进行松弛,使之达到平衡状态(即针织物的尺寸基本上不再发生变化),这样测得的密度才具有实际可比性。

(三)未充满系数和紧度系数

未充满系数为线圈长度与纱线直径的比值,即:

$$\delta = \frac{l}{d} \tag{1-5}$$

式中:δ——未充满系数;

   l——线圈长度,mm;

   d——纱线直径,mm,可通过理论计算或实测求得。

未充满系数反映了织物中未被纱线充满的空间多少,可用来比较针织物的实际稀密程度。线圈长度愈长,纱线愈细,则未充满系数值愈大,织物中未被纱线充满的空间愈多,织物愈是稀松,反之则反。

另一种表示和比较针织物的实际稀密程度的参数为紧度系数。紧度系数定义如下:

$$T_F = \frac{\sqrt{Tt}}{l} \tag{1-6}$$

式中:T_F——紧度系数;

   Tt——纱线线密度,tex;

   l——线圈长度,mm。

由上式可见,纱线越粗(Tt 越大),线圈长度越短,紧度系数越大,织物愈是紧密。也即针织物的实际稀密程度与紧度系数的关系正好与未充满系数相反。

(四)单位面积重量

针织物单位面积重量又称织物面密度,用 1m^2 干燥针织物的重量(g)来表示。当已知了针织物的线圈长度 l(mm)、纱线线密度 Tt(tex)、横密 P_A 和纵密 P_B、纱线的回潮率 W 时,织物的单位面积重量 Q(g/m^2)可用下式求得:

$$Q = \frac{0.0004 l Tt P_A P_B}{1 + W} \tag{1-7}$$

单位面积重量是考核针织物的质量和成本的一项指标,该值越大,针织物越密实厚重,但是耗用原料越多,织物成本将增加。

(五)厚度

针织物的厚度取决于组织结构、线圈长度和纱线细度等因素,一般可用纱线直径的倍数来表示。

(六)脱散性

指当针织物纱线断裂或线圈失去串套联系后,线圈与线圈的分离现象。当纱线断裂后,线圈沿纵行从断裂纱线处脱散下来,就会使针织物的强力与外观受到影响。针织物的脱散性是与它的组织结构、纱线摩擦系数与抗弯刚度、织物的未充满系数等因素有关。

(七)卷边性

指针织物在自由状态下布边发生包卷的现象。这是由线圈中弯曲线段所具有的内应力试图使线段伸直所引起的。卷边性与针织物的组织结构、纱线弹性、细度、捻度和线圈长度等因素有关。针织物的卷边会对裁剪和缝纫加工造成不利影响。

(八)延伸度

指针织物受到外力拉伸时的伸长程度和特性。延伸度可分为单向延伸度和双向延伸度两种,与针织物的组织结构、线圈长度、纱线细度和性质有关。

(九)弹性

指当引起针织物变形的外力去除后,针织物形状与尺寸回复的能力。它取决于针织物的组织结构与未充满系数,纱线的弹性和摩擦系数。

(十)断裂强力和断裂伸长率

在连续增加的负荷作用下,至断裂时针织物所能承受的最大负荷称断裂强力。断裂时的伸长与原始长度之比,称断裂伸长率,用百分率表示。

(十一)缩率

指针织物在加工或使用过程中长度和宽度的变化。可由下式求得:

$$Y = \frac{H_1 - H_2}{H_1} \times 100\% \tag{1-8}$$

式中:Y——针织物缩率;

　　H_1——针织物在加工或使用前的尺寸;

　　H_2——针织物在加工或使用后的尺寸。

针织物的缩率可有正值和负值,如在横向收缩而纵向伸长,则横向缩率为正,纵向缩率为负。缩率又可分为织造下机缩率、染整缩率、水洗缩率以及在给定时间内弛缓回复过程的缩率等。

(十二)勾丝与起毛起球

针织物中的纤维或纱线被外界物体所勾出在表面形成丝环,这就是勾丝。当织物在穿着和洗涤过程中不断经受摩擦而使纤维端露出在表面,称为起毛。若这些纤维端在以后的穿着中不能及时脱落而相互纠缠在一起揉成许多球状小粒,称为起球。针织物的起毛起球与使用的原料性质、纱线与织物结构、染整加工以及成品的服用条件等有关。

第二节　纬编针织物分类与表示方法

一、针织物组织

针织物种类很多,一般专业书籍中通常用组织来命名、分类并表征其结构。

纬编针织物组织定义为组成针织物的基本结构单元(线圈、集圈、浮线)以及附加纱线或纤维集合体的配置、排列、组合与联结的方式,决定了针织物的外观和性质。

图1-7显示了某种纬编针织物单面组织。其中除了线圈外,还包含了集圈(又称集圈悬弧)1和浮线2,并且线圈、集圈和浮线这三种结构单元按照一定方式排列组合。

图1-8显示了另一种纬编针织物组织,称为衬纬组织,其中除了线圈外,还包含黑色的横向附加纱线,并且线圈与附加纱线按照一定方式配置。

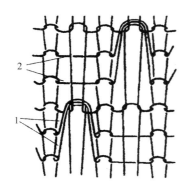

图1-7　三种结构单元排列组合

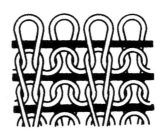

图1-8　线圈和附加纱线

纬编针织物的组织一般可以分为基本组织、变化组织和花色组织三类。

(一)基本组织

由线圈以最简单的方式组合而成,是针织物各种组织的基础。纬编基本组织包括平针组织、罗纹组织和双反面组织。

(二)变化组织

由两个或两个以上的基本组织复合而成的,即在一个基本组织的相邻线圈纵行之间,配置着另一个或者另几个基本组织,以改变原来组织的结构与性能。纬编变化组织有变化平针组织、双罗纹组织等。

(三)花色组织

采用以下几种方法,可以形成具有显著花色效应和不同性能的纬编花色组织。

1.改变或者取消成圈过程中的某些阶段　例如,正常的退圈阶段,旧线圈应该从针钩内移至针杆上,若将退圈阶段改变为退圈不足(旧线圈虽然从针钩内向针杆上移动,但是没有退到针杆上),其他阶段不变,这样就形成了集圈组织。属于这种方法的还有提花组织等。

2.引入附加纱线或其他纺织原料　图1-8所示的衬纬组织就是在罗纹组织的基础上,编入了附加的衬纬纱线形成的。属于这种方法的还有添纱组织、衬垫组织、毛圈组织、绕经组织、长毛绒组织、衬经衬纬组织等。

3. 对旧线圈和新纱线引入一些附加阶段　例如,对旧线圈附加移圈阶段,就形成了纱罗组织(移圈组织)。属于这种方法的还有菠萝组织、波纹组织等。

4. 将两种或两种以上的组织复合　若将两种或两种以上的组织(包括基本组织、变化组织、花色组织)进行复合,可以形成称为复合组织的花色组织。

本书介绍的针织物组织表征了常用的针织物结构。有些组织也可以用织物来称谓,例如平针织物与平针组织实际是一回事。但是某些织物的涵盖面要比组织广,有些织物或面料很难用现有的某种组织来定义,特别是一些新的面料与产品。此外,生产行业内常根据针织物的用途和外观来命名,例如双罗纹组织,因为较多地用于生产棉毛衫裤,俗称棉毛布或棉毛织物。

二、纬编针织物结构的表示方法

为了简明清楚地显示纬编针织物的结构,便于织物设计与制订上机工艺,需要采用一些图形与符号来表示纬编针织物组织结构和编织工艺。目前常用的有线圈图、意匠图、编织图和三角配置图。

(一)线圈图

线圈在织物内的形态用图形表示称为线圈图或线圈结构图。可根据需要表示织物的正面或反面。如图 1-2 为平针组织反面的线圈图。

从线圈图中,可清晰地看出针织物结构单元在织物内的连接与分布,有利于研究针织物的性质和编织方法。但这种方法仅适用于较为简单的织物组织,因为复杂的结构和大型花纹一方面绘制比较困难,另一方面也不容易表示清楚。

(二)意匠图

意匠图是把针织结构单元组合的规律,用人为规定的符号在小方格纸上表示的一种图形。每一方格行和列分别代表织物的一个横列和一个纵行。根据表示对象的不同,常用的有结构意匠图和花型意匠图。

1. 结构意匠图　它是将针织物的线圈(knit)、集圈(tuck)、浮线(float)[即不编织(non-knit)]三种基本结构单元,用规定的符号在小方格纸上表示。一般用符号"⊠"表示正面线圈,"▢"表示反面线圈,"●"表示集圈,"□"表示浮线(不编织)。图 1-9(1)表示某一单面织物的线圈图,图 1-9(2)是与线圈图相对应的结构意匠图。

尽管结构意匠图可以用来表示单面和双面的针织物结构,但通常用于表示由成圈,集圈和浮线组合的单面变换与复合结构,而双面织物一般用编织图来表示。

2. 花型意匠图　这是用来表示提花织物正面(提花的一面)的花型与图案。每一方格均代表一个线圈,方格内符号的不同仅表示不同颜色的线圈。至于用什么符号代表何种颜色的线圈可由各人自己规定。图 1-10 为三色提花织物的花型意匠图,假定其中"⊠"代表红色线圈,"▢"代表蓝色线圈,"□"代表白色线圈。

在织物设计与分析以及制订上机工艺时,请注意区分上述两种意匠图所表示的不同含义。

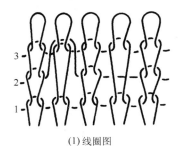

(1)线圈图	(2)结构意匠图	

图1-9　线圈图与结构意匠图　　　　　　图1-10　花型意匠图

(三)编织图

编织图是将针织物的横断面形态,按编织的顺序和织针的工作情况,用图形表示的一种方法。

表1-1列出了编织图中常用的符号,其中每一根竖线代表一枚织针。对于纬编针织机中广泛使用的舌针来说,如果有高踵针和低踵针两种针(即针踵在针杆上的高低位置不同),本书规定用长线表示高踵针,用短线表示低踵针。图1-11所示为罗纹组织和双罗纹组织的编织图。

表1-1　成圈、集圈、不编织和抽针符号表示法

编织方法	织　针	表　示　符　号	备　　注
成圈	针盘织针		
	针筒织针		
集圈	针盘织针		
	针筒织针		
不编织（浮线）	针盘织针	1′　2′　3′	针1、1′、3、3′成圈
	针筒织针	1　2　3	针2、2′不参加编织
抽针		┃○┃	符号○表示抽针

注　抽针也可用符号×或·来表示。

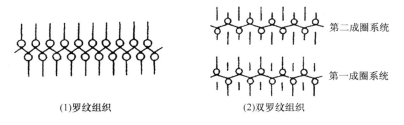

(1)罗纹组织	(2)双罗纹组织

图1-11　罗纹组织和双罗纹组织的编织图

编织图不仅表示了每一枚针所编织的结构单元,而且还显示了织针的配置与排列。这种方法适用于大多数纬编针织物,尤其是表示双面纬编针织物。

(四)三角配置图

在普通舌针纬编机上,针织物的三种基本结构单元是由成圈三角、集圈三角和不编织三角作用于织针而形成的。因此除了用编织图等外,还可以用三角的配置图来表示舌针纬编机织针的工作状况以及织物的结构,这在编排上机工艺的时候显得尤为重要。表 1-2 列出了三角配置的表示方法。

表 1-2 成圈、集圈和不编织的三角配置表示方法

三角配置方法	三角名称	表示符号
成圈	针盘三角	V
	针筒三角	∧
集圈	针盘三角	⌣
	针筒三角	⌐
不编织	针盘三角	—
	针筒三角	—

注 当三角不编织时,有时可用空白来取代符号"—"。

一般对于织物结构中的每一根纱线,都要根据其编织状况排出相应的三角配置。表 1-3 表示与图 1-11(2)相对应的编织双罗纹组织的三角配置图。

表 1-3 编织双罗纹组织的三角配置

三角	位置	第一成圈系统	第二成圈系统
上三角	低档	—	V
	高档	V	—
下三角	高档	∧	—
	低档	—	∧

第三节 纬编针织机

一、针织机的分类与一般结构

针织机按工艺类别可分为纬编机与经编机;按针床数可分为单针床针织机与双针床针织机;按针床形式可分为平形针织机与圆形针织机;按用针类型可分为舌针机、复合针机和钩针机等。

纬编针织机种类与机型很多,一般主要由送纱机构、编织机构、针床横移机构、牵拉卷取机构、传动机构和辅助装置等部分组成。

送纱机构将纱线从纱筒上退绕下来并输送给编织区域。编织机构通过成圈机件的工作将纱线编织成针织物。针床横移机构用于在横机上使一个针床相对于另一个针床横移过一定的针距,以便线圈转移等编织。牵拉卷取机构把刚形成的织物从成圈区域中引出后,绕成一定形状和大小的卷装。传动机构将动力传到针织机的主轴,再由主轴传至各部分,使其协调工作。辅助装置是为了保证编织正常进行而附加的,包括自动加油装置,除尘装置,断纱、破洞、坏针检测自停装置等。

二、机号

各种类型的针织机,均以机号(gauge)来表明织针的粗细和针距的大小。机号是用针床上25.4mm(1 英寸)长度内所具有的针数来表示,它与针距的关系如下:

$$E = \frac{25.4}{T} \qquad\qquad (1-9)$$

式中:E——机号,针/25.4mm;

$\quad T$——针距,mm。

由此可知,针织机的机号表明针床上排针的稀密程度。机号愈高,针床上一定长度内的针数愈多,即针距越小;反之,则针数愈少,针距越大。在单独表示机号时,应由符号 E 和相应数字组成,如 18 机号应写作 $E18$,它表示针床上 25.4mm 内有 18 枚织针。

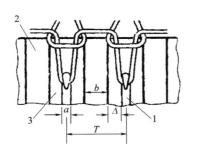

图 1 – 12   针床口处针与针槽相互位置

针织机的机号在一定程度上确定了其可以加工纱线的细度范围,具体还要看在针床口处织针针头与针槽壁或其他成圈机件之间的间隙大小。如图 1 – 12 所示,织针 1 安插在针槽 3 之中,针头厚度为 a,针槽壁 2 的厚度为 b,针头与针槽壁之间的间隙为 Δ。

为了保证成圈顺利地进行,针织机所能加工纱线细度的上限(最粗),是由间隙 Δ 所决定的。机号越高,针距 T 越小,间隙 Δ 也越小,允许加工的纱线就越细。依据纱线的粗节和接头、蓬松度的不同以及纱线被压扁的情况,一般要求间隙 Δ 不低于纱线直径的 1.5 ~ 2 倍。如果纱线直径超出间隙过多,则在编织过程中就会造成纤维和纱线损伤甚至断纱。另一方面,机号一定,可以加工纱数细度的下限(最细),则取决于对针织物品质的要求。在每一机号确定的针织机上,由于成圈机件尺寸的限制,可以编织的最短线圈长度 l 是一定的。过多地降低加工纱线的细度即意味着减小纱线直径 d,这样会使织物的未充满系数 $\delta(\delta = l/d)$ 的值增大,织物变得稀松,品质变差。因此,要根据机号来选择合适细度的纱线,或者根据纱线的细度来选择合适的机号。例如,在 $E16$ 的提花圆机上,适宜加工 165 ~ 220dtex 的涤纶长丝或者 16.7 ~ 23tex 的棉纱。而在 $E22$ 的提花圆机上,适宜加工 110 ~ 137dtex 的涤纶长丝或者 11 ~ 14tex 的棉纱。

在实际生产中,并不去测量纱线直径 d 和针头与针槽壁之间的间隙 Δ。对于某一机号的针织机或者某一细度的纱线,一般是根据织物的有关参数和经验来决定最适宜加工纱线的细度范围或者机号的范围,也可查阅有关的手册与书籍或者通过近似计算方法获得。

三、常用纬编针织机种类

在针织行业,一般是根据针织机编织机构的特征和生产织物品种的类别,将目前常用的纬编针织机分为圆纬机、横机和圆袜机三大类。

纬编针织机的主要技术规格参数有机型、针床数(单面或双面机)、针筒直径或针床宽度(反映机器可以加工坯布的宽度)、机号、成圈系统(knitting system)数量[也称路数(feeder)。在针筒或针床尺寸以及机速一定的情况下,成圈系统数量越多,该机生产效率越高]、机速(圆机用每分钟转速或针筒圆周线速度来表示,横机用机头线速度来表示)等。

(一)圆纬机

圆纬机(circular knitting machine)的针床为圆筒形和圆盘形,针筒直径一般在356~965mm(14~38英寸),机号一般在 E16~40,目前最高已达 E90。除了少数机器采用钩针或复合针外,绝大多数圆纬机均配置舌针。舌针圆纬机的成圈系统数较多,通常25.4mm(1英寸)针筒直径有1.5~4路,因此生产效率较高。圆纬机主要用来加工各种结构的针织毛坯布,其中以762mm(30英寸)、864mm(34英寸)和965mm(38英寸)筒径的机器居多,较小筒径的圆纬机可用来生产各种尺寸的内衣大身部段(两侧无缝),以减少裁耗。圆纬机的转速随针筒直径和所加工织物的结构而不同,一般最高圆周线速度在0.8~1.5m/min 范围内。

圆纬机可分单面机(只有针筒)和双面机(针筒与针盘,或双针筒)两类,行业内通常根据其主要特征和加工的织物组织来命名。单面圆纬机有四针道机、台车、提花机、衬垫机(俗称卫衣机)、毛圈机、四色调线机、吊线(绕经)机、人造毛皮(长毛绒)机等。而双面圆纬机则有罗纹机、双罗纹(棉毛)机、多针道机(上针盘二针道下针筒四针道等)、提花机、四色调线机、移圈罗纹机、计件衣坯机等。有些圆纬机集合了两三种单机的功能,扩大了可编织产品的范围,如提花四色调线机、提花四色调线移圈机等。此外,还有可编织半成形无缝衣坯的单面及双面无缝内衣机。

虽然圆纬机的机型不尽相同,但就其基本组成与结构而言,有许多部分是相似的。图1-13所示为普通舌针圆纬机。纱筒1安放在落地纱架2上(有些圆纬机纱筒和纱架配置在机器的上方)。筒子纱线经送纱装置3输送到编织机构4。编织机构主要包括针筒、针筒针、针筒三角、沉降片圆环、沉降片、沉降片三角(单面机)或针盘、针盘针、针盘三角(双面机),导纱器等机件。针筒转动过程中编织出的织物被编织机构下方的牵拉机构5向下牵引,最后由牵拉机构下方的卷取机构6将织物卷绕成布卷。7是电器控制箱与操纵面板。整台圆纬机还包括传动机构、机架、辅助装置等。

(二)横机

横机(flat knitting machine)的针床呈平板状,一般具有前后两个针床,采用舌针。针床宽度在500~2500mm,机号为 E2~18。横机主要用来编织毛衫衣片或全成形毛衫、手套以及衣领、下摆和门襟等服饰附件。与圆纬机相比,横机具有组织结构变化多、翻改品种方便、可编织半成形和全成形产品以减少裁剪造成的原料损耗等优点,但也存在成圈系统较少(一般1~4路)、生产效率较低、机号相对较低和可加工的纱线较粗等不足。横机的机头最高线速度一般在0.6~1.2m/min 范围内。

根据传动和控制方式的不同,一般可将横机分为手摇横机、半自动横机和电脑控制全自动横机(即电脑横机)几类。目前,电脑横机已成为毛衫行业的主要生产机种。

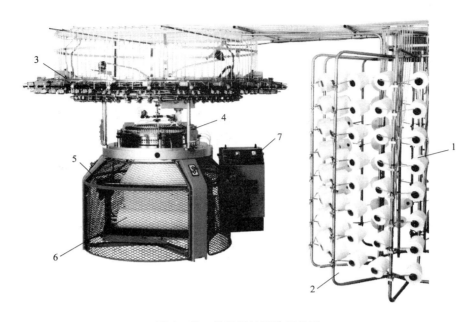

图 1 - 13　普通舌针圆纬机外形

图 1 - 14 所示为电脑横机。纱筒 1 安放在纱架 2 上。纱线经送纱装置 3 输送到编织机构。编织机构包括:插有舌针的固定的针床 4(针床横移瞬间除外),往复移动的机头 5(其中配置有三角、导纱器等机件)等,机头沿针床往复移动编织出的衣片被牵拉机构 6 向下牵引,7 是电脑操纵面板。整台电脑横机还包括针床横移机构、传动机构、机架、电器控制箱和辅助装置等部分。

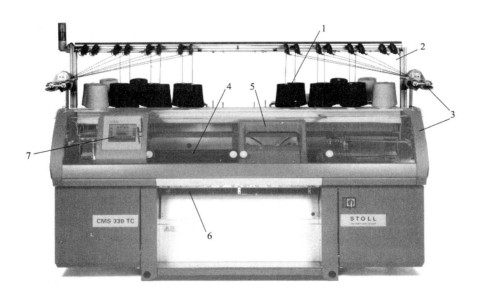

图 1 - 14　电脑横机

（三）圆袜机

圆袜机（circular hosiery machine，tubular stocking machine）用来生产圆筒形的各种成形袜子。该机的针筒直径较小，一般在 71~141mm（2.25~4.5 英寸），机号在 $E7.5~36$，成圈系统数 2~4 路。针筒的圆周线速度与圆纬机接近。圆袜机的外形与各组成部分与圆纬机差不多，只是尺寸要小许多。

圆袜机采用舌针，有单针筒和双针筒两类，通常根据所加工的袜品来命名。如单针筒袜机有素袜机、折口袜机、绣花（添纱）袜机、提花袜机、毛圈袜机、移圈袜机等，双针筒袜机有素袜机、绣花袜机、提花袜机等。

第四节 针织用纱与织前准备

一、针织用纱的基本要求

针织工艺可以加工的纱线种类很多。有生产服用和装饰用的天然纤维与化学纤维纱线，如棉纱、毛纱、麻纱、真丝、粘胶丝、涤纶丝、锦纶丝、腈纶纱、丙纶丝、氨纶丝等，还有满足特种产业用途的玻璃纤维丝、金属丝、芳纶丝等。原料的组分可以是仅含一种纤维的纯纺纱或两种以上纤维的混纺纱。纱线的结构可分为短纤维纱线、长丝和变形纱等几类。

为了保证针织过程的顺利进行以及产品的质量，对针织用纱有下列基本要求。

（1）具有一定的强度和延伸性，以便能够弯纱成圈。

（2）捻度均匀且偏低。捻度高易导致编织时纱线扭结，影响成圈，而且纱线变硬，使线圈产生歪斜。

（3）细度均匀，纱疵少。粗节和细节会造成编织时断纱或影响布面的线圈均匀度。

（4）抗弯刚度低，柔软性好。抗弯刚度高，即硬挺的纱线难以弯曲成线圈，或弯纱成圈后线圈易变形。

（5）表面光滑，摩擦系数小。表面粗糙的纱线会在经过成圈机件时产生较高的纱线张力，易造成成圈过程纱线断裂。

二、针织生产工艺流程

针织厂的生产工艺流程根据出厂产品的不同而有所不同，多数纬编针织厂是生产服用类产品，其工艺流程为：原料进厂→（络纱或络丝）→织造→染整→成衣。

其中，络纱或络丝工序可有可无，具体应根据纱线的质量与性能是否满足编织工艺要求而定。此外，有些针织厂只生产毛坯布，即没有染整与成衣工序；而有些生产装饰用布和产业用布的工厂则没有成衣工序。

三、针织前准备

进入针织厂的纱线多数是筒子纱，也有少量是绞纱。绞纱需要先卷绕在筒管上变成筒子纱才能上机编织。随着纺纱和化纤加工技术的进步，目前提供给针织厂的筒子纱一般都可以直接上机织造，无需络纱或络丝。如果筒子纱的质量、性能和卷装无法满足编织工艺的要求，如纱线上杂质疵点太多、摩擦系数太大、抗弯刚度过高、筒子容量过小等,则需要重新进行卷绕即络纱(短纤纱)或络丝(长丝)。络纱(丝)称为纬编针织前准备。

(一)络纱(丝)的目的

络纱或络丝(winding)目的在于:一是使纱线卷绕成一定形式和一定容量的卷装,满足编织时纱线退绕的要求。采用大卷装可以减少针织生产中的换筒,为减轻工人劳动强度、提高机器的生产率创造良好条件,但要考虑针织机的筒子架上能否安放。二是去除纱疵和粗细节,提高针织机生产效率和产品质量。三是可以对纱线进行必要的辅助处理,如上蜡、上油、上柔软剂、上抗静电剂等,以改善其编织性能。

(二)卷装形式

筒子的卷装形式有多种,针织生产中常用的有圆柱形筒子、圆锥形筒子和三截头圆锥形筒子,如图1-15所示。

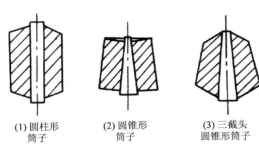

(1)圆柱形 筒子　(2)圆锥形 筒子　(3)三截头 圆锥形筒子

图1-15　卷装形式

1. 圆柱形筒子　圆柱形筒子主要来源于化纤厂,原料多为化纤长丝。其优点是卷装容量大,但筒子形状不太理想,退绕时纱线张力波动较大。

2. 圆锥形筒子　圆锥形筒子是针织生产中广泛采用的一种卷装形式。它的退绕条件好,容纱量较多,生产率较高,适用于各种短纤维纱,如棉纱、毛纱、涤棉混纺纱等。

3. 三截头圆锥形筒子　三截头圆锥形筒子俗称菠萝形筒子,其退绕条件好,退绕张力波动小,但是容纱量较少,适用于各种长丝,如化纤长丝、真丝等。

(三)络纱(丝)工艺与设备

络纱机种类较多,常用的有槽筒络纱机和菠萝锭络丝机。前者主要用于络取棉、毛及混纺等短纤维纱,而后者用于络取长丝。菠萝锭络丝机的络丝速度及卷装容量都不如槽筒络纱机。此外,还有松式络筒机,可以将棉纱等纱线络成密度较松且均匀的筒子,以便进行筒子染色,用于生产色织产品。

络纱机的主要机构和作用如下:卷绕机构使筒子回转以卷绕纱线;导纱机构引导纱线有规律地复布于筒子表面;张力装置给纱线以一定张力;清纱装置检测纱线的粗细,清除附在纱线上的杂质疵点;防叠装置使层与层之间的纱线产生移位,防止纱线的重叠;辅助处理装置可对纱线进行上蜡和上油等处理。

在上机络纱或络丝时,应根据原料的种类与性能、纱线的细度、筒子硬度等方面的要求,调整络纱速度、张力装置的张力大小、清纱装置的刀门隔距、上蜡上油的蜡块或乳化油成分等工艺参数,并控制卷装容量,以生产质量合乎要求的筒子。

☞ 思考练习题

1. 线圈由哪几部分组成,纬编针织物的结构有何特征?
2. 舌针、复合针和钩针各有何特点,主要应用在什么针织机上?
3. 编结法和针织法的成圈过程分为哪些阶段,两者有何不同?

4. 如何来获取针织物的线圈长度,它对针织物性能有什么影响?

5. 比较针织物稀密程度有哪些指标,应用条件是什么?

6. 纬编针织物组织分几类,各有何特点?

7. 表示纬编针织物结构的方法有几种,各自的适用对象有哪些?

8. 纬编针织机一般包括哪几部分,主要技术规格参数有哪些?

9. 机号与可以加工纱线的细度有何关系?

10. 常用的纬编针织机有几类,各自的特点与所加工的产品是什么?

11. 针织用纱有哪些基本要求?

12. 筒子的卷装形式有几种,各适用什么原料?

第二章 纬编基本与变化组织及圆机编织工艺

本章知识点

1. 平针组织的结构特点、结构参数及其相互关系、尺寸稳定性与松弛处理方式、特性与用途。

2. 单面舌针圆纬机的成圈机件配置与成圈过程。影响退圈动程、正确垫纱、弯纱张力和最终线圈长度的因素。成圈过程中舌针与沉降片的运动配合要求。沉降片双向(相对)运动技术的原理与优点。

3. 变化平针组织的结构特点与编织工艺。

4. 罗纹组织的结构特点、特性与用途。罗纹机的成圈机件配置与成圈过程。滞后成圈、同步成圈和超前成圈的概念、特点和适用场合。

5. 双罗纹组织的结构特点、特性与用途。双罗纹机的成圈机件配置与成圈过程。花色双罗纹织物的编织工艺。

6. 双反面组织的结构特点、特性与用途。双反面机的成圈机件配置、双头舌针的转移方法和成圈过程。

第一节 平针与变化平针组织及编织工艺

一、平针组织的结构

平针组织(plain stitch, jersey stitch)又称纬平针组织,是单面纬编针织物中的基本组织,其正反面结构如图 2-1 所示。

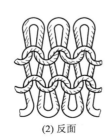

(1)正面　　　　(2)反面

图 2-1　纬平针组织正反面结构

平针组织由于线圈在配置上的定向性,因而在针织物的两面具有不同的几何形态,正面的每一线圈具有两根与线圈纵行配置成一定角度的圈柱,反面的每一线圈具有与线圈横列同向配置的圈弧。由于圈弧比圈柱对光线有较大的漫反射作用,因而针织物的反面较正面阴暗。又由于在成圈过程中,新线圈是从旧线圈的反面穿向正面,因而纱线上的结头、棉结杂质容易被旧线圈所阻挡而停留在针织物的反面,所以正面一般较为光洁。

二、平针组织的结构参数与尺寸稳定性

（一）线圈形态与建模

针织物在编织过程中，纱线受到弯曲和拉伸而产生变形，并且获得与线圈形状相近的弯曲状态。如果我们将线圈从织物中拆散出来，会看到它仍然呈弯曲状态，这表明纱线在成圈时产生了塑性变形。除了塑性变形以外，纱线中还具有弹性变形，这使得联系相邻线圈的纱线产生弹性力，其在纱线接触点间产生一定的压力和摩擦力，从而使得线圈以及整个针织物的几何形态和尺寸保持一定的稳定性。

为了从理论上分析和计算针织物的结构参数（线圈长度、圈距、圈高、未充满系数等），找出它们之间的关系，故需要建立线圈模型。目前，国内外学者对线圈模型的研究可分为三种方法，即几何方法、力学方法和有限元方法。后两种方法需要用到较深的数学、力学知识，这里仅介绍较简单、常用的几何方法。

用几何方法建立线圈模型，有二维（平面）和三维（空间）之分。二维建模一般假设线圈的针编弧与沉降弧在织物平面上的投影为半圆弧，圈柱在织物平面上的投影为直线，圈弧与圈柱以相接或相切形式连成线圈；也有假设线圈在织物平面上的投影为三段圆弧连接而成。而三维建模一般假设针编弧与沉降弧是空间圆弧，圈柱为空间直线或曲线，圈弧与圈柱的平滑连接形成了线圈。

（二）线圈的结构参数及其相互关系

不同的建模方式线圈的结构参数及其相互关系的表达式也不一样，下面是两种比较常用的。

第一种线圈模型如图 2 - 1 所示，假定线圈是由在投影平面上的半圆弧（针编弧和沉降弧）与直线（圈柱）连接而成。线圈长度包括线段 0—1、1—2、2—3、3—4、4—5 和 5—6。由于纱线的弹性力图使圈弧呈圆弧状，可使线段 0—1、2—3—4 和 5—6 作为一个直径等于 G 的圆周，而线段 1—2 和 4—5 假定为直线，其长度等于 m，则线圈长度 l 为：

$$l = \pi G + 2m$$

从图 2 - 1 中可以看出：

$$A = 2G - 2d \text{ 即 } G = \frac{A}{2} + d$$

$$m = \sqrt{B^2 + d^2}$$

式中：A——圈距，mm；

　　d——纱线在自由状态下的直径，mm；

　　B——圈高，mm。

故线圈长度 l 为：

$$l = \pi(\frac{A}{2} + d) + 2\sqrt{B^2 + d^2} \tag{2-1}$$

由于 d 值很小，可忽略不计，则：

$$l \approx \pi \frac{A}{2} + 2B + \pi d = \frac{78.5}{P_A} + \frac{100}{P_B} + \pi d \tag{2-2}$$

上式为线圈长度与圈距(或横密)、圈高(或纵密)以及纱线直径之间的关系。这对光坯棉平针织物经过充分松弛后的试样比较适合,理论计算与实测之间有5%左右的误差。

平针组织的密度对比系数 C 的理论计算[式(1-4)],在假定线圈在弹性力的作用下力图占有最大的面积和图1-2中线段 $\overline{O_1O_3}=2\,\overline{O_2O_3}$ 的条件下,C 值近似为0.8,即圈高小于圈距。需要指出,密度对比系数 C 并不是常数,它与线圈长度、纱线细度和纱线组分成函数关系,可以通过实验来确定。

另一种线圈模型如图1-1所示,假设线圈由在两个正交的近似圆柱体上(一个圆柱体的母线平行于 Z 轴,另一个圆柱体的母线平行于 X 轴)的几段空间圆弧连接而成。其理论线圈长度为(推导过程略):

$$l = 2A + B + 5.94d \tag{2-3}$$

式中的 A、B 和 d 与前面的定义相同。由式(2-1)、式(2-2)和式(2-3)可以看出,圈距和圈高越大,线圈长度越长。

一些学者通过理论和实验研究发现,纬平针织物的横密 P_A、纵密 P_B、总密度 P 与线圈长度 l 之间存在如下关系:

$$P_A = C_A + \frac{k_A}{l}; P_B = C_B + \frac{k_B}{l}; P = C + \frac{k}{l^2} \tag{2-4}$$

式中的 C_A、k_A、C_B、k_B、C 和 k 是常数,与纱线种类和织物松弛状态有关,可以通过实验方法来确定。由式(2-4)可知,线圈长度越短,纬平针织物的密度越大,反之则相反。

线圈长度不仅影响针织物的密度,也会对针织物的服用性能产生重要影响。在给定纱线细度和成圈机件可以加工的情况下,线圈长度愈短,针织物的力学性能就愈好,即针织物的弹性比较大,不易脱散,尺寸稳定性比较好,抗起毛起球和勾丝性比较好,但手感和透气性较差。但是在给定线圈长度下,减小所加工纱线的细度,将会使针织物变得稀薄,随之而来的是针织物的性能变差。因此,针织物可用未充满系数或紧度系数来表征其性能,因为未充满系数或紧度系数包含了线圈长度与纱线细度两个因素。未充满系数愈高或紧度系数越低,针织物越稀薄,其性能就愈差。未充满系数值或紧度系数值是根据大量的生产实践经验来确定。目前服用类棉、羊毛平针组织所采用的未充满系数一般为20~21,大多数精纺羊毛纱平针织物的紧度系数一般在1.4~1.5。根据未充满系数或紧度系数的值就可以决定针织物的各项工艺参数,如在给定纱线细度条件下可求得针织物的线圈长度与密度。

(三)针织物的尺寸稳定性

针织物在生产过程中会受到各种不同程度的拉伸,使其尺寸(圈距与圈高,即横密与纵密)发生变化。在外力去处后,织物力求回复到拉伸前的状态,由于纱线接触点间摩擦阻力等因素,往往不能实现完全的回复,此时的针织物呈现尺寸不稳定性。

试验证明,针织物的线圈存在着平衡状态,即能量最小状态,在此状态下,针织物不再继续改变尺寸。如果测量尺寸不稳定针织物的密度,根据以上公式去计算线圈长度,就会发生较大误差。另一方面,用尺寸不稳定的针织物制成的产品将存在质量问题,我们日常生活中新买的针织内衣,特别是棉等天然纤维产品,在洗涤后严重缩水变形(衣服长度缩短,宽度增加)即是一例。

要提高针织物的尺寸稳定性,首先应在针织生产全过程(织造、染整、成衣等)采用尽量低张力的松式加工方式。此外，为了使受到外力作用尺寸发生变化的针织物回复到平衡状态，可以采取松弛处理（一般在实验室条件下）或者后整理（工业化生产）的方法。

松弛处理有干松弛、湿松弛、条件平衡和全松弛等几种。干松弛处理是指织造下机的坯布在无搅动无张力状态下平放24h，一般经干松弛处理的织物尺寸的回复还是有限的。湿松弛处理是指在无搅动无张力条件下，将织物在30℃温水中浸湿，并在无张力状态下吸去过量的水，再在40～60℃温度下烘30min。湿松弛处理的效果要好于干松弛，这是由于水的浸润使纤维和纱线中的内应力得以释放，加速了弛缓回复过程。条件平衡处理是指织物经过5次洗涤并在自由状态下干燥，这时织物的尺寸已经基本不再发生变化。全松弛处理是指织物经过滚筒式洗衣机洗涤和脱水后，再在滚筒式烘干机中以60～70℃温度烘30min，经全松弛处理的织物接近平衡状态。

针织物的绝对平衡状态一般是比较难达到的，因此通常是取条件平衡状态。在条件平衡状态下平针织物的圈高与圈距可由以下经验公式求得：

对于棉纱有：

$$A_{平衡} = 0.20l + 0.022\sqrt{Tt}; \quad B_{平衡} = 0.27l - 0.047\sqrt{Tt} \tag{2-5}$$

对于羊毛纱有：

$$A_{平衡} = 0.19l + 0.041\sqrt{Tt}; \quad B_{平衡} = 0.25l - 0.047\sqrt{Tt} \tag{2-6}$$

式中：l——线圈长度，mm；

　　　Tt——纱线线密度，tex。

针织物在编织过程特别是在染整过程中，纵向受到拉伸，这时线圈的圈距 $A < A_{平衡}$，而圈高 $B > B_{平衡}$，在这种状态下烘干针织物，成衣后纵向将要收缩。因此对于棉等天然纤维针织物，一般需要在后整理过程轧光机等设备上，利用超喂方法使得坯布在纵向受到压缩横向进行扩幅，并结合蒸汽给湿和烘燥，从而达到预缩的目的，使光坯布的线圈结构参数尽量接近于平衡状态的参数，以提高光坯布的尺寸稳定性，使缩水率达最小。而对于化学纤维及其混纺和交织针织物，一般需要通过热定形来提高织物的尺寸稳定性。

三、平针组织的特性与用途

（一）线圈的歪斜

平针组织在自由状态下，线圈常发生歪斜现象，这在一定程度上影响外观与使用。线圈的歪斜是由于加捻纱线捻度不稳定力图退捻而引起的。此外，还与织物的稀密程度有关，随着未充满系数的提高，线圈的歪斜也增大。因此，采用低捻和捻度稳定的纱线，或两根捻向相反的纱线，适当增加机上针织物的密度，都可减小线圈的歪斜。

（二）卷边性

平针组织的边缘具有显著的卷边现象，这是由于在织物边缘弯曲纱线弹性变形的消失而引起。如图2-2所示，横列边缘的线圈（织物的左右边缘）卷向织物的反面，纵行边缘的线圈（织物的上下边缘）卷向织物的正面。平针组织的卷边性随着纱线弹性和纱线细度的增大、线圈长度的减小而增加。卷边性不利于裁剪缝纫等成衣

图2-2　平针组织的卷边

加工。除了优选纱线和编织工艺参数外,还可以通过定型处理来减小织物的卷边性。

(三)脱散性

平针组织的脱散性存在两种情况:一是纱线无断裂,抽拉织物边缘的纱线可使整个边缘横列线圈脱散,这实际为编织的逆过程,并可顺编织方向(从下方横列往上方横列)和逆编织方向(从上方横列往下方横列)脱散,因此在制作成衣时需要缝边或拷边;二是织物中某处纱线断裂,线圈沿着纵行从断纱处分解脱散,这又称为梯脱,它将使针织物使用期缩短。丝袜某处纱线钩断所造成的脱散是典型的梯脱现象。

试验证明,平针组织的脱散性与线圈长度成正比,而与纱线的摩擦系数及弯曲刚度成反比,同时还受到拉伸条件的影响。当针织物受到横向拉伸时,它的圈弧扩张,这将增加针织物的脱散性。

(四)延伸度

延伸度是指针织物受到外力拉伸(单向或双向)时的伸长程度。针织物单向拉伸时试样尺寸沿着拉伸方向增加,而垂直于拉伸方向则缩短。针织物的双向拉伸,是拉伸同时在两个垂直方向上进行,或者是在一个方向进行拉伸,而在与拉伸成垂直的方向上强制试样的尺寸保持不变。如袜子穿在脚上是纵横向同时拉伸;针织内衣的袖子,当手臂弯曲时在肘部就同时受到纵向和横向拉伸。针织物的双向拉伸不仅局限于穿着过程,在生产过程也可见。如在圆形针织机上编织的针织物,除了受到牵拉机构产生的纵向拉伸外,还同时在撑幅器作用下受到横向拉伸。纬平针织物在纵向和横向拉伸时具有较好的延伸度,具体伸长程度与线圈长度、纱线细度和性质等有关。

1. 针织物的拉伸变形机理 针织物拉伸时的变形机理可以认为是变形前针织物线圈结构的平衡遭到破坏,而向新的平衡状态过渡的过程。与此同时线圈外形产生了以下变化。

(1)线圈内弯曲纱线的外形有了变化。当试样在拉伸方向上总的长度增加,而在垂直于拉伸方向的宽度缩短时,有些线段伸直,而另外一些线段更加弯曲。

(2)纱线在线圈中配置的方向有了改变,即纱线配置方向与拉伸方向之间的夹角减小,而使线圈中线段在拉伸方向上投影长度的总和增加。

(3)纱线间接触点移动,使得线圈中一些纱段向另一些纱段转移。如圈柱向圈弧转移或反之。

(4)当拉伸力较大时,线圈形态除了上述变化外,纱线本身将产生弹性或塑性伸长。

2. 拉伸变形分析 平针织物在纵向拉伸时,线圈形态的变化如图2-3(1)所示。线圈由于拉伸力的作用,圈柱的伸长直至相邻线圈紧密接触且圈弧的弯曲度达到最大为止。此时,线段1—2、3—4 和5—6 总长度为直径 $G = 3d$ 的圆周长度,而线段2—3 或4—5 的长度可以认为是线圈横列的最大高度 B_{max}。因而线圈长度 l 为:

$$l \approx 3\pi d + 2B_{max} \qquad (2-7)$$

式中 d 为纱线直径。由此可得:

$$B_{max} \approx \frac{l - 3\pi d}{2} \qquad (2-8)$$

平针织物在横向拉伸时,线圈宽度增加,而高度相应减小,形态变化如图2-3(2)所示。线段 1—2、3—4、4—5、6—7 组成最大圈距 A_{max}，而线段 2—3 和 4—5 组成直径为 $G = 3d$ 的圆周。因而线圈长度 l 为：

$$l \approx 3\pi d + A_{max} \qquad (2-9)$$

由此可得：

$$A_{max} \approx l - 3\pi d \qquad (2-10)$$

可见，平针织物的横向延伸度要大于纵向。

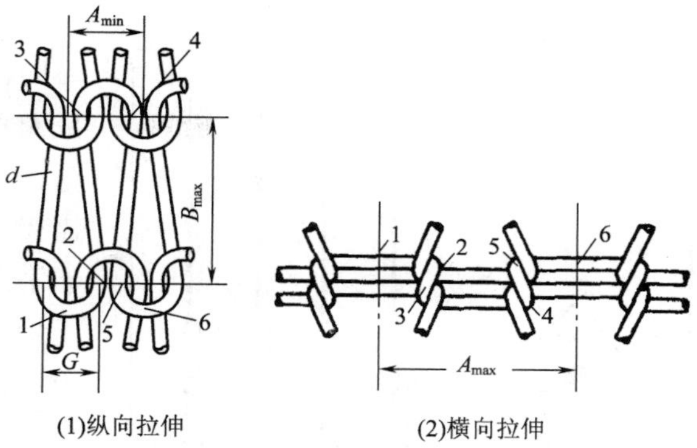

（五）用途

纬平针组织主要用于生产内衣、袜品、毛衫以及一些服装的衬里等。

图 2－3 纬平针织物纵横向拉伸时的线圈形态

四、单面舌针圆纬机的编织工艺

平针组织可以在采用舌针的单面四针道圆纬机以及采用钩针的台车等圆纬机上编织，编织工艺随采用的机器而有所不同。下面介绍目前国内外广泛使用的单面四针道圆纬机的编织工艺。

（一）成圈机件及其配置

图 2－4 所示为单面四针道圆纬机的成圈机件及其配置。舌针 1 垂直插在针筒（cylinder）2 的针槽中；沉降片（sinker）3 水平插在沉降片圆环（ring）4 的片槽中；舌针与沉降片呈一隔一交错排列；沉降片圆环与针筒固结在一起并作同步回转；5 和 6 分别是织针三角座和沉降片三角座，上面安装着织针三角（needle cam）和沉降片三角（sinker cam）；导纱器（yarn feeder）7 固装在针筒外面，以便对针垫纱。

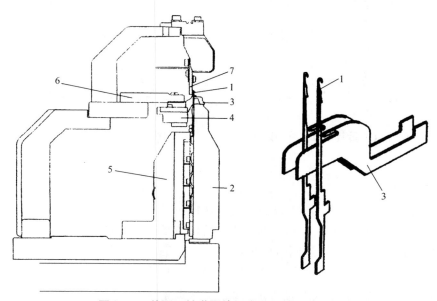

图 2－4 单面四针道圆纬机成圈机件及其配置

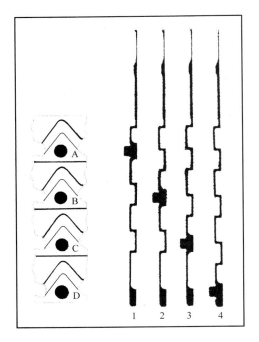

图 2-5　四种踵位的舌针与四条三角针道

图 2-5 显示了某种单面四针道圆纬机的四种不同针踵位置的舌针 1、2、3、4，以及相对应的一个成圈系统的四档三角 A、B、C、D（即四条三角针道）。对于编织最简单的平针组织来说，实际上只需要一种踵位的舌针和一档三角就能满足要求，当然采用四种踵位的舌针和四档三角也完全可行。配置四种踵位的舌针和四档三角，不仅能生产平针组织，还可以编织某些花色组织。为了简化，下面仅以一种踵位的舌针和一档三角来说明工作原理。

如图 2-6 所示，舌针 1 在随针筒转动（箭头方向）的同时，针踵（butt）5 受织针三角 2 的作用，使舌针在针槽中上下运动。沉降片 3 在随沉降片圆环（与针筒同步）转动的同时，片踵 6 受沉降片三角 4 的控制，使沉降片沿径向水平运动。舌针与沉降片的运动配合完成了成圈过程。

图 2-7 为普通结构的沉降片。1 是片鼻，2 是片喉，两者用来握持线圈；3 是片颚（又称片腹），其上沿（即片颚线）用于弯纱时搁持纱线，片颚线所在平面又称握持平面；4 是片踵，沉降片三角通过它来控制沉降片的运动。

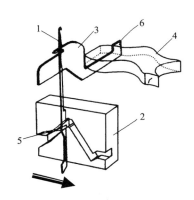

图 2-6　舌针与沉降片的运动

图 2-7　普通沉降片的结构

（二）成圈过程

1. 退圈　如图 2-8(1)、(2)、(3) 所示，舌针从低位置上升至最高点，旧线圈从针钩内移至针杆上完成退圈。其中图 2-8(1) 表示成圈过程的起始时刻，此时沉降片向针筒中心挺足，用片喉握持旧线圈的沉降弧，防止退圈时织物随针一起上升。

2. 垫纱　如图 2-8(4) 所示，舌针在下降并与导纱器的相对运动过程中，从导纱器引出的新纱线垫入针钩下。此阶段沉降片向外退，为弯纱做准备。

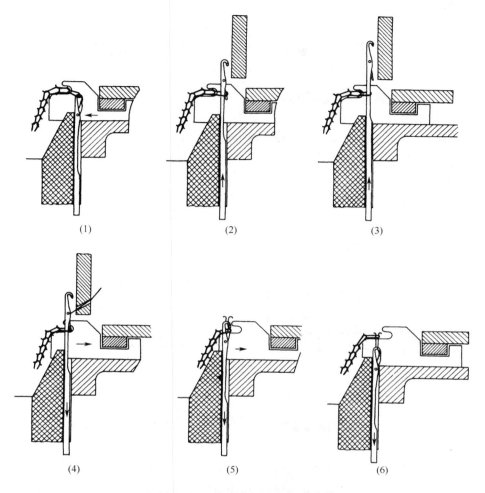

(1)　　　　　　　　(2)　　　　　　　　(3)

(4)　　　　　　　　(5)　　　　　　　　(6)

图2-8　单面舌针圆纬机的成圈过程

3.闭口　如图2-8(5)所示,随着舌针的下降,针舌在旧线圈的作用下向上翻转关闭针口。这样旧线圈和即将形成的新线圈就分隔在针舌两侧,为新线圈穿过旧线圈作准备。

4.套圈　舌针继续下降,旧线圈沿着针舌上移套在针舌外,如图2-8(5)所示。

5.弯纱　舌针的下降使针钩接触新纱线开始逐渐弯纱,并一直延续到线圈最终形成,如图2-8(5)、(6)所示。此时沉降片已移至最外位置,片鼻离开舌针,这样不致妨碍新纱线的弯纱成圈。

6.脱圈　舌针进一步下降使旧线圈从针头上脱下,套到正在进行弯纱的新线圈上,如图2-8(6)所示。

7.成圈　舌针下降到最低位置而形成一定大小的新线圈,如图2-8(6)所示。

8.牵拉　借助牵拉机构产生的牵拉力把脱下的旧线圈和刚形成的新线圈拉向舌针背后,脱离编织区,防止舌针再次上升时旧线圈回套到针头上。此阶段沉降片从最外移至最里位置,用其片喉握持与推动线圈,辅助牵拉机构进行牵拉。同时,为了避免新形成的线圈张力过大,舌针作少量回升,如图2-8(6)、(1)所示。

（三）成圈工艺分析

1. 退圈　在单面舌针圆纬机上，退圈是一次完成的。即舌针在退圈三角（又称起针三角）的作用下从最低点上升到最高位置。如图 2-9 所示，退圈时舌针的上升动程 H 可由下式求得：

$$H = L + X + a - b - d \qquad (2-11)$$

式中：L——针钩头端至针舌末端的距离；

　　　X——弯纱深度；

　　　a——退圈结束时针舌末端至沉降片片颚的距离；

　　　b——针钩部分截面的直径；

　　　d——纱线直径。

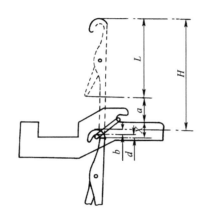

图 2-9　舌针的退圈动程

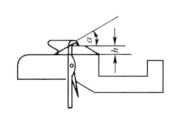

图 2-10　退圈空程

退圈时，由于线圈与针之间存在着摩擦力，将使线圈随针一起上升一段距离 h，如图 2-10 所示，这一小段距离 h 称为空程。h 的大小与纱线对针之间的摩擦系数以及包围角有关。从理论上来说，当线圈随针上升并偏转至垂直位置（即 $\alpha \rightarrow 90°$）时，空程最大，即：

$$h_{max} = 0.5 l_{max}$$

式中：l_{max}——机上可以加工的最长线圈长度。

为了保证在任何情况下都能可靠的退圈，设计退圈针的上升动程 H 时，应保证 $a \geq h_{max}$。

虽然增加针的上升动程 H 有利于退圈，但在退圈三角角度保持不变的条件下，增加 H 意味着一路三角所占的横向尺寸也增大，从而使在针筒周围可以安装的成圈系统数减少，这会降低针织机的生产效率。因此应在保证可靠退圈的前提下，尽可能减小针的上升动程。

退圈时，针舌是由旧线圈打开，因此当针舌绕轴回转不灵活时，在该针上的旧线圈将会受到过量的拉伸而变大，从而影响线圈的均匀性，造成织物表面纵条疵点。针舌形似一根悬臂梁，受到旧线圈的作用而变形。当退圈阶段旧线圈从针舌上滑下时，针舌将产生弹跳关闭针口（又称反拨），而影响以后成圈过程的正常进行。所以要有相应的防反拨的装置，在单面圆纬机上一般用导纱器来防止针舌反拨。

2. 垫纱　退圈结束后，针开始沿弯纱三角下降将纱线垫放于针钩之下，此时导纱器的位置应符合工艺要求，才能保证正确地垫纱。图 2-11 为纱线垫放在舌针上的示意图。

从导纱器引出的纱线 1 在针平面（针所在的实际是一圆柱面，由于针筒直径很大，垫纱期间舌针经过的弧长很短，所以可将这一段视为平面）上投影线 3 与沉降片的片颚线 2—2（也称为握持线）之间的夹角 β 称为垫纱纵角。纱线 1 在水平面上的投影线 4 与片颚线 2—2 之间的夹角 α 称为垫纱横角。在实际生产中，可通过调节导纱器的高低位置 h，前后（径向进出）位置 b 和左右位置 m，以得到合适的垫纱纵角 β 与横角 α。由图 2 - 11 可知：

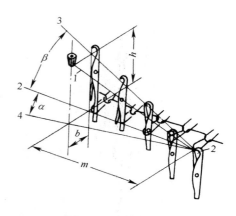

图 2 - 11　舌针垫纱

$$\tan\alpha = \frac{b}{m} = \frac{b}{t \cdot n} \qquad (2-12)$$

$$\tan\beta = \frac{h}{m} = \frac{h}{t \cdot n} \qquad (2-13)$$

式中：b——导纱器离针平面的水平距离，mm；

　　　h——导纱器离握持线的垂直距离，mm；

　　　t——针距，mm；

　　　n——从导纱器至线圈脱圈处的针距数。

导纱器的安装与调整应根据所使用的机型和编织的产品而定。在上机调节时必须注意以下几点。

（1）若导纱器径向太靠外（b 偏大），则垫纱横角 α 过大，纱线难以垫到针钩下面，从而造成旧线圈脱落即漏针。如导纱器径向太靠内（b 偏小），则 α 角过小，可能发生针钩与导纱器碰撞，引起针和导纱器损坏。

（2）若导纱器位置偏高（h 偏大），则垫纱纵角 β 过大，易使针从纱线旁边滑过，未钩住纱线，造成漏针。如导纱器位置偏低（h 偏小），则 β 角过小，在闭口阶段针舌可能将垫入的纱线夹持住，使纱线被轧毛甚至断裂。

（3）在确定导纱器的左右位置（m）时，除了要保证合适的垫纱横角 α 和纵角 β 以便正确垫纱外，还要兼顾两点：一是要能挡住已开启的针舌，防止其反拨；二是在针舌打开（退圈过程中）或关闭（闭口）阶段，导纱器不能阻挡其开闭。

3. 套圈　当针踵沿弯纱三角斜面继续下降时，旧线圈将沿针舌上升，套于针舌上。

由于摩擦力以及针舌倾斜角 ϕ 的关系，旧线圈处于针舌上的位置是呈倾斜状，与水平面之间有一夹角 β。从图 2 - 12 可见，$\beta = \phi + \delta$，δ 的大小与纱线同针之间的摩擦有关。因 ϕ 角的存在，随着织针的下降，套在针舌上的纱线长度在逐渐增加，于旧线圈将要脱圈时刻达最长。当编织较紧密即线圈长度较短的织物时，套圈的线圈将从相邻线圈转移过来纱线。弯纱三角的角度会影响到纱线的转移，角度大，同时参加套圈的针数就少，有利于纱线的转移；反之，角度减小，同时套圈的针数增加，不利于纱线的转移，严重时会造成套圈纱线的断裂。

4. 弯纱、脱圈与成圈　针下降过程中，从针钩内点接触到新纱线起即开始了弯纱，并伴随着旧线圈从针头上脱下而继续进行，直至新纱线弯曲成圈状并达到所需的长度为止，此时形成了封闭的新线圈。针钩钩住的纱线下沿低于沉降片片颚线的垂直距离 X 称为弯纱深度，如图 2 - 13 所示。

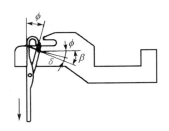

图 2 – 12   套圈时线圈的倾斜

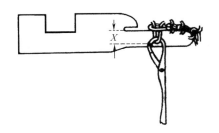

图 2 – 13   弯纱深度

弯纱按其进行的方式可分为夹持式弯纱和非夹持式弯纱两种。当第一枚针结束弯纱,第二枚针才开始进行弯纱称为非夹持式弯纱。当同时参加弯纱的针数超过一枚时,称为夹持式弯纱,一般舌针圆纬机的弯纱多属于夹持式弯纱。夹持式弯纱时,纱线张力将随参加弯纱针数的增多而增大。弯纱按形成线圈纱线的来源可分为有回退弯纱和无回退弯纱。形成一只线圈所需要的纱线全部由导纱器供给,这种弯纱称无回退弯纱。形成线圈的一部分纱线是从已经弯成的线圈中转移而来的,这种弯纱称为有回退弯纱。

弯纱区域的纱线张力,特别是最大弯纱张力,是影响成圈过程能否顺利进行以及织物品质的重要参数。图 2 – 14 为弯纱过程中针与沉降片之间的相对位置。其中 S_1、S_2、…为沉降片,N_1、N_2、…为舌针,T_1、T_2、…为纱线各部段的张力。T_1 是从导纱器输入纱线的张力,又称送纱张力。另设 T_d(图中未画出)是牵拉时作用在每根纱线上的力,简称牵拉张力。AB 为握持平面,γ 为弯纱三角角度,X 为弯纱深度。

假定纱线为绝对柔软体即不考虑其弯曲刚度,且直径相对于成圈机件的尺寸很小可忽略不计。如图 2 – 15 所示,箭头表示纱线移动方向。纱线在经过一个机件(沉降片 S 或舌针 N)时,与该机件的接触包围角为 θ。纱线与机件间的摩擦系数是 μ,则根据欧拉公式,可得该机件两侧的纱线输入与输出张力 T_i 和 T_o 有下列关系:

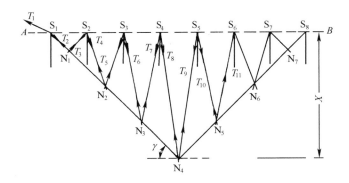

图 2 – 14   弯纱过程纱线张力

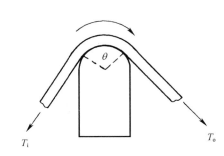

图 2 – 15   纱线经过成圈机件时的张力

$$T_o = T_i \times e^{\mu\theta} \qquad (2 – 14)$$

依据这一原理,从输入张力 T_1 开始,纱线在和 S_1、N_1、S_2、…接触过程中,张力将逐渐增大,并在某一点达到最大值 T_M,它可由下式求得:

$$T_M = T_1 e^{\mu \sum \theta_M} \tag{2-15}$$

式中：$\sum \theta_M$——从喂入点（S_1）至最大弯纱张力 T_M 之间，纱线与各个成圈机件之间所形成的包围角总和。

过了 T_M 点以后，纱线得到放松，张力逐渐减小。也可从反方向计算 T_M：

$$T_M = T_d e^{\mu(\sum \theta - \sum \theta_M)} \tag{2-16}$$

式中：$\sum \theta$——包括针 N_7 和沉降片 S_8 在内，弯纱区域中纱线与各成圈机件包围角的总和。

在此基础上，可以分析影响最大弯纱张力 T_M 的一些因素。

（1）送纱张力 T_1。从以上公式可知，T_M 将随 T_1 的增大、波动而增大与波动。送纱张力 T_1 一般较低，如采用棉纱编织平针等普通织物，T_1 约为 2cN。较高的 T_1 会导致 T_M 过大，产生断纱、布面破洞等织疵。消极式送纱的送纱张力 T_1 与纱筒的退绕条件有关，波动较大，而且也难以做到各个成圈系统的送纱张力一致，从而影响织物的线圈均匀度。因此，有条件的生产者要尽可能采用积极式送纱或储存消极式送纱。

（2）摩擦系数 μ。这主要与成圈机件和纱线表面光滑程度有关。所使用的纱线表面越粗糙，μ 越大，导致 T_M 也越大。因此对于编织较粗糙的纱线，应在络纱或络丝时进行上蜡或给油处理，以改善表面的摩擦性能。此外纱线所经过的成圈机件的表面应尽可能光滑。

（3）牵拉张力 T_d。随着牵拉张力 T_d 增加，T_M 也增大。一般在保证退圈时织物不会随针上浮涌出针筒口以及成圈各阶段能顺利进行的条件下，应尽量减小牵拉张力。

（4）弯纱三角角度 γ。当弯纱深度 X 保持不变时，随着弯纱三角角度 γ 的增大，同时参加弯纱的针数将减小，弯纱区中纱线与成圈机件包围角总和相应减小，从而使最大弯纱张力 T_M 降低。但 γ 的增大，会使织针在下降时与弯纱三角之间的作用力加大，导致织针较快的疲劳损坏。因此，在设计弯纱三角角度 γ 时，既要考虑同时弯纱的针数不能太多，又要兼顾织针与三角间的作用力不能太大。

（5）尖底和平底弯纱三角。弯纱三角的底部可以制成尖底或平底。当采用尖底弯纱三角时，织针被压至最低点后，很快回针上升，从而放松了钩住的新线圈，使其可以将部分纱段回退给随后正在下降弯纱那枚织针中的线圈，这属于有回退弯纱方式。在此情况下，最大弯纱张力 T_M 往往出现在织针尚未下降至压针最低点之前。回退也使织物的实际线圈长度有所减小。当采用平底弯纱三角时，织针到达压针最低点后，将受平底的控制保持水平运动一段距离，才回针上升。平底宽度越宽，控制的针数越多，即在到达压针最低点之后，要隔更多的针数才允许回升。若平底弯纱三角的弯纱角度 γ 和弯纱深度 X 与尖底弯纱三角的相同，则前者的 T_M 位置较靠近压针最低点，这致使最大弯纱张力 T_M 较大，编成的实际线圈长度较长。试验表明，在平底控制 1 或 2 个针距时，仍有回退现象，控制针数再多时，则不再出现回退现象。

在实际编织时，通常需根据工艺要求调整弯纱深度，这是通过改变弯纱三角的高低位置来完成的。在传统机器上，一般是各个成圈系统三角分别调节。目前单面圆纬机一般都采用了整体同步调节机构，可快速、准确、方便地同时调整各系统弯纱三角的高低位置。

纬编针织机的送纱方式有消极式和积极式两种。对于采用消极式送纱装置（即需要多少输送多少）的纬编机，线圈长度主要由弯纱深度决定。因此，调整弯纱三角的目的是为了改变线圈长度,即织物的密度。对于采用积极式送纱装置(即在单位时间内主动给每一成圈系统输送一定长度的纱线)的机器,线圈长度主要由该装置的送纱速度(单位时间内的输线长度)来决定,因此改变线圈长度必须要调整送纱装置的送纱速度;此时调整弯纱三角高低位置的目的是使织针能按照送纱装置的送纱速度吃纱弯纱,从而使弯纱张力在合适范围。采用积极式送纱装置的针织机,如果弯纱三角位置太低,则成圈所需纱线长度超过送纱量,使弯纱张力上升,当超过纱线断裂强度时,就会发生断头织疵;若弯纱三角位置过高,成圈时所需纱线长度小于送纱量,使弯纱张力过小甚至接近于零,导致张力自停装置发出停机信号,机器停止运转。

以上有关成圈工艺的分析,不仅只局限于单面圆纬机和编织平针组织,其基本原理对于许多针织机和组织的编织也适用。

(四)成圈系统中针与沉降片的运动轨迹

1. 舌针的运动轨迹 舌针的运动轨迹是以舌针的针钩内点在针筒展开平面上的位移图来表示,它由舌针三角的廓面形状所决定。不同的机型,如果三角廓面设计不一样,其舌针的运动轨迹也不相同。典型的舌针运动轨迹如图 2-16 所示。舌针轨迹中上升与下降所采用的角度,根据工艺要求以及机件的性能有可能不同。一般退圈角度(起针角)φ 较弯纱角度(压针角)γ 要小,这有利于减小起针时针与三角的作用力。一个成圈系统所占的宽度 L 为:

$$L = H(\cos\phi + \cos\gamma) + f_1 + f_2 \tag{2-17}$$

其中 H 为舌针的动程(参见图 2-9)。起针角度 φ 一般是这样来选择的,即在退圈过程中,在相邻舌针上,不可同时有旧线圈处于针舌勺上,如图 2-17 所示。当旧线圈处于针舌勺上时,它的尺寸要扩张。如果同时处于针舌勺的旧线圈过多,在编织紧密织物时,会发生线圈断裂。由图 2-17 可得:

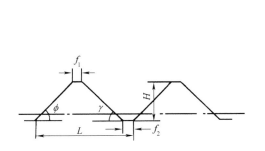

图 2-16 典型的舌针运动轨迹

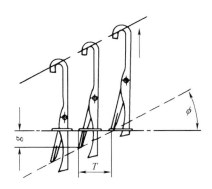

图 2-17 舌针同时套圈

$$\phi = \arctan\frac{g}{T} \tag{2-18}$$

式中:g——针舌勺长度;

T——针距。

压针角度 γ 的大小将影响同时参加弯纱的针数(即弯纱张力)和三角与织针间的作用力,而这两者又是互相矛盾的。设计时要综合考虑,兼顾这两方面。

f_1和f_2是两个平面,这是由于三角针道与针踵之间存在着一定的间隙,舌针从一块三角到另一块三角运动转向时所不可缺少的。该平面可以减少针踵在转向处同三角之间产生的碰撞。一般f_2较f_1长,f_2可以减少纱线在弯纱过程中的回退转移。增大f_1和f_2意味着三角系统的宽度L也增加,若针筒直径保持不变,则针筒一周能安装的成圈系统数量势必减少,从而降低了机器的生产效率。

2. 沉降片的运动轨迹　沉降片的运动轨迹是以片喉点在水平面上的位移图来表示,它由沉降片三角的廓面形状所决定。不同的三角廓面设计,其沉降片的运动轨迹也不一样。为了使成圈过程顺利进行,沉降片和针的运动必须精确地相互配合。沉降片的基本运动轨迹如图2-18所示。沉降片在轨迹1—2段,受沉降片三角的作用而向针筒中心移动,握持刚形成线圈的沉降弧,将线圈推向针背。舌针在轨迹Ⅰ—

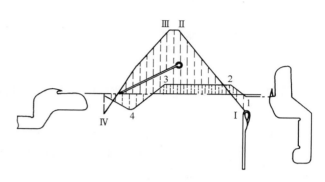

图2-18　沉降片的基本运动轨迹

Ⅱ段上升退圈,此时旧线圈处于沉降片的片喉中。舌针在Ⅱ—Ⅲ段稍作停顿后,在Ⅲ—Ⅳ段受弯纱三角的作用而下降,依次完成垫纱、弯纱等成圈阶段。从图2-18可见,Ⅲ—Ⅳ段轨迹为一折线。织针开始下降阶段压针三角角度较小,这可减小舌针在运动转向处与三角的撞击力。在将要进入弯纱区域,压针三角角度增大,这可减小同时参加弯纱的针数,从而降低弯纱张力。沉降片在3—4段,逐渐向针筒外侧移动,以便舌针的弯纱能在片颚上进行。从位置4开始,沉降片再度移向针筒中心,为牵拉新线圈作好准备。

（五）沉降片双向（相对）运动技术（relative technology）

在一般的单针筒舌针圆纬机中,沉降片除了随针筒同步回转外,只在水平方向作径向运动。在某些先进圆纬机中,沉降片除了可以径向运动外,还能沿垂直方向与织针作相对运动,从而使成圈条件在许多方面得到改善。沉降片双向运动视机型不同而有多种形式,但其基本原理是相同的。

1. 沉降片双向运动的几种形式　以下是目前使用的三种沉降片双向运动形式。

（1）图2-19显示了某种单针筒圆纬机垂直配置的双向运动沉降片。该机取消了传统的水平配置的沉降片圆环,沉降片2垂直安装在针筒中织针1的旁边,它具有三个片踵,3、5分别为向针筒中心和针筒外侧摆动踵,4为升降踵,6为摆动支点。沉降片三角9、10分别作用于片踵3、5,使沉降片以支点6作径向摆动,以实现辅助牵拉作用。片踵4受沉降片三角7的控制,在退圈时下降和弯纱时上升,与针形成相对运动。针踵受织针三角8控制作上下运动。该机改变弯纱深度不是靠调节压针三角高低位置,而是通过调节沉降片升降三角7来实现。由于该机去除了沉降片圆环,易于对成圈区域和机件进行操作与调整。

（2）图2-20显示了另一种形式的双向运动沉降片。沉降片与传统机器中的一样,水平配置在沉降片圆环内,但它具有两个片踵,分别由两组沉降片三角控制。片踵1受三角2的控制使沉降片作径向运动。片踵4受三角3的控制使沉降片作垂直运动。

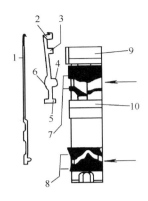 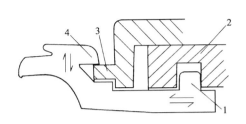

图 2-19 垂直配置的双向运动沉降片　　　　图 2-20 水平配置的双向运动沉降片

（3）图 2-21 显示了称为 Z 系列（斜向运动）形式的双向运动沉降片。它配置在与水平面成 α 角（一般约 20°）倾斜的沉降片圆环中。当沉降片受沉降片三角控制沿斜面移动一定距离 c 时，将分别在水平径向和垂直方向产生动程 a 和 b。

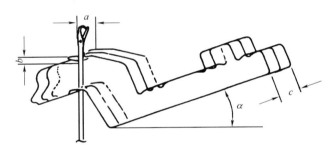

图 2-21 Z 系列双向运动沉降片

2. 双向运动沉降片的特点　由于针与沉降片在垂直方向的相对运动，使得织针在成圈过程中的动程相应减小。如果三角的角度不变，则每一三角系统所占宽度可相应减小，这样可增加机器的成圈系统数量。如果每一三角系统的宽度不变，则可减小三角的角度，使得织针和其他成圈机件受力更加合理，有利于提高机速。以上两方面都能使生产率比传统圆机提高 30% ~ 40%。

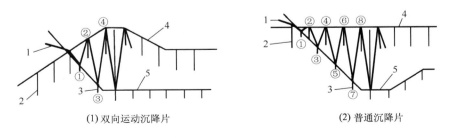

（1）双向运动沉降片　　　　　　　　（2）普通沉降片

图 2-22 普通沉降片与双向运动沉降片的弯纱比较

图 2-22 表示采用双向运动沉降片和普通沉降片的弯纱比较。其中 1 是纱线，2、3 分别是沉降片和织针，4、5 分别为沉降片和织针的运动轨迹。在弯纱深度和弯纱角度相同的条件下，

采用双向运动沉降片[图2－22（1）]比传统沉降片[图2－22（2）]同时参加弯纱的针数少了近一半。这样，纱线与成圈机件包围角总和相应减少，弯纱张力可以降低，因此减少了由于纱线不匀或张力太大等原因造成的破洞等织疵。经运转实验比较，织疵可比传统圆机减少70%左右，使织物的外观、手感以及尺寸稳定性等质量指标提高。此外，由于弯纱张力减小，对所加工纱线的质量要求相应降低，特别是那些强度较低、质量较差的纱线也可以得到应用。

再者，三角角度和纱线张力的减小，使织针等机件在成圈过程中受力减小，磨损降低，使用寿命得以提高。

尽管双向运动沉降片具有上述优点，但也存在一些不足。如成圈机件数量增加，制造精度和配合要求较高等。

五、单面复合针圆纬机的编织工艺

复合针发明至今已有一百多年，用于经编机也有几十年，由于机械加工和制造技术的进步，近年来在纬编机上也得到一定的应用。复合针可用于各种类型的纬编机，如普通的单面圆机、双向运动沉降片单面圆机以及双面圆机。下面介绍采用双向运动沉降片的单面复合针圆纬机编织平针组织的工艺。

（一）成圈机件及其配置

图2－23显示了该机所用的针、沉降片和三角。复合针由针身（stem）1和针芯（tongue，slide）2组成。三角座上的三角块12、13分别作用于针芯2的针踵3和针身1的针踵4，控制针芯和针身按一定规律上下运动。沉降片6的片踵8受三角块10和11的控制，在退圈时下降和弯纱时上升，与针形成相对运动。三角块14、15分别作用沉降片6的片踵7、9，使沉降片以支点5作径向摆动，以实现辅助牵拉等作用。

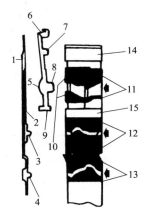

图2－23　单面复合针圆机的成圈机件

（二）成圈过程

图2－24显示了该机编织平针组织的成圈过程。

位置Ⅰ[图2－24（1）]：针身1上升，针芯2保持不动，针口打开，准备退圈。沉降片3向针筒中心运动，将旧线圈4推向针后，辅助牵拉和防止退圈时重套。

位置Ⅱ[图2－24（2）]：针身1继续向上运动，沉降片3向下运动，使在针头中的旧线圈4向针身下方移，到达1与2交汇处。此时沉降片3略向外移，放松线圈。

位置Ⅲ[图2－24（3）]：随着针身1的进一步上升和针芯2的下降，旧线圈4滑至针杆上完成了退圈。导纱器5开始对针垫入新纱线6。

位置Ⅳ[图2－24（4）]：针身1下降，针芯2上升，针口开始关闭，旧线圈4移至针芯2外开始套圈。针钩接触新纱线6后开始弯纱。沉降片向外运动，为纱线在片颚上弯纱让出位置。

位置Ⅴ[图2－24（5）]：随着针身1和针芯2的进一步下降与上升，针口完全关闭。与此同时沉降片3向上向外运动，使旧线圈脱圈，新纱线弯成封闭的新线圈7。

位置Ⅵ[图2－24（6）]：针身1和针芯2同步上升，放松新线圈7，处于握持位置。

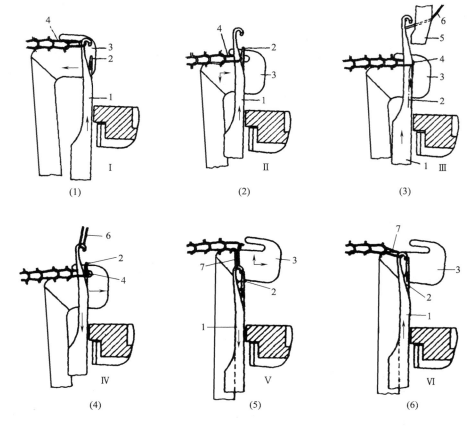

图 2-24　复合针圆机的成圈过程

(三)复合针圆机的特点

1. 织针动程短　复合针的最大特点是织针分成针身和针芯两部分,在针口打开和关闭阶段针身与针芯产生反向相对运动,因此完成一个成圈过程织针的动程大为减小,只是普通舌针的一半左右。这样每一成圈系统所占的宽度减小,有利于增加路数,可达到每 25.4mm(1 英寸)针筒直径 5 个成圈系统,生产效率比舌针圆纬机大为提高。

2. 提高了织物质量　复合针针头外形平滑,符合成圈要求,在成圈过程中线圈不会受到不合理的扩张。复合针与钩针、舌针在针头外形上相比较,如图 2-25 所示。舌针针廓尺寸的变化从 1.0~1.55mm,钩针的针廓尺寸更是时小时大,复杂多变,这会引起线圈变形。而复合针的针廓

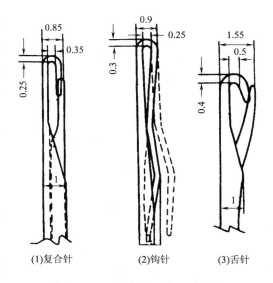

图 2-25　三种针外形与尺寸比较

尺寸只是在 0.85~1.0mm 之间变化,而且是逐渐过渡的。因此,复合针使得成圈均匀度提高,

且织疵也减少很多。

3. 飞花尘屑减少　与舌针相比,复合针在成圈过程中不需要用旧线圈将针舌打开和关闭,纱线所受的张力较小,所以在用短纤纱编织时,产生的飞花尘屑就会减少,导纱孔不易阻塞,编织条件得到改善。

4. 可采用低质量的纱线进行编织　由于复合针在编织过程中纱线张力较小,所以可使用强度较低、质量较差的纱线。

尽管复合针具有上述优点,但也存在一点缺点。如需要增加三角针道,机械制造精度要求很高,成本较高;针的形状与结构还不够完善,针芯头端容易弯曲;针身的槽中容易堆积尘屑飞花,造成针芯运动不顺畅等。故复合针在圆纬机中的应用比经编机迟了许多年,且尚未普及。

六、变化平针组织与编织工艺

图 2-26 显示了 1+1 变化平针(1×1 knit-miss jersey)组织的结构。其特征为:在一个平针组织的线圈纵行 A 和 B 之间,配置着另一个平针组织的线圈纵行 C、D,它属于纬编变化组织。图 2-26 所示的这种结构一个完全组织(最小循环单元)宽 2 个纵行,高 2 行。变化平针组织中每一根纱线上的相邻两个线圈之间,存在较长的水平浮线,因此与平针组织相比,其横向延伸度较小,尺寸较为稳定。变化平针组织一般较少单独使用,通常是与其他组织复合,形成花色组织和花色效应。

图 2-27 显示了与图 2-26 相对应的编织图。其编织工艺为:在第 1 成圈系统,通过选针装置的作用,使 A、B 针成圈,C、D 针不编织,从而形成了编织图的第 1 行;在第 2 成圈系统,通过选针使 C、D 针成圈,A、B 针不编织,从而形成了编织图的第 2 行。在随后的成圈系统,按照此方法循环,便可以编织出变化平针组织。

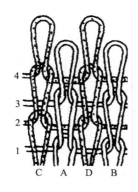

图 2-26　变化平针组织的结构

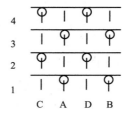

图 2-27　变化平针组织的编织工艺

第二节　罗纹组织与编织工艺

一、罗纹组织的结构

罗纹组织(rib stitch)系双面纬编针织物的基本组织,它是由正面线圈纵行和反面线圈纵行以一定组合相间配置而成。

图 2-28 为由一个正面线圈纵行和一个反面线圈纵行相间配置而形成的 1+1 罗纹组织。1+1 罗纹织物的一个完全组织(最小循环单元)包含了一个正面线圈和一个反面线圈,即由纱线 1—2—3—4—5 组成。它先形成正面线圈 1—2—3,接着形成反面线圈 3—4—5,然后又形成正面线圈 5—6—7,如此交替而成罗纹组织。罗纹组织的正反面线圈不在同一平面上,因而沉降弧须由前到后,再由后到前地把正反面线圈相连,造成沉降弧较大的弯曲与扭转。由于纱线的弹性沉降弧力图伸直,结果使以正反面线圈纵行相间配置的罗纹组织每一面上的线圈纵行相互毗连。即横向不拉伸,织物的两面只能看到正面线圈纵行;织物横向拉伸后,每一面都能看到正面线圈纵行与反面线圈纵行交替配置,如 2-28(2)所示。

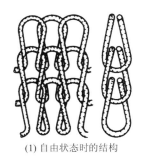

(1) 自由状态时的结构

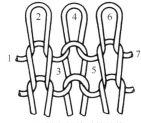

(2) 横向拉伸时的结构

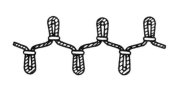

(3) 上机配置图

图 2-28　1+1 罗纹组织结构

罗纹组织的种类很多,取决于正反面线圈纵行数不同的配置,通常用数字代表其正反面线圈纵行数的组合,如 1+1 罗纹、2+2 罗纹、5+3 罗纹等。图 2-29 显示的是 2+2 罗纹组织的结构。

二、罗纹组织的结构参数及其相互关系

罗纹组织的结构参数包括线圈长度 l、未充满系数 δ、在平衡状态下的圈距 A 与圈高 B。这里的圈距是指在没有拉伸时由针织物一面求得的两个相邻正面线圈对应点之间的距离。

图 2-29　2+2 罗纹组织结构

对棉、羊毛纱织物来讲,未充满系数一般取 21。因此,在给定纱线线密度条件下,根据未充满系数就可求得上机时应该编织的线圈长度。在平衡条件下 1+1 罗纹组织的圈高与圈距可由以下经验公式求得:

对于棉纱有:

$$A_{平衡} = 0.30l + 0.0032\sqrt{\text{Tt}}; B_{平衡} = 0.28l - 0.041\sqrt{\text{Tt}} \tag{2-19}$$

对于羊毛纱有:

$$A_{平衡} = 0.25l + 0.041\sqrt{\text{Tt}}; B_{平衡} = 0.27l - 0.047\sqrt{\text{Tt}} \tag{2-20}$$

式中:l——线圈长度,mm;

Tt——纱线线密度,tex。

罗纹组织的密度对比系数 C 一般根据线圈长度及纱线种类来决定,棉纱和毛纱 C 为 0.6 ~ 0.9。

罗纹组织的纵向密度 P_B 是以规定长度 50mm 内的线圈横列数来表示,而横向密度 P_A 是在以规定宽度 50mm 内,针织物一面的正面线圈纵行数来表示,这时所求得的密度是实际密度,织物两面的实际横密分别用 P'_A 和 P''_A 表示。图 2 - 30 显示了 1 + 1 罗纹、2 + 2 罗纹、3 + 3 罗纹的编织图,其中黑点表示针槽中该枚织针抽去,或通过选针方式使该枚织针不编织。当参加编织的针数一样,线圈长度和纱线细度也相同的条件下,2 + 2 罗纹织物的宽度要大于 1 + 1 罗纹,这样在 50mm 宽度内 2 + 2 罗纹一面的线圈纵行数要少于 1 + 1 罗纹,即 2 + 2 罗纹的实际横密小于 1 + 1 罗纹。同理,在上述相同的条件下,3 + 3 罗纹的实际横密小于 2 + 2 罗纹。因此用实际横密就难以比较不同种类罗纹组织的横向稠密程度。

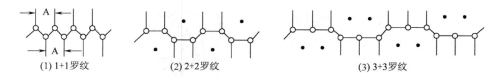

(1) 1+1罗纹　　　　(2) 2+2罗纹　　　　(3) 3+3罗纹

图 2 - 30　三种罗纹组织编织图

如果需要在各种不同种类罗纹组织之间进行比较时,可分别换算成相当于 1 + 1 罗纹组织线圈结构的横向密度。若以 1 + 1 罗纹组织的横密作为换算标准,即换算横向密度为:

$$P_{An} = \frac{50}{A} \qquad (2 - 21)$$

在罗纹组织的每一个完全组织 $R(R = a + b$,例如:1 + 1 罗纹 $R = 2$ 纵行,2 + 2 罗纹 $R = 4$ 纵行,以此类推)中,由于纱线弹性的关系,在正反面线圈纵行交界的地方,反面线圈将以半只线圈的宽度隐潜于相邻正面线圈之后,如图 2 - 28(1)和图 2 - 29 所示,即在 R 纵行中反面线圈纵行隐潜于正面线圈纵行后面的宽度将为一只线圈。因此,在 50mm 宽度内,隐潜的线圈纵行数为:

$$\frac{P'_A + P''_A}{R} \qquad (2 - 22)$$

这样在 50mm 宽度内扣除了隐潜的线圈纵行数之后,排列在织物一面的线圈纵行数(相当于 1 + 1 罗纹一面的线圈纵行数)为:

$$P'_A + P''_A - \frac{P'_A + P''_A}{R} = (P'_A + P''_A)\left(1 - \frac{1}{R}\right) \qquad (2 - 23)$$

由式(2 - 21)和式(2 - 23)可得换算横密与实际横密之间的关系如下:

$$P_{An} = (P'_A + P''_A)\left(1 - \frac{1}{R}\right) \qquad (2 - 24)$$

由此可见,在罗纹组织实际横密相同的条件下,完全组织 R 越大,其换算横密也越大,即针织物较为稠密。

三、罗纹组织的特性与用途

(一)弹性

罗纹组织在横向拉伸时,连接正反面线圈的沉降弧从近似垂直于织物平面向平行于织物平面偏转,产生较大的弯曲。当外力去除后,弯曲较大的沉降弧力图回复到近似垂直于织物平面的位置,从而使同一平面上的相邻线圈靠拢,因此罗纹针织物具有良好的横向弹性。其弹性除取决于针织物的组织结构外,更与纱线的弹性、摩擦力以及针织物的密度有关。纱线的弹性愈好,针织物拉伸后恢复原状的弹性也就愈好。纱线间的摩擦力取决于纱线间的压力和纱线间的摩擦系数。当纱线间摩擦力愈小时,则针织物回复其原有尺寸的阻力愈小。在一定范围内结构紧密的罗纹针织物,其纱线弯曲大,因而弹性就较好。综上所述,为了提高罗纹针织物的弹性,应该采用弹性较好的纱线和在一定范围内适当提高针织物的密度。

(二)延伸度

1+1罗纹组织在纵向拉伸时的线圈结构形态如图2-31(1)所示,在不考虑纱线伸长的条件下,其圈高的最大值可用平针组织类似的公式(2-8)来计算:

$$B_{max} \approx \frac{l - 3\pi d}{2} \qquad (2-25)$$

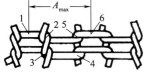

(1)纵向拉伸　　　　(2)横向拉伸

图2-31　1+1罗纹组织拉伸时的线圈结构形态

式中:l——线圈长度;

　　　d——纱线直径。

而纵向相对延伸度 E_B 为:

$$E_B = \frac{B_{max}}{B} = \frac{l - 3\pi d}{2B} \qquad (2-26)$$

1+1罗纹组织在横向拉伸时的线圈结构形态如图2-31(2)所示。其圈距最大值也可用平针组织类似的公式(2-10)来计算:

$$A_{max} \approx l - 3\pi d \qquad (2-27)$$

而原始宽度50mm的罗纹织物横向拉伸后的最大宽度为:

$$M_{max} = A_{max} \times (P'_A + P''_A) \qquad (2-28)$$

由式(2-21)和式(2-24)可得:

$$50 = A(P'_A + P''_A)\left(1 - \frac{1}{R}\right) \qquad (2-29)$$

因此,罗纹织物的横向相对延伸度 E_A 为:

$$E_A = \frac{M_{max}}{50} = \frac{l - 3\pi d}{A\left(1 - \frac{1}{R}\right)} \qquad (2-30)$$

所以罗纹组织的完全组织 R 愈大,则横向相对延伸度愈小。

（三）脱散性

1+1 罗纹组织只能在边缘横列逆编织方向脱散。其他种类如 3+3 罗纹、4+6 罗纹等组织，除了能逆编织方向脱散外，由于相连在一起的正面或反面的同类线圈纵行与纬平针组织结构相似，故当某线圈纱线断裂，也会发生线圈沿着纵行从断纱处分解脱散的梯脱情况。

（四）卷边性

在正反面线圈纵行数相同的罗纹组织中，由于造成卷边的力彼此平衡，因而并不出现卷边现象。在正反面线圈纵行数不同的罗纹组织中，虽有卷边现象但不严重。

（五）用途

罗纹组织因具有较好的横向弹性与延伸度，故适宜制作内衣、毛衫、袜品等的紧身收口部段，如领口、袖口、裤脚管口、下摆、袜口等。且由于罗纹组织顺编织方向不能沿边缘横列脱散，所以上述收口部段可直接织成光边，无需再缝边或拷边。

罗纹织物还常用于生产贴身或紧身的弹力衫裤，特别是织物中织入或衬入氨纶等弹性纱线后，服装的贴身、弹性和延伸效果更佳。

四、罗纹机的编织工艺

罗纹组织可以在罗纹机、双面提花机、双面多针道机、横机等多种针织机上编织，其中以罗纹机最为基本与常用。罗纹机的针筒直径范围很广，筒径小的有编织袖口的 89mm（3.5 英寸），大的直至 864mm（34 英寸）。

（一）成圈机件及其配置

如图 2-32 所示，圆形罗纹机有两个针床，其中针床 1 呈圆盘形且配置在另一针床之上，故称上针盘（dial），针床 2 呈圆筒形且配置在上针盘之下，又称下针筒，上针盘与下针筒相互成 90° 配置，而且同步回转。上针（dial needle）3 安插在上针盘针槽中，下针（cylinder needle）4 安插在下针筒针槽中。上三角 5 固装在上三角座 6 中，控制上针水平径向运动。下三角 7 固装在下三角座 8 中，控制下针上下运动。导纱器 9 对上下针垫纱。

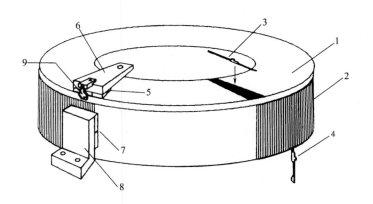

图 2-32　罗纹机成圈机件配置

图 2-33 显示了上下针槽的对位。上针盘 Y 的针槽（1~6）与下针筒 Z 的针槽（1~6）呈相间交错对位。当编织 1+1 罗纹组织时，上针盘与下针筒的针槽中插满了舌针，上下织针也呈相

间交错排列,如图 2 - 30(1)所示。如果要编织 2 + 2 罗纹、3 + 3 罗纹,则上下织针按图 2 - 30 (2)、(3)所示的排列。

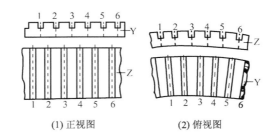

(1) 正视图　　　　(2) 俯视图

图 2 - 33　上下针槽对位

(二)成圈过程

与舌针编织平针组织一样,罗纹组织的成圈过程也分为八个阶段。在罗纹机上采用上下针同步成圈方式的成圈过程如图 2 - 34 所示。

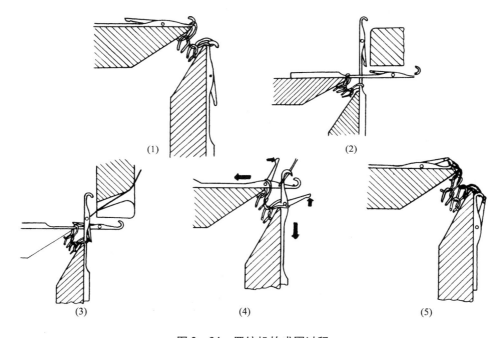

图 2 - 34　罗纹机的成圈过程

1. 退圈　如图 2 - 34(1)、(2)所示。上下针分别在上下起针三角的作用下,从起始位置移动到最外和最高位置,旧线圈从针钩中退至针杆上,完成退圈。为了防止针舌反拨,导纱器开始控制针舌。

2. 垫纱　如图 2 - 34(3)所示。上下针分别在压针三角作用下,逐渐向内和向下运动,新纱线垫入针钩内。

3. 闭口　如图 2 - 34(4)所示。上下针继续向内和向下运动,由旧线圈关闭针舌。

4. 套圈、弯纱、脱圈、成圈与牵拉　如图 2 - 34(5)所示。上下针移至最里和最低位置,依次完成套圈、弯纱、脱圈,并形成了新线圈,最后由牵拉机构进行牵拉。

(三)上下针的成圈配合分析

在罗纹机上,根据上下针成圈是有先后还是同步完成,成圈可以分为三种方式:滞后成圈、同步成圈和超前成圈。

1. 滞后成圈 滞后成圈(delayed timing)是指下针先被压至弯纱最低点完成成圈,上针比下针迟1~6针被压至弯纱最里点进行成圈,即上针滞后于下针成圈。图2-35(1)表示上下针运动轨迹的配合。图2-35(1)中2、1分别是上下针针头的运动轨迹,3是织针运动方向。4、5分别为导纱器和导纱孔,6、7分别是导纱器的后沿与前沿。8、9分别是上下针针舌开启区域,11、10分别为上下针针舌关闭区域。12、13分别是导纱器高低和左右要调整的距离。

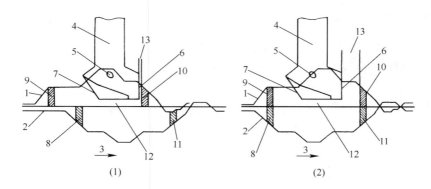

图2-35 滞后成圈与同步成圈

这种成圈方式,在下针先弯纱成圈时,弯成的线圈长度一般为所要求的两倍。然后下针略微回升,放松线圈,分一部分纱线供上针弯纱成圈。所以这种弯纱方式又属于分纱式弯纱。其优点是由于同时参加弯纱的针数较少,弯纱张力较小,对纱线强度的要求相对较低;而且因为分纱,弯纱的不均匀性可由上下线圈分担,有利于提高线圈的均匀性。因此这种弯纱方式应用较多,适合于编织在每个成圈系统中上下针用纱量都保持恒定的织物,一般是没有花纹的织物,例如1+1罗纹组织,双罗纹组织等。滞后成圈可以编织较为紧密的织物,但其弹性较差。

2. 同步成圈 同步成圈(synchronous timing)是指上下针同时到达弯纱最里点和最低点形成新线圈,图2-35(2)表示其运动轨迹。图2-35(2)中数字所代表的对象和含义与图2-35(1)相同。同步成圈主要用于上下织针不是规则顺序编织成圈的情况,如生产花式罗纹和提花织物等。编织这类织物时,在每个成圈系统不是所有下针都成圈,下针的用纱量经常在变化,要靠不成圈的下针分纱给相对应的上针去成圈有困难,故不能采用滞后成圈。同步成圈的特点是同时参加弯纱的针数较多,弯纱张力较大,对纱线强度要求较高,可以编织较松软弹性好的织物。

3. 超前成圈 超前成圈(advanced timing)是指上针先于下针弯纱成圈。这种方式较少采用,一般用于在针盘上编织集圈或密度较大的凹凸织物,也可以编织较为紧密的织物。

上下织针的成圈是由上下弯纱三角控制的,因此上下针的成圈配合实际上是由上下三角的对位所决定的。生产时应根据所编织的产品特点,检验与调整罗纹机上下三角的对位,即上针最里点与下针最低点的相对位置。

以上提到的滞后成圈、同步成圈和超前成圈的原理,也适用于其他的双针床纬编针织机。

第三节　双罗纹组织与编织工艺

一、双罗纹组织的结构

双罗纹组织(interlock stitch)是由两个罗纹组织彼此复合而成,又称棉毛织物。图2-36显示了最简单和基本的双罗纹(1+1双罗纹)组织的结构,在一个罗纹组织线圈纵行(纱线1编织)之间配置了另一个罗纹组织的线圈纵行(纱线2编织),由相邻两个成圈系统的纱线1、2形成一个完整的线圈横列,它属于一种双面变化组织。

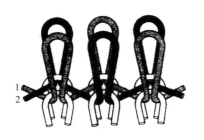

图2-36　双罗纹组织结构

在双罗纹组织的线圈结构中,一个罗纹组织的反面线圈纵行为另一个罗纹组织的正面线圈纵行所遮盖,即不管织物横向是否受到拉伸,在织物两面都只能看到正面线圈,因此也可称为双正面组织。

双罗纹组织与罗纹组织相似,根据不同的织针配置方式,可以编织各种不同的双罗纹织物,如1+1双罗纹、2+2双罗纹和2+3双罗纹等。

二、双罗纹组织的特性与用途

(一)结构参数

一般制作内衣及运动衣等的双罗纹组织的未充满系数在22~26之间,根据纱线细度和未充满系数可以确定织物的线圈长度。双罗纹组织的密度对比系数C一般在0.8~1.3之间。在平衡条件下,棉1+1双罗纹组织的圈高与圈距可由以下经验公式求得:

$$A_{平衡} = 0.13l + 0.11\sqrt{Tt}, B_{平衡} = 0.35l - 0.095\sqrt{Tt} \qquad (2-31)$$

式中:l——线圈长度,mm;

Tt——纱线线密度,tex。

(二)弹性和延伸度

由于双罗纹组织是由两个罗纹组织复合而成,因此在未充满系数和线圈纵行的配置与罗纹组织相同的条件下,其弹性与延伸度都较罗纹组织小,尺寸比较稳定。

(三)脱散性和卷边性

双罗纹组织的边缘横列只可逆编织方向脱散,由于同一线圈横列由两根纱线组成,线圈间彼此摩擦较大,所以脱散不如罗纹组织容易。此外,当个别线圈断裂时,因受另一个罗纹组织线圈摩擦的阻碍,不易发生线圈沿着纵行从断纱处分解脱散的梯脱情况。双罗纹组织还与罗纹组织一样,不会卷边。

(四)用途

根据双罗纹组织的编织特点,采用色纱经适当的上机工艺,可以编织出彩横条、彩纵条、彩色小方格等花色双罗纹织物(俗称花色棉毛布)。另外,在上针盘或下针筒上某些针槽中不插针,可形成各种纵向凹凸条纹,俗称抽条棉毛布。

在纱线细度和织物结构参数相同的情况下,双罗纹织物比平针和罗纹织物要紧密厚实,是制作冬季棉毛衫裤的面料之一。除此之外,双罗纹织物还具有尺寸比较稳定的特点,所以也可用于生产休闲服、运动装和外套等。

三、双罗纹机的编织工艺

双罗纹机又称棉毛机,筒径一般为 356~965mm(14~38 英寸),主要用来生产双罗纹组织等,采用变换三角还可编织复合组织。

(一)成圈机件及其配置

与罗纹机一样,双罗纹机也有下针筒和上针盘。所不同的是,双罗纹机的下针筒针槽与上针盘针槽相对配置,而不像罗纹机那样上下针槽相间交错对位。图 2-37 显示了双罗纹机上下针槽的对位。上针盘 Y 的针槽(1~6)与下针筒 Z 的针槽(1~6)呈相对置。

由于双罗纹组织是由两个 1+1 罗纹复合而成,故需要用四组针(四种针)来进行编织,如图 2-38 所示。下针分为高踵针 1 和低踵针 2,两种针在下针筒针槽中呈 1 隔 1 排列。上针也分高踵针 3 和低踵针 4 两种,在上针盘针槽中也呈 1 隔 1 排列。上下针的对位关系是:上高踵针 3 对下低踵针 2,上低踵针 4 对下高踵针 1。编织时,下高踵针 1 与上高踵针 3 在某一成圈系统编织一个 1+1 罗纹,下低踵针 2 与上低踵针 4 在紧接着的下一个成圈系统编织另一个 1+1 罗纹。

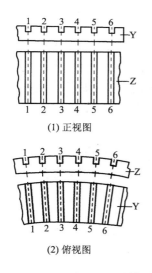

图 2-37　双罗纹机上下针槽对位

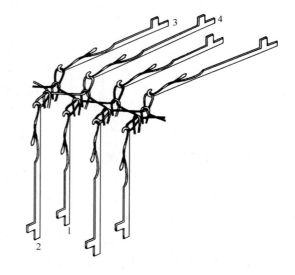

图 2-38　双罗纹机的织针配置

由于上下针都分高踵和低踵两种,故上下三角也相应分为高低两档(即各两条针道),分别控制高低踵针。图 2-39 所示为某种双罗纹机相邻两个成圈系统上下三角对位的平面图(实际机器中上下三角并不在一个平面,这里为了更清楚说明问题),其成圈三角的对位关系可以归结为两点:下高对上高(即下三角 3 与上三角 4 对位),下低对上低(即下三角 9 与上三角 10 对位)。图中箭头表示织针的运动方向。不同的机型三角针道廓面形状可能有差异,但基本工作原理是相似的。

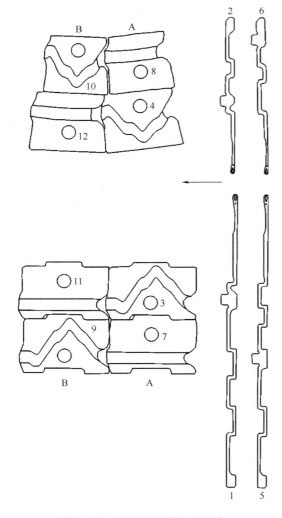

图2-39 双罗纹机的三角系统

在成圈系统A中,下高踵针1和上高踵针2分别受到下高档成圈三角3和上高档成圈三角4的控制,编织一个1+1罗纹。与此同时,下低踵针5和上低踵针6经过由下低档不编织三角7和上低档不编织三角8形成的针道,在下针槽中不上下运动及在上针槽中不径向运动,从而将原有的旧线圈握持在针钩中,不退圈、不垫纱和不成圈,即上下低踵针都不进行编织。

在随后的成圈系统B中,下低踵针5和上低踵针6分别受下低档成圈三角9和上低档成圈三角10的控制,编织另一个1+1罗纹。与以上相似,下高踵针1与上高踵针2经过由下高档不编织三角11和上高档不编织三角12形成的针道,将原有的旧线圈握持在针钩中,不退圈、不垫纱和不成圈,即不进行编织。

经过A、B两路一个循环,编织出了一个完整的双罗纹线圈横列。因此双罗纹机的成圈系统数必须是偶数。

(二)成圈过程及上下针的配合分析

双罗纹机高低踵针的成圈过程完全一样,且与罗纹机采用的滞后成圈方式相近。

1.退圈 双罗纹机的退圈一般有上下针同步起针与上针超前下针1~3针起针两种方式。后一种方式,上针先出针能起到类似单面圆纬机中沉降片的握持作用,在随后下针退圈过程中,可以阻止织物随下针上升涌出筒口造成织疵,保证可靠地退圈。同时,这也可适当减小织物的牵拉张力。

2.垫纱 由于双罗纹机一般采用滞后成圈方式,所以下针先垫纱、弯纱和成圈。从图2-40可以看出,下针先下降,纱线已垫入针钩并闭口,此时纱线尚未垫入上针针钩。上针的垫纱是随着下针弯纱成圈而完成的。因此,导纱器的位置调整应以下针为主,兼顾上针。

3.弯纱 下针先钩住纱线,并将其搁在上针针舌进行弯纱,形成加长的线圈,如图2-41所示。然后下针回升并分纱给上针,上针向针筒中心运动进行弯纱,如图2-42所示。这种分纱式的弯纱可减小弯纱张力并提高线圈均匀性。

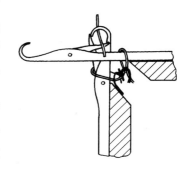

图2-40 双罗纹机下针垫纱

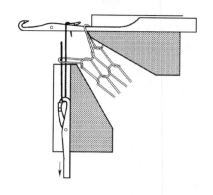

图2-41 双罗纹机下针弯纱

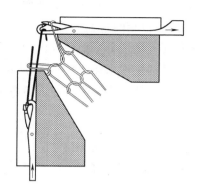

图2-42 双罗纹机上针弯纱

有些机器,下针压针三角设计成一个小平面,即平底弯纱三角。下针运动到压针三角最低位置后,不马上回升和放松已弯好的线圈,让其稳定一个短暂时间。此时正在弯纱织针所需的纱线只能从导纱器那侧获得,这有利于提高线圈的均匀性。

4. 成圈 在下针回针和上针压针弯纱成圈后,上下针都形成了所需的线圈长度。最后由牵拉机构对织物进行牵拉。

5. 上下针运动轨迹及配合 双罗纹机成圈过程中上下针的配合还可用上下针运动轨迹来表示。图2-43是某种双罗纹机的上下针头运动轨迹及其对位。织针从左向右运动。1、2分别是下针头和上针头的运动轨迹,3、4是分别是针筒筒口线和针盘盘口线。上下针分别在位置Ⅰ、Ⅱ开始退圈,因此上针先于下针退圈。上下针基本上同时在位置Ⅲ完成退圈。下针在位置Ⅳ完成弯纱,上针在位置Ⅴ成圈,所以上针滞后于下针成圈。此外,上下

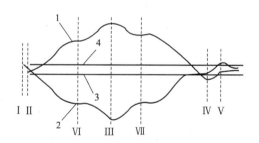

图2-43 双罗纹机上下针头运动轨迹及其对位

针在退圈阶段还有一小段近似平面(位置Ⅵ附近),这称为"起针平面",在压针阶段也有一小段近似平面(位置Ⅶ附近),这称为"收针平面"。设置起针平面和收针平面,优点是导纱器的安装和调整比较便利,缺点是增加了成圈系统所占的宽度。当三角角度保持不变时,成圈系统宽度的增加意味着针筒一周能够安装的成圈系统数量减少,即机器的生产率降低。因此,在设计三角时要综合考虑。需要说明的是,各种型号的棉毛机的三角设计并不完全一样,因此上下针的运动轨迹及其配合也不尽相同。

(三)花色双罗纹织物编织工艺实例

图2-44显示了一种花色双罗纹织物的编织工艺实例。其中2-44(1)是编织图,上下针都是按照2根高踵针(长竖线表示)与2根低踵针(短竖线表示)相间排列,而且是上高踵针对下低踵针,上低踵针对下高踵针,这种织针排列方式又称为2+2双罗纹。一个完全组织需要8个成圈系统(8根纱线)编织,每一行编织图的右侧文字表示该系统编织所用的纱线颜色。图2-44(2)是与编织图(1)相对应的各系统上下针三角的排列和色纱的配置。由图2-44(1)、

（2）可知，从第1至第4路，上下针编织两个完整的双罗纹线圈横列，在横列上呈现2个蓝色纵行与2个红色纵行相间排列的花色效果；从第5至第8路，上下针编织另两个完整的双罗纹线圈横列，在横列上呈现2个白色纵行与2个绿色纵行相间排列的花色效果。因此，经过8路的编织，织物两面都呈现出图2-44（3）所示的四色小方格完全组织（最小循环单元），每一色小方格宽度2个纵行，高度2个横列。通过改变上下织针的排列和色纱的配置，还可以编织出其他花色双罗纹织物。

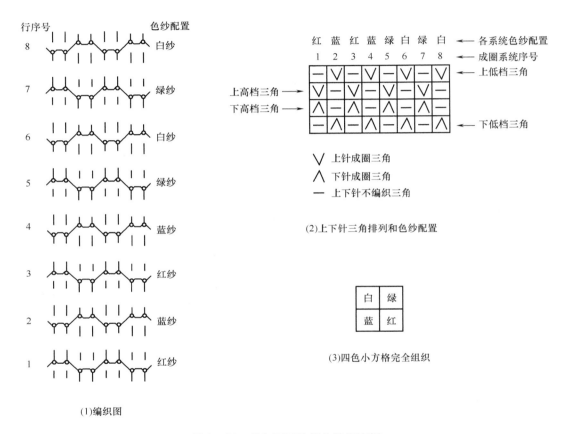

(1)编织图

(2)上下针三角排列和色纱配置

(3)四色小方格完全组织

图 2-44　花色双罗纹织物编织实例

第四节　双反面组织与编织工艺

一、双反面组织的结构

双反面组织（purl stitch，links and links stitch）也是双面纬编组织中的一种基本组织。它是由正面线圈横列和反面线圈横列相互交替配置而成，图2-45所示为最简单和最基本的1+1双反面组织，即由正面线圈横列1—1和反面线圈横列2—2交替配置构成。双反面组织由于弯曲纱线弹性力的关系导致线圈倾斜，使正面线圈横列1—1的针编弧向后倾斜，反面线圈横列2—2的针编弧向前倾斜，织物的两面都呈现出线圈的圈弧突出在前和圈柱凹陷在内，因而当织物不受外力作用时,在织物正反两面,看上去都像纬平针组织的反面,故称双反面组织。

在 1+1 双反面组织基础上,可以产生不同的结构与花色效应。如不同正反面线圈横列数的相互交替配置可以形成 2+2、3+3、2+3 等双反面结构。又如按照花纹要求,在织物表面混合配置正反面线圈区域,可形成凹凸花纹。

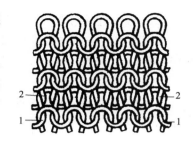

图 2-45　双反面组织结构

二、双反面组织的特性与用途

(一)未充满系数

羊毛双反面织物的未充满系数一般在 25～27 之间。

(二)纵密和厚度

双反面组织由于线圈朝垂直于织物平面方向倾斜,使织物纵向缩短,因而增加了织物的厚度与纵向密度。

(三)弹性和延伸度

双反面组织在纵向拉伸时具有较大的弹性和延伸度,超过了平针、罗纹和双罗纹组织,并且使织物具有纵横向延伸度相近的特点。

(四)脱散性和卷边性

与平针组织一样,双反面组织可以在边缘横列顺和逆编织方向脱散。其卷边性是随着正面线圈横列和反面线圈横列的组合而不同,对于 1+1 和 2+2 这些由相同数量正反面线圈横列组合而成的双反面组织,因卷边力相互抵消,故不会卷边。

(五)用途

双反面组织只能在双反面机,或具有双向移圈功能的双针床圆机和横机上编织。这些机器的编织机构较复杂,机号较低,生产效率也较低,所以该组织不如平针、罗纹和双罗纹组织应用广泛。双反面组织主要用于生产毛衫类产品。

三、双反面机的编织工艺

双反面机是一种双针床舌针纬编机,有圆形和平形两种。目前广泛使用的主要是圆形双反面机,平形双反面机已趋于淘汰。双反面机的机号一般较低(E18 以下)。

(一)成圈机件及其配置

图 2-46 显示了圆形双反面机成圈机件及配置。双头舌针 1 安插在两个呈 180°配置的上针筒 2 和下针筒 3 的针槽中,两个针筒的上下针槽相对,上下针筒同步回转。上下针筒中还分别安插着上下导针片 4、5,它们由上下三角 6、7 控制,从而带动双头舌针运动,使双头舌针可以从上针筒的针槽中转移到下针筒的针槽中或反之。成圈可以在双头舌针中的任何一个针头上进行,由于在两个针头上的脱圈方向不同,如果在一个针头上编织的是正面线圈,那么在另一个针头上编织的则是反面线圈。

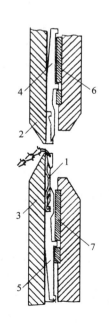

图 2-46　双反面机
成圈机件及其配置

(二)成圈过程与双头舌针的转移

双反面机的成圈过程是与双头舌针的转移密切相关的,1 + 1 双反面组织的编织如图 2 - 47 所示,可分为以下几个阶段。

1. 上针头退圈   如图 2 - 47(1)、(2)所示。双头舌针 1 受下导针片 5 的控制向上运动,使上针头中的线圈向下移动。与此同时,上导针片 4 向下运动,利用其头端 8 将双头舌针 1 的上针舌打开。

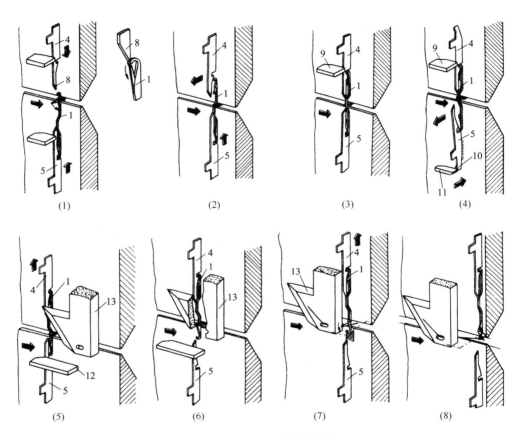

(1)   (2)   (3)   (4)

(5)   (6)   (7)   (8)

图 2 - 47   双反面机的成圈过程

2. 上针钩与上导针片啮合   随着下导针片 5 的上升和上导针片 4 的下降,上导针片 4 受上针钩的作用向外侧倾斜,如图 2 - 47(2)的箭头方向。当 5 升至最高位置,上针钩嵌入上导针片 4 的凹口。与此同时,上导针片 4 在压片 9 的作用下向内侧摆动,使上针钩与上导针片啮合,如图 2 - 47(3)所示。

3. 下针钩与下导针片脱离   如图 2 - 47(4)所示,下导针片 5 的尾端 10 在压片 11 的作用下,其头端向外侧摆动,如图中箭头方向,使下针钩脱离下导针片 5 的凹口。之后,上导针片 4 向上运动,带动双头舌针 1 也上升,下导针片 5 在压片 12 的作用下向内摆动恢复原位,如图 2 - 47(5)所示。接着下导针片 5 下降与下针钩脱离接触,如图 2 - 47(6)所示。

4. 下针头垫纱   如图 2 - 47(7)所示,上导针片 4 带动双头舌针 1 进一步上升,导纱器 13 引出的纱线垫入下针钩内。

5.下针头弯纱与成圈　如图2－47(8)所示,双头舌针受上导针片控制上升至最高位置,旧线圈从下针头上脱下,纱线弯纱并形成新线圈。

随后,双头舌针按上述原理从上针筒向下针筒转移,在上针头上形成新线圈。按此方法循环,将连续交替在上下针头上编织线圈,形成双反面织物。

如果能使针筒中的所有双头舌针的上针头上连续编织两个线圈,接着在下针头上连续编织两个线圈,以此交替循环便可织出2＋2双反面织物。若在双反面机上加装导针片选择机构,可以使有些双头舌针从上针筒向下针筒转移,而另一些双头舌针从下针筒向上针筒转移。即在一个成圈系统中,有些双头舌针在上针头成圈,而另一些双头舌针在下针头成圈,这样便可编织出正反面线圈混合配置的花色双反面织物。

☞ 思考练习题

1.平针组织有哪些结构参数,其相互关系如何?

2.可采取哪些措施来提高针织物的尺寸稳定性?

3.平针组织的特性和用途是什么?

4.单面圆纬机针的上升动程影响什么,如何才能做到正确垫纱?

5.弯纱过程的最大弯纱张力与哪些因素有关?

6.圆纬机实际编织时,如何改变线圈长度,调整弯纱三角高低位置的作用是什么?

7.双向运动沉降片的工作原理是什么,有何优缺点?

8.变化平针组织的结构和编织工艺与平针组织有何不同?

9.罗纹组织种类有哪些,如何在不同种类的罗纹组织之间比较它们的横向密度?

10.罗纹组织的特性和用途是什么?

11.滞后成圈、同步成圈和超前成圈各有何特点,适用什么织物?

12.双罗纹组织的结构与罗纹组织有何不同,前者有何特性和用途?

13.双罗纹机与罗纹机在成圈机件及其配置方面有何相同和不同之处?

14.如要在双罗纹机上编织下列图示的花色双罗纹织物(一个完全组织的花型),试画出编织图,作出相应的织针和三角排列以及色纱配置。

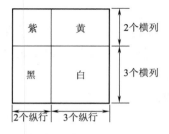

15.双反面组织的结构和外观特征怎样,有何特性和用途?

16.双反面机有哪些成圈机件,其如何配置,双反面组织如何编织?

第三章　纬编花色组织与圆机编织工艺

本章知识点

1. 提花组织的结构特点、分类、特性、用途、编织方法和走针轨迹。

2. 集圈组织的结构特点、分类、特性、用途、编织方法和走针轨迹。

3. 添纱组织的结构特点、分类、特性和基本编织方法，影响正确添纱的因素。

4. 衬垫组织的结构特点、分类、衬垫比、特性、用途和编织方法。

5. 衬纬组织的结构特点、特性和编织方法。

6. 毛圈组织的结构特点、分类、特性、用途和基本编织方法，毛圈沉降片的构型以及对织物的影响。

7. 调线织物的结构特点、特性，四色调线装置的工作原理与调线织物的编织方法。

8. 绕经织物的结构特点、特性和用途，绕经装置的工作原理与绕经织物的编织方法。

9. 长毛绒组织的结构特点、分类、特性和用途，毛条喂入式和毛纱割圈式长毛绒组织的编织方法。

10. 移圈织物的结构特点、分类、特性和用途，移圈机件的构型，纱罗组织和菠萝组织的编织方法。

11. 常用的复合组织种类、结构特点、特性和编织方法。

第一节　提花组织与编织工艺

一、提花组织的结构与分类

提花组织（jacquard stitch）是将纱线垫放在按花纹要求所选择的某些织针上编织成圈，而未垫放纱线的织针不成圈，纱线呈浮线状留在这些不参加编织的织针后面所形成的一种花色组织。其结构单元由线圈和浮线组成。

提花组织可分为单面和双面两大类。

（一）单面提花组织

单面提花（single－jersey jacquard）组织是由平针线圈和浮线组成。其结构有均匀（规则）或不均匀（不规则）两种，每种又有单色和多色之分。

1. 单面均匀提花组织　单面均匀提花组织一般采用多色纱线。图3－1所示为一双色单面均匀提花组织。从图3－1中可以看出，这类组织具有下列特征。

（1）每一个完整的线圈横列由两种色纱的线圈互补组成，每一种色纱都出现一次。如果是多色提花,每一个横列中有多种色纱出现。

(2)线圈大小相同,结构均匀,织物外观平整。

(3)每个线圈的后面都有浮线,浮线数量等于色纱数减一,如是双色提花,每个线圈后面都有一根浮线(两色浮线交换处除外)。

(4)每根织针在每个横列的编织次数相同,即都为一次。多色均匀提花主要是通过色纱的组合来形成色纹图案,因此设计时采用花型意匠图来表示更为方便。但在单面均匀提花组织中,由于浮线在织物的反面,容易引起勾丝,所以浮线的长度不能过长,一般不能超过三四个圈距。

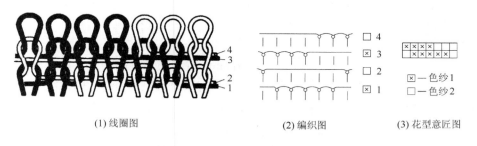

(1)线圈图　　　　　　(2)编织图　　　　　　(3)花型意匠图

图3-1　双色单面均匀提花组织

2. 不均匀提花组织　不均匀提花组织更多采用单色纱线。图3-2所示为一单色单面不均匀提花组织。在这类组织中,由于某些织针连续几个横列不编织,这样就形成了拉长的线圈。这些拉长了的线圈抽紧与之相连的平针线圈,使平针线圈凸出在织物的表面,从而使针织物表面产生凹凸效应。某一线圈拉长的程度与连续不编织(即不脱圈)的次数有关。我们用"线圈指数"来表示编织过程中某一线圈连续不脱圈的次数,线圈指数愈大,一般线圈越大。如在图3-2中,线圈a的指数为0,线圈b的指数为1,线圈c的指数为3。如果将拉长线圈按花纹要求配置在平针线圈中,就可得到凹凸花纹。线圈指数差异越大,纱线弹性越好,织物密度越大,凹凸效应愈明显。但在编织这种组织时,织物的牵拉张力和纱线张力应较小而均匀,否则易产生断纱而形成破洞,同时也应当控制拉长线圈连续不编织的次数(即"线圈指数")。

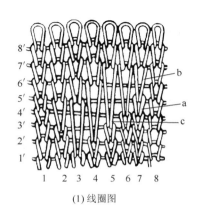

(1)线圈图

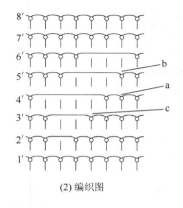

(2)编织图

图3-2　单色单面不均匀提花组织

**图3-3　短浮线的单面
不均匀提花组织**

不均匀提花组织也可用来编织短浮线的单面提花组织。如图 3－3 所示,在单面大提花织物的花纹设计时,为使浮线减少而将提花线圈与平针线圈纵行适当排列。这种方法在单面提花袜中的花纹设计中被广泛使用。图 3－3 中偶数线圈纵行 2、4 为提花线圈,奇数纵行 1、3 为平针线圈。在编织时,提花线圈纵行对应的织针按花纹选针编织,平针线圈纵行对应的织针则在每一成圈系统均参加编织。设计时可按花纹的具体情况,将平针线圈纵行与提花线圈纵行按1：2、1：3 或 1：4 间隔排列。由于有平针线圈纵行间隔在提花线圈纵行之间,就可使花纹扩大而浮线减短,织物中由于提花线圈高度大于平针线圈(高度差取决于色纱数,如是两色则 2：1,如是三色则 3：1),使提花线圈纵行凸出在织物表面,平针线圈纵行凹陷在内。尽管这是一种缩短浮线有效的方法,由于平针线圈纵行的存在,对花纹的整体外观产生影响,有时甚至破坏了花纹的完整,故在面料产品中一般不采用这种结构。

(二)双面提花组织

双面提花(double－jersey jacquard, rib jacquard)组织在具有两个针床的针织机上编织而成,其花纹可在织物的一面形成,也可以同时在织物的两面形成。在实际生产中,大多数采用织物的正面提花,反面不提花。在这种情况下,正面花纹一般由选针装置根据花纹需要对下针筒织针进行选针编织而成,而不提花的反面则采用较为简单的组织。根据反面组织的不同,双面提花组织可分为完全和不完全两种类型,也有均匀(规则)和不均匀(不规则)之分。

1. 完全提花组织　完全提花组织是指每一成圈系统在编织反面线圈时,所有反面织针(在圆机中即上针盘织针)都参加编织的一种双面提花组织。图 3－4 所示为一双面均匀完全提花组织。从图 3－4 中可以看出,正面由两根不同的色纱形成一个完整的提花线圈横列,反面一种色纱编织一个完整的线圈横列,从而形成彩色横条效应。在这种组织中,由于反面织针每个横列都编织,反面线圈的纵密总是比正面线圈纵密大,其差异取决于色纱数,如色纱数为 2,正反面纵密比为 1：2,如色纱数为 3 则 1：3。色纱数愈多,正反面纵密的差异就愈大,从而会影响正面花纹的清晰及牢度。因此,设计与编织双面完全提花组织时,色纱数不宜过多,一般两三色为宜。

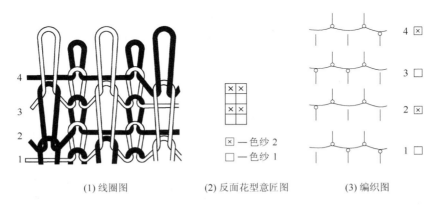

　　　(1)线圈图　　　　　　　(2)反面花型意匠图　　　　　　(3)编织图

☒ —色纱 2
☐ —色纱 1

图 3－4　双面均匀完全提花组织

2. 不完全提花组织　不完全提花组织是指在编织反面线圈时,每一个完整的线圈横列由两种色纱编织而成的一种双面提花组织。反面组织通常有纵条纹、小芝麻点和大芝麻点等。

纵条纹是指同一色纱在每一个成圈系统编织时都只垫放在相同的反面织针上。如图 3－5

所示为两色不完全提花组织。在这种组织中，由于反面形成直条，色纱效应集中，容易显露在正面而形成"露底"现象，因此在实际生产中很少采用。

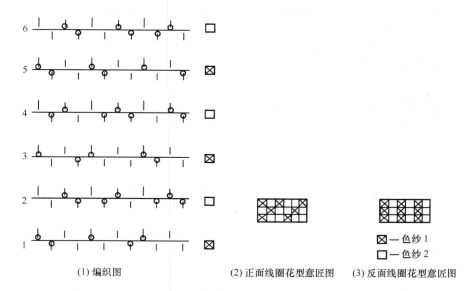

(1) 编织图　　　　　(2) 正面线圈花型意匠图　　(3) 反面线圈花型意匠图

⊠—色纱1
□—色纱2

图3−5　反面呈纵条纹的不完全提花组织

　　为了克服纵条纹"露底"的缺陷，在实际应用中，不同色纱的反面线圈呈跳棋式配置，常称芝麻点。图3−6和图3−7所示分别为反面呈"小芝麻点"花纹的两色和三色不完全均匀提花组织。从这些图中可以看出，不管色纱数多少，每个完整的反面线圈横列都是由两种色纱编织而成，并且线圈呈一隔一排列，其正反面线圈纵密差异随色纱数不同而异。当色纱为2时，正反面线圈纵密比为1:1；色纱数为3时，正反面线圈纵密比为2:3。在这些组织中，因两个成圈系统编织一个反面线圈横列，因此正反面的纵向密度差异较小。而且反面组织色纱分布均匀，减少了"露底"的可能性。

⊠—色纱1
□—色纱2

(1)线圈图　　　　　(2)反面线圈花型意匠图　　　(3)编织图

图3−6　反面呈小芝麻点的两色不完全均匀提花组织

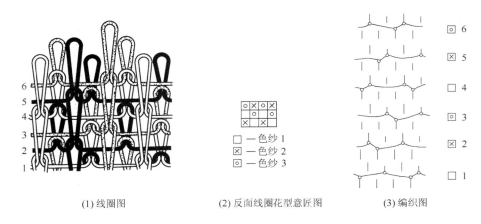

(1) 线圈图　　　　　　(2) 反面线圈花型意匠图　　　　　　(3) 编织图

图3-7　反面呈小芝麻点的三色不完全均匀提花组织

二、提花组织的特性与用途

提花组织具有下列特性。

（1）由于提花组织中存在有浮线，因此横向延伸性较小，单面提花组织的反面浮线不能太长，以免产生勾丝疵点。对于双面提花组织，由于反面织针参加编织，因此不存在长浮线的问题，即使有浮线也被夹在织物两面的线圈之间。

（2）由于提花组织的线圈纵行和横列是由几根纱线形成的，因此它的脱散性较小。这种组织的织物较厚，平方米重量较大。

（3）由于提花组织一般几个成圈系统才编织一个提花线圈横列，因此生产效率较低，色纱数愈多，生产效率愈低，实际生产中一般色纱数最多不超过4种。

提花组织可用于服装、家纺和产业等各个方面。在使用提花组织时，主要应用它容易形成花纹图案以及多种纱线交织的特点。服装方面可用作T恤衫、女装、羊毛衫等外穿面料，家纺可用于沙发布等室内装饰，产业可用作小汽车的座椅外套等。

三、提花组织的编织工艺

由于提花组织是将纱线垫放在按花纹要求所选择的织针上编织成圈，因此它必须在有选针功能的针织机上才能编织。选针装置及其选针原理将在下一章介绍。

（一）编织方法

图3-8显示了单面提花组织的编织方法，其中图3-8(1)表示织针1和3受到选针而参加编织，退圈并垫上新纱线a，织针2未受到选针而退出工作，但旧线圈仍保留在针钩内；图3-8(2)表示织针1

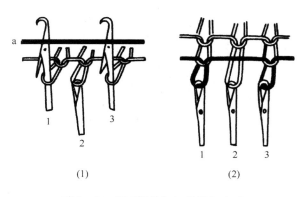

(1)　　　　　　(2)

图3-8　单面提花组织的编织方法

和 3 下降,新纱线编织成新线圈。而挂在针 2 针钩内的旧线圈由于受到牵拉力的作用而被拉长,要到下一成圈系统中针 2 参加编织时才脱下。在针 2 上未垫入的新纱线呈浮线状,处在提花线圈的后面。

图 3-9 显示了双面完全提花组织的编织方法。其中图 3-9(1)表示下针 2、6 在这一路被选针机构选中上升退圈,与此同时上针 1、3、5 在针盘三角的作用下也退圈,接着退圈的上下针垫入新纱线 a。而下针 4 未被选中,既不退退圈也不垫纱。图 3-9(2)表示下针 2、6 和上针 1、3、5 完成成圈过程形成了新线圈,而下针 4 的旧线圈背后则形成了浮线。图 3-9(3)表示在下一成圈系统下针 4 和上针 1、3、5 将新纱线 b 编织成了新线圈,而未被选中的下针 2、6 既不退圈也不垫纱,在其背后也形成了浮线。如果上针分为高低踵针并间隔排列,上三角按照一定规律配置,则每一成圈系统上针 1 隔 1 成圈,可以形成反面呈小芝麻点的双面不完全提花组织。

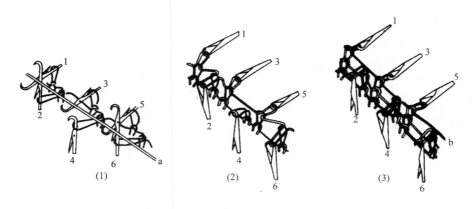

图 3-9　双面提花组织的编织方法

(二)走针轨迹和对位

1. 走针轨迹　由于在提花过程中织针处于编织和不编织两种状态,因此具有两种走针轨迹,如图 3-10 所示。轨迹 1 为编织时的走针轨迹,表示被选中参加编织的织针上升到退圈高度[图 3-10(2)],旧线圈被退到针舌之下,然后织针下降垫纱形成新线圈。轨迹 2 表示未选中的织针的走针轨迹,它未上升到退圈的高度[图 3-10(3)],所以不编织。

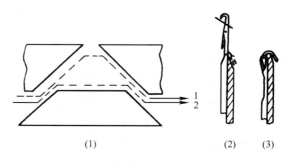

图 3-10　编织提花组织的走针轨迹

2. 对位　对于编织双面提花织物的提花圆机来说,上针盘与下针筒的针槽交错对位,上下织针也呈相间交错排列,这与罗纹机相似。由于编织双面提花织物时,在每个成圈系统不是所有下针都成圈,而是根据花纹要求选针编织,下针的用纱量经常在变化,所以双面提花圆机上下织针对位只能采取同步成圈方式。

第二节 集圈组织与编织工艺

一、集圈组织的结构与分类

集圈组织(tuck stitch)是一种在针织物的某些线圈上,除套有一个封闭的旧线圈外,还有一个或几个未封闭悬弧的花色组织,其结构单元由线圈与悬弧组成。

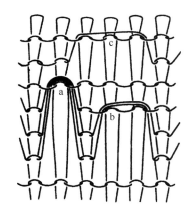

图3-11 集圈组织结构

如图3-11所示,集圈组织根据集圈针数的多少,可分为单针集圈、双针集圈和三针集圈等。在一枚针上形成的集圈称单针集圈(图3-11中a),在两枚针上同时形成的集圈称双针集圈(图3-11中b),在三枚针上同时形成的集圈称三针集圈(图中3-11中c),以此类推。根据封闭线圈上悬弧的多少又可分为单列、双列以及三列集圈等。有一个悬弧的称单列集圈(图3-11中c),两个悬弧的称双列集圈(图3-11中b),三个悬弧的称三列集圈(图3-11中a),在一枚针上连续集圈的次数可达到7-8次。集圈次数愈多,旧线圈承受的张力愈大,因此容易造成断纱和针钩的损坏。在命名集圈结构时,通常把集圈针数和列数连在一起,如图3-11中集圈a称为单针三列集圈,集圈b称为双针双列集圈,集圈c称为三针单列集圈。

集圈组织可分为单面集圈和双面集圈两种类型。

(一)单面集圈组织

单面集圈组织是在平针组织的基础上进行集圈编织而形成的。单面集圈组织花纹变化繁多,利用集圈单元在平针中的排列可形成各种结构花色效应。如利用多列集圈可形成凹凸小孔效应,利用几种色纱与集圈单元组合可形成彩色花纹效应。另外,还可以利用集圈悬弧来减少单面提花组织中浮线的长度,以改变提花组织的服用性能。

图3-12所示为采用单针单列集圈单元在平针线圈中有规律排列形成的一种斜纹效应。如集圈单元采用单针双列集圈,效果更为明显。这些集圈单元如采用不规则的排列还可形成绉

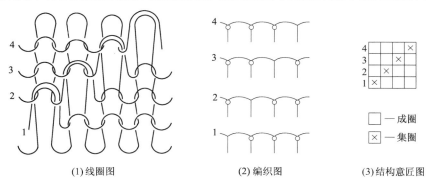

(1)线圈图　　　　　　(2)编织图　　　　　　(3)结构意匠图

□—成圈
× —集圈

图3-12 具有斜纹效应的集圈组织

效应的外观。另外,由于成圈和集圈反光效果存在差异,在针织物上还会产生一种阴影效应。集圈单元在针织物正面形成的线圈被拉长,而反面由于悬弧的线段较长,因此在织物正面或反面对光的反射下均较亮,线圈较暗,从而形成阴影效应。

图 3-13 所示为采用单针双列和单针多列集圈所形成的凹凸小孔效应。从图 3-13 中可以看出,在集圈单元内的线圈随着悬弧数的增加从相邻线圈上抽拉纱线加长,造成各个线圈松紧不一,从而形成凹凸不平的表面,悬弧愈多,形成的小孔愈大,织物表面愈不平,因此图 3-13(2)的小孔与凹凸效应比 3-13(1)的明显。

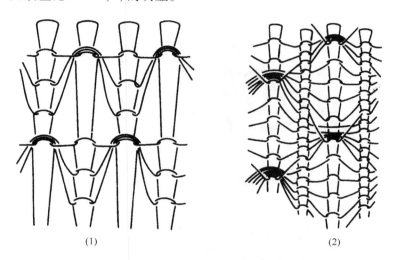

(1)　　　　　　　　　　　　　　　　　(2)

图 3-13　具有凹凸小孔效应的集圈组织

图 3-14 所示为采用两种色纱和集圈单元组合形成的彩色花纹效应。在集圈组织中,由于悬弧被正面圈柱覆盖,因此悬弧在织物正面看不见,只能显示在反面。当采用色纱编织时,凡是形成悬弧的色纱将被拉长线圈所遮盖。在织物的正面只呈现拉长线圈色纱的色彩效应。图 3-14 中由双针单列和三针单列的集圈组成,在纵行 1、2、6、7 上,由于黑纱形成的悬弧被白纱形成的拉长线圈所覆盖,故在正面形成白色的纵条纹。反之,在纵行 3、4、5 上,由于白纱形成的悬弧被黑纱形成的拉长线圈所覆盖,故形成黑色的纵条纹。

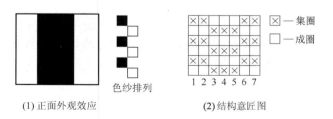

色纱排列

⊠—集圈
□—成圈

1 2 3 4 5 6 7

(1)正面外观效应　　　　　　　　(2)结构意匠图

图 3-14　具有彩色花纹效应的集圈组织

(二)双面集圈组织

双面集圈组织是在罗纹组织和双罗纹组织的基础上进行集圈编织而形成的。双面集圈组织不仅可以生产带有集圈效应的针织物,还可以利用集圈单元来连接不同原料生产两面具有不同风格的织物。利用集圈单元还可以在织物一面形成小孔花纹效应。

常用的双面集圈组织为畦编(cardigan)和半畦编(half cardigan)组织,它们属于罗纹型的双面集圈组织。图3-15所示为半畦编组织,集圈只在织物的一面形成,两个成圈系统完成一个循环。图3-16所示为畦编组织,集圈在织物的两面形成,也是两个成圈系统完成一个循环。畦编组织由于集圈在织物两面形成,因此结构对称,两面外观效应相同;半畦编由于结构不对称,两面外观效应不同。由于悬弧的存在和作用,畦编组织和半畦编不仅比罗纹组织重与厚实且宽度也较大。这两种集圈组织在羊毛衫生产中得到广泛应用。

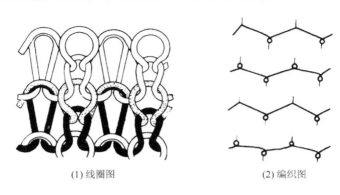

(1) 线圈图   (2) 编织图

图 3 - 15   半畦编组织

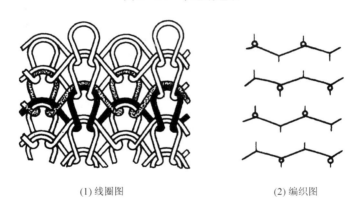

(1) 线圈图   (2) 编织图

图 3 - 16   畦编组织

在双层织物组织中,集圈还可以起到一种连接作用。图3-17所示为一种双层针织物结构,两块分别在两个针床上编织的平针组织可通过集圈而连接在一起。如两块平针组织采用不同的原料,织物两面可具有不同的性能和风格。例如,织物的两面分别采用亲水性和疏水性纤维的纱线,这里集圈不仅起到一种连接的作用,还起到一种汗水的导向作用,使用时疏水的一面接近皮肤,汗水通过内层和集圈形成的毛细管效应传递到外层亲水的一面,并向外部蒸发。这样,出汗时皮肤就能保持干燥。

图3-18所示为集圈单元在织物的一面形成孔眼效应。其中1、4路编织罗纹,2、3、5、6路在下针编织集圈和浮线。孔眼在集圈处形成,在浮线处无孔眼。

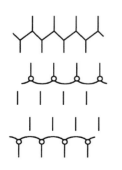

图 3 - 17   双层针织物结构

二、集圈组织的特性与用途

集圈组织的花色变化较多，利用集圈的排列和使用不同色彩与性能的纱线，可编织出表面具有图案、闪色、孔眼以及凹凸等效应的织物，使织物具有不同的服用性能与外观。

集圈组织较平针组织不易脱散，但容易勾丝。由于集圈的后面有悬弧，所以其厚度比平针与罗纹组织厚。集圈组织的横向延伸度较平针与罗纹小。由于悬弧的存在，织物宽度增加，长度缩短。集圈组织中的线圈大小不均，因此强力较平针组织与罗纹组织小。

集圈组织在羊毛衫、T恤衫、吸湿快干功能性服装等方面得到广泛应用。

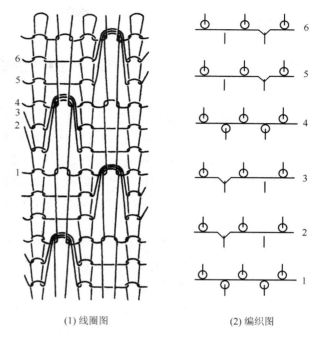

(1) 线圈图　　　　　　(2) 编织图

图 3－18　一面具有孔眼效应的集圈织物

三、集圈组织的编织工艺

（一）编织方法

集圈组织的编织方法与提花组织相似，一般需要进行选针。但在编织集圈组织时，选针是在成圈和集圈之间进行。现以单面集圈组织为例来说明它的编织过程。如图 3－19（1）所示，针1和针3被选针机构选中上升到退圈高度，针2被选针机构选中但上升到不完全退圈（即集圈）高度，旧线圈仍挂在针舌上。随后垫入新纱线 H。当针1、2和3下降时，新纱线进入针钩，接着针1和针3上的旧线圈脱圈，进入针钩的纱线形成新线圈，而在针2针钩内的新纱线则形成悬弧，与旧线圈一起形成集圈，如图 3－19（2）所示。

（二）走针轨迹

由于编织集圈组织时织针处于成圈和集圈两种状态，因此具有两种走针轨迹。图 3－20（1）中的轨迹1为编织一般线圈时的走针轨迹，其最高点为织针完全退圈高度，此时旧线圈处于针杆上［图 3－20（2）］。图 3－20（1）中轨迹2为编织集圈的走针轨迹，因不完全退圈，旧线圈仍挂在针舌上［图 3－20（3）］。

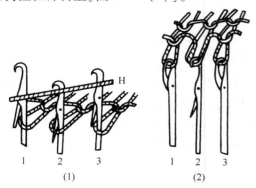

图 3－19　集圈组织的编织方法

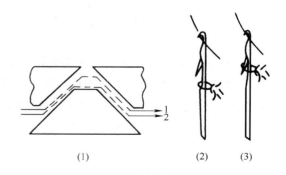

图 3－20　编织集圈组织的走针轨迹

第三节　添纱组织与编织工艺

一、添纱组织的结构与分类

添纱组织（plating stitch）是指织物上的全部线圈或部分线圈由两根纱线形成的一种花色组织，如图3-21所示。添纱组织中，一个添纱线圈中的两根纱线的相对位置是确定的，它们相互重叠，不是由两根纱线随意并在一起形成的双线圈组织结构。

添纱组织可以是单面或双面，并可分为全部线圈添纱组织和部分线圈添纱组织两类。

图3-21　普通添纱组织结构

（一）全部线圈添纱组织

全部线圈添纱组织是指织物内所有的线圈由两个线圈重叠而成，织物的一面由一种纱线显露，另一面由另一种纱线显露。当采用两种不同色彩和性质的纱线编织时，所得到的织物两面具有不同的色彩和服用性能。图3-21所示就是一种以平针组织为基础的全部线圈添纱组织，1为地纱（ground yarn），2为面纱（plating yarn），面纱有时也称为添纱。在这种组织中，面纱和地纱的相对位置保持不变，面纱始终在织物的正面，地纱始终在织物的反面。如果在编织过程中，根据花纹要求相互交换两种纱线在织物正面和反面的相对位置，就会得到一种称为交换添纱（reverse plating）的组织，如图3-22所示。全部线圈添纱组织还能以1+1罗纹为地组织，这样形成的添纱组织称为罗纹添纱组织，如图3-23所示，其中1和2分别为地纱和面纱。

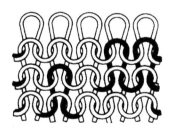

图3-22　交换添纱组织结构

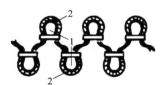

图3-23　罗纹添纱组织结构

添纱组织的最大特点在于一个线圈重叠在另一个线圈上，因此在编织时，对织针、导纱器、沉降片、纱线张力以及纱线本身均有特殊要求，对操作技术要求较高，处理不当会影响两个线圈的覆盖效果。织物的外观取决于两根纱线的覆盖程度，增加线圈密度，可提高花纹的清晰度或良好的外观。织物密度稀，线圈覆盖不良，反面线圈会显露在织物的正面，使织物带有杂色，影响外观。

（二）部分线圈添纱组织

部分线圈添纱组织是指在地组织内，仅有部分线圈进行添纱，有绣花添纱和浮线（架空）添纱两种。

图 3 - 24 所示的是绣花添纱(embroidery plating)组织,它是将添纱 2 按花纹要求沿纵向覆盖在地组织纱线 1 的部分线圈上。添纱 2 常称为绣花线,当花纹间隔较大时,在织物反面有较长的浮线。花纹部分由于添纱的加入,织物变厚,表面不平整,从而影响织物的服用性能。这种组织在袜品生产中应用较多。

图 3 - 25 所示的是浮线添纱(float plating)组织(又称架空添纱组织),它是将添纱 2 按花纹要求沿横向覆盖在地组织纱线 1 的部分线圈上。图 3 - 25 中地组织为平针组织,纱线较细,添纱(即面纱)较粗,由地纱和面纱同时编织出紧密的添纱线圈。在单独由地纱编织的线圈之处,面纱在织物反面呈浮线,由于地纱成圈稀薄,呈网孔状外观,故称为浮线添纱。在袜品生产中,可以利用这种组织可生产出网眼袜。

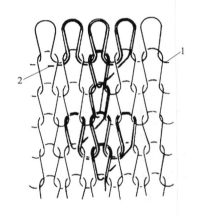

图 3 - 24　绣花添纱组织结构

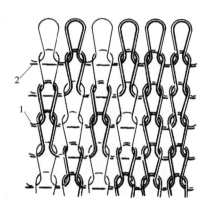

图 3 - 25　浮线添纱组织结构

二、添纱组织的特性与用途

全部添纱组织的线圈几何特性基本上与地组织相同,由于采用两种不同的纱线编织,故织物两面具有不同的色彩和服用性能。当采用两根不同捻向的纱线进行编织时,还可消除针织物线圈歪斜的现象。

部分添纱组织中有浮线存在,延伸度较地组织小,比地组织不易脱散,但容易引起勾丝。

以平针为地组织的全部添纱组织多用于功能性、舒适性要求较高的服装面料,如丝盖棉、导湿快干织物等。部分添纱组织多用于袜品生产。随着弹性织物的流行,添纱结构还广泛用于加有氨纶等弹性纱线的针织物及其无缝内衣的编织。

三、添纱组织的编织工艺

(一)编织条件及影响因素

添纱组织的成圈过程与基本组织相同,但在编织添纱组织时,必须采用特殊的导纱器以便同时喂入地纱和添纱。编织条件是在垫纱和成圈过程中,必须保证使添纱显露在织物正面,地纱在织物反面,两者不能错位。

要使添纱很好地覆盖地纱,两种纱线必须保持如图 3 - 26 所示的相互配置关系。为达到这种配置关系,垫纱时必须保证地纱 1 离针背较远,而添纱 2 离针背较近。

图 3 - 27 所示为某种圆纬机上编织添纱组织用的导纱器及其垫纱。导纱器 3 上有两个互为垂直的导纱孔 4 和 5,其中孔 4 用于穿地纱 1,孔 5 用于穿添纱 2。添纱 2 的垫纱纵角 β_2 大于地纱 1 的 β_1,垫纱横角 α_2 小于地纱 1 的 α_1。织针在下降过程中,针钩先接触添纱,并且添纱占据了靠近针背的位置,地纱则靠近针钩尖,从而保证了添纱和地纱的正确配置关系。

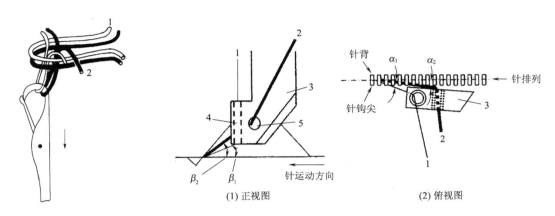

图 3 - 26 地纱与添纱的相互配置　　图 3 - 27 编织添纱组织专用导纱器及其垫纱

在编织含氨纶等弹性纱线的添纱组织时,一般采用图 3 - 28 所示的专用导纱器。为了减少弹性纱线在输送过程中因与导纱机件的摩擦造成的延伸,氨纶丝 1 先经过滑轮 3 导入,之后不穿入导纱器的导纱孔而直接垫入针钩,2 是添纱。这样,成圈编织后氨纶丝显露在织物反面,而添纱出现在织物正面。

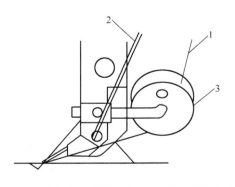

图 3 - 28 编织氨纶添纱组织专用导纱器及其垫纱

除了垫纱角外,织针和沉降片的外形,圆纬机的针筒直径,纱线本身的性质(线密度、摩擦系数、刚度等),线圈长度,纱线张力,牵拉张力和纱线粗细等也影响地纱和添纱线圈的正确配置。

图 3 - 29 所示为两种针头外形不同的织针,图 3 - 29(1)中织针的针钩内侧不平,垫在针钩内侧的两种纱线,随织针下降,易翻滚错位,影响覆盖效果。图 3 - 29(2)中织针的针钩内侧较直,在成圈时两种纱线的相对位置较为稳定,因此适用于添纱组织的编织。

图 3 - 30 表示即将脱圈的线圈 A 的受力情况,T_d 是作用在旧线圈上的牵拉力,P 为上一横列线圈对脱圈线圈 A 的压力。F_1 是针头对线圈 A 向下的摩擦力,F_2 是新弯成的纱线对线圈 A 向下的摩擦力,F_1 和 F_2 有使地纱线圈向下运动的趋势。F' 是地纱和面纱线圈之间的摩擦力,对于地纱线圈来说,它的方向是向上的,即阻止地纱线圈向下运动。当 $F_1 + F_2 > F'$ 时,地纱线圈就要下降,使地纱和面纱线圈的位置交换,地纱线圈翻到织物正面,即产生"跳纱"疵点(也称

"翻丝")。因此,在生产过程中如果发生"跳纱",需要根据原料的性质和各种编织条件,重新选择合适的工艺参数,如送纱张力、垫纱角等以保证地纱、面纱线圈正确配置。

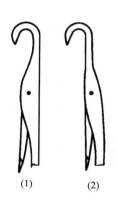

图3-29 织针外形对编织添纱组织的影响

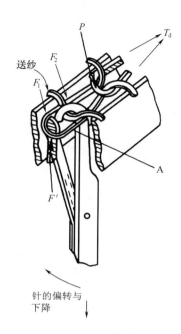

图3-30 脱圈线圈的受力分析

为了使添纱组织中两种纱线保持良好的覆盖关系,面纱宜选用较粗的纱线,地纱选用较细的纱线。

(二)成圈过程

1. 全部线圈添纱组织的成圈过程 这类组织的成圈过程与平针组织相同,仅采用专门的导纱器,并根据需要选择特殊织针,如前所述。

2. 交换添纱组织的成圈过程

(1)采用辅助沉降片的成圈过程。这种方法在成圈过程中采用两种沉降片,如图3-31所示。图3-31(1)为普通沉降片,起成圈作用;图3-31(2)为辅助沉降片,起翻转两种纱线的作用。两种沉降片安放在同一片槽内。辅助沉降片的片杆较长,片踵也较厚,在正常情况下,它停留在机外,并不妨碍普通沉降片的参加编织。根据花纹要求,辅助沉降片被选片机构作用向针筒中心推进时,由于片鼻对地纱的压挤作用,使其翻转到面纱后面,从而导致纱线交换位置。

成圈过程如图3-32所示。图3-32(1)中面纱1和地纱2喂到针钩内,张力较大的面纱1靠近针钩内侧,而地纱2则在上方并靠近针钩尖,此时辅助沉降片3处在非作用位置。图3-32(2)中织针下降成圈时,辅助沉降片受选片机构的作用向针筒中心推进,挤压地纱2,使其靠近针钩内侧,原来在针钩内侧的面纱1,因织针的下降,被普通沉降片的片颚4阻挡而上滑。图3-32(3)中上滑的面纱1绕过已在针钩内侧的地纱2,至地纱2的外侧,从而达到两根纱线交换位置的目的。图3-32(4)为面纱1和地纱2在针钩内配置的放大图。

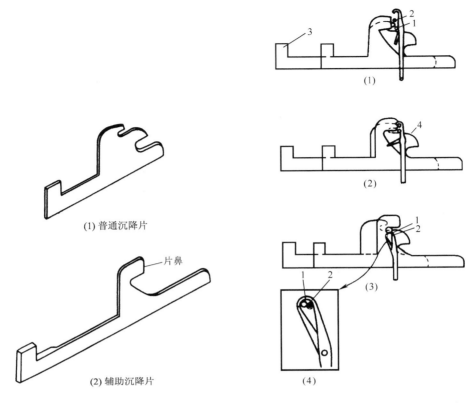

图3-31 普通沉降片与辅助沉降片

图3-32 采用辅助沉降片的成圈过程

（2）采用特殊沉降片的成圈过程。如图3-33（1）所示,实线和虚线分别表示沉降片处于正常工作和翻纱时的位置。图3-33（2）表示正常编织。此时织针下降,在沉降片上形成线圈,面纱1和地纱2按正常添纱原理成圈。图3-33（3）表示线圈的翻转。当沉降片向右推进,进入针钩内的纱线1、2,随着织针下降的过程遇到沉降片的倾斜片颚上沿的阻挡,因而倾斜下滑,产生离针而去的趋势,经此倾斜前滑的作用后,受张力作用的纱线1越过纱线2而到了靠近针钩尖,使纱线1、2的顺序翻转,达到两根纱线交换位置的目的。

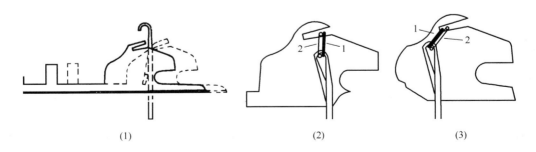

图3-33 采用特殊沉降片的成圈过程

3.绣花添纱组织的成圈过程 如图3-34所示,这种组织的绣花线面纱2不和地纱穿在同一导纱器上,而是穿在专门的导纱片1上,导纱片受选片机构3的控制可以摆到针前和针后的位置。编织时,根据花纹要求导纱片摆至所需绣花纱线的织针前面,将绣花线垫到针上,然后摆回针后,接着再通过导纱器对织针垫入地纱,这些针上便同时垫上两根纱线,脱圈后,即生成添纱组织。未垫上绣花线的织针正常编织。

4. 浮线添纱组织的成圈过程 如图3-35所示,地纱1和添纱2的喂入高度不一样。由于地纱1垫纱位置较低,能垫到所有的织针针钩内[图3-35(1)],进行成圈。添纱2垫纱位置较高,将不会垫到织针3、4上,当成圈后,织针3、4上仅由地纱成圈,添纱成浮线,从而形成浮线添纱组织。

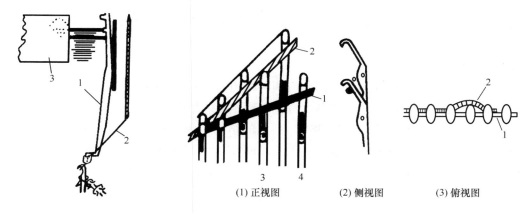

图3-34 绣花添纱组织的成圈过程 (1)正视图 (2)侧视图 (3)俯视图

图3-35 浮线添纱组织的成圈过程

第四节 衬垫组织与编织工艺

一、衬垫组织的结构与分类

衬垫组织(fleecy stitch,laying-in stitch, laid-in stitch)是以一根或几根衬垫纱线按一定的比例在织物的某些线圈上形成不封闭的悬弧,在其余的线圈上呈浮线停留在织物反面的一种花色组织。其基本结构单元为线圈、悬弧和浮线。衬垫组织常用的地组织有平针和添纱组织两种。

(一)平针衬垫组织

平针衬垫(two-thread fleecy)组织以平针为地组织,如图3-36(1)所示。地纱(ground yarn)1编织平针组织;衬垫纱(fleecy yarn)2按一定的比例编织成不封闭的圈弧悬挂在地组织上。在衬垫纱和平针线圈沉降弧的交叉处,衬垫纱显露在织物的正面,如图3-36(1)中a、b处。这类组织又称两线衬垫组织,形成一个完全横列需要两个编织系统。如图3-36(2)所示,第1编织系统喂入地纱,第2编织系统喂入衬垫纱,第3、4编织系统按此循环。由于衬垫纱不成圈,因此常采用比地纱粗的纱线,多种花式纱线可用来形成花纹效应。根据花纹要求还可以在同一个横列同时衬入多根衬垫纱线,如图3-37所示。在该组织中每一个横列同时衬入两根衬垫纱线,以增加花纹效应。

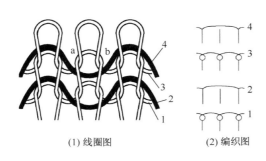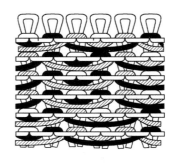

(1) 线圈图	(2) 编织图

图 3-36　平针衬垫组织结构　　　　图 3-37　每一横列衬入两根衬垫纱的平针衬垫组织

(二)添纱衬垫组织

添纱衬垫(three - thread fleecy)组织有两种结构,分别如图 3-38(1)、(2)所示。其中,面纱 1 和地纱 2 构成添纱地组织,衬垫纱 3 周期地在织物的某些圈弧上形成不封闭的悬弧。添纱衬垫组织又称三线衬垫组织。图 3-38(1)所示的结构是在钩针圆纬机上编织,其特征在于衬垫纱被地纱束缚;由于衬垫纱夹在面纱和地纱之间,因此它不显露在织物的正面,从而改善了织物的外观。图 3-38(2)所示的结构是在舌针圆纬机上编织,其特征在于衬垫纱被面纱束缚,衬垫纱易在织物正面的露出。

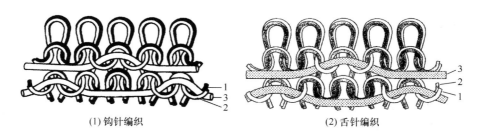

(1) 钩针编织	(2) 舌针编织

图 3-38　添纱衬垫组织结构

(三)衬垫纱的衬垫比

衬垫比是指衬垫纱在地组织上形成的不封闭圈弧跨越的线圈纵行数与浮线跨越的线圈纵行数之比,常用的有 1:1、1:2 和 1:3 等。如图 3-36 所示的衬垫比为 1:1,图 3-38 所示的衬垫比为 1:3。

利用改变衬垫纱的垫纱顺序,垫纱根数或不同颜色的衬垫纱线可形成不同的花纹效应。图 3-39 为几种不同的衬垫方式。其中每一个点表示一枚织针,点的上方表示针前,点的下方表示针后。由此可见,衬垫纱需要垫在针前(形成悬弧)和针后(形成浮线)。图 3-39(1)的衬垫比为 1:1,可形成凹凸效应外观;图 3-39(2)的衬垫比为 1:2,可形成斜纹外观;图 3-39(3)的衬垫比同为 1:2,但形成纵向直条纹外观;图 3-39(4)的衬垫比 1:3,可形成方块形外观。

在上面花纹效应中,每种织物均采用一种衬垫比。如果花纹需要,也可以在同一织物中采用几种不同的衬垫比,如图 3-40 所示。

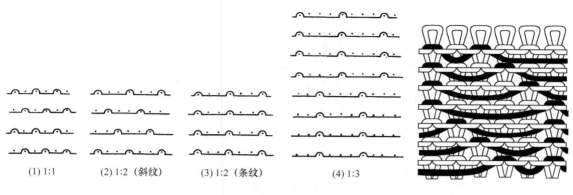

(1) 1:1　　(2) 1:2（斜纹）　　(3) 1:2（条纹）　　　　(4) 1:3

图3-39　几种不同的衬垫比方式

图3-40　同一织物中采用
不同的衬垫比

二、衬垫组织的特性与用途

由于衬垫纱的作用,衬垫组织与它的地组织有着不同的特性。

衬垫纱可用于拉绒起毛形成绒类织物。起绒时,衬垫纱在拉毛机的作用下形成短绒,增加了织物厚度,提高了织物的保暖性。起绒织物表面平整,可用于保暖服装及运动衣。为了便于起绒,衬垫纱可采用捻度较低但较粗的纱线。

衬垫组织类织物由于衬垫纱的存在,因此横向延伸性小,尺寸稳定,多用于外穿服装,如休闲服、运动服、T恤衫等,使用时通常将面纱的一面作为服装的正面。此外,通过衬垫纱还能形成花纹效应,可采用不同的衬垫方式和花式纱线,使用时通常将有衬垫纱的一面（花纹面）作为服装的正面。

三、衬垫组织的编织工艺

衬垫组织可在舌针和钩针圆纬机上编织。由于舌针机生产效率高,调试方便,所以目前在生产中普遍采用。下面以添纱衬垫组织为例,介绍单面多针道舌针衬垫圆纬机的编织工艺。

该机器与普通的单面多针道圆纬机除了在织针三角和沉降片三角的设计上有所差异外,还采用了双片颚的沉降片,如图3-41所示。其中1、2分别是上片颚和下片颚,3、4分别是上片喉和下片喉。由于添纱衬垫组织采用面纱、地纱和衬垫纱三根纱线编织,因此编织一个横列需要三个编织系统。

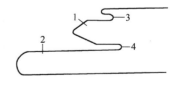

图3-41　双片颚沉降片

图3-42表示了这类针织机编织添纱衬垫组织时的走针轨迹和成圈过程,织针A、导纱器B、沉降片C、衬垫纱D、面纱E和地纱F的配置如图3-42(1)所示。编织过程如下。

1. 衬垫纱垫入针前与针后（第一编织系统）　根据垫纱比的要求,部分织针在三角的选择下上升。当衬垫比为1:2时,则1、4、7、…织针上升,如图3-42(1)实线织针轨迹Ⅰ中1的位置;其余的织针不上升,如3-42(1)中虚线织针轨迹Ⅱ。织针1、4、7、…上升的高度以及衬垫纱D垫入上升织针Ⅰ的针前（为了形成悬弧）如图3-42(2)所示。接着,沉降片向针筒中心运动,

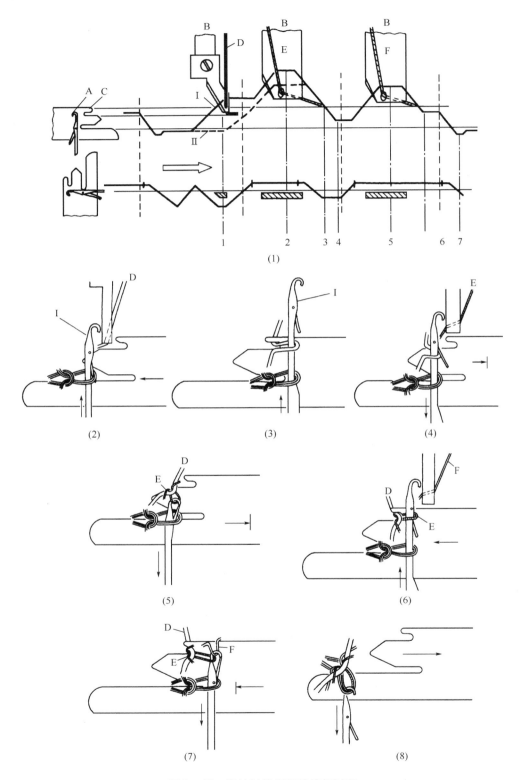

图 3－42　添纱衬垫组织的编织过程

借助上片喉将衬垫纱纱段推至针后，织针1、4、7、…继续上升，旧线圈和衬垫纱从针钩移到针杆上，如图3-42(3)所示，此时织针1、4、7、…的高度如图3-42(1)中轨迹Ⅰ上2的位置。当织针1、4、7、…从图3-42(1)中轨迹Ⅰ上位置1上升至位置2时，其余织针也在上升，从而使衬垫纱纱段处于这些织针的针后（为了形成浮线），其余织针的上升高度如3-42(1)中虚线轨迹所示。

2. 垫入面纱（第二编织系统）　两种高度的织针随针筒的回转，在三角的作用下，下降至3-42(1)中轨迹Ⅰ上3的位置，使面纱E垫入，如图3-42(4)所示。所有的织针继续下降至图3-42(1)中轨迹Ⅰ上4的位置，织针1、4、7、…上的衬垫纱D脱落在面纱E上，并搁在沉降片的上片颚上，如图3-42(5)所示。

3. 垫入地纱并成圈（第三编织系统）　针筒继续回转，所有的织针再次上升至3-42(1)中轨迹Ⅰ上5的位置，此时面纱E形成的圈弧仍然在针舌上，然后垫入地纱F，如图3-42(6)所示。随着针筒的回转，所有的织针下降至图3-42(1)中轨迹Ⅰ上6的位置，此时织针、沉降片与三种纱线的相对关系如图3-42(7)所示。当所有织针继续下降至图3-42(1)中轨迹Ⅰ上7的位置时，织针下降到最低点，针钩将面纱和地纱一起在沉降片的下片颚上穿过旧线圈，形成新线圈，这时衬垫纱就被夹在面纱和地纱之间，如图3-42(8)所示，至此一个横列编织完成。

在成圈过程中，织针和沉降片分别按图3-42(2)~(8)中箭头方向运动。当织针再次从图3-42(8)所示的位置上升，沉降片重新向左运动，这时成圈过程又回到图3-42(2)的位置，继续下一个横列的编织。

按照上述方法编织添纱衬垫组织时，由于衬垫纱脱落在面纱上，即衬垫纱被面纱束缚，因此面纱的线圈长度要大于地纱，这样可以减少衬垫纱在织物正面的露出。一般面纱的线圈长度是地纱的1.1~1.2倍。

平针衬垫组织编织一个横列需两个成圈系统，衬垫纱与地纱可以在第一、二系统或第二、一系统垫入；编织工艺除了少了第二步垫入面纱外，其余过程与添纱衬垫组织相似。

第五节　衬纬组织与编织工艺

一、衬纬组织的结构

衬纬组织（weft inlay stitch）是在纬编基本组织、变化组织或花色组织的基础上，沿纬向衬入一根不成圈的辅助纱线而形成的。图3-43所示的衬纬组织结构是在罗纹组织基础上衬入了一根纬纱。衬纬组织一般多为双面结构，纬纱夹在双面织物的中间。

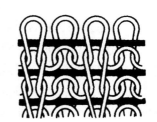

图3-43　衬纬组织结构

二、衬纬组织的特性与用途

衬纬组织的特性除了与地组织有关外，还取决于纬纱的性质。若采用弹性较大的纱线作为纬纱，将增加织物的横向弹性，可编织圆筒形弹性织物来制作无缝内衣、袜品、领口、袖口等产品。但弹性纬纱衬纬织物不适合加工裁剪缝制的服装，因为一旦坯布被裁剪，不成圈的弹性纬纱将回缩。如果要生产裁剪缝制的弹性针织坯布，一般弹性纱线以添纱方式成圈编织。

当采用非弹性纬纱时,衬入的纬纱被线圈锁住,可形成结构紧密厚实、横向尺寸稳定延伸度小的织物,适宜制作外衣。若衬入的纬纱处于正、反面的夹层空隙中,该组织称为绗缝织物。由于夹层空隙中贮存了较多空气,故这种织物保暖性较好。

三、衬纬组织的编织工艺

编织衬纬组织的关键是将纬纱仅喂入到上、下织针的背面,使其不参加编织,纬纱被夹在圈柱中。图 3-44 显示了编织方法。图 3-44(1)的 1、2 是上、下织针运动轨迹。地纱 3 穿在导纱器 4 的导纱孔内,喂入到织针上进行编织。纬纱 5 穿在专用的衬纬导纱器 6 内,喂入到上、下织针的针背一面。由于上、下织针在起针三角作用下,出筒口进行退圈,从而把纬纱夹在上、下织针的针背面,使其不参加编织,如图 3-44(2)所示。有些双面针织机没有专用的衬纬导纱器 6,可选用上一系统的导纱器作为衬纬导纱器,但导纱器的安装需适应衬纬的要求,同时这一系统上、下织针应不参加编织。

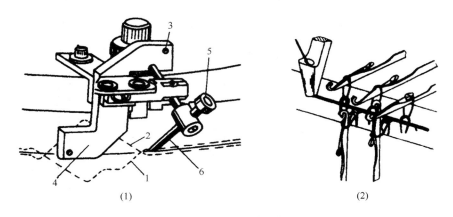

(1) (2)

图 3-44 衬纬组织编织方法

第六节 毛圈组织与编织工艺

一、毛圈组织的结构与分类

毛圈组织(plush stitch)是由平针线圈和带有拉长沉降弧的毛圈线圈组合而成的一种花色组织。毛圈组织一般由两或三根纱线编织而成,一根编织地组织线圈,另一根或两根编织带有毛圈的线圈。毛圈组织可分为普通毛圈和花式毛圈两类,并有单面毛圈和双面毛圈之分。其中双面毛圈可以是在单面组织(如平针等)或双面组织(如罗纹等)基础上在织物两面形成毛圈,前者应用较多。

(一)普通毛圈组织

普通毛圈(unpatterned plush)组织是指每一个毛圈线圈的沉降弧都被拉长形成毛圈。图 3-45 所示即为普通毛圈组织,其地组织为平针组织。通常把在每一成圈系统每根针都将地纱和毛圈纱编织成圈而且使毛圈线圈形成拉长的沉降弧的结构称为满地毛圈(all-over plush)。

它能得到最密的毛圈,毛圈通过剪毛以后形成天鹅绒(velour)织物,是一种应用广泛的毛圈组织。而非满地毛圈并不是每一个毛圈线圈都有拉长的沉降弧。

一般普通的毛圈组织,地纱线圈显露在织物正面并将毛圈纱的线圈覆盖,这可防止在穿着和使用过程中毛圈纱被从正面抽出,尤其适合于要对毛圈进行剪毛处理的天鹅绒织物。这种毛圈组织俗称正包毛圈,如图3-46(1)所示,其中1表示地纱,2表示毛圈纱。如果采用特殊的编织技术,也可使毛圈纱2的线圈显露在织物正面,将地纱1线圈覆盖住,而织物反面仍是拉长沉降弧的毛圈,这种结构俗称反包毛圈,如图3-46(2)所示。在后整理工序,可对反包毛圈正反两面的毛圈纱进行起绒处理,形成双面绒织物。

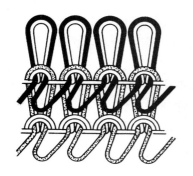

图3-45 普通毛圈组织结构

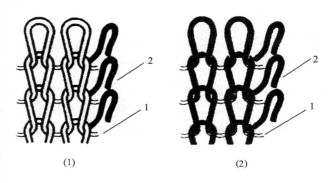

(1) (2)

图3-46 正包与反包毛圈的结构

图3-47所示为在单面平针地组织基础上形成的双面毛圈组织(two-faced plush),该组织由三根纱线编织而成,纱线1编织地组织,纱线2形成正面毛圈,纱线3形成反面毛圈。

(二)花式毛圈组织

花式毛圈(fancy plush)组织是指通过毛圈形成花纹图案和效应的毛圈组织。可分为提花毛圈组织、高度不同的毛圈组织等。

1.提花毛圈组织 提花毛圈(jacquard plush)组织是指通过选针或选沉降片装置,使毛圈纱根据花纹要求在某些线圈上形成拉长的沉降弧即毛圈,它可以是满地提花毛圈(每个线圈上都有毛圈)或非满地提花毛圈(部分线圈上有毛圈)结构。

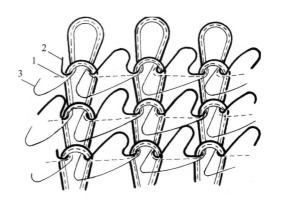

图3-47 双面毛圈组织结构

满地提花毛圈通过选针来编织,通常具有多色,并经过剪毛形成提花天鹅绒。非满地提花毛圈通过选沉降片或选针来编织,一般为单色(也可多色),可以在织物表面形成凹凸(浮雕)花纹。图3-48所示为凹凸花纹毛圈组织的意匠图,图中⊠表示有毛圈线圈(凸出),□表示平针线圈(凹进)。

2.两种不同高度的毛圈组织 这种毛圈组织形成花纹的原理与凹凸毛圈相似,所不同的是凹凸毛圈组织中平针线圈由较低的毛圈来代替,这样形成了两种不同高度的毛圈。它与普通毛圈相似,但具有高、低毛圈形成的花纹效应。

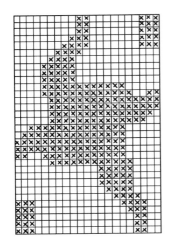

图3-48 凹凸花纹毛圈意匠图

二、毛圈组织的特性与用途

由于毛圈组织中加入了毛圈纱线,织物较普通平针组织紧密。但在使用过程中,由于毛圈松散,在织物的一面或两面容易受到意外的抽拉,使毛圈产生转移,这就破坏了织物的外观。因此,为了防止毛圈意外抽拉转移,可将织物编织得紧密些,增加毛圈转移的阻力,并可使毛圈直立。同时,地纱使用回弹较好的低弹加工丝,以帮助束缚毛圈纱线。

毛圈组织还具有添纱组织的特性,为了使毛圈纱与地纱具有良好的覆盖关系,毛圈组织应遵循添纱组织的编织条件。

毛圈组织经剪毛和起绒后可形成天鹅绒与双面绒织物。毛圈组织具有良好的保暖性与吸湿性,产品柔软和厚实,适用制作内衣、睡衣、浴衣、休闲服等服装,以及毛巾毯、窗帘、汽车座椅套等装饰和产业用品等。

三、毛圈组织的编织工艺

(一)毛圈的形成原理

毛圈组织的线圈由地纱和毛圈纱构成。与添纱组织相似,它需要两个导纱孔的导纱器喂入纱线。如图3-49(1)所示,其中地纱1的垫入位置较低,毛圈纱2的垫入位置较高。这样,在沉降片片颚上弯纱的地纱1形成平针线圈,在沉降片片鼻上弯纱的毛圈纱2的沉降弧被拉长形成毛圈,如图3-49(2)所示。片鼻上沿至片颚上沿的垂直距离 h 称为沉降片片鼻的高度。若要改变毛圈的高度,则需要更换不同片鼻高度的沉降片。毛圈针织机一般都配备了一系列片鼻高度不同的沉降片,供生产时选用。

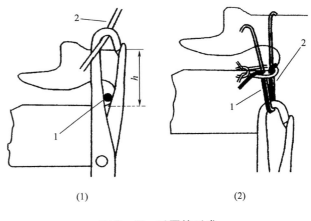

(1)　　　　　　　　(2)

图3-49 毛圈的形成

毛圈织物质量的好坏取决于毛圈能否紧固在地组织中,以及毛圈高度是否均匀一致。因此,沉降片的设计对毛圈织物的编织有着直接的影响。不同型号的毛圈针织机所用的沉降片结构不一定相同。图3-50所示为一种构型的沉降片,它的片鼻较长和较宽。当沉降片向针筒中心挺进时,片鼻能伸进前几个横列形成的毛圈中去,将它们抽紧,使毛圈更好地紧固在地组织中,毛圈的高度更加均匀一致。在某些毛圈机上,则采用了双沉降片技术,以便更好地控制毛圈的编织。

（二）普通毛圈的编织

编织普通毛圈组织时，所垫入的毛圈纱在每一线圈上都形成毛圈。因此，织针或沉降片都不需要经过选择。

1. 正包毛圈的编织　图3-51所示为一多针道毛圈机上采用的沉降片结构，它由双沉降片组成。其中1为脱圈沉降片，2为握持毛圈沉降片，它们相邻排列在同一槽中。由于两种沉降片的片踵高度不一样，因此在沉降片三角的作用下，它们的运动有所不同。

图3-52所示为采用这种双沉降片编织正包毛圈组织的成圈过程。

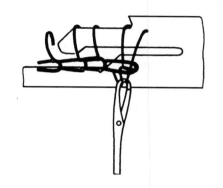

图3-50　一种构型的毛圈沉降片

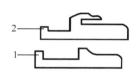

图3-51　双沉降片结构

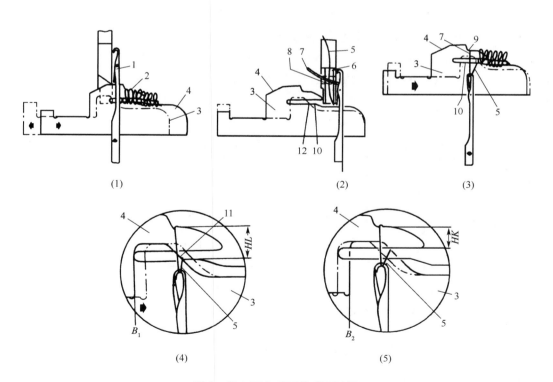

图3-52　正包毛圈的成圈过程

（1）织针上升退圈。如图 3-52（1）所示，针 1 上升退圈；在垫纱前，两片沉降片相对运动，握持毛圈沉降片 4 向针筒中心挺进，其片鼻伸入前几个毛圈 2 中去，将它们抽紧，使毛圈高度更加均匀。而脱圈沉降片 3 略向外退，放松地纱线圈。

（2）垫入地纱和毛圈纱。如图 3-52（2）所示，地纱 5 通过导纱孔 6 垫入，垫入位置较低，而毛圈纱 7 通过导纱孔 8 垫入，垫入位置较高。垫纱时，地纱较毛圈纱稍前一些垫入。为了不影响垫纱，握持毛圈沉降片 4 和脱圈沉降片 3 都向外退出。

（3）弯纱成圈。如图 3-52（3）所示，两片沉降片都朝针筒中心运动直到弯纱结束，此时毛圈纱 7 在握持毛圈沉降片 4 的点 9 上弯纱，地纱 5 在握持毛圈沉降片 4 的搁持边沿 10 与脱圈沉降片 3 的斜边沿 11［图 3-52（4）］的相交点 12 处［图 3-52（2）］弯纱。

图 3-52（4）、（5）是两个弯纱位置 B_1 和 B_2 的放大圈。从这些图中可以看出，通过调节脱圈沉降片 3 向中心的位置，可实现对地纱线圈 5 的控制。脱圈沉降片 3 的斜边沿 11 推动被织针钩住的地纱线圈 5，使它倾斜偏向针后。由于毛圈被毛圈沉降片 4 握持住，添纱效应得到优化。调节脱圈沉降片 3 向针筒中心的动程，可使地纱与毛圈纱之间的距离变大，如图 3-52（4）中的 HL；或使两根纱线间距变小，如图 3-52（5）中的 HK，利用这种方法可改变毛圈的高度。

2. 反包毛圈的编织　编织反包毛圈，通常采用特殊设计的沉降片和织针来实现，不同的机型其沉降片和织针的构型也有差异。图 3-53 所示的是一种特殊沉降片形成反包毛圈的原理。毛圈纱 1 和地纱 2 垫入针钩后，沉降片向针筒中心挺进，利用片鼻上的一个台阶 3 将毛圈纱推向针背，随着织针的下降，毛圈纱在针钩中占据比地纱更靠近针背的位置。这样在脱圈后，毛圈纱线圈显露在织物正面，将地纱线圈覆盖住，而织物反面仍是拉长沉降弧的毛圈。

3. 双面毛圈的编织　编织这类毛圈，需要用到两片沉降片。如图 3-54 所示，其中 1 是正面毛圈沉降片，2 是反面毛圈沉降片，两片沉降片相邻插在同一片槽中，受各自沉降片三角的控制。以平针为地组织的双面毛圈的编织过程如图 3-55 所示。

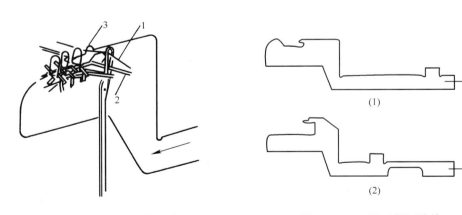

图 3-53　反包毛圈的形成　　　　图 3-54　双面毛圈沉降片

（1）垫入地纱。如图 3-55（1）所示，织针上升完成退圈后，从导纱器 2 引入的地纱 1 垫在开启的针舌外。

（2）垫入正反面毛圈纱及正面纱弯纱。如图 3-55（2）所示，正面毛圈纱 3 垫放在比地纱 1 位置低的针舌外，之后正面毛圈沉降片 4 向针筒中心挺进，利用片喉将毛圈纱 3 弯纱。同时，反

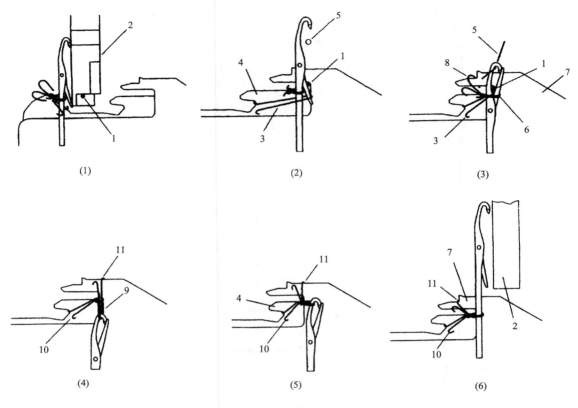

图 3 - 55　双面毛圈的编织过程

面毛圈纱 5 垫放在比地纱 1 位置高的针钩下方。

（3）反面毛圈纱弯纱。如图 3 - 55（3）所示，随着织针的下降，针钩勾住反面毛圈纱 5 进行弯纱，旧线圈 6 将针舌关闭套圈。反面毛圈沉降片 7 向针筒中心挺进，利用片喉整理上一横列形成的反面毛圈 8。

（4）形成新线圈。如图 3 - 55（4）所示，织针进一步下降至最低位置，勾住地纱和正反面毛圈纱穿过旧线圈，从而形成了新线圈 9、正面毛圈 10 和反面毛圈 11。

（5）抽紧正面毛圈。如图 3 - 55（5）所示，织针从最低位置上升开始退圈，为了防止正面毛圈 10 重新套入针钩，正面毛圈沉降片 4 应处于向针筒中心挺进位置，利用其片喉将正面毛圈 10 推向针后并抽紧它。

（6）抽紧反面毛圈。如图 3 - 55（6）所示，随着织针的进一步上升放松线圈，反面毛圈沉降片 7 先是向针筒外侧退，使反面毛圈 11 从沉降片 7 的上方移动至片鼻台阶处，接着沉降片 7 向针筒中心挺进，利用片鼻台阶抽紧反面毛圈 11。

（三）提花毛圈的编织

1. 满地提花毛圈的编织　这里介绍的是两色满地提花毛圈的编织方法，它采用了选针、双沉降片和预弯纱技术。其基本原理是地纱和各色毛圈纱先分别单独预弯纱，最后一起穿过旧线圈，形成新线圈。

图 3 - 56 所示为双沉降片的结构，其中 1 为毛圈沉降片，2 为握持沉降片，它们相邻插在同

一片槽中,并受两个不同的沉降片三角控制其运动轨迹。织针受专门的选针机构控制。

图3-57为编织两色提花毛圈组织时织针与双沉降片的运动轨迹及其配合。X表示一个完整的编织区域,区段G1、H1和H2分别为地纱和两根毛圈纱的喂入与编织系统,其中G1.1和G1.2分别是织针的退圈和脱圈区域。织针1作上下和水平(圆周)运动,箭头16表示向上的方向,箭头15为水平运动的方向,2则是织针的运动轨迹。握持沉降片4和毛圈沉降片9除了作径向运动外,还与织针同步水平(圆周)运动,箭头17、18为半径方向并指向针筒外侧,5、10分别表示握持沉降片4和毛圈沉降片9的运动轨迹,6、7、8分别为握持沉降片4的片颚、片鼻边沿和片喉,11、12分别为毛圈沉降片9的上边沿和片鼻,3为针筒筒口展开线。

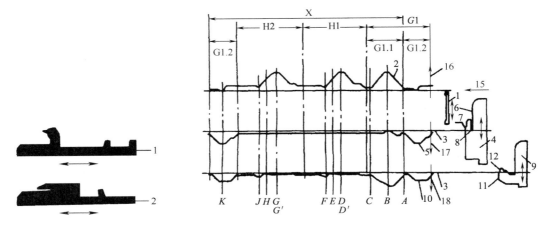

图3-56 提花毛圈的双沉降片结构　　图3-57 织针与双沉降片的运动轨迹

该提花毛圈的编织过程如图3-58所示。

(1)起始位置。如图3-58(1)所示(对应于图3-57中的位置A),此时织针1的针头大约与握持沉降片4的片颚6相平齐。

(2)垫入地纱。如图3-58(2)所示(对应于图3-57中的位置B),所有织针上升到退圈最高点,地纱2通过导纱器3垫入针钩,握持沉降片4略向针筒中心移动以握持住旧线圈。而毛圈沉降片9向外退出为导纱器让出空间。

(3)地纱预弯纱。如图3-58(3)所示(对应于图3-57中的位置C),织针结束下降,旧线圈5将针舌关闭,但不脱圈,这相当于集圈位置。在织针下降过程中,地纱2搁在握持沉降片4的片鼻边沿7上预弯纱,使线圈达到后来地组织中所需长度。与此同时,毛圈沉降片9向中心运动,用片鼻12握持住预弯纱的地纱2。

(4)被选中的针垫入第一色毛圈纱。如图3-58(4)所示(对应于图3-57中的位置D),在随后的毛圈纱编织系统H1中,选针器根据花纹选针,被选中的织针上升被垫入第一色毛圈纱10,此时地纱2夹在握持沉降片边沿7与毛圈沉降片片鼻12之间,而旧线圈被片喉8握持。此系统未被选中的织针不上升,不垫入毛圈纱,如图3-58(5)所示(对应于图3-57中的位置D')。

(5)第一色毛圈纱预弯纱。如图3-58(6)所示(对应于图3-57中的位置E),织针下降勾

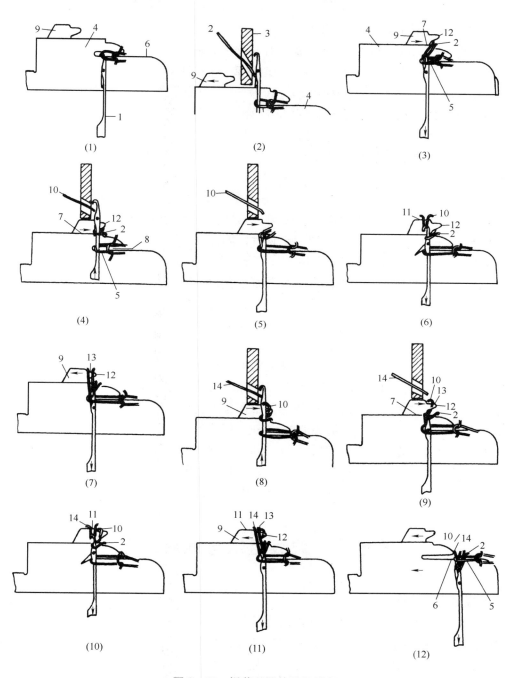

图 3-58 提花毛圈的编织过程

住毛圈纱 10,使其搁在毛圈沉降片 9 的边沿 11 上预弯纱,形成毛圈;此时,预弯纱的地纱 2 在张力作用下被握持在毛圈沉降片片鼻 12 之下。弯纱结束时,毛圈沉降片 9 略向外退,使毛圈纱搁在片鼻 12 的边沿 13 上,如图 3-58(7)所示(对应于图 3-57 中的位置 F),织针再次处于"集圈"位置。

（6）第一次未被选中的织针垫入第二色毛圈纱。如图3-58（8）所示（对应于图3-57中的位置G），在毛圈纱编织系统H2中，再次进行选针，将在系统H1中未被选中的织针选中使其上升退圈，并被垫入第二色毛圈纱14，毛圈沉降片9略向针筒中心移动，将第一色毛圈纱10推向针背。此系统未选中的织针不上升，预弯纱的地纱2搁持在握持沉降片边沿7上，第一色毛圈纱10搁持在片鼻12的边沿13上，如图3-58（9）所示（对应于图3-57中的位置G'）。

（7）第二色毛圈纱预弯纱。如图3-58（10）所示（对应于图3-57中的位置H），织针下降，第二色毛圈14纱搁持在毛圈沉降片的上边沿11上预弯纱形成毛圈。随着针的下降，毛圈沉降片9略向外退，使毛圈纱从上边沿11移到片鼻12的边沿13，如图3-58（11）所示（对应于图3-57中的位置J）。

（8）旧线圈脱在预弯纱的地纱和毛圈上形成新线圈。如图3-58（12）所示（对应于图3-57中的位置K），在下一编织系统的G1.2区域，两片沉降片向外运动，放松预弯纱的地纱2和毛圈纱10及14；织针下降，勾住这些纱线穿过位于握持沉降片片颚6上的旧线圈5，形成封闭的新线圈。

上述方法编织的提花毛圈织物，每一横列的毛圈由两种颜色的毛圈互补形成。采用这种技术最多可以编织12色的满地提花毛圈。

2.凹凸提花毛圈的编织　这可以通过沉降片选择装置来实现，它能对每一片沉降片进行选择。图3-59显示了凹凸提花毛圈的编织原理。根据花纹要求被选中的沉降片沿径向朝针筒中心（箭头方向）推进，使地纱1和毛圈纱2分别搁在沉降片的片颚和片鼻上弯纱，毛圈纱2形成了拉长的沉降弧即毛圈，如图3-59（1）所示。而没被选中的沉降片不被推进，毛圈纱2与地纱1一样搁在沉降片片颚上弯纱，不形成毛圈，如图3-59（2）所示。

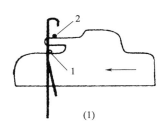

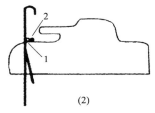

图3-59　凹凸提花毛圈的编织原理

第七节　调线组织与编织工艺

一、调线组织的结构

调线组织（striped stitch）学名又称横向连接组织。它是在编织过程中轮流改变喂入的纱线，用不同种类的纱线组成各个线圈横列的一种纬编花色组织。图3-60显示了利用三种纱线轮流喂入进行编织而得到的以平针为基础的调线组织。调线组织的外观效应取决于所选用的纱线的特征。例如，最常用的是不同颜色的纱线轮流喂入，可得到彩色横条纹织物。还可以用不同细度的纱线轮流喂入，得到凹凸横条纹织物；用不同光泽纤维的纱线轮流喂入，得到不同反光效应的横条纹织物等。

调线组织可以在任何纬编组织的基础上得到。如单面的平针

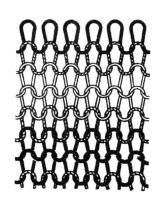

图3-60　调线组织的结构

组织、衬垫组织、毛圈组织、提花组织等，双面的罗纹组织、双罗纹组织、提花组织等。

二、调线组织的特性与用途

由于调线组织在编织过程中线圈结构不起任何变化，故其性质与所采用的基础组织相同。调线组织可以形成彩横条、凹凸横条纹等效应。

调线组织常用于生产针织 T 恤衫、运动衣面料及休闲服饰等。

三、调线组织的编织工艺

（一）调线组织的基本编织方法

在普通圆纬机上，只要按一定的规律，对各个成圈系统的导纱器分别穿入多种色纱中的一种，就可编织出具有彩横条外观的调线织物。但由于普通圆纬机各个成圈系统只有一个导纱器，一般只穿一根色纱，成圈系统数量也有限，所以织物中一个彩横条相间完全组织的横列数也不可能很多。例如对于成圈系统数达 150 路的圆纬机来说，所能编织的彩横条完全组织最多不超过 150 横列。

如果每一成圈系统装有多个导纱器，每个导纱器穿一种色纱，编织每一横列时，各系统可根据花型要求选用其中某一个导纱器进行垫纱，则可扩大彩横条完全组织的横列数。目前编织调线组织的圆纬机上，每一成圈系统安装的调线装置一般有几个可供调换的导纱指（即导纱器），每一导纱指可穿上不同色泽或种类的纱线进行编织。常用的是四色或六色调线装置，即每一成圈系统有四个或六个可供调换的导纱指。下面以某种四色调线装置为例说明其工作原理。

（二）四色调线装置的工作原理

调线装置分机械控制和电脑控制两类，后者具有花型变换快和方便、完全组织不受限制等优点，目前被普遍采用。

整个系统包括电脑控制器与调线控制装置两大部分。电脑控制器上装有键盘和显示器，可以调用或编辑电脑中存贮的花型，也能输入新的花型。通过一个与针筒同步回转的信号传送器将贮存在电脑控制器中的花型程序传送给有关的导纱指变换电磁铁，进行调线。

每一调线装置有四个可变换的导纱指。对每一导纱指的控制方式为：导纱指随同关闭的夹线器和剪刀从基本位置被带到垫纱位置，又随同张开的夹线器和剪刀被带回基本位置。导纱指、夹线器和剪刀是主要的工作机件。

下面通过图 3 – 61 来说明在普通圆纬机上的调线过程。

1. 带有纱线 A 的导纱指处于基本位置　如图 3 – 61（1）所示，导纱机件 2 与带有剪刀 4 和夹线器 5 的导纱指 3 处于基本位置。纱线 A 穿过导纱机件 2、导纱指 3 和导纱器 1 垫入针钩。此时导纱机件 2 处于较高位置，剪刀 4 和夹线器 5 张开。

2. 带有纱线 B 的导纱指摆向针背　如图 3 – 61（2）所示，另一导纱指 7 带着夹线器 9、剪刀 8 和纱线 B 摆向针背。

3. 带有纱线 B 的导纱指进入垫纱位置　如图 3 – 61（3）所示，带着夹线器 9、剪刀 8 和纱线 B 的导纱指 7 与导纱机件 6 一起向下运动，进入垫纱位置。纱线 B 进入 6 ~ 10mm 宽的不插针区域［图 3 – 61（5），其为局部区域俯视图］，为垫纱做准备。

4. 完成调线　如图 3 – 61（4）所示，当纱线 B 在调线位置被可靠地编织了二三针后，夹线器

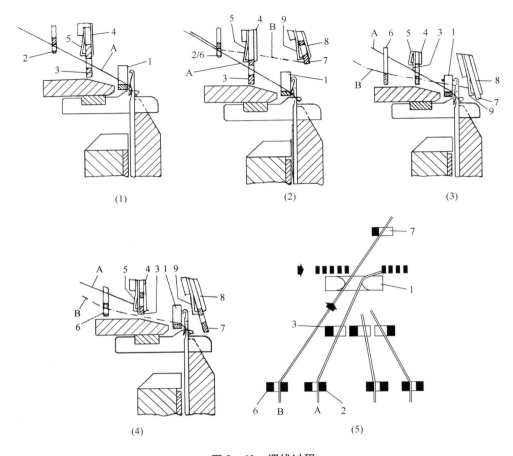

图 3 - 61　调线过程

9 和剪刀 8 张开,放松纱端。在基本位置的导纱指 3 上的夹线器 5 和剪刀 4 关闭,握持纱线 A 并将其剪断。至此调线过程完成。

该四色调线装置除了可用于普通单面和双面圆纬机上编织横条纹织物外,还能安装在电脑提花圆机等针织机上,生产提花加横条纹等结构的坯布。

第八节　绕经组织与编织工艺

一、绕经组织的结构

绕经组织(wrap stitch)是在某些纬编单面组织的基础上,引入绕经纱的一种花色组织。绕经纱沿着纵向垫入,并在织物中呈线圈和浮线。绕经组织织物也俗称为吊线织物。

图 3 - 62 所示的是在平针组织基础上形成的绕经组织。绕经纱 2 所形成的线圈显露在织物正面,反面则形成浮线。图 3 - 62 中 Ⅰ 和 Ⅱ 分别是绕经区和地纱区。地纱 1 编织一个完整的线圈横列后,绕经纱 2 在绕经区被选中的织针上编织成圈,同时地纱 3 在地纱区的织针上以及绕经区中没有垫入绕经纱的织针上编织成圈,绕经纱 2 和地纱 3 的线圈组成了另一个完整的线

圈横列。按此方法循环便形成了绕经组织。

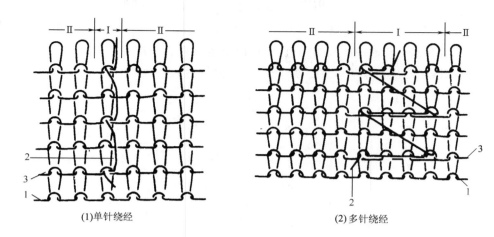

(1)单针绕经　　　　　　　　(2)多针绕经

图 3 - 62　绕经组织的结构

二、绕经组织的特性与用途

由于绕经组织中引入了沿着纵向分布的绕经纱,从而使织物的纵向弹性和延伸性有所下降,纵向尺寸稳定性有所提高。

一般的纬编组织难以产生纵条纹效应,利用绕经结构,并结合不同颜色、细度和种类的纱线,可以方便地形成色彩和凹凸的纵条纹,再与其他花色组织结合,可形成方格等效应。绕经组织除了用作 T 恤衫、休闲服饰等面料外,还可生产装饰织物。

三、绕经组织的编织工艺

编织绕经织物的圆纬机,三个成圈系统为一组(一个循环),分为地纱系统、绕经纱系统和辅助系统,分别编织如图 3 - 62 所示的地纱 1、绕经纱 2 和地纱 3。地纱和辅助系统均采用固定的普通导纱器,绕经纱导纱装置(俗称吊线装置)随针筒同步回转,并配置在绕经区附近,将纵向喂入的花色经纱垫绕在被选中的织针上,如图 3 - 63 所示。为了进行供纱,绕经圆纬机的绕经纱筒子安放在针筒上方并随针筒同步回转的纱架上,而地纱筒子则与一般的圆纬机一样,安放在固定的纱架上。

图 3 - 63　经纱的垫绕

针筒上织针的排列分为地组织区和绕经区。该机采用的织针如图 3 - 64 所示,共有五种不同踵位的织针(用数字 0 ~ 4 来代表),每一根织针有一个压针踵 5 和一个起针踵(0 ~ 4)。每一成圈系统有五档高度不同的可变换三角(可在成圈、集圈或不编织三种三角中进行变换),即五针道,以控制五种不同踵位的织针。

图 3 - 65 表示某一循环的 3 个成圈系统 A、B 和 C 的走针轨迹。在地纱系统 A,五档高度不同的三角均为成圈三角,0 ~ 4 号织针都被选中,垫入地纱成圈。在绕经系统 B,最低档的三角为

成圈三角,其余各档为不编织三角,因此 0 号织针被选中垫入绕经纱成圈,而 1~4 号织针未被选中不编织。在辅助系统 C,最低档的三角为不编织三角,其余各档为成圈三角,因此 0 号织针未被选中不编织,而 1~4 号织针被选中垫入地纱成圈。这样经过三个系统一个循环,编织了两个横列。如绕经纱采用与地纱不同的颜色,则可以形成彩色纵条纹。除此之外,也可根据结构和花型的要求,按一定规律配置变换三角,使 0~4 号织针在三个系统中进行成圈、集圈或不编织。

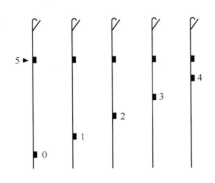

图 3 - 64　织针的构型

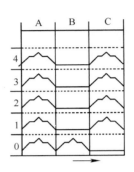

图 3 - 65　一组成圈系统的走针轨迹

　　绕经组织的每一花型宽度包括绕经区和地纱区。绕经区取决于一个绕经导纱器所能垫纱的最大针数。地纱区由两个绕经导纱器或两个绕经区之间的针数决定。绕经区和地纱区的总针数不变,如果绕经区针数减少,则地纱区针数相应增加。如对于机号 $E28$ 的圆纬机来说,花宽为 24 针,其中绕经纱垫纱的最大宽度为 12 针。

　　绕经装置既可以安装在多针道变换三角圆纬机上单独使用,还能与四色调线装置、其他选针机构相结合,生产出花型多样的织物。

第九节　长毛绒组织与编织工艺

一、长毛绒组织的结构与分类

　　凡在编织过程中用纤维束或毛纱与地纱一起喂入而编织成圈,同时纤维(如为毛纱需要割断)以绒毛状附在针织物表面的组织,称为长毛绒组织(high - pile stitch)。它一般是在纬平针组织的基础上形成,纤维的头端突出在织物的反面形成绒毛状,如图 3 - 66 所示。

　　根据纤维束喂入的形式,长毛绒组织可分为毛条喂入式和毛纱割圈式两类,每一类又有普通长毛绒和花色(提花或结构花型)长毛绒。图 3 - 66 所示为普通长毛绒组织,在每个地组织线圈上均分布有纤维束。花色长毛绒是按照花型要求进行选针编织。图 3 - 67 所示的是一种花色长毛绒结构,通过 1 隔 1 的选针,在一个横列中,被选中的织针形成附有纤维束的线圈 1,而未被选中的织针不成圈形成浮线 2。这种长毛绒结构存在较多的浮线,可以增加织物在横向的尺寸稳定性。

图3-66　长毛绒组织的结构

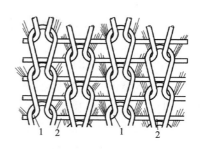

图3-67　1隔1选针编织的长毛绒织物结构

二、长毛绒组织的特性与用途

长毛绒组织可以利用各种不同性质的纤维进行编织,由于喂入纤维的长短与粗细有差异,使纤维留在织物表面的长度不一,因此可以形成毛干和绒毛两层,毛干较长较粗呈现在织物表面,绒毛较短较细处于毛干层下面紧贴地组织,这种结构接近于天然毛皮而有"人造毛皮"之称。

长毛绒织物手感柔软,保暖性和耐磨性好,可仿制各种天然毛皮,单位面积重量比天然毛皮轻,而且不会虫蛀,因而在服装、动物玩具、拖鞋、装饰织物等方面有许多应用。

三、长毛绒组织的编织工艺

(一)毛条喂入式长毛绒组织的编织

在采用舌针与沉降片的单面圆纬机上编织这种长毛绒组织时,每一成圈系统需附加一套纤维毛条梳理喂入装置,将纤维喂入织针,以便形成长毛绒。

图3-68(1)和(2)分别显示了纤维毛条梳理装置和纤维束的喂入。毛条梳理装置由一对输入辊1和3、梳理辊4和表面带有钢丝的滚筒5组成。输入辊1和3牵伸纤维毛条2并将其输送给梳理辊4,后者的表面线速度大于前者,使纤维伸直并平行均匀排列。借助于特殊形状的钢丝6,滚筒5从梳理辊4上取过纤维束8,并将其梳入退圈织针7的针钩。毛条输入辊1

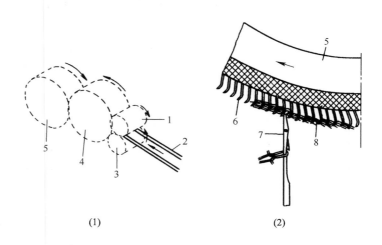

(1)　　　　　　(2)

图3-68　毛条梳理装置与纤维束的喂入

和3的速度可电子无级调节,这样能调整梳理辊4和滚筒5上的纤维数量与密度,从而控制梳给每一根织针的纤维数量。

毛条喂入式长毛绒组织的编织过程如图3-69所示。当针钩勾取纤维束后,针头后上方装有一只吸风管(图中A),利用气流吸引力将未被针钩勾住而附着在纤维束上的散乱纤维吸走,并将纤维束吸向针钩,使纤维束的两个头端靠后,呈"V"字形紧贴针钩(图3-69中针1、2、3、4),以利编织。

当织针进入垫纱成圈区域时,针逐渐下降(图3-69中针5、6、7),从导纱器B中喂入地纱。此时,为使地纱始终处于长毛绒织物的工艺正面,地纱垫于纤维束下方,两者一起编织成圈,纤维束的两个头端露在长毛绒组织的工艺反面,形成毛绒。

为了生产提花或结构花型的长毛绒织物,或是这两者的组合,可通过电子选针装置,对经过每一纤维束梳入区的织针进行选针,使选中的织针退圈并勾取相应颜色的纤维束。

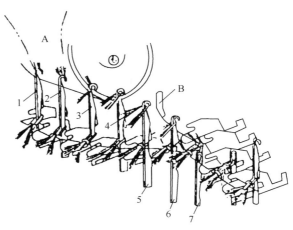

图3-69　毛条喂入式长毛绒组织的编织过程

（二）毛纱割圈式长毛绒组织的编织

编织这种组织,需要在配置针筒和针盘的双面圆纬机上进行。图3-70显示了织针的构型,针盘针1与普通的舌针没有区别,针筒针2上有一刀刃3,可以将垫入针钩的毛纱割断,故又称为"刀针",由于刀针2上没有针舌,所以它不能成圈。

图3-71显示了该组织一个横列的编织方法。下刀针有高踵A和低踵B两种,在针筒中呈间隔排列。由于喂入下刀针的毛纱比喂入上针的地纱要粗,所以下针筒针距是上针盘针距的一倍。上针有高C、中D、低E三种踵位,按照图示排列在针盘中。下三角分高低两档,上三角分高、中、低三档,分别控制对应的织针。

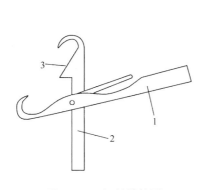

图3-70　织针的构型

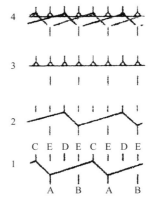

图3-71　毛纱割圈式长毛绒组织的编织方法

在第1系统,被选中的下刀针A和上针C被垫入第一根毛纱,但是不成圈,形成悬弧。在第 2 系统,被选中的下刀针 B 和上针 D 被垫入第二根毛纱,也不成圈和形成悬弧。在第 3 系统,所有上针垫入地纱并成圈,形成平针地组织。在第 4 系统,所有下刀针上升,将握持在针钩中呈悬弧的毛纱割断,从而使毛纱成为纤维束附着在地组织的部分线圈上。按照上述方法循环,可以编织出后续横列。

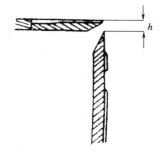

图 3 - 72　调整筒口距离

若要改变织物中毛绒(纤维束)的长度,可以调整该针织机的筒口距离 h(上针盘口与下针筒口的间距),如图 3 - 72 所示,使喂入毛纱的悬弧长度发生变化,h 值一般在 4 ~ 18mm 范围内。

第十节　移圈组织与编织工艺

一、移圈组织的结构与分类

凡在编织过程中,通过转移线圈部段形成的织物称为移圈组织。通常,根据转移线圈纱段的不同,将移圈组织分为两类:在编织过程中转移线圈针编弧部段的组织称为纱罗组织,而在编织过程中转移线圈沉降弧部段的组织称为菠萝组织。由于纱罗组织应用较多,习惯上将其称为移圈组织。

(一)纱罗组织

纱罗组织(loop transfer stitch)是在纬编基本组织的基础上,按照花纹要求将某些针上的针编弧进行转移,即从某一纵行转移到另一纵行。根据地组织的不同,纱罗组织可分为单面和双面两类。利用地组织的种类和移圈方式的不同,可在针织物表面形成各种花纹图案。

1. 单面纱罗组织　图 3 - 73 为一种单面网眼纱罗组织。移圈方式按照花纹要求进行,可以在不同针上以不同方式进行移圈,形成具有一定花纹效应的孔眼。例如:图中第 Ⅰ 横列,针 2、4、6、8 上的线圈转移到针 3、5、7、9 上;第 Ⅱ 横列中的 2、4、6、8 针将在空针上垫纱成圈,在织物表面,那些纵行暂时中断,从而形成孔眼。

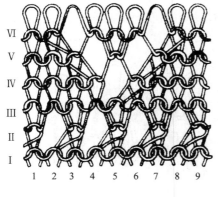

图 3 - 73　单面网眼纱罗组织

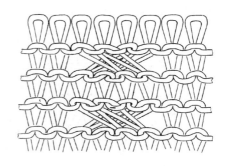

图 3 - 74　单面绞花纱罗组织

图 3 - 74 为一种单面绞花纱罗(cable)组织。移圈是在部分针上相互进行的,移圈处的线

圈纵行并不中断,这样在织物表面形成扭曲状的花纹纵行。

2.双面纱罗组织 双面纱罗组织可以在针织物一面进行移圈,即将一个针床上的某些线圈移到同一针床的相邻针上;也可以在针织物两面进行移圈,即将一个针床上的线圈移到另一个针床与之相邻的针上,或者将两个针床上的线圈分别移到各自针床的相邻针上。

图3-75显示了正面线圈纵行1上的线圈3被转移到另一个针床相邻的针(反面线圈纵行2)上,呈倾斜状态,形成开孔4。图3-76所示为在同一针床上进行移圈的双面纱罗组织。在第Ⅰ横列,将同一面两个相邻线圈朝不同方向转移到相邻的针上,即针5、针7上的线圈分别转移到针3、针9上。在第Ⅱ横列,将针3上的线圈转移到针1上。在以后若干横列中,如果使移去线圈的针3、针5、针7不参加编织,而后再重新成圈,则在双面针织物上可以看到一块单面平针组织区域,这样在针织物表面就形成凹纹效应。而在两个线圈合并的地方,产生凸起效应,从而使织物的凹凸效果更明显。

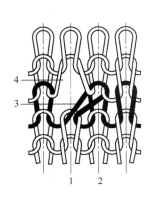

图3-75 一个针床向另一针床移圈的双面纱罗组织

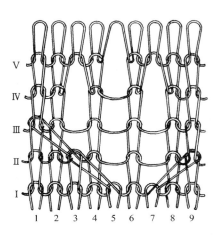

图3-76 同一针床移圈的双面纱罗组织

(二)菠萝组织

菠萝组织(pelerine stitch,eyelet stitch)是新线圈在成圈过程中同时穿过旧线圈的针编弧与沉降弧的纬编花色组织。菠萝组织编织时,必须将旧线圈的沉降弧套到针上,使旧线圈的沉降弧连同针编弧一起脱圈到新线圈上。

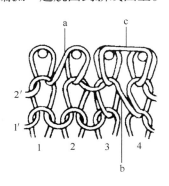

图3-77 菠萝组织的结构图

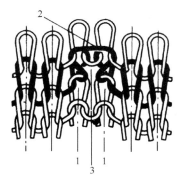

图3-78 在2+2罗纹基础上转移沉降弧

　　菠萝组织可以在单面组织的基础上形成，也可以在双面组织的基础上形成。图 3 - 77 是以平针组织为基础形成的一种菠萝组织，其沉降弧可以转移到右边针上（图中 a），也可以转移到左边针上（图中 b），还可以转移到左右相邻的两枚针上（图中 c）。图 3 - 78 是在 2 + 2 罗纹基础上转移沉降弧的菠萝组织，两个纵行 1 之间的沉降弧 2 转移到相邻两枚针 1 上，形成孔眼 3。

二、移圈组织的特性与用途

　　移圈组织可以形成孔眼、凹凸、纵行扭曲等效应，如将这些结构按照一定的规律分布在针织物表面，则可形成所需的花纹图案。移圈织物一般透气性较好。

　　纱罗组织的线圈结构，除在移圈处的线圈圈干有倾斜和两线圈合并处针编弧有重叠外，一般与它的基础组织并无多大差异，因此纱罗组织的性质与它的基础组织相近。

　　纱罗组织的移圈原理可以用来编织成形针织物、改变针织物组织结构以及使织物由单面编织改为双面编织或由双面编织改为单面编织。

　　菠萝组织针织物的强力较低，因为菠萝组织的线圈在成圈时，沉降弧是拉紧的，当织物受到拉伸时，各线圈受力不均匀，张力集中在张紧的线圈上，纱线容易断裂，使织物表面产生破洞。

　　移圈组织的应用以纱罗组织占大多数，主要用于生产毛衫、妇女时尚内衣等产品。

三、移圈组织的编织工艺

（一）纱罗组织的编织

　　纱罗组织既可以在圆机上也可以在横机上编织。在圆机上编织纱罗组织，一般是将下针的线圈转移到上针。如图 3 - 79 所示，下针 1 上的针编弧 5 被转移到上针 3 上。为了完成转移，下针 1 先上升到高于退圈位置，受连在 1 上的弹性扩圈片 2 的作用针编弧 5 被扩张，并被上抬高于上针。接着上针 3 径向外移穿过针编弧 5，最后下针 1 下降，弹性扩圈片 2 的上端在上针的作用下会张开，从而将针编弧 5 留在上针 3 上。4 为上针的线圈。

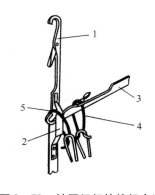

　　编织所用的机器一般为移圈罗纹机。针盘与针筒三角均有成圈系统和移圈系统，且每三个系统中有一个移圈系统。上针与下针之间的隔距，应在原罗纹对位的基础上，重新调整到移圈对位，如图 3 - 80 所示。这意味着上针 4 必须能在下针针杆 1 与弹性扩圈片 2 之间的空隙 3 中穿过，不能碰到两边。

图 3 - 79　纱罗组织的编织方法

　　上下针弯纱的对位配合可根据原料、织物结构、外观和单位面积重量等参数，调整到同步成圈或滞后成圈。由于罗纹织物主要以滞后成圈方式生产，所以下面介绍的是在滞后成圈条件下的移圈过程。

　　图 3 - 81 表示移圈系统上下针的运动轨迹及对位配合，其中 1 表示针筒转向，2、4 分别为上下针运动轨迹，3、5 分别是上下针的运动方向。图 3 - 82 显示了移圈过程，具体可分为以下几个阶段。

　　1. 起始位置　如图 3 - 82（1）所示（对应于图 3 - 81 中的位置 I），此时上下针握持住旧线圈，分别处于针盘口和针筒口的位置。

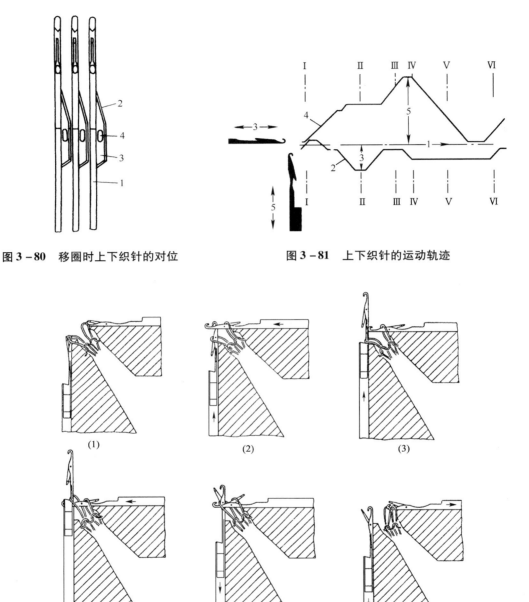

图 3 - 80　移圈时上下织针的对位　　　　图 3 - 81　上下织针的运动轨迹

图 3 - 82　移圈过程

2. 下针退圈并扩圈　上针向外移动一段距离,旧线圈将上针舌打开但不完全退圈,下针也上升一些,开始退圈,如图 3 - 82(2)所示(对应图 3 - 81 中的位置Ⅱ)。随后下针继续上升完成退圈,且将欲转移的线圈套在弹性扩圈片外面完成扩圈,此时上针略向内移处于握持状态,上针头与下针针背平齐,可阻挡下针上的旧线圈随针上升,有利于下针的退圈,如图 3 - 82(3)所示(对应图 3 - 81 中的位置Ⅲ)。

3.上针伸入扩展的线圈中　如图3-82(4)所示(对应图3-81中的位置Ⅳ),下针上升,利用扩圈片上的台阶将扩展的线圈上抬到高于上针位置,上针向外移动伸进下针针杆与弹性扩圈片之间的空隙,使上针头穿进扩展的线圈中。

4.上针接受线圈　如图3-82(5)所示(对应图3-81中的位置Ⅴ),下针下降针舌关闭,其上的线圈不再受下针约束,将线圈留在上针针钩内。

5.上针回复起始位置　如图3-82(6)所示(对应图3-81中的位置Ⅵ),上针向针筒中心移动,带着转移过来的线圈回到起始位置,下针上升一些为在下一成圈系统退圈做准备。

(二)菠萝组织的编织

编织菠萝组织时,将旧线圈的沉降弧转移到相邻的针上是借助于专门的扩圈片或钩子来完成。扩圈片或钩子有三种:左侧扩圈片或钩子用来将沉降弧转移到左面针上,右侧扩圈片或钩子用来将沉降弧转移到右面针上,双侧扩圈片或钩子用来将沉降弧转移到相邻的两枚针上。扩圈片或钩子可以装在针盘或针筒上。

图3-83显示了双侧扩圈片装在针筒上进行移圈的方法。随着双侧扩圈片1的上升,逐步扩大沉降弧2。当上升至一定高度后,扩圈片1上的台阶将沉降弧向上抬,使其超过针盘针3、4。接着织针3、4向外移动,穿过扩圈片的扩张部分,如图3-83(1)所示。然后扩圈片下降,把沉降弧留在织针3、4的针钩上,如图3-83(2)所示。随后将进行垫纱成圈。

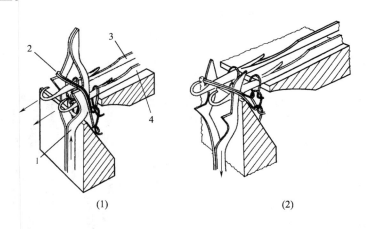

(1)　　　　　　(2)

图3-83　双侧扩圈片装在针筒上进行移圈

第十一节　复合组织与编织工艺

复合组织(combination stitch)是由两种或两种以上的纬编组织复合而成。它可以由不同的基本组织、变化组织和花色组织复合而成,并根据各种组织的特性复合成所要求的组织结构。复合组织有单面和双面之分。在双面复合组织中,根据上下织针的排针配置的不同,又可分为罗纹型和双罗纹型复合组织。

一、单面复合组织

常用的单面复合组织是在平针组织的基础上,通过成圈、集圈、浮线等不同的结构单元组合而成。与平针组织相比,它能改善织物的脱散性,增加尺寸稳定性,减少织物卷边,并可以形成各种花色效应。

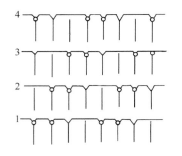

图 3 – 84　具有斜纹效应的单面复合组织

单面复合组织的结构变化很多,这里仅举一个的例子。图 3 – 84 所示是由成圈、集圈和浮线三种结构单元复合而成的单面斜纹(twill)织物。一个完全组织高 4 个横列、宽 4 个纵行,在每一横列的编织中,织针呈现 2 针成圈、1 针集圈、1 针浮线的循环,且下一横列相对于上一横列右移一针,使织物表面形成较明显的仿哔叽机织物的斜纹效应。由于浮线和悬弧的存在,织物的纵向、横向延伸性减小,结构稳定,布面挺括。该织物可用来制作衬衣等产品。

上述织物可在单面四针道变换三角圆纬机或具有选针机构的圆纬机上编织。

二、双面复合组织

(一)罗纹型复合组织

编织时上下织针呈一隔一交错配置,并由罗纹组织与其他组织复合而成的双面织物称为罗纹型复合组织。常用的有罗纹空气层组织、点纹组织、罗纹网眼组织、胖花组织、衍缝组织等。

1. 罗纹空气层组织　罗纹空气层组织学名称米拉诺(minalo)组织,它由罗纹组织和平针组织复合而成,其线圈结构与编织图如图 3 – 85 所示。该组织由三个成圈系统编织一个完全组织,第 1 系统编织一个 1 + 1 罗纹横列;第 2 系统上针退出工作,下针全部参加工作编织一行正面平针;第 3 系统下针退出工作,上针全部参加工作编织一行反面平针,这两行单面平针组成一个完整的线圈横列。

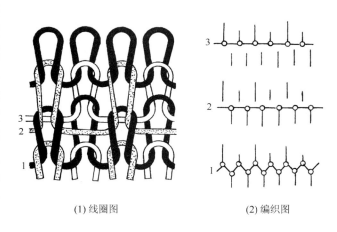

(1)线圈图　　　　　　(2)编织图

图 3 – 85　罗纹空气层组织

从图 3 – 85 中可以看出,该织物正、反面两个平针组织之间没有联系,在织物中形成了空气层结构,并且在织物表面有凸起的横楞效应,织物的正反面外观相同。

在罗纹空气层组织中,由于平针线圈浮线状沉降弧分布在织物平面,使针织物横向延伸性较小,尺寸稳定性提高。同时,这种织物比同机号同细度纱线编织的罗纹织物厚实、挺括,保暖性较好,因此在内衣、毛衫等方面得到广泛应用。

罗纹空气层组织可在具有变换三角的罗纹机上编织。

2. 点纹组织　点纹组织是由不完全罗纹组织与单面变化平针组织复合而成,四个成圈系统编织一个完全组织。由于成圈顺序不同,因而产生了结构上不同的瑞士式点纹和法式点纹组织。

图 3 – 86 为瑞士式点纹(Swiss pique)组织的线圈结构和编织图。第 1 系统上针高踵针与全部下针编织一行不完全罗纹,第 2 系统上针高踵针编织一行变化平针,第 3 系统上针低踵针与全部下针编织另一行不完全罗纹,第 4 系统上针低踵针编织另一行变化平针。每枚针在一个

完全组织中成圈两次,形成两个横列。

图 3-87 显示了法式点纹(French pique)组织的线圈结构和编织图。虽然在一个完全组织中也是两行单面变化平针,另外两行不完全罗纹,但是编织顺序与瑞士式点纹组织不同。第 1 系统上针低踵针与全部下针编织一行不完全罗纹,第 2 系统上针高踵针编织一行变化平针,第 3 系统上针高踵针与全部下针编织另一行不完全罗纹,第 4 系统上针低踵针编织另一行变化平针。

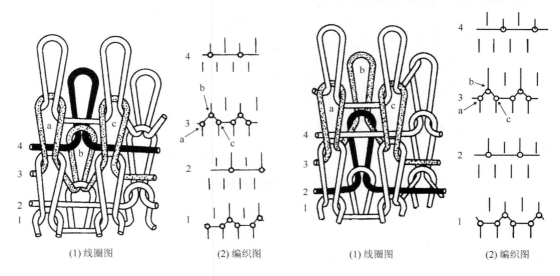

| (1)线圈图 | (2)编织图 | (1)线圈图 | (2)编织图 |

图 3-86 瑞士式点纹组织   图 3-87 法式点纹组织

法式点纹从正面线圈 a、c 到反面线圈 b 的沉降弧是向上弯曲的,而瑞士式点纹是向下弯曲的。由于法式点纹中线圈 b 的线圈指数是 2,受到较大拉伸,故其沉降弧弯曲较大并且在弹性恢复力作用下力图伸展,从而将线圈 a、c 向两边推开,使得线圈 a、c 所在的纵行纹路清晰,织物幅宽增大,表面丰满。而瑞士式点纹中线圈 b 的线圈指数是 0,因此沉降弧弯曲较小,织物结构紧密,尺寸较为稳定,延伸度小,横密增加,纵密减少,表面平整。

点纹组织可用来生产 T 恤衫、休闲服等产品。

点纹组织可在织针呈罗纹配置的双面多针道变换三角圆纬机或双面提花圆机上编织。

3. 胖花组织 胖花组织(blister stitch)是按照花纹要求将单面线圈架空地配置在双面纬编地组织中的一种双面纬编花色组织。这种组织的特点是形成胖花的单面线圈与地组织的反面线圈之间没有联系,因而单面胖花线圈就呈架空状突出在针织物的表面,形成凹凸花纹效应。

胖花组织一般分为单胖和双胖两种。

(1)单胖组织。单胖组织(single-blister)是指在一个完整的正面线圈横列中仅有一次单面编织。根据色纱数多少又可分为素色、两色、三色单胖组织等。

图 3-88 为两色单胖组织的线圈结构图、对应的正面花型意匠图及编织图。一个完全组织由 4 个横列组成,8 个成圈系统编织。每两个成圈系统的下针形成一个正面线圈横列,每四个成圈系统的上针形成一个反面线圈横列。正反面线圈纵密比为 2:1,线圈高度之比为 1:2,反面线圈被拉长,织物下机后,被拉长的反面线圈力图收缩,因而符号图代表的下针单面线圈就呈架空状,凸出在针织物表面,形成胖花效应。由于单胖组织在一个线圈横列中只进行一次单面编

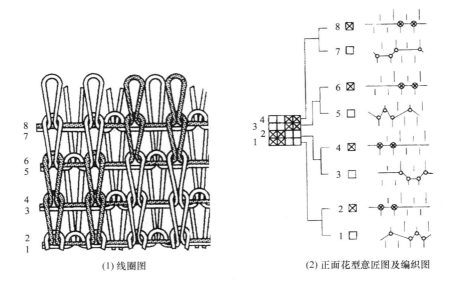

(1) 线圈图　　　　　　　(2) 正面花型意匠图及编织图

图 3 - 88　两色单胖组织

织,所以正面花纹不够凸出,在实际生产中常采用双胖组织。

(2) 双胖组织。双胖组织(double – blister) 是指在一个完整的正面线圈横列中连续两次单面编织,根据色纱数多少也可分为素色和多色。

图 3 - 89 为两色双胖组织的线圈结构图、编织图及对应的正面花型意匠图。一个完全组织由 4 个横列组成,12 个成圈系统编织。每三个成圈系统的下针编织一个正面线圈横列,其中某些下针被选中在连续两个系统编织单面线圈,每六个成圈系统的上针形成一个反面线圈横列。这样其正面单面线圈与反面线圈高度之比为 1∶4,两者差异较大。被拉长的反面线圈下机后力图收缩,使架空状的单面胖花线圈更加凸出在织物表面。

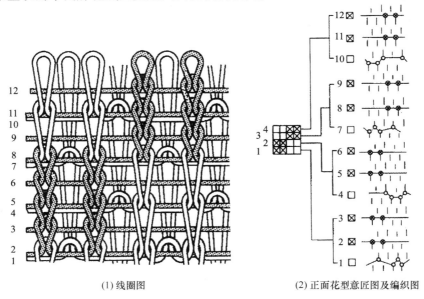

(1) 线圈图　　　　　　　(2) 正面花型意匠图及编织图

图 3 - 89　两色双胖组织

胖花组织不仅可以形成提花组织那样的色彩花纹,还具有凹凸效应,可以看作是提花组织的一种变化。双胖组织由于单面编织次数增多,所以其厚度、单位面积重量都大于单胖组织,且容易起毛起球和勾丝。此外,由于线圈结构的不均匀,使双胖织物的强力降低。胖花组织除了用作外衣织物外,还可用来生产装饰织物,如座椅套等。

胖花组织可在具有选针机构的双面提花圆机上编织。

4. 绗缝组织　绗缝(quilted)组织是在平针组织、衬纬组织、罗纹组织的基础上复合而成。其结构特点为:在上、下针分别进行单面编织形成的夹层中衬入不参加编织的纬纱,然后根据花纹的要求,选针进行不完全罗纹编织形成绗缝。如图3-90所示为表面带有V形花纹的绗缝组织。其中,第1、第4、第7系统上针全部成圈,下针仅按绗缝花纹的要求选择成圈,并将上下针编织的两面连接成一体;第2、第5、第8系统衬入不成圈的纬纱;第3、第6、第9系统仅全部下针成圈。

绗缝组织由于两层结构中间夹有衬纬纱,在没有绗缝的区域内有较多的空气层,织物较厚实蓬松,保暖性好,尺寸也较稳定,是生产冬季保暖内衣的理想面料。

如果绗缝组织的花纹较小,则可在双面多针道变换三角圆纬机上编织,花纹较大则要采用双面提花圆机来编织。

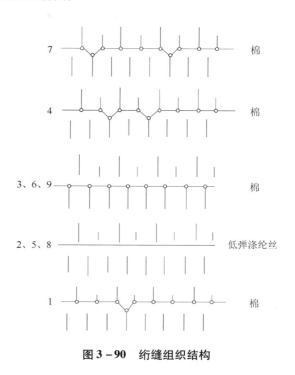

图3-90　绗缝组织结构

(二)双罗纹型复合组织

编织时上下针槽相对,上下织针呈双罗纹配置,并由双罗纹组织与其他组织复合而成的组织称为双罗纹型复合组织。这种组织的特点是不易脱散,延伸度较小,组织结构比较紧密。

1. 双罗纹空气层组织　双罗纹空气层组织是由双罗纹组织与单面组织复合而成。由于编织方法不同,可以得到结构不同的双罗纹空气层组织。

图3-91(1)是由4个成圈系统编织而成的双罗纹空气层组织,学名称蓬托地罗马(Punto di Roma)组织。其中,第1、第2成圈系统编织一横列双罗纹,第3、第4成圈系统分别在上、下针编织单面平针。这种组织的特点是上下针分别进行单面编织后,在织物中形成空气层。该组织比较紧密厚实,具有较好的弹性。此外,由于双罗纹编织和单面编织形成的线圈结构上的不同,因而在织物表面呈现双罗纹线圈形成的横向凸出条纹。

图3-91(2)是由6个成圈系统进线编织而成的双罗纹空气层组织(six-course Punto di Roma)。其中,第1、第6成圈系统一起编织一横列双罗纹;第2、第4成圈系统下针编织变化平针,形成一横列正面线圈;第3、第5成圈系统上针编织变化平针,形成一横列反面线圈。由于正反面变化平针横列之间没有联系,形成空气层。这种组织中,空气层线圈以变化平针的浮线相连,正反面横列分别由两根纱线形成,不易脱散。与上一种双罗纹空气层组织相比,此组织表

面平整、厚实,横向延伸度较小。

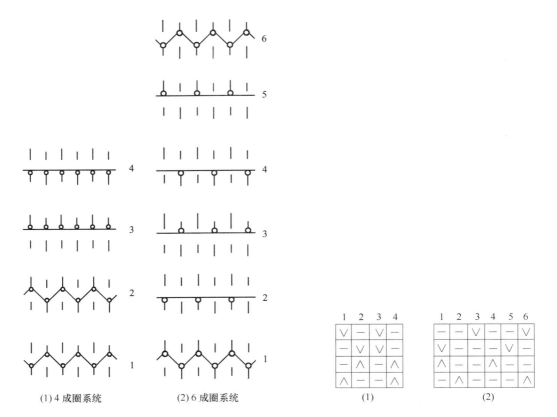

(1) 4 成圈系统　　　(2) 6 成圈系统

图 3 - 91　双罗纹空气层组织　　　**图 3 - 92　编织双罗纹空气层组织的上机三角排列图**

双罗纹空气层组织一般用于制作内衣和休闲服等产品。

该组织可在具有变换三角的双罗纹机上编织。图 3 - 92(1)、(2)所示为与图 3 - 93(1)、(2)相对应的上机三角排列图。

2. 双层织物组织　双层织物(double - layer fabric)组织是在双罗纹组织的基础进行变化,并结合集圈与平针组织。织物的两面可由不同色泽或性质纱线的线圈构成,从而使两面具有不同性能与效应,行业内又称这种组织为两面派织物或丝盖棉织物。在本章第二节,我们曾经从双面集圈组织的角度,举过一个双层针织物的例子,下面再看两个实例。

图 3 - 93(1)为 4 个成圈系统编织的双层织物。其中涤纶丝分别在第 1 成圈系统的上、下低踵针集圈和成圈,在第 3 成圈系统的上、下高踵针集圈和成圈,而棉纱则分别在第 2、第 4 成圈系统的上针高、低踵针成圈。这样在织物的下针编织一面由涤纶线圈构成,上针编织的另一面由棉纱线圈构成,形成了涤盖棉或棉盖涤效应。

图 3 - 93(2)为 6 个成圈系统编织的双层织物。其中第 1、第 4 成圈系统由棉纱分别在低、高踵下针上成圈;第 2、第 5 成圈系统由涤纶低弹丝分别在低、高踵下针上集圈,低、高踵上针上成圈;第 3、第 6 成圈系统则由涤纶丝分别在低、高踵上针上成圈。这种方法编织的织物,除具有涤纶、棉的“两面派”外观效应外,两种原料的覆盖性能较好。

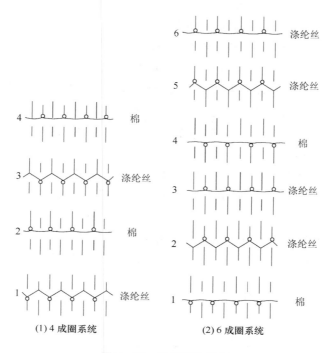

图 3－93　双层织物组织

双层织物组织可作为外衣,运动服,功能性内衣等的面料。

该组织可在具有变换三角的双罗纹机上编织。

3. 粗细针距织物组织　由不同机号的针盘与针筒及不同细度的纱线编织而成的正、反面横密比不同的组织称为粗细针距织物组织。该组织一般为双罗纹织针配置,如图 3－94 所示。图中针盘与针筒机号之比为2∶1。第 1 成圈系统采用较粗的纱线,由所有针筒针单面编织形成织物正面;第 2、第 3 成圈系统采用较细的纱线,由所有针盘针单面编织形成织物反面;第 4 成圈系统采用较细的纱线,由针筒针与针盘低踵针集圈连接织物两面。该织物的正反面线圈横密比为1∶2,正面纵条纹粗犷,反面细腻。

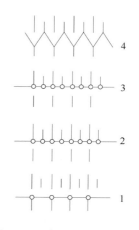

图 3－94　粗细针距织物组织

粗细针距织物组织有利于两种不同粗细和不同原料纱线的编织,可在织物两面形成粗犷和细腻的不同风格以及不同的服用性能,立体感强,可制作外衣、休闲服等产品,一般将粗犷的一面作为服装的外层。

该织物一般要在经过改进的双罗纹机上编织。对于上述实例来说,针筒需特别加工,使其筒口处针槽较宽,以适应编织较粗的纱线。

思考练习题

1. 结构均匀与不均匀提花组织有何区别? 完全与不完全提花组织有何区别,其反面组织有哪些,各有何特点? 提花组织如何编织?

2. 什么是线圈指数,它的大小关系到什么?

3. 连续集圈次数的多少将影响什么? 集圈组织如何编织?

4. 添纱组织有哪几种,结构各有何特点? 影响地纱和添纱线圈的正确配置的因素有哪些?

5. 衬垫纱的衬垫方式有哪些? 添纱衬垫组织结构有几种,各有何特点,如何编织?

6. 衬纬组织的纬纱对织物性能有何影响,衬纬组织如何编织?

7. 毛圈组织有哪些种类,结构各有何特点? 常用的毛圈沉降片有哪些构型,它们在编织过程中起到了哪些作用? 如何改变毛圈长度?

8. 调线组织可以在哪些纬编组织基础上得到? 四色调线装置如何完成调线过程?

9. 什么是绕经组织的花宽,它取决于哪些因素? 绕经导纱器的配置和垫纱与普通导纱器有何不同?

10. 长毛绒组织有几种,其结构和编织方法有何区别?

11. 纱罗组织与菠萝组织在结构和编织方法方面有何不同? 移圈用机件与普通成圈机件有何不同?

12. 瑞士式与法式点纹组织有何区别? 画出与这两种点纹组织编织图相对应的三角排列图。

13. 胖花组织与提花组织有哪些相同和不同之处?

14. 双罗纹型复合组织与罗纹型复合组织在结构和性能方面有什么不同?

15. 纬编花色组织中,哪些组织可以形成下列花色效应:(1)色彩图案;(2)横条纹;(3)纵条纹;(4)孔眼;(5)凹凸;(6)毛绒表面;(7)丝盖棉。

第四章　圆纬机的选针与选沉降片原理及应用

本章知识点

1. 直接式、间接式和电子选针（片）装置的特点。
2. 分针三角的选针原理与适用对象。
3. 多针道变换三角选针的花型大小，花型设计与织针及三角排列方法。
4. 提花轮选针与选片原理，矩形花纹的形成与设计方法。
5. 拨片式选针原理，花型大小，工艺设计方法。
6. 电子选针与选片装置的种类和工作原理。
7. 双面提花织物的反面设计，上针与上三角排列及色纱配置。

第一节　织针与沉降片选择装置的分类

在圆纬机上编织提花组织等花色组织时，需要根据花纹的设计，在每一成圈系统，选择一些织针成圈（或集圈、不编织），或者选择一些沉降片形成（或不形成）毛圈。这些需借助于选针（selecting needle）装置或选沉降片（selecting sinker）（以下简称选片）装置，以及其他相关的机件来完成的。

选针与选片装置的形式有多种，根据作用原理一般可分为以下三类。

（一）直接式选针（片）装置

直接式选针（片）装置是通过选针机件（如三角、提花轮上钢米等）直接作用于织针的针踵或沉降片的片踵来进行选针或选片，因此这些选针机件还具有储存和发出选针（片）信息的功能。直接式选针（片）装置有分针三角、多针道变换三角和提花轮等形式。

（二）间接式选针（片）装置

间接式选针（片）装置是在储存和发出选针（片）信息的机件与织针或沉降片之间有传递信息的中间机件。属于这种类型的装置有拨片式、推片式、竖滚筒式等。

（三）电子式选针（片）装置

直接式和间接式选针（片）装置都属于机械控制，花纹信息储存在有关机件上，因此花型的大小受到限制。而电子式选针（片）装置是通过电磁或压电元件来进行选择，花纹信息储存在计算机的存储器中，并配有计算机辅助花型准备系统，具有变换花型快，花型的大小不受限制等优点，在针织机上已得到越来越多的应用。

上述选针与选片装置除了可用于圆纬机外,有些还可用于其他纬编机,如横机和圆袜机等。

第二节 分针三角选针原理

分针三角选针(dividing – cam needle selection)是利用不等厚度的三角作用于不同长度针踵的织针来进行选针。如图 4 – 1 所示,舌针分为短踵针 1、中踵针 2 和长踵针 3 三种(请注意针踵的长短不要与针踵的高低混淆)。起针三角不是等厚度的,而是呈三段厚薄不同的阶梯形状。区段 4 最厚,且位于起针三角的下部。它可以作用到长踵针、中踵针和短踵针,使三种针处于不退圈(即不编织)高度。随着针筒的回转,中踵针 2 和长踵针 3 走上位于起针三角中部的中等厚度的区段 5,而短踵针 1 则只能从区段 5 的内表面水平经过不再上升,故仍处于不退圈位置。当中踵和长踵针到达区段 5 结束点(即集圈高度),长踵针 3 继续沿着位于起针三角上部的最薄区段 6 上升,直至到达退圈高度。而中踵针 2 只能从区段 6 的内表面水平经过不再上升,故仍保持在集圈高度。短踵针 1 继续水平运动,保持在不退圈高度。这样三种针被分成了三条不同的走针轨迹,如图 4 – 2 所示,短踵针 1、中踵针 2 和长踵针 3 分别处于不退圈、集圈和退圈高度。经压针垫纱后,最终使以上三种针分别完成了不编织、集圈和成圈。

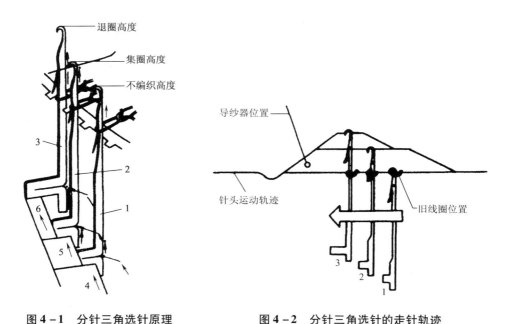

图 4 – 1 分针三角选针原理　　　　图 4 – 2 分针三角选针的走针轨迹

以上所述的不等厚度的三角,在实际针织机上也可以通过一种厚度但向针筒中心径向挺进的距离不同的三角[又称进出活动三角(bolt cam)]来分针选针。例如,若该三角向针筒中心挺足(进二级)时,则其相当于最厚的三角,可以作用到长踵针、中踵针和短踵针;若该三角向针筒中心挺进一半(进一级)时,则其相当于中等厚度的三角,可以作用到长踵针和中踵针,而短踵针只能从其内表面水平经过;若该三角不向针筒中心挺进时,则其相当于最薄的三角,仅作用到长踵针,而中踵针和短踵针只能从其内表面水平经过。

分针三角选针方式的选针灵活性有局限性。例如某一成圈系统的起针三角设计成选择短踵针成圈,那么经过该三角的所有中踵针和长踵针也只能被选择为成圈,不能进行集圈或不编织。此外,对于长踵和中踵针来说,三角与针踵之间的作用点离开针筒较远,使三角作用在针踵上力较大。分针三角选针主要在圆袜机和横机上有一定的应用,实际生产中,也可能只需要用到两种长度针踵的织针和两种厚度的起针三角(或一种厚度的三角但是可以向针筒中心挺进或不挺进),具体要根据所编织的织物结构而定。

第三节　多针道变换三角选针原理与应用

一、选针原理

多针道变换三角选针(multi - track exchangeable - cam needle selection),即采用几种不同高度针踵的织针(又称不同踵位织针),配以几条高低档的三角针道,每一档三角又有成圈、集圈和不编织三种变换来实现选针。在实际生产中,应用较多的是单面四针道变换三角圆纬机和双面2+4针道(即上针二针道,下针四针道)变换三角圆纬机。

某种单面四针道圆纬机的织针与三角配置如图4-3所示,有四种不同踵位的织针A、B、C和D。每一种织针都带有一个起针踵0和压针踵5,此外还有一个1~4号中的某一号选针踵。

每一成圈系统三角座中自下而上装有6块三角,分别作用于起针踵0、1~4号选针踵和压针踵5。除压针三角6不需要调换,其余5块三角都可以调换,编织平针组织时,作用于1~4号选针踵的三角不工作,只需将对应于起针踵0的三角调换为成圈三角,它作用于所有织针。编织花色组织时,作用于起针踵0的三角不工作,将对应于1~4号选针踵的每一个三角根据花纹要求调换为成圈三角(ZA)、集圈三角(ZB)或不编织三角(ZC)。按图4-3中的三角排列,A针受成圈三角ZA的作用正常编织,B和C针受不编织三角ZC作用不成圈,D针受集圈三角ZB作用进行集圈。所有三角安装时,均有销钉8定位,用螺钉7固定在三角座上。

四种织针在针筒里可排成选针踵呈步步高"/"或步步低"\"的不对称形式,或选针踵呈"∧"形的对称形式,还可以根据花纹要求排成其他的形式。

这种选针形式,织针每经过一个成圈系统,都有成圈、集圈和不编织三种可能,又称为三功位(three - way)选针。

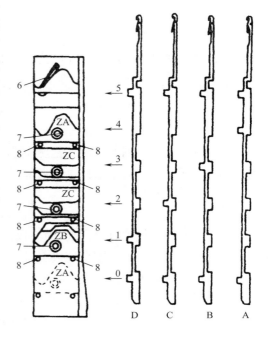

图4-3　单面四针道针织机的织针与三角配置

二、花型的大小

(一) 不同花纹的纵行数 B_0 与最大花宽 B_{max}

由于每一线圈纵行是由一枚针编织的,各根针的运动是相互独立的,不同踵位的针的运动规律可以不一样,所以能够形成的不同花纹的纵行数应由踵位数决定,即:

$$B_0 = n \qquad (4-1)$$

式中:n——选针踵的档数,本例 $n = 4$。

如果四档针踵作顺序排列,呈"步步高"("/")或"步步低"("\")形式,则一个完全组织的宽度 $B = B_0$ 纵行。

为了增加完全组织的纵行数即花宽 B,可以在机上将四档针踵的织针按各种顺序交替重复排列。这样,在一个完全组织中有许多纵行的花纹分布是四种不同花纹纵行的重复,但不成循环。按这一原理,最大的花宽 B_{max} 可等于针筒的总针数 N,即 $B_{max} \leq N$。需要注意的是,如果完全组织的花宽 B 超过 B_0,则不能在 B 范围内任意设计花型。

(二) 不同花纹的横列数 H_0 与最大花高 H_{max}

在多针道机上,一般每一成圈系统编织一个花纹横列。但是也有一些花色组织,如多色提花组织等,需要几个系统编织一个完整的花纹横列,每个系统编织一行。对于一个成圈系统的每一档三角,可有成圈、集圈和不编织三种变换。四针道机每一系统有四档三角,且各档三角的变换是互相独立的,所以该机变换三角排列的可能性,即完全组织中不同花纹横列数(或行数)H_0 可用下式计算:

$$H_0 = 3 \times 3 \times 3 \times 3 = 3^4 = 81$$

这一计算方法可以推广到多针道变换三角选针的圆纬机:

$$H_0 = 3^n \qquad (4-2)$$

式中:n——选针踵位数即针道数。

例如,对于三针道圆纬机,$H_0 = 3^3 = 27$。

以上仅仅是所有排列的可能,还应扣除完全组织中无实际意义的排列,如一个系统四档均排列不编织三角。所以对于四针道机来说,一个完全组织中不同花纹的横列数 H_0 应为:

$$H_0 = 3^4 - 1 = 80$$

如果使有些花纹横列重复出现,而不成循环,则完全组织的花高可比上述计算数 H_0 大,但最大花高不能超过机器上成圈系统数 M,即 $H_{max} \leq M$。与花宽同理,如果完全组织的花高 H 超过 H_0,也不能在 H 范围内任意设计花型。

在实际设计花型时,既要从多针道圆纬机成圈机件的配置考虑形成花纹的可能性,又应兼顾美学效果,选择合适的花高与花宽,使两者成一定比例。

三、应用实例

多针道变换三角圆纬机编织工艺的应用,除了设计织物外,还要根据给出的意匠图或编织图作出织针排列和三角排列。下面通过两个例子来说明具体的上机工艺。

如图4-4所示,其中左上方为某一单面花色织物一个完全组织的结构意匠图,花宽和花高分别是6纵行和5横列。

意匠图下方一条条竖线表示织针的排列,竖线位置高低代表不同踵位的针。也可以用字母表示织针的排列,如本例A、B、C和D代表踵位由高到低。一个花宽范围内排针的原则是:凡不相同的花纹纵行一定要排不同踵位的针,本例有四种不同的花纹纵行,因此要用到四种不同踵位的针。对于相同的花纹纵行又有两种可能:若花纹纵行种类数等于踵位数,则一定要排相同踵位的针(正如本例的情况);如果花纹纵行种类数小于踵位数,可以排相同踵位的针,也可以排不同踵位的针。

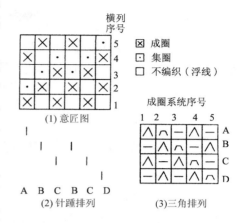

图4-4 单面花色织物的上机工艺图

图4-4右下方表示相对应的三角排列,其中A、B、C和D代表不同高低位置的三角针道,即有几种踵位的针就要用到几档高低位置的三角针道,所以本例采用的机器为单面四针道变换三角圆纬机。排三角时,应根据意匠图和针踵的排列,以及每一成圈系统编织一个花纹横列的对应原则,逐个系统排出。如第1横列左起第1个结构单元是成圈,是由最高踵位织针A编织的,因此在第1成圈系统最高档位置A应排成圈三角,其余以此类推。

需要说明的是,图4-4中只作出了编织一个完全组织的针踵和三角排列。实际机器上,应根据六根织针一组的原则,重复排满针筒一周。同样,还要根据五个成圈系统一组的原则以及机器总的系统数多少,重复排若干组三角系统。

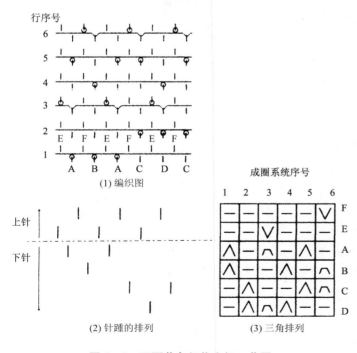

图4-5 双面花色织物上机工艺图

如图4-5(1)所示为某一双面花色织物的编织图。一个完全组织6行,下针编织了两个完整的线圈横列,而上针形成了一个完整的线圈横列。

图4-5(2)是针踵的排列,对于双面织物,要分别根据上下针编织的状况来排列。本例下针编织的一面有四种不同的花纹纵行,因此要用到四种不同踵位的下针(用高低位置的竖线或者字母A、B、C和D表示),上针编织的一面有两种不同的花纹纵行,因此要用到两种不同踵位的上针(用高低位置的竖线或者字母E和F表示)。

图4-5(3)所示为相对应

的三角排列,其中 A、B、C 和 D 代表不同高低位置的下三角针道,与四种不同踵位的下针相对应;E 和 F 代表不同高低位置的上三角针道,与两种不同踵位的上针相对应;所以要采用双面 2+4 针道变换三角圆纬机来编织。排三角时,应根据编织图和针踵的排列,以及每一成圈系统对应于编织图中一行的原则,逐个系统排出。实际机器上的织针与三角排列方法同例一所述。

第四节 提花轮选针与选片原理及应用

一、选针与选片原理

提花轮(pattern wheel)圆纬机的选针成圈系统如图 4-6 所示。每一系统由起针三角 1、侧向三角 2、压针三角 5 和提花轮 6 组成,针筒上插有一种踵位的针。

提花轮安装在每一成圈系统三角的外侧,其结构如图 4-7 所示。提花轮上装有许多钢片,组成许多凹槽,与针踵啮合。当针筒转动时,钢片由针踵带动而使提花轮绕自身轴芯回转,针筒与提花轮的传动关系犹如一对齿轮。在提花轮的每一凹槽中,可按花纹的要求装上高钢米或低钢米,也可不装钢米。由于提花轮是呈倾斜配置的,当它绕自身轴芯回转时,便可使织针分成三条运动轨迹。

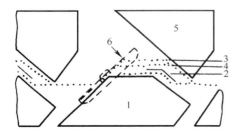

图 4-6 提花轮圆机的选针成圈系统

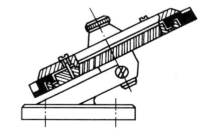

图 4-7 提花轮结构

第一种情况:与提花轮上无钢米的凹槽相啮合的针踵,沿起针三角 1 上升,在侧向三角 2 的作用下即下降(图 4-6),使织针不上升到退圈高度,故不参加编织。

第二种情况:与提花轮上装有低钢米的凹槽相啮合的针踵,被低钢米上抬,使织针上升到不完全退圈的高度,(图 4-6 中轨迹线 4),形成集圈。

第三种情况:与提花轮上装有高钢米的凹槽相啮合的针踵,被高钢米上抬,使织针上升到完全退圈高度(图 4-6 中轨迹线 3),进行编织。

这种选针形式也属于三功位选针。提花轮凹槽中钢米的高、低和无储存了选针信息,因此必须根据织物中花纹分布的要求配置钢米。

在生产单面提花织物时,可利用三功位选针编织集圈的方法,使浮线固结在地组织中,克服同一种色纱线圈连续排列较多造成织物反面其他色纱浮线过长易产生勾丝的缺点,这种加有集圈的单面提花织物(accordion fabric)如图 4-8 所示。

图4-9显示了提花轮选沉降片的原理。提花轮呈水平配置安装在沉降片圆环的外侧，且位于每一成圈系统处。提花轮上装有许多钢片，组成许多凹槽，与沉降片的片尾啮合。当针筒与沉降片圆环同步转动时，沉降片的片尾带动提花轮绕自身轴芯回转，沉降片圆环与提花轮的传动关系也犹如一对齿轮。在提花轮的每一凹槽中，可按花纹的要求装上钢米或不装钢米。

图4-8　利用集圈缩短反面浮线的单面提花织物

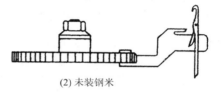

(1) 装钢米　　　　　　　　　　　(2) 未装钢米

图4-9　提花轮选沉降片的原理

当提花轮上某一凹槽装有钢米时，会将与它啮合的沉降片向针筒中心推进，如图4-9(1)所示，从而使地纱和毛圈纱分别搁在沉降片的片颚和片鼻上弯纱，毛圈纱形成了拉长的沉降弧即毛圈[见图3-59(1)]。当提花轮上某一凹槽未装钢米时，与它啮合的沉降片不被向针筒中心推进，如图4-9(2)所示，从而使地纱和毛圈纱都搁在沉降片的片颚上弯纱，不形成毛圈[图3-59(2)]。

二、矩形花纹的形成与设计

提花轮圆纬机所形成的花纹区域可以分为矩形、六边形和菱形三种，其中以矩形最为常用。下面介绍通过选针形成的矩形花纹及设计方法，选片形成的花纹及设计相同。

在针筒回转时，针踵与提花轮槽的啮合带动提花轮转动，因此针筒上总针数 N 和提花轮槽数 T 之间的关系可用下式表示：

$$N = ZT + r \tag{4-3}$$

式中：Z——正整数；

r——余数。

根据总针数可否被提花轮槽数整除，可分为下列两种情况。

（一）余数 $r = 0$

在这种情况下，针筒转一圈，提花轮自转 Z 转。因此，针筒每一转中针与提花轮槽的啮合关系始终不变。可形成花纹的大小如下。

花纹的最大宽度（纵行）：

$$B_{\max} = T \tag{4-4}$$

花纹的最大高度（横列）：

$$H_{\max} = \frac{M}{e} \tag{4-5}$$

式中:M——成圈系统数(等于提花轮数);

e——色纱数(编织一个完整横列所需的纱线数即成圈系统数)。

实际设计花纹时,可以将提花轮槽数分成几等分,即提花轮一转编织几个花宽,从而使花宽减小,花高与花宽接近或相等。

(二)余数 $r \neq 0$

1. 织针与提花轮槽的啮合关系 当总针数 N 不能被提花轮槽数 T 整除时,提花轮槽与针的关系就不会像 $r = 0$ 时那样固定不变。若在针筒第一转时,提花轮的起始槽与针筒上的第一针啮合;当针筒第二转时,起始槽就不会与第一针啮合了。

假设某机的总针数 $N = 170$,提花轮槽数 $T = 50$,则余数 $r = 20$。此时,N、T 和 r 三者的最大公约数为 10。

图 4 - 10(1)表示了这种啮合关系,其中小圆代表提花轮,大圆代表针筒,每一圈代表针筒一转,罗马数字 Ⅰ、Ⅱ、Ⅲ、Ⅳ、Ⅴ 分别代表 10 针或 10 槽组成的一段。当针筒第一转,提花轮自转 $3\frac{2}{5}$ 圈。针筒第二转,与针筒上第一枚针啮合的是提花轮上第 21 槽(即第Ⅲ段中第一槽)。

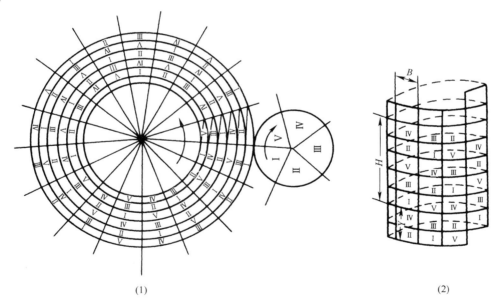

(1)   (2)

图 4 - 10 $r \neq 0$ 时织针与提花轮槽啮合关系展开图

从图 4 - 10(1)可以看出,针筒要转过 5 圈,针筒上最后一针才与提花轮最后一槽啮合,完成一个完整的循环。从图 4 - 10(2)可以看出,该提花轮的五个区段在多次滚动啮合中,互相合并构成一个个矩形区域(即完全组织),其高度为 H,宽度为 B。相邻两个矩形区域之间有纵向位移 Y,因此在圆筒形织物中,花纹呈明显的螺旋形分布,给裁剪和缝纫带来麻烦。

2. 完全组织的宽度 B 和高度 H 为了保证针筒一周编织出整数个花型,完全组织的宽度 B 应取总针数 N,提花轮槽数 T 和余针数 r 三者的公约数。若 B 是三者的最大公约数,则 $B =$

$B_{\max}$。对于图 4 – 10 所示的例子来说,花宽 $B = B_{\max} = 10$ 纵行。由于只采用了一个成圈系统,故花高 $H = T/B = 5$ 横列。

为了增加完全组织的高度 H,可采用多个成圈系统,由此可得编织多色提花织物时,完全组织高度 H 的计算公式:

$$H = \frac{T \times M}{B \times e} \qquad (4 - 6)$$

式中:T——提花轮槽数;

　　M——成圈系统数;

　　B——完全组织宽度;

　　e——色纱数。

3. 段的横移　将提花轮的槽数分成几等分,每一等分所包含的槽数等于完全组织的宽度,这个等分称为"段"。因此,提花轮中的段数 A 可用下式计算:

$$A = \frac{T}{B} \qquad (4 - 7)$$

对于上述例子来说,$T = 50$ 槽,$B = 10$ 纵行,故段数 $A = 5$,即提花轮分成 5 段,每一段依次编号,称段号,如图 4 – 10 中的 Ⅰ、Ⅱ、Ⅲ、Ⅳ、Ⅴ 等。每一段包含了 10 槽,与 10 枚织针相啮合。

由以上公式可得:

$$H = \frac{T}{B} \times \frac{M}{e} = A \times \frac{M}{e} \qquad (4 - 8)$$

$$A = \frac{H}{\dfrac{M}{e}} \qquad (4 - 9)$$

由于余数 $r \neq 0$,所以针筒每转过一圈,开始作用的段号就要变更一次,这称为段的横移。段的横移数用 X 表示:

$$X = \frac{r}{B} \qquad (4 - 10)$$

对上述例子来说,$X = \dfrac{r}{B} = \dfrac{20}{10} = 2$。这表明,段的横移数就是余数中有几个花宽 B。

由于段的横移,针筒每转开始时,第一区段织针所啮合的不一定是提花轮的第一段,所以需要计算针筒 p 转时,开始作用的提花轮段号 S_P。

像上述例子中,针筒第一转时,开始作用的段号为 Ⅰ,取 $S_1 = 1$。

针筒第二转时,开始作用段号为 Ⅲ,即 $S_2 = X + 1 = 3$。

针筒第三转时,开始作用段号为 Ⅴ,即 $S_3 = 2X + 1 = 5$。

针筒第四转时,开始作用段号为 Ⅱ,即 $S_4 = 3X + 1 - KA = 3X + 1 - 1 \times A = 2$(按 $S_4 = 3X + 1 = 7$,所得数值大于 A,不符合原意。故需减去 K 个 A,使 S_P 小于 A,式中 K 是正整数)。

针筒第五转时,开始作用段号是 Ⅳ,即 $S_5 = 4X + 1 - KA = 4X + 1 - 1 \times A = 4$。

根据上述规律,可归纳出当针筒第 p 转时,求开始作用的提花轮槽段号 S_P 的计算公式:

$$S_p = [(p - 1)X + 1] - KA \qquad (4 - 11)$$

式中:p——针筒回转数;

X——段的横移数;

A——提花轮槽的段数;

K——正整数。

4. 花纹的纵移　两个相邻的完全组织垂直方向上的位移称为纵移,用 Y 表示。从图 4 – 10 (2)可以看出,左面一个完全组织的第一横列比其相邻的右面完全组织的第一横列升高两个横列,故它的纵移 $Y = 2$。

在同一横列中,花纹的第Ⅰ段总是紧接着最后一段(本例为第Ⅴ段)。图 4 – 10(2)中右边一个完全组织的最后一段(第Ⅴ段)所在的横列为第三横列,比第Ⅰ段所在的横列上升两个横列(3 – 1 = 2),这样便可得到这两个完全组织的纵移值 $Y = 2$。

设某一完全组织中最后一个段号为 A_p(A_p 总是等于段数 A,$A_p = A$),它所在的横列为第 p 横列,当圆纬机上只有一个提花轮,针筒每一转编织一个横列时,第 p 横列就是针筒转过 p 圈,利用下列公式可求 p 值:

$$S_p = A_p = \left[(p - 1)X + 1 \right] - KA$$

$$p = \frac{A(K + 1) - 1}{X} + 1$$

当圆纬机只有一个成圈系统时,两个完全组织的纵移为:

$$Y' = p - 1 = \frac{A(K + 1) - 1}{X} \tag{4 – 12}$$

如果圆纬机上有 M 个成圈系统和 e 种色纱,则针筒一转要织出 M/e 个横列,在这种情况下,并结合(4 – 9)式,纵移 Y 可用下式求得:

$$Y = Y' \times \frac{M}{e} = \frac{\frac{M}{e} \cdot A(K + 1) - \frac{M}{e}}{X} = \frac{H(K + 1) - \frac{M}{e}}{X} \tag{4 – 13}$$

在求得上述各项参数的基础上,就可以设计矩形花纹。因为有段的横移和花纹纵移存在,所以一般要绘出两个以上完全组织,并指出纵移和段号在完全组织高度中的排列顺序。

三、应用实例

下面通过一个例子来说明矩形花纹的设计步骤与制订上机工艺的方法。

(一)已知条件

总针数 $N = 552$,提花轮槽数 $T = 60$,成圈系统数 $M = 8$,色纱数 $e = 2$。

(二)求花纹完全组织宽度 B

$$\frac{N}{T} = \frac{552}{60} = 9 \, 余 \, 12$$

即 $r = 12$

N、T、r 三者的最大公约数为 12,故取花宽 $B = 12$ 纵行。

(三)求花纹完全组织的高度 H

$$H = \frac{T \cdot M}{B \cdot e} = \frac{60}{12} \cdot \frac{8}{2} = 20(横列)$$

（四）求段数 A 和段的横移数 X

$$A = \frac{T}{B} = \frac{60}{12} = 5（段）$$

$$X = \frac{r}{B} = \frac{12}{12} = 1$$

（五）求花纹纵移 Y

$$Y = \frac{H(K+1) - \dfrac{M}{e}}{X} = \frac{20(0+1) - \dfrac{8}{2}}{1} = 16（横列）$$

这里正整数 K 只有取 0 才能符合要求。

（六）确定针筒转数 p 与开始作用段号 S_p 的关系

根据式（4-11）可得：

针筒第一转，开始作用的段号 $S_1 = \left[(p-1)X + 1 \right] - KA = \left[(1-1) \times 1 + 1 \right] - 0 = 1$，即由提花轮槽的段号 Ⅰ 编织。

针筒第二转，开始作用段号 $S_2 = \left[(2-1) \times 1 + 1 \right] - 0 = 2$，即由段号 Ⅱ 编织。

针筒第三、四、五转，分别得 $S_3 = 3$，$S_4 = 4$，$S_5 = 5$。

（七）设计花纹图案

在方格纸上，画出两个以上完全组织的范围以及纵移情况。在 $H \times B$ 范围内设计花纹图案，如图 4-11 所示。

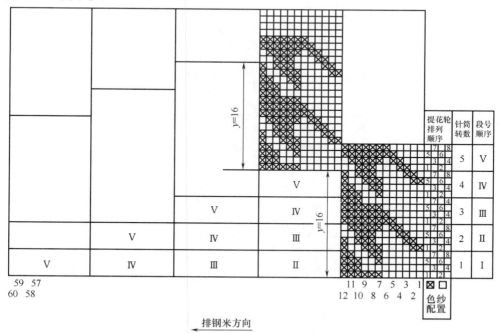

图 4-11　花型意匠图与上机工艺图

（八）绘制上机工艺图表

提花轮顺序（即成圈系统数序）的编排，由于是两色提花织物，所以按两路编织一个横列的规律排列,其中奇数路配置"⊠"色纱,偶数路配置"□"色纱。针筒每一转编织四个横列,回转五圈织一个完全组织,如图4-11所示。

段号的排列顺序,按前面针筒转数与段号关系的计算结果排出,如图4-11所示。

提花轮上钢米的排列,应根据每一提花轮上各段所对应的是意匠图中第几横列,并注意到是选针编织何种色纱的线圈。例如,第2号提花轮上的第Ⅲ段(25~36槽,即第Ⅲ段中的第1~12槽)对应于意匠图中第九横列,且是选针编织"□"色纱的线圈,所以第25~28槽(即第Ⅲ段中的第1~4槽)应排高钢米,第29~36槽(即第Ⅲ段中的第5~12槽)应不排钢米。8个提花轮上其余各段的钢米排列以此类推,全部排列如表4-1所示。

表4-1 提花轮上钢米排列表

色纱 \ 提花轮段号 \ 针筒转数 \ 提花轮编号	Ⅰ 1	Ⅱ 2	Ⅲ 3	Ⅳ 4	Ⅴ 5
⊠ 1	1~6 无、7~12 高	1~2 无、3~6 无、7~9 高、10~11 无、12 高	1~4 无、5~12 高	1~6 无、7 高、8~9 无、10~12 高	1~2 无、3~4 高、5~7 无、8~10 高、11~12 无
□ 2	1~6 高、7~12 无	1~2 无、3~6 高、7~9 无、10~11 高、12 无	1~4 高、5~12 无	1~6 高、7 无、8~9 高、10~12 无	1~2 高、3~4 无、5~7 高、8~10 无、11~12 高
⊠ 3	1~9 无、10~12 高	1 无、2~3 高、4~7 无、8~10 高、11 无、12 高	1~5 无、6~12 高	1~6 无、7~8 高、9~10 无、11~12 高	1~3 无、4~5 高、6 无、7~11 高、12 无
□ 4	1~9 高、10~12 无	1 高、2~3 无、4~7 高、8~10 无、11 高、12 无	1~5 高、6~12 无	1~6 高、7~8 无、9~10 高、11~12 无	1~3 高、4~5 无、6 高、7~11 无、12 高
⊠ 5	1~6 无、7 高、8~9 无、10~12 高	1~2 无、3~4 高、5~7 无、8~10 高、11~12 高	1~6 无、7~12 高	1~2 高、3~6 无、7~9 高、10~11 无、12 高	1~4 无、5~12 高
□ 6	1~6 高、7 无、8~9 高、10~12 无	1~2 高、3~4 无、5~7 高、8~10 无、11~12 高	1~6 高、7~12 无	1~2 无、3~6 高、7~9 无、10~11 高、12 无	1~4 高、5~12 无
⊠ 7	1~6 无、7~8 高、9~10 无、11~12 高	1~3 无、4~5 高、6 无、7~11 高、12 无	1~9 无、10~12 高	1 无、2~3 高、4~7 无、8~10 高、11 无、12 高	1~5 无、6~12 高
□ 8	1~6 高、7~8 无、9~10 高、11~12 无	1~3 高、4~5 无、6 高、7~11 无、12 高	1~9 高、10~12 无	1 高、2~3 无、4~7 高、8~10 无、11 高、12 无	1~5 高、6~12 无

(九)减轻花纹的螺旋形分布

从图4-11的花纹分布可以看出,花纹呈现大约70°的倾斜配置,成螺旋形分布,幸亏这种花纹有较明显的两色相间的纵条纹,花纹的螺旋形分布才不明显。

当成圈系统数愈多,花纹的纵移愈大,螺旋形分布也愈明显。只有在余数 $r=0$ 时,花纹的螺旋形分布才会消失。

当余数 $r\neq0$ 时,为了减轻这种螺旋形分布的不良影响,在设计花纹图案时,应对花纹尺寸、位置布局、纵移和段的横移情况作全面考虑,使相邻的两个完全组织能合理配置,首尾衔接,形成比较自然的 45°左右的螺旋形分布,这样比较合乎人们的习惯。

第五节　拨片式选针原理与应用

一、选针原理

拨片式选针(shift – lever needle selection)单面提花圆纬机的成圈与选针机件及其配置如图 4 – 12 所示。在针筒 1 的每一针槽中,从上而下安插着织针 2、挺针片(又称中间片)3 和选针片(又称提花片)4;拨片式选针装置 5 和三角座 6 安装在针筒外侧,分别作用于选针片和挺针片及织针。沉降片 7 安插在沉降片圆环 8 中,受沉降片三角 9 的作用,10 是导纱器。

图 4 – 13 显示了拨片式选针装置的结构。每一选针装置上有 39 档从低到高彼此平行排列的拨片 1,每一档拨片可拨至左中右三个位置,如图 4 – 13(2)中的位置 2、3 和 4。

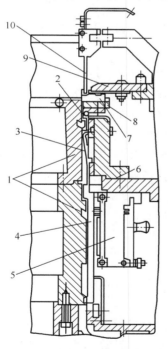

图 4 – 12　拨片式单面提花机的成圈与选针机件配置

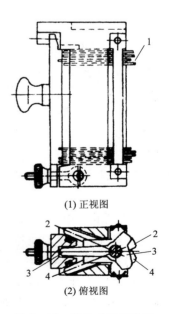

(1) 正视图

(2) 俯视图

图 4 – 13　拨片式选针装置

图 4 – 14 显示了选针片的构型。每一选针片上有 39 档齿,其中 1 ~ 37 档齿称为选针齿,每片选针片只保留其中一档选针齿。此外,奇数选针片还保留了 A 齿,偶数选针片还保留了 B

齿,A 齿和 B 齿用于快速设置。选针片上 39 档不同高度的齿与拨片式选针装置的 39 档拨片一一对应。

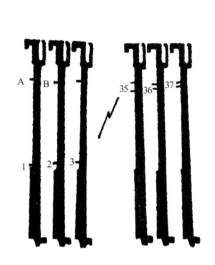

图 4 – 14　选针片构型

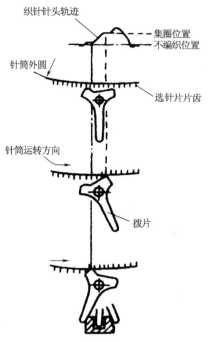

图 4 – 15　拨片式选针原理

选针原理如图 4 – 15 所示。当某一档拨片置于中间位置时,拨片的前端作用不到留同一档齿的选针片,不将这些选针片压入针槽,从而使与选针片相嵌的挺针片的片踵露出针筒,在挺针片三角的作用下,挺针片上升,将织针推升到退圈高度,从而编织成圈。如果某一档拨片拨至右方,挺针片在挺针片三角的作用下上升将织针推升到集圈(不完全退圈)高度后,与挺针片相嵌的并留同一档齿的选针片被拨片前端压入针槽,使挺针片不再继续上升退圈,从而其上方的织针集圈。如果某一档拨片拨至左方,它会在退圈一开始就将留同一档齿的选针片压入针槽,使挺针片片踵埋入针筒,从而导致挺针片不上升,这样织针也不上升(该机没有起针三角)即不编织。这种选针方式也属于三功位(成圈、集圈、不编织)选针。

二、花型的大小

拨片式选针装置形成花型的大小与拨片的档数,机器的成圈系统数以及总针数有关。

(一)完全组织宽度 B

由于各片选针片的运动是相互独立的,每片选针片只保留第 1 ~ 37 档选针齿中的一齿,留齿高度不同的选针片的运动规律可以不一样,所以通过挺针片作用于织针后能形成 37 种不同的花纹纵行,即 $B_0 = 37$。如果选针片留齿呈步步高或步步低不对称排列,则一个完全组织的最大花宽 $B_{max} = 37$ 纵行。如留齿呈"∧"或"∨"形式的排列,则 $B_{max} = 74$ 纵行。为了使花宽能被总针数 N 整除,一般对于前一种排列,取 $B_{max} = 36$;如后者采用对称单片排列,最大花宽 $B_{max} = 72$。若将留齿不同的 37 档选针片按各种顺序交替重复排,使一个完全组织中有许多纵行是这

37 种不同花纹纵行的重复,但不成循环,这样可以增加花宽。实际设计花型时,最好使花宽能被总针数整除,这样针筒转一周可编织整数个花型。

(二)完全组织高度 H

一个完全组织的最大花高 H_{max} 等于机器的成圈系统数(即选针装置数) M 除以色纱数 e。例如,某机有 90 个成圈系统,欲编织两色提花织物,则最大花高 $H_{max} = M/e = 90/2 = 45$ 横列。与后面将要介绍的电子选针相比,拨片式选针能够编织的花高较小,有一定的限制,故又称"小提花"选针。

实际设计花型时,不一定要使完全组织横列数 H 等于最大花高 H_{max},但最好做到 H 被 M 整除,这样针筒转一圈,可编织出整数个花型。如不能做到整除,可将余数系统选针装置的各档拨片设置成不编织(拨至左方)。例如, $M = 96$, $H = 15$, $96 = 6 \times 15 + 6$,可将余下的六个系统设置成不编织,这样机器转一圈可编织六个花型。

三、应用实例

拨片式选针提花圆纬机编织工艺的应用,包括织物设计,根据意匠图或编织图排列成圈系统和色纱,选针片的排列,设置各选针装置各档拨片的位置。

图 4-16(1)显示的是一种两色单面结构均匀提花织物的原始花型意匠图,一个完全组织高 10 横列,宽 10 纵行。可以看出,每一横列第 1 色和第 2 色线圈都是连续五个排列。这样在连续五个某色线圈的背后,将存在另一色的长浮线,容易勾丝。为此,可以利用拨片式选针具有三功位选针的特点,引入集圈来缩短浮线。图 4-16(2)是经过改进的花型意匠图,新引入了两个符号。符号"○"表示该位置在奇数系统用第 1 色纱成圈,在偶数系统用第 2 色纱集圈;符号"·"则正好相反。为了便于理解,图 4-17 给出了与图 4-16(2)第 1 横列相对应的编织图,可见集圈的引入,使浮线长度从跨越 5 个纵行缩短至跨越 2 个纵行。此外,从第三章所述的集圈组织特性可知,集圈悬弧在织物正面不显露,所以集圈的引入对于两色花型图案并无影响。

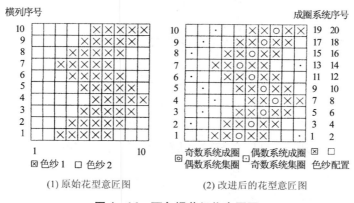

图 4-16　两色提花织物意匠图

图 4-16(2)的右侧是成圈系统(即选针装置)的排列和色纱配置,按照两个系统编织一个横列的原则自第 1 横列开始排序,编织一个完全组织需要 20 个成圈系统,且奇数系统排第 1 色纱,偶数系统排第 2 色纱。如果该提花圆纬机有 80 个成圈系统,则重复排列后续 60 个系统,机器一转可以编织 4 个花型。

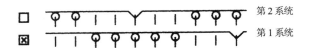

图4-17　与改进意匠图第1横列相对应的编织图

由于该织物的花宽只有10个纵行,小于选针片上37档选针齿数,所以选针片留齿可以按照步步高或步步低方式排列,这里假定按照步步高(╱)方式排列,即留第1档齿的选针片与意匠图中第1纵行对应,依此类推,留第10档齿的选针片与意匠图中第10纵行对应。实际针织机上,选针片应按照10片一组插满针筒(假定总针数是10的倍数)。

根据花型意匠图、提花片的排列、每一选针装置(即每一系统)对应的花纹横列及色纱,可以作出每一选针装置中第1至第10档拨片的位置设置。为了说明问题,这里仅给出了与图4-16(2)中第1至第3横列相对应的选针装置拨片的位置设置,如表4-2所示,其余选针装置拨片的设置读者可以自己分析。

表4-2　拨片的设置

拨片档数	拨片位置					
	第1系统	第2系统	第3系统	第4系统	第5系统	第6系统
10	右	中	左	中	左	中
9	左	中	左	中	中	左
8	左	中	中	左	中	中
7	中	左	中	左	中	右
6	中	左	中	右	中	左
5	中	右	中	左	中	左
4	中	左	中	中	左	中
3	中	左	左	中	中	中
2	左	中	左	中	右	中
1	左	中	右	中	左	中

第六节　电子选针与选片原理

一、多级式电子选针原理

图4-18为多级式电子选针(multi-step electronic needle selection)器的外形。它主要由多级(一般六或八级)上下平行排列的选针刀1、选针电器元件2以及接口3组成。每一级选针刀片受与其相对应的同级电器元件控制,可作上下摆动,以实现选针与否。选针电器元件有压电陶瓷和线圈电磁铁两种。前者具有工作频率较高,发热量与耗电少和体积小等优点,后者的稳定性较好。选针电器元件通过接口和电缆接收来自针织机电脑控制系统的选针脉冲信号。

由于电子选针器可以安装在多种类型的针织机上，因此机器的编织和选针机件的形式与配置可能不完全一样，但其选针原理还是相同的。下面仅举一个例子说明选针原理。

图4-19为某种电脑控制针织机编织与选针机件及其配置。图4-19中1为八级电子选针器，在针筒2的同一针槽中，自下而上插着选针片3、挺针片4和织针5。选针片3上有八档齿，高度与八级选针刀片一一对应。每片选针片只保留一档齿，留齿呈步步高"/"或步步低"\"排列，并按八片一组重复排满针筒一周。如果选针器中某一级电器元件接收到不选针编织

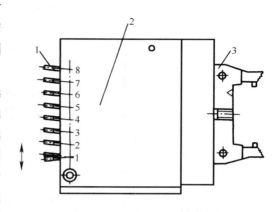

图4-18　多级式电子选针器

的脉冲信号，它控制同级的选针刀向上摆动，刀片可作用到留同一档齿的选针片3并将其压入针槽，通过选针片3的上端6作用于挺针片4的下端，使挺针片的下片踵没入针槽中，因此挺针片不走上挺针片三角7，即挺针片不上升。这样，在挺针片上方的织针也不上升，从而不编织。如果某一级选针电器元件接收到选针编织的脉冲信号，它控制同级的选针刀片向下摆动，刀片作用不到留同一档齿的选针片，即后者不被压入针槽。在弹性力的作用下，选针片的上端和挺针片的下端向针筒外侧摆动，使挺针片下片踵能走上挺针片三角7，这样挺针片上升，并推动在其上方的织针也上升进行编织。三角8、9分别作用于挺针片的上片踵和针踵，将挺针片和织针向下压至起始位置。

对于八级电子选针器来说，在针织机运转过程中，每一选针器中的各级选针电器元件在针筒每转过八个针距都接收到一个信号，从而实现连续选针。选针器级数的多少与机号和机速有关。由于选针器的工作频率（即选针刀片上下摆动频率）有一上限，所以机号和机速愈高，需要级数愈多，致使针筒高度增加。这种选针机构属于两功位选针方式（即编织与不编织）。

二、单级式电子选针原理

图4-20显示了某种单级电子选针针织机的编织与选针机件及其配置。针筒的同一针槽中，自上而下安插着织针1、导针片2和带有弹簧4的选针片3。选针器5是一永久磁铁，其中有一狭窄的选针区（选针磁极）。根据接收到选针脉冲信号的不同，选针区可以保持或消除磁性，而选针器上除了选针区之外，其他区域为永久磁铁。6、7分别是选针片起针三角和复位三角。该机没有织针起针三角，织针工作与否取

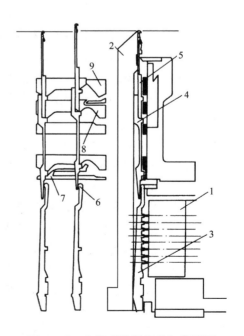

图4-19　多级式选针相关机件配置

决于选针片是否上升。活络三角8、9可使被选中的织针进行编织或集圈。活络三角8、9同时被拨至高位置时,被选中的织针编织,两者同时被拨至低位置时,被选中的织针集圈。

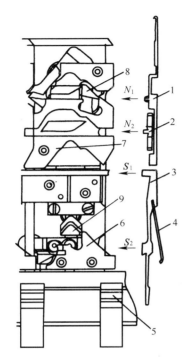

图4-20 单级式选针与成圈机件配置

选针原理如图4-21所示,图中及下面的机件号同图4-20。在选针片3即将进入每一系统的选针器5时,先受复位三角1的径向作用,使选针片片尾2被推向选针器5,并被其中的永久磁铁区域7吸住。此后,选针片片尾贴住选针器表面继续横向运动。在机器运转过程中,针筒每转过一个针距,从电脑控制系统发出一个选针脉冲信号给选针器的狭窄选针磁极8。当某一选针片运动至磁极8时,若此刻选针磁极收到的是低电平的脉冲信号,则选针磁极保持磁性,选针片片尾仍被选针器吸住,如图4-21(2)中的4。随着片尾移出选针磁极8,仍继续贴住选针器上的永久磁铁7区域横向运动。这样,选针片的下片踵只能从起针三角6的内表面经过,而不能走上起针三角,因此选针片不推动织针上升,即织针不编织。若该时刻选针磁极8收到的是高电平的脉冲信号,则选针磁极8的磁性消除。选针片在弹簧的作用下,片尾2脱离选针器5,如4-21(3)中的4,随着针筒的回转,选针片下片踵走上起针三角6,推动织针上升工作(编织或集圈)。这种选针机构也属于两功位选针(编织或集圈,不编织)方式。

与多级式电子选针器相比,单级式选针具有以下优点。

(1)选针速度快,可超过2000针/s,能适应高机号和高机速的要求,而多级式选针器的每一级,不管是压电陶瓷或电磁元件,目前只能做到80~120针/s,因此为提高选针频率,要采用六级或六级以上。

(2)选针器体积小,只需一种选针片,运动机件较少,针筒高度较低。

(3)机件磨损小,灰尘造成的运动阻力也较小。

但单级式电子选针器对机件的加工精度以及机件之间的配合要求很高,否则不能实现可靠选针。

对于多极式和单极式电子选针器来说,只能进行两功位选针。为了在一个成圈系统实现三功位电子选针,需要在一个系统中安装两个电子选针器,对经过该系统的所有织针进行两次选针,三角也要相应专门设计。有关内容在第五章第五节"无缝内衣与编织工艺"以及第六章第二节"电脑横机的编织原理"中有所介绍。

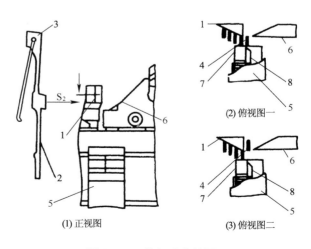

图4-21 单级式选针原理

三、电子选沉降片原理

图4-22显示了某种电子选沉降片装置及选片原理。在沉降片圆环的每一片槽中,自里向外安插着沉降片1、挺片2、底脚片3和摆片4。电子选片器5上有两个磁极,分别是内磁极6和外磁极7,它们可交替吸附摆片4,使其摆动。沉降片圆环每转过一片沉降片,电子选片器接收到一个选片脉冲信号,使内磁极或外磁极产生磁性。当外磁极吸附经过的摆片4时,摆片4逆时针摆动[图4-22(2)],通过摆片4作用于底脚片3,使底脚片3受底脚片三角8的作用,沿着箭头A的方向运动[图4-22(1)],再经挺片2的传递,使沉降片1向针筒中心挺进,其片喉的

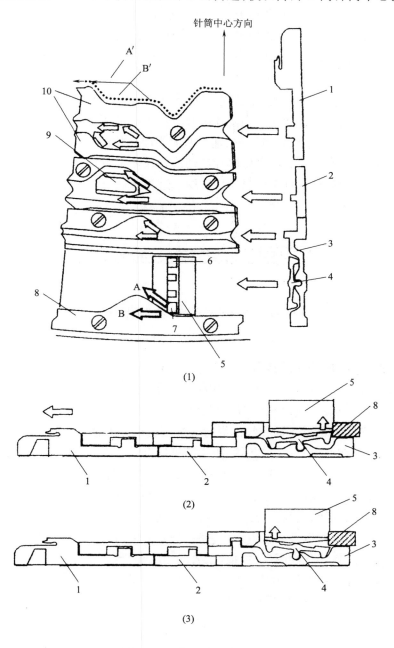

(1)

(2)

(3)

图4-22 电子选沉降片原理

运动轨迹为 A′,此时将形成毛圈。如果是内磁极吸附经过的摆片 4 时,摆片 4 顺时针摆动[图 4 – 22(3)],通过摆片 4 作用于底脚片 3,使 3 不受底脚片三角 8 的作用,沿着箭头 B 的方向运动[图 4 – 22(1)],从而使沉降片 1 不向针筒中心挺进,其片喉的运动轨迹为 B′,即不形成毛圈。图 4 – 22(1)中的 9 和 10 分别是挺片分道三角和沉降片三角。

四、电子选针盘针原理

电子选针装置最初是用于选择针筒针,随着技术的进步,近年来也用在双面圆纬机上选择针盘针,实现了上下针都电子选针,从而大大扩展了双面织物的花型与结构。

沉降片是安插在水平配置的沉降片圆环中,作圆周转动和径向运动。而针盘针是安插在水平配置的针盘中,也作圆周转动和径向运动。因此,上述电子选沉降片原理也可用于电子选针盘针。

图 4 – 23 显示了部分成圈与选针机件的配置。电子选针器 5 也有两个磁极,通过交替吸附,可使摆片 4 顺时针或逆时针摆动。当摆片 4 顺时针摆动时,底脚片 3 受底脚片三角(图中未画出)的作用向针筒(针盘)外侧方向挺进,通过挺针片 2 的传递,推动针盘针 1 退圈与编织。当摆片 4 逆时针摆动时,底脚片 3 不受底脚片三角的作用不向针筒(针盘)外侧方向运动,挺针片 2 也不向外运动,从而使针盘针 1 不退圈与编织。这种选针形式也属于两功位选针方式。

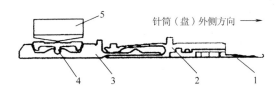

图 4 – 23　电子选针盘针的部分机件配置

五、电子选针(选片)圆纬机的特点

在具有机械选针装置的普通针织机上,不同花纹的纵行数受到针踵位数或选针片片齿档数等的限制,而电子选针(选片)圆纬机(常称电脑针织机)可以对每一枚针(沉降片)独立进行选择(又称单针选针/选片),因此不同花纹的纵行数最多可以等于总针数。对于机械选针(选片)来说,花纹信息是储存在变换三角、提花轮、拨片等机件上,储存的容量有限,因此不同花纹的横列数也受到限制。而电子选针(选片)针织机的花纹信息是储存在计算机的内存和磁盘上,容量大得多,而且针筒每一转输送给各电子选针器的信号可以不一样,所以不同花纹的横列数可以非常多。从实用的角度说,花纹完全组织的大小及其图案可以不受限制。

在设计花型和织物结构以及制订编织工艺时,需要采用与电脑针织机相配的计算机辅助花型准备系统,通过鼠标、数字化绘图仪、扫描仪、数码相机等装置来绘制花型和输入图形,并设置上机工艺数据。设计好的花型信息保存在优盘上,将优盘插入与针织机相连的电脑控制器中,便可输入选针(选片)等控制信息,进行编织。

第七节　双面提花圆机的上针成圈系统与工艺设计

一、上针成圈系统

对于下针选针的双面提花圆机来说,为了能编织出多种结构的双面花色针织物,其上针有高踵针和低踵针两种,一般高低踵针在针盘中一隔一排列。上三角也相应有高低档两条针道,每一成圈系统的高低两档三角一般均为活络三角,可控制高低踵上针进行成圈、集圈和不编织。上下针呈罗纹形式的一隔一交错排列。

二、工艺设计

(一)双面提花组织

为了使双面提花组织的正面的花纹图案清晰,反面的颜色不在正面显露,由上针编织的织物反面一般设计成小芝麻点花纹(参见第三章第一节),即几种色纱的线圈上下左右交错排列。

图4-24(1)是双面两色提花组织反面的花型意匠图,呈小芝麻点花纹,一个完全组织高2个横列,宽2个纵行,意匠图右侧是成圈系统排列与色纱配置,两个系统编织一个横列。意匠图下方是织针排列,低、高竖线或字母A、B分别代表高低踵上针。图4-24(3)是与意匠图和织针排列相对应的每一成圈系统上三角排列及色纱配置,A、B分别表示高、低档上三角,与高低踵上针相对应。

图4-25是双面三色提花组织的反面呈小芝麻点花纹的花型意匠图,相对应的织针和上三角排列以及色纱配置。一个完全组织高3个横列,宽2个纵行,织物反面一个完整的线圈横列仍由两个系统和两根色纱编织,但完成一个循环需要六个成圈系统。

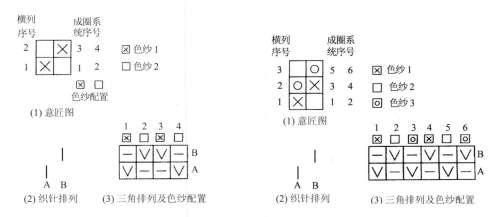

图4-24　两色提花组织的反面意匠图
与织针及上三角排列

图4-25　三色提花组织的反面意匠图
与织针及上三角排列

如果双面提花组织的反面不是设计成小芝麻点而是其他花纹,则上三角也要相应地重新排列。

(二)胖花组织

胖花组织(参见第三章第十一节)与提花组织的区别在于,在某些成圈系统,只有下针选针单面编织上针不编织,因而织物的反面只由一种色纱的线圈构成。

图 4-26 表示与图 3-88 两色单胖组织编织图相对应的上针排列、反面一个完全组织的上三角排列及色纱配置。在第 2、4 系统只有下针选针单面编织上针不编织,第 1 系统上针低踵针编织的第一色线圈与第 3 系统上针高踵针编织的第一色线圈互补组成一个反面线圈横列,织物反面全部是第一色线圈。

图 4-27 表示与图 3-89 两色双胖组织编织图相对应的上针排列、反面一个完全组织的上三角排列及色纱配置。在第 2、3、5、6 系统只有下针选针单面编织,上针不编织,第 1 系统上针低踵针编织的第一色线圈与第 4 系统上针高踵针编织的第一色线圈互补组成一个反面线圈横列,织物反面也全部是第一色线圈。

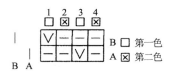

图 4-26　两色单胖组织的织针和
上三角排列及色纱配置

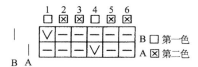

图 4-27　两色双胖组织的织针和
上三角排列及色纱配置

☞ 思考练习题

1. 选针与选片装置分几种类型,各有何特点?

2. 分针三角选针的特点和适用对象是什么?

3. 多针道变换三角选针的花宽和花高与哪些因素有关?

4. 画出与编织图 3-84 和图 3-90 相对应的织针与三角排列图,并说明这两种组织在什么针织机上编织。

5. 什么是段的横移和花纹的纵移,它们与哪些因素有关?

6. 已知提花轮选针圆纬机的总针数 $N=470$,提花轮槽数 $T=50$,成圈系统数 $M=9$,色纱数 $e=3$。试在方格纸的 $H \times B$ 的范围内任意设计三色提花图案,并作出提花轮排列顺序、色纱配置、段号排列顺序及与针筒转数的关系,以及第 5 提花轮上钢米的排列。

7. 拨片式选针的花宽和花高与哪些因素有关?

8. 作出与图 4-16(2) 对应的第 11~14 选针装置上各拨片的位置设置。

9. 多极式电子选针器的级数与哪些因素有关?单极式电子选针器与多极式相比有何优缺点?

10. 编织两色双面提花组织,当反面呈现横条纹、纵条纹、小芝麻点花纹时,画出反面花型意匠图以及相对应的上针与上三角排列和色纱配置。

11. 编织反面呈小芝麻点花纹的三色双面提花组织,画出反面花型意匠图以及相对应的上针与上三角排列和色纱配置。

12. 胖花组织的反面设计和上三角排列与双面提花组织有何不同?

第五章 圆机成形产品与编织工艺

本章知识点

1. 纬编针织成形的几种方法及各自优缺点。

2. 袜品的分类与主要组成部段。

3. 单面圆袜袜口的种类,衬垫双层袜口的编织机件配置与编织方法。

4. 袜跟和袜头的结构,以及成形编织原理。

5. 电脑双面圆袜机的主要编织机件与配置,抽条素袜的设计与编织工艺。

6. 无缝内衣的结构与基本编织方法,无缝内衣针织圆机编织部分的主要机件配置和工作原理。

7. 常用无缝内衣织物组织的编织工艺。

第一节 纬编针织成形方法简介

成形(fashioning,shaping)是针织生产的一个重要特点,它是在编织过程中就形成具有一定尺寸和形状的全成形或半成形衣片及衣坯,可以不需进行裁剪缝纫或只需进行少量裁剪缝纫就能制成所要求的服装。纬编针织成形的方法主要有以下三种。

一、减少或增加参加编织的针数

在编织过程通过减少或增加参加编织的针数(即收放针)使所编织织物的宽窄和形状发生变化,从而编织出所要求的形状。针织横机成形衣片、袜机编织袜头袜跟等常采用这一方法。

这种成形方法的优点是可以根据设计要求编织各种形状与尺寸的衣片以及三维全成形的衣坯等产品。其缺点是编织过程较复杂,对纱线性能要求较高,生产效率较低。

二、不同织物组织的组合

在编织过程中,不改变参加编织的针数,利用不同织物组织的组合使所编织的织物宽度发生变化,从而形成所需要的形状。例如,单面集圈组织中的未封闭悬弧在纱线弹性力的作用下力图伸直,会将相邻的线圈纵行向两侧推开,从而使相同针数下单面集圈组织的宽度大于纬平针组织的宽度。编织无缝针织内衣等常采用这一方法。

与上一种方法相比,这种成形方法的优点在于改变织物组织结构较方便;缺点是织物形状与尺寸的变化有一定限度,且不同组织结构其力学性能和服用性能也不相同。

三、改变织物的线圈长度

由式（2-2）可知，线圈长度与织物圈距圈高有关，且基本上是正比关系。当参加编织的针数不变的情况下，通过改变线圈长度，可以使不同部位、不同区域的尺寸发生变化以达到所需要的形状。电脑控制的袜机、横机和无缝内衣机等可采用这种方法。例如，长筒袜从大腿至小腿的线圈长度逐步减小，从而实现袜筒筒径也逐步减小，以符合腿形的变化。

这种成形方法的优点为：在电脑控制袜机、横机和无缝内衣机等上改变线圈长度比较方便；缺点是线圈长度变化范围有限，且不同线圈长度区域的织物密度不同，导致其力学性能和服用性能存在差异。

第二节　袜品概述

一、袜品的分类

袜品（hosiery）是典型的圆机成形产品，其种类很多，根据所使用的原料，可以分为锦纶丝袜、棉线袜、棉/氨纶袜、羊毛袜、丙纶袜等；根据袜子的花色和组织结构，可以分为素袜、花袜（绣花袜、提花袜等）等；根据袜口的形式可以分为双层平口袜、单罗口袜、双罗口袜、橡筋罗口袜、橡筋假罗口袜、花色罗口袜等；根据穿着对象和用途可以分为宝宝袜、童袜、少年袜、男袜、女袜、运动袜、舞袜、医疗用袜等；根据袜筒长短可以分为连裤袜、长筒袜、中筒袜、短筒袜和船袜等。

二、袜品的结构

袜品的种类虽然繁多，但就其结构而言主要组成部分大致相同，仅在尺寸大小和花色组织等方面有所不同。图5-1所示为几种常见袜品的外形图。

下机的袜子有两种形式：一种是袜头敞开的袜坯，如图5-1（1）所示，需将袜头缝合后才能成为一只完整的袜子；另一种是已形成了完整的袜子（即袜头已缝合），如图5-1（2）、（3）所示。

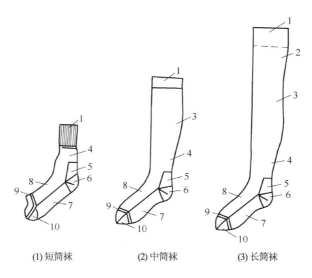

(1) 短筒袜　　　　(2) 中筒袜　　　　(3) 长筒袜

图 5-1　袜品外形与结构

传统的长筒袜主要组成部段一般包括袜口 1、上筒 2、中筒 3、下筒 4、高跟 5、袜跟 6、袜底 7、袜面 8、加固圈 9、袜头 10 等。中筒袜没有上筒，短筒袜没有上筒和中筒，其余部段与长筒袜相同。

不是每一种袜品都包括上述的组成部段。如目前深受消费者青睐的高弹丝袜结构比较简单，袜坯多为无跟型，由袜口（裤口）、袜筒过渡段（裤身）、袜腿和袜头组成。

1. 袜口　袜口的作用是使袜边既不脱散又不卷边，能紧贴在腿上，穿脱时方便。单面圆袜机编织的袜品一般采用平针双层袜口或衬垫氨纶弹力线双层袜口，双面圆袜机编织的袜品一般采用具有良好弹性和延伸性的罗纹组织或衬以橡筋线或氨纶丝的罗纹衬纬组织。

2. 袜筒　袜筒的形状必须符合腿形，特别是长袜，应根据腿形不断改变各部段的尺寸即密度。袜筒的织物组织除了采用平针组织和罗纹组织之外，还可采用各种花色组织来增强外观效应，如提花袜、绣花添纱袜、网眼袜、集圈袜、凹凸袜和毛圈袜等。

3. 高跟　高跟属于袜筒部段。由于这个部段在穿着时与鞋子发生摩擦，所以编织时通常在该部段加入一根加固线，以增加其坚牢度。

4. 袜跟与袜头　袜跟要织成袋形，以适合脚跟的形状，否则袜子穿着时将在脚背上形成皱痕，而且容易脱落。编织袜跟时，相应于袜面部分的织针要停止编织，只有袜底部分的织针工作，同时按要求进行收放针，以形成梯形的袋状袜跟。这个部段一般用平针组织，并需要加固，以增加耐磨性。袜头的结构和编织方法与袜跟相同。

5. 袜脚　袜脚由袜面与袜底组成。袜底容易磨损，编织时需要加入一根加固线，俗称夹底。编织花袜时，袜面一般织成与袜筒相同的花纹，以增加美观，袜底无花。由于袜脚也呈圆筒形，所以其编织原理与袜筒相似。袜脚的长度决定袜子的大小尺寸，即决定袜号。

6. 加固圈　加固圈是在袜脚结束时、袜头编织前再编织 12、16、24 个横列（根据袜子大小和纱线粗细而不同）的平针组织，并加入一根加固线，以增加袜子牢度，这个部段俗称"过桥"。

7. 套眼横列与握持横列　袜头编织结束后还要编织一列线圈较大的套眼横列，以便在缝头机上缝合袜头时套眼用；然后再编织 8～20 个横列作为握持横列，这是缝头机上套眼时便于用手握持操作的部段，套眼结束后即把它拆掉，俗称"机头线"，一般用低级棉纱编织。

近年来，随着新型原料的应用和产品向轻薄细致、花色多样的方向发展，以及人们生活水平的提高，袜品的坚牢耐穿已退居次要，许多袜品的结构也在变化。例如，袜底不再加固，高跟和加固圈也被取消，五指袜等。

第三节　单面圆袜与成形编织工艺

不同结构的单面圆袜需要采用相应类型的单针筒圆袜机来编织，尽管其编织机件及其配置并不相同，但是袜口、袜跟、袜头的编织方法是相似的。下面以编织绣花袜的单针筒圆袜机为例，介绍其编织机件与配置及编织方法。

一、双向针三角座

在编织单面圆袜的袜筒和袜脚时，袜机的针筒单向转动，编织原理如同一般的圆纬机。为了实现袜跟、袜头袋形结构的成形编织,袜机的针筒需要正、反向往复回转,因此采用了双向针三角座。

图 5-2 为某种电子选针单针筒绣花袜机的三角装置展开图。右边为第 Ⅰ 成圈系统(喂入地纱与面纱),中间为第 Ⅱ 成圈系统(喂入绣花纱,即局部添纱),左边为第 Ⅲ 成圈系统(喂入绣花纱与氨纶丝)。针筒中自上而下安插着袜针 A、底脚片 B(也称挺针片)和选针片 C(也称提花片)。

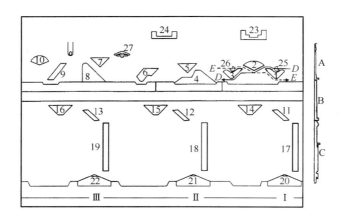

图 5-2　单针筒袜机的三角装置展开图

该机的双向针三角座主要由右、左弯纱三角 1、3(右、左菱角),上中三角 2(中菱角)组成。左、右弯纱三角以上中三角为中心线左右对称。

当针筒正转(即织针从右向左运动)时,袜针经过双向三角座的运动轨迹,如图 5-2 中实线 D—D 所示,即先沿着右弯纱三角 1 的上表面升高完成退圈,接着被上中三角 2 的右斜边拦下,随后沿着左弯纱三角 3 右斜边下降,依次完成垫纱、闭口、套圈、脱圈、弯纱与成圈动作。

当针筒反转(即织针从左向右运动)时,袜针经过双向三角座的运动轨迹,如图 5-2 中虚线 E—E 所示,即先沿着左弯纱三角 3 的上表面升高完成退圈,接着被上中三角 2 的左斜边拦下,随后沿着右弯纱三角 1 左斜边下降,依次完成垫纱、闭口、套圈、脱圈、弯纱与成圈动作。

上中三角的上部可使挑针杆 25、26 挑起的袜针继续上升到不编织的高度。

其他机件还有:4 为网孔三角,5 为拦针三角,6 为第 Ⅱ 系统成圈三角,7 为拦针三角,8 为袜跟三角,9 为第 Ⅲ 系统成圈三角,10 为第 Ⅲ 系统拦针三角;11、12、13 分别为第 Ⅰ、Ⅱ、Ⅲ 系统的底脚片超刀(上升三角),14、15、16 分别为第 Ⅰ、Ⅱ、Ⅲ 系统的底脚片下压三角,17、18、19 分别为第 Ⅰ、Ⅱ、Ⅲ 系统的多级式电子选针装置,20、21、22 分别为第 Ⅰ、Ⅱ、Ⅲ 系统的带活络挺针三角的选针片三角;23、24 分别为第 Ⅰ、Ⅱ 系统的导纱器座,供搁置导纱器用,其位置要保证织针可靠地垫上纱线,以及导纱器能灵活地上下运动,使之顺利进入或退出工作;27 是撬针器。

二、袜口的结构与编织

(一)袜口的结构

单面袜子的袜口按其组织结构的不同可分为平针双层袜口、衬垫袜口、罗纹袜口等。

1. 平针双层袜口　平针双层袜口是平针组织,由于平针组织具有卷边性,故平针袜口一般采用双层。此外平针组织的延伸性和回弹性较差,使袜子在穿着过程中容易脱落,因此平针袜口除了地纱外,还加入了氨纶等弹性纱线,后者以添纱方式成圈。平针双层袜口在女丝袜等产品中应用较多。

2. 衬垫袜口　目前单面圆袜机编织的袜口多采用氨纶(或橡筋线)衬垫双层袜口来提高延弹性和防脱落性,也就是所谓的双层假罗口,其广泛用于各类单面袜品。袜口中除了地纱外,弹性纱线以衬垫方式被地组织锁住。

3. 罗纹袜口　罗纹袜口是先在计件小筒径罗纹机上编织,然后借助套盘,人工将罗纹袜口的线圈一一套在袜机针筒的袜针上,接着编织袜筒。此法操作烦琐,生产效率低,目前已趋于淘汰。

(二)双层袜口的编织

双层袜口的编织可采用双片扎口针或单片扎口针。两种扎口针的编织原理相似,单片扎口针主要用于高机号袜机。这里介绍双片扎口针编织衬垫双层袜口的方法,其过程分为起口挂圈、双层衬垫编织和扎口转移三个阶段。

1. 起口和扎口装置的结构　采用带有双片扎口针(俗称哈夫针)的起口和扎口装置,如图5-3所示。1为扎口针圆盘,位于针筒上方;2为扎口针三角座;扎口针3水平地安装在扎口针圆盘的针槽中;扎口针圆盘1由齿轮传动,并与针筒同心、同步回转。扎口针3的形状如图5-4所示,由可以分开的两片薄片组成。扎口针的片踵有长短之分,其配置与针筒上的袜针一致,即长踵扎口针配置在长踵袜针上方,短踵扎口针配置在短踵袜针上方,扎口针针数为袜针数一半,即一隔一地插在扎口针圆盘的针槽中。编织袜面部分的一半袜针排短踵针(或长踵针),编织袜底部分的另一半袜针排长踵针(或短踵针)。袜针的具体排列取决于袜跟、袜头的编织方法。

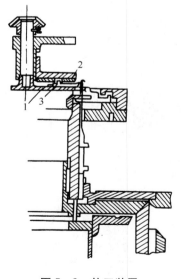

图5-3　扎口装置

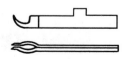

图5-4　扎口针

扎口针三角座中的三角配置如图5-5所示,可垂直升降的推出三角1和拦进三角2,控制

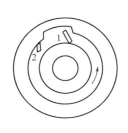

图 5-5　扎口针三角

扎口针在扎口针圆盘内做径向运动。推出三角 1 在起口时下降进入工作，使扎口针移出，挂住未升起袜针上方的线弧，随后扎口针沿圆盘内沿收进一些。在扎口转移时，三角 1、2 同时下降进入工作，使扎口针上的线圈转移到袜针上，从而形成双层袜口。

下面以图 5-2 所示的三角座展开图为例，说明袜口的编织工艺。此时，第 I 系统的面纱导纱器进入工作，选针片三角 20 的活络挺针三角升起，左弯纱三角 3、第 II 系统的成圈三角 6、第 III 系统成圈三角 9 径向进入工作。

2. 起口过程　袜子的编织过程是单只落袜，所以每只袜子开始编织前，上一只袜子的线圈全部由针上脱下。为了起口，必须将关闭的针舌全部打开。此时袜针是一隔一地上升勾取纱线。当利用电子选针装置 17 作用于选针片来选针时，被选中的选针片沿着选针片三角 20 上升，未被选中的选针片被压进针槽沿着三角 20 的内表面通过，这样使袜针间隔升起，经左弯纱三角 3 后垫入第 I 系统的面纱。接着沉降片前移，将垫上的纱线向针筒中心方向推进，使纱线处于那些未升起的袜针背后，形成一隔一垫纱，如图 5-6(1) 所示，图中奇数袜针为上升的袜针，针钩内垫入了纱线 I。

在编织第二横列时，经第 I 系统选针装置 17 的作用使所有袜针上升退圈，面纱导纱器对所有袜针垫入纱线 II。这样，在上一横列被升起的奇数袜针上形成了正常线圈，而在那些未被升起的偶数袜针上只形成了不封闭的悬弧，如图 5-6(2) 所示。

第三横列要形成挂圈。首先由第 I 系统的选针装置 17 选针，使袜针以一隔一的形式上升。此时扎口针装置要与其配合，使与袜针相间排列的扎口针径向向外伸出，具体过程为：扎口针三角座中的推出三角 1 分级下降进入工作，即在长踵扎口针通过之前下降一级，待长踵针通过时，三角 1 再下降一级；于是所有扎口针受三角 1 作用向圆盘外伸出，并伸入一隔一针的空档中勾取纱线 III，如图 5-6(3) 所示。推出三角 1 在针筒第三转结束时就停止起作用，即当长踵扎口针重新转到三角 1 处，它就上升退出工作。扎口针钩住第三横列纱线后，受扎口针三角座的圆环边缘作用而径向退回，并握持这些线圈直至袜口织完为止。

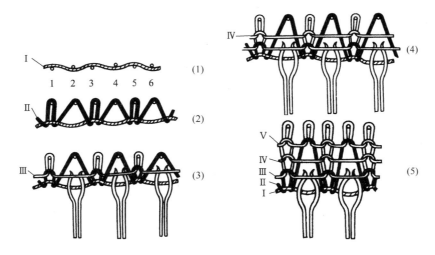

图 5-6　袜口起口过程

第四横列编织时,针筒上的袜针还是一隔一地垫入纱线Ⅳ进行编织,如图5-6(4)所示。在扎口针完成钩住悬弧后,其悬弧两端与相邻袜针上的线圈相连,使袜针上线圈受到向上吊起拉力;再编织一个一隔一针的线圈横列,可以消除线圈向上吊起的拉力,特别是对于短纤维纱线袜口更有利。

第五横列,在全部袜针上垫入纱线Ⅴ成圈,如图5-6(5)所示。

3. 双层衬垫组织的编织　双层衬垫组织是袜口的主体部段。编织此部段时,第Ⅰ系统的面纱导纱器、第Ⅲ系统的氨纶纱导纱器进入工作。所有袜针在第Ⅰ系统垫面纱;在第Ⅲ系统中,按照衬垫比例进行选针,被选针装置19选中的选针片沿选针片三角22上升,其上方的袜针被推升到不完全退圈高度,垫上第Ⅲ喂纱系统的氨纶线;随后被成圈三角9拦下,待针筒下一转经过第Ⅰ系统时,由升起活络挺针三角的选针片三角20将所有袜针升起退圈、垫面纱、成圈,氨纶纱随旧线圈一起脱到织物反面,形成衬垫组织。由于氨纶纱具有弹性,当编织结束失去张力后即在织物中伸展而成直线配置,浮在织物反面,并使平针线圈纵行相互靠拢而间隔地呈凹凸状态,它的外观与罗纹相似,故被称假罗口。

4. 扎口过程　袜口编织到一定长度后,将扎口针上的线圈转移至袜针针钩内,将所织袜口长度对折成双层,这个过程称为扎口。

扎口移圈在第Ⅰ系统进行,首先由选针装置17对袜针进行选针,使所有袜针上升,此时扎口装置配合工作,带有悬弧的扎口针在袜针上升前,经分级推出三角1的作用被向外推出,所有袜针中的偶数针升起进入扎口针的小孔内,如图5-7所示;而后扎口针经拦进三角2的作用向里缩回,这样便把扎口针上的线圈转移到袜针上。此后全部袜针上升,进入编织区域。这时在奇数袜针上,旧线圈退圈、垫纱形成正常的线圈;而在偶数袜针上,除套有原来的旧线圈以外,还有一只从扎口针中转移过来的悬弧。在编织过程中,线圈和悬弧一起脱到新线圈上,将袜口对折相连。袜口扎口处的线圈结构如图5-8所示。

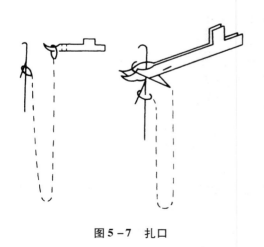

图5-7　扎口

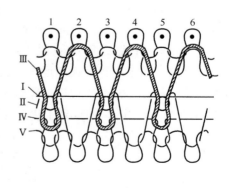

图5-8　扎口的线圈结构

袜口编织结束后,在编织袜筒时常常先编织几个横列的防脱散线圈横列。

三、袜跟和袜头的结构与编织

(一)袜头和袜跟的结构

袜跟应编织成袋形,其大小要与人的脚跟相适应,否则袜子穿着时,在袜背上将形成皱痕。

圆袜机上编织袜跟,是在一部分织针上进行,并在整个编织过程中袜跟部分的袜针进行握持线圈收放针(简称持圈收放针),以达到织成袋形的要求。

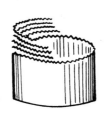

图 5-9 袜跟的形成

在开始编织袜跟时,相应于编织袜面的一部分针停止工作。针筒做往复回转,编织袜跟的针先以一定次序收针,当达到一定针数后再进行放针,如图 5-9 所示。当袜跟编织完毕,那些停止作用的针又重新工作。

在袋形袜跟中间有一条跟缝,跟缝的结构影响着成品的质量,跟缝的形成取决于收放针方式。跟缝有单式跟缝和复式跟缝等几种。

如果收针阶段针筒转一转收一针,而放针阶段针筒转一转也放一针,则形成单式跟缝。在单式跟缝中,双线线圈是脱卸在单线线圈之上,袜跟的牢度较差,一般很少采用。如果收针阶段针筒转一转收一针,在放针阶段针筒转一转放两针收一针,则形成复式跟缝。复式跟缝是由两列双线线圈相连而成,跟缝在接缝处所形成的孔眼较小,接缝比较牢固,故在圆袜生产中广泛应用。

袜头的结构和编织方法与袜跟相似。有些袜品在袜头织完之后进行套眼横列和握持横列的编织,其目的是为了以后缝袜头的方便,并提高袜子的质量。

(二)袜跟和袜头的编织

1. 编织的基本原理 袜跟有多种结构,图 5-10 所示为普通袜跟的展开图。在开始编织袜跟时应将形成 ga 与 ch 部段的针停止工作,其针数等于针筒总针数的一半,而另一半形成 ac 部段的针(袜底针)。在前半只袜跟的编织过程中进行单针收针,直到针筒中的工作针数只有总针数的 $1/5 \sim 1/6$ 为止,这样就形成前半只袜跟,如图 5-10 中 a—b—d—c。后半只袜跟是从 bd 部段开始进行编织,这时就利用放两针收一针的方法来使工作针数逐渐增加,以得到如图中 b—d—f—e 部段组成的后半只袜跟。袜坯下机后,ab、cd 分别与相应部分 be、df 相连接,ga 与 ie、ch 与 fj 相连接,即得到了袋形的袜跟。

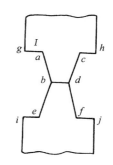

图 5-10 袜跟的展开图

袜头也有多种结构,图 5-11 显示了楔形袜头的展开图,它是在针筒总针数的一半(袜面针)上织成的。首先在袜面针 ab 处开始收针编织,直到 $1/3$ 袜面针 cd 处;接着所有袜面针 ef 进入编织,并在左右两侧进行收针编织 12 个横列;在编织至 gh 处时,使左右两侧的织针 gj 和 hk 同时退出工作,只保留 $1/3$ 袜面针 jk 编织;而后进行放针编织,直至 mn 处所有针放完。袜坯下机后,ac、bd 分别与 ec、fd 相连接,eg、gj 与 mj 相连接,fh、hk 与 nk 相连接,再将袜头

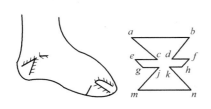

图 5-11 楔形袜头的展开图

缝合,便可得到封闭的袋形袜头。

2. 编织袜跟袜头时使部分针退出工作的方法　该方法分为利用袜跟三角和埋藏走针两种方法。

（1）利用袜跟三角法。袜跟三角的作用,是使袜跟或袜头编织开始时有一半袜针退出工作,编织结束后使所有退出的袜针重新进入工作。

以编织袜跟为例,此时针筒上袜针的排列方法为袜面半周插长踵袜针,袜底半周插短踵袜针。如图5-2所示,在开始编织袜跟前,袜跟三角8朝针筒中心径向进入一级,离开针筒一定距离,作用不到短踵袜针,但将针筒上的长踵袜针(袜面针)升高到上中三角2以上,使之退出编织区。而短踵袜针(袜底针)仍留在原来位置上,参加袜跟部段的编织。当袜跟编织结束后,拦针三角7径向进入工作,并靠近针筒,能对所有袜针的针踵起作用,使退出工作的袜针全部进入工作位置。

（2）埋藏走针法。埋藏走针法是指不参加编织袜跟或袜头的一半袜针不升起,而埋藏于针三角座内往复回转不垫纱成圈的方法。这种编织方法的优点是:省去了袜跟三角所占位置,且因不参加编织的一半袜针无须升高,防止在袜坯上产生一道油痕。

以袜跟编织为例,此时针筒上袜针的排列方法为袜面半周插短踵袜针,袜底半周插长踵袜针。在开始编织袜跟时,左、右弯纱三角都径向退出一级离开针筒一定距离。因此,这些三角只能作用到长踵袜针,碰不到短踵袜针,编织袜面的短踵袜针在三角座内往复运行,不垫纱成圈。当袜跟编织结束后,三角又重新恢复到原位,进行后面部段的编织。

3. 前一半袜跟(袜头)的编织方法　编织前一半袜跟(袜头)时,收针是在针筒每一往复回转中,将编织袜跟的袜针两边各挑起一针,使之停止编织,直至挑完规定的针数为止。

挑针是由挑针器完成的,在袜针三角座的左(右)弯纱三角后面,分别安装有左(右)挑针架1,如图5-12(1)所示。左(右)挑针杆2的头端有一个缺口,缺口的深度正好能容纳一个针踵。左右挑针杆利用拉板相连。编织袜跟时,针筒进行往复运转,因左挑针杆2头端原处在左弯纱三角4上部凹口内,如图5-12(2)所示。因此,针筒倒转过来的第一枚短踵袜针便进入挑针杆头端凹口内,在针踵5推动下,迫使左挑针杆2头端沿着导板3的斜面向上中三角背部方向上升,将这枚袜针升高到上中三角背部,即退出了编织区。左挑针杆在挑针的同时,通过拉板使右挑针杆进入右弯纱三角背部的凹口中(在编织袜筒和袜脚时,右挑针杆的头端不在右弯纱三角背部凹口中),为下次顺转过来的第一枚短踵袜针的挑针做好准备。如此交替地挑针,形成前一半袜跟编织。

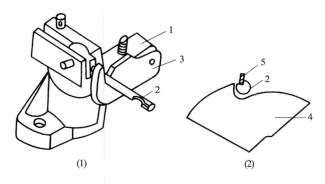

(1)　　　　　　　　(2)

图5-12　挑针器

从图5-2所示的三角装置展开图中,也可以看到左挑针杆26和右挑针杆25的配置。

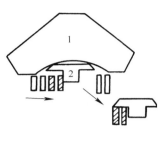

图5-13 撤针器

4.后一半袜跟(袜头)的编织方法 编织后一半袜跟(袜头)时,要使已退出工作的袜针逐渐再参加编织,为此采用了撤针器,如图5-13所示。它配置在导纱器座对面,其上装有一个撤针杆,撤针杆的头端呈"T"字形,其两边缺口的宽度只能容纳两枚针踵。在编织前一半袜跟或袜筒、袜脚时,撤针器退出工作,这时袜针从有脚菱角1的下平面及撤针头2的上平面之间经过。撤针器工作时,其头端位于有脚菱角1中心的凹势内,正好处于挑起袜针的行程线上。放针时当被挑起的袜跟针运转到有脚菱角1处,最前的两枚袜针就进入撤针头2的缺口内,迫使撤针杆沿着撤针导板的弧形作用面下降,把两枚袜针同时撤(下压)到左或右弯纱三角背部等高的位置参加编织。当针筒回转一定角度后,袜针与撤针杆脱离,撤针杆借助弹簧的作用而复位,准备另一方向回转时的撤针。在放针阶段,挑针器仍参加工作,这样针筒每转一次,就撤两针挑一针,即针筒每一往复,两边各放一针。

从图5-2所示的三角装置展开图中,也可以看到撤针器27的配置。

四、袜筒的编织

袜筒可以编织绣花添纱结构,也可以编织绣花添纱网孔结构,根据工艺要求还可以在所需部位衬入氨纶纱。

(一)绣花添纱结构的编织

如图5-2所示,编织时第Ⅰ系统地纱、面纱导纱器以及第Ⅱ、Ⅲ系统绣花纱导纱器进入工作,三个系统的选针片三角20、21、22的活络挺针三角升起,左弯纱三角3及拦针三角7、10径向进入工作,其他三角退出工作。

选针片先经第Ⅱ系统选针装置18选针,被选中的选针片,其上方的袜针垫第Ⅱ系统绣花纱后,被拦针三角7拦下;再经第Ⅲ系统选针装置19选针(在第Ⅱ系统选中的针,经第Ⅲ系统不可再被选中),选中的选针片,其上方的袜针垫第Ⅲ系统绣花纱后被拦针三角10拦下;最后经第Ⅰ系统选针装置17选针,在第Ⅱ、Ⅲ系统没被选上的袜针,在第Ⅰ系统均应选上并垫面纱,在第Ⅱ、Ⅲ系统选上垫绣纱的袜针在Ⅰ系统不应再被选中垫面纱,而后所有袜针经左弯纱三角垫上第Ⅰ系统的地纱成圈。

袜筒绣花添纱处由第Ⅱ或第Ⅲ系统的绣花纱加第Ⅰ系统的地纱编织而成。非绣花添纱处由第Ⅰ系统面纱加地纱编织而成。

(二)绣花添纱网孔结构的编织

如图5-2所示,各系统三角与导纱器工作状态与编织绣花添纱结构时相同,只是网孔三角4及拦针三角5也径向进入工作。

所有袜针经网孔三角4退圈后,被拦针三角5拦到仅能垫到第Ⅰ系统地纱的高度,再经第Ⅱ、Ⅲ系统选针装置18、19选针垫绣花纱。在第Ⅱ、Ⅲ系统没被选中的选针片,再经第Ⅰ系统选针装置17选针,选中的选针片,其上方的袜针在第Ⅰ系统垫面纱加地纱;没选中的选针片,其上方的袜针仅垫地纱形成网孔。经第Ⅱ、Ⅲ系统垫绣花纱的袜针,在第Ⅰ系统不应再被选中升高垫面纱,但经左弯纱三角3垫第Ⅰ系统地纱并与绣花纱一起弯纱成圈。

袜筒绣花添纱处由第Ⅱ或Ⅲ系统绣花纱加第Ⅰ系统地纱编织而成,非绣花添纱处由第Ⅰ系统面纱加地纱编织而成。非绣花网孔处仅由第Ⅰ系统地纱编织而成,由于地纱较细,成圈稀薄,故呈网孔状。

第四节　双面圆袜与成形编织工艺

双面圆袜可以分为素袜和花袜两类,需要用双针筒袜机来编织。双面素袜的结构通常采用弹性和延伸性较好的罗纹组织等,可以在不带选针装置的普通双针筒袜机上编织。双面花袜有双面提花、凹凸提花和绣花添纱等结构,需要在具有选针装置的双针筒袜机上生产。此外,双面圆袜从袜口开始一直到袜子编织结束,整个过程可以连续进行,不必像单面罗口袜那样,用人工套罗口。下面以编织花袜的电子选针双针筒袜机(电脑双针筒袜机)为例,介绍其编织机件配置以及编织工艺。

一、电脑双针筒袜机的编织机构

(一)成圈与选针机件配置

电脑双针筒袜机的基本结构和编织原理,与第二章第四节所述的圆形双反面机相似。其成圈与选针机件配置如图5-14所示。在上针筒1中,插有上导针片2,装有栅状齿3的栅状齿盘固装于上针筒上。在下针筒4中,自上而下安插着下导针片5和选针片(图中未显示),装有沉降片6的沉降片座固装于下针筒上。双头舌针7安插在上或下针筒的针槽中。上针筒1的针槽与下针筒4的针槽相对配置,当针筒运转时,上、下三角座控制上、下导针片升降运动,使双头舌针在一个针筒成圈并从一个针筒转移到另一个针筒。

(二)成圈与选针机件构型

1.双头舌针　如图5-15(1)所示,它在下针筒受下导针片控制,编织正面线圈。它也可以根据织物组织的要求,从下针筒转移到上针筒,受上导针片控制,编织反面线圈。

2.沉降片与护片　沉降片如图5-15(2)所示,其上有片鼻1、片喉2、片颚3和片踵4。沉降片受沉降片三角的作用,可做径向运动,起着握持和牵拉下针筒线圈的作用。

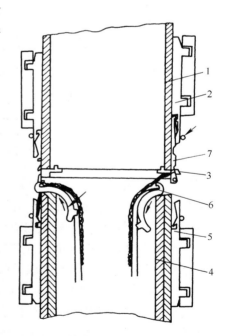

图5-14　成圈与选针机件配置

在电脑双针筒袜机上还采用了护片,如图5-15(3)所示,由片踵1和片顶2组成。编织袜头、袜跟时,在袜底两侧挑针范围和相邻的部分袜面针范围,将护片与沉降片装在同一沉降片槽内。其相应的导针片片头部位带左向弯头或右向弯头,依靠导针片弯头的作用,抬起护片。其片顶封闭沉降片喉,以免在往复回转编织时片喉勾住余线。

3. 栅状齿 某种结构的栅状齿如图5-15(4)所示,由齿尖1、平面2和齿踵3组成。其中的栅状齿平面代替沉降片片颚,起着对上针筒线圈的支持作用。上针筒线圈的牵拉由牵拉机构来完成。

4. 导针片 导针片如图5-15(5)中a所示。导针片一般由导针头1(导针头又有左向弯头、右向弯头、无弯头三种)、导针钩2、片肩3、工作踵4、转移踵5和尾踵7组成,配置在上、下针筒的针槽内;有些上导针片的尾部还配置有尾齿6,如图5-15(5)中b所示。导针片的导针钩钩住双头舌针的针钩,与片肩共同带动舌针作升降运动。工作踵受编织三角控制,满足各部段不同的编织要求。转移踵由转移闸刀控制,变换双头舌针在上、下针筒的成圈位置。工作踵与转移踵均有长、中、短三种不同长度。

5. 选针片 如图5-15(6)所示,选针片上有上片踵1、下片踵3和八档高度的选针片齿2,与电子选针器中的八级选针刀片一一对应。每片选针片上只保留一档齿,按步步高"/"或步步低"\"八片一组,重复排满针筒一周。

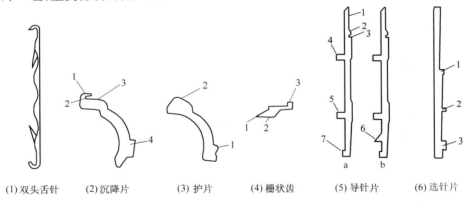

(1)双头舌针 (2)沉降片 (3)护片 (4)栅状齿 (5)导针片 (6)选针片

图5-15 成圈与选针机件构型

(三)三角系统

某种单成圈系统电脑双针筒袜机的三角系统展开图如图5-16所示。区域S为上针筒三角座,区域X为下针筒三角座,横向箭头表示针筒单向转动时袜针从右向左运动。

1. 下针筒三角座 中三角1、左弯纱三角2、右弯纱三角3、左护针三角4L、右护针三角4R、左起针镶板5和右起针镶板6组成了双向三角座。辅助转移闸刀7径向进一级,作用袜面长踵下导针片,使袜面针上升到中三角1上方退出工作;径向进二级,使所有下导针片上升,准备接受上针筒袜针的转移;编织袜头跟时,辅助转移闸刀7退出工作。辅助压针闸刀8压下转移下来的袜针。压针闸刀9在编织袜头袜跟时退出工作,编织其他部段时进入工作,将下导针片的转移踵压下,使下导针片工作踵能被中三角1拦下,袜针进行成圈。辅助转移镶板10在电子选针器21选针时进入工作,限定下导针片转移踵的上升位置。大跟三角11在编织特殊款式的高跟时用,径向进一级,将袜底两侧的9枚针和袜面针一同升起退出工作,然后针筒往复回转,利用撤针器和挑针器撤二针挑一针进行收放针,完成特殊款式高后跟的编织。压翘三角12固定,可径向调节,作用下导针片的尾踵,使导针片钩与双头舌针的针钩脱离,便于袜针转移。电子选

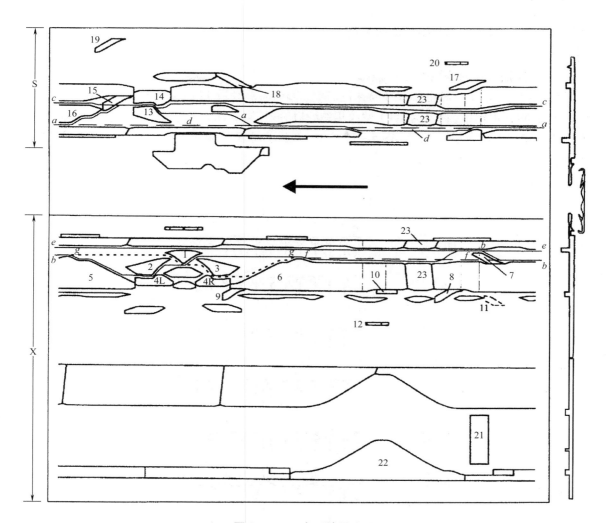

图 5 - 16 三角系统展开图

针器 21 上有八档不同高度的选针刀。选针时，选针刀向下摆动，与选针片齿不接触，选针片沿选针三角 22 上升，顶起下导针片转移袜针；不选针时，选针刀不动（或摆回原位置），与选针片齿接触，选针刀将选针片压进针槽，选针片保持原高度不上升，下导针片内的袜针不发生转移。23 为针门镶板，其余机件为下导针片镶板或护板。

2. 上针筒三角座 上针筒弯纱三角 13 及护针三角 14 与下针筒左弯纱三角 2 及左护针三角 4L 相对应，控制袜针在上针筒成圈。上起针闸刀 15 在编织袜头袜跟时径向进一级，使上针筒袜面针退出工作；在编织袜口、袜筒、袜脚等部段时径向进二级，作用所有上导针片推动袜针起针退圈。上退圈闸刀 16 作用上导针片推动袜针退圈。上转移闸刀 17 作用上导针片转移踵向下转移袜针。上关边闸刀 19 起口时将带尾齿的上导针片向下压到上针筒三角座的下针道运行，不参加编织。18 是上压针闸刀，20 为上压翘三角，23 是针门镶板，其余机件为上导针片镶板。

上述三角系统中，辅助转移闸刀 7、辅助压针闸刀 8、压针闸刀 9、辅助转移镶板 10、大跟三角 11、上转移闸刀 17、上压针闸刀 18 可受电脑程序及气动控制径向进出运动；上弯纱三角 13，护针三角 14，下弯纱三角 2、3 及其护针三角 4L、4R 可受电脑程序及步进电动机的控制上下运动,以改变袜品各部段的线圈长度即织物密度。

二、罗纹抽条袜的编织工艺

图 5 – 17 显示了某种电脑双针筒袜机(筒径 95mm,总针数 144)编织罗纹抽条袜的导针片排列和各部段编织图。袜口为 1 + 1 罗纹组织,袜筒和袜脚的袜面为 2 + 1 罗纹组织,而袜跟、袜脚的袜底和袜头均为平针组织。图 5 – 17 中 0—0 线为袜底与袜面的交界处。下面结合图 5 – 16,说明该袜子的编织程序与工艺。

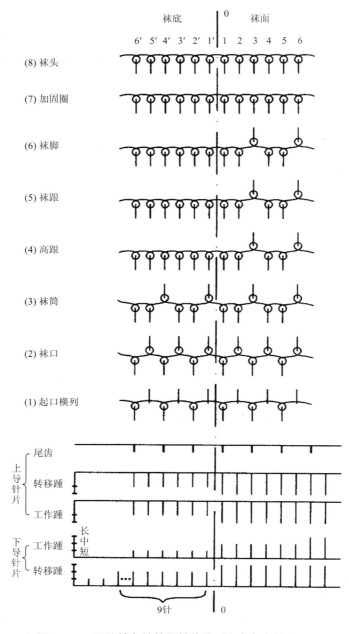

图 5 – 17　罗纹抽条袜的导针片排列和各部段编织图

（一）导针片排列

在本例中，袜筒为 2 + 1 罗纹组织，即横向一个完全组织为 3 针，因此在袜筒上的完全组织数量为 144÷3＝48。一般可在针筒上以袜面与袜底交界处相邻的两个完全组织为代表来讨论导针片的配置。图 5 – 17 中右侧 1、2、3、4、5、6 代表编织袜面的一部分针，而左侧 1′、2′、3′、4′、5′、6′代表编织袜底的一部分针。图 5 – 17 下方是导针片的排列，其中竖线的长、中、短表示了长踵、中踵、短踵。

1. 上导针片尾齿的排列 袜口 1 + 1 罗纹组织的编织，需要通过上导针片尾齿的排列来实现对电子选针一隔一排列的下针筒袜针进行有效控制，即对应于下针编织的上针槽应排具有尾齿的上导针片。

2. 导针片转移踵的排列 导针片转移踵的排列应根据袜子各部段的编织顺序和织物的组织结构来确定。在上、下针筒中，袜面排长踵转移踵导针片，以使编织高跟、袜头跟时转移闸刀进一级作用长踵导针片而使袜面针退出工作。上导针片转移踵袜底部位排中踵，下导针片转移踵袜底部位两侧各排 9 枚中踵，用于编织特殊款式的高后跟袜子，且方便闸刀进出；其余袜底下导针片转移踵排短踵。

3. 导针片工作踵的排列 导针片工作踵的排列与单针筒袜机的插针法基本相同。上导针片在袜底半周排中踵工作踵，在袜面半周排长踵工作踵。下导针片袜底部分应排短踵工作踵，在袜面部分应排长踵工作踵，保证转移闸刀对其作用，使其在往复编织时将袜面针升起退出编织区；考虑闸刀进出时方便，在袜底短工作踵与袜面长工作踵之间排有 6 枚中踵工作踵的导针片。

（二）编织程序与工艺

1. 基本编织程序 该机采用了电脑程序控制和电子选针装置，基本的编织程序为：若袜口组织为罗纹抽条，每一横列上针筒的袜针不必都转移到下针筒进行重新选针；若袜口组织是提花等花型，则每一横列上针筒的袜针必须都转移到下针筒进行重新选针；编织袜头、袜跟时，选针器退出工作；编织其他部段时，编织每一横列时上针筒的袜针必须都转移到下针筒进行重新选针。该机除编织特殊款式（如大袜跟等）的袜品外，上下导针片的排列一般是不变的，因此变换组织与品种比较方便。

2. 起口关边部段编织 编织起口部段时，首先下针筒电子选针器一隔一将无尾齿上导针片对应的下针槽内的袜针选中并转移到上针筒。上下针筒的袜针在上下弯纱三角处垫入起口线，编织起口横列（上、下导针片的工作踵分别沿着图 5 – 16 中实线轨迹 a—a—c、b—b—b）。接着上起针闸刀 15 和上压针闸刀 18 退出工作，上针筒袜针钩着起口线藏针，既不退圈也不脱圈（上导针片的工作踵沿着图 5—16 中轨迹 c—c 运行）；同时，上关边闸刀 19 将带尾齿的上导针片向下推，使上导针片沿上三角座的下针道运行（上导针片的工作踵沿着图 5 – 16 中虚线轨迹 a—d—d—a 运行），用上导针片的导针头挡住下针筒袜针的针头防止针舌关闭。随后下针筒袜针一隔一编织变化平针，并衬入橡筋线，以增加袜口的弹性和平整度；编织了 5 个横列左右的变化平针后，上起针闸刀 15 及上压针闸刀 18 再次进入工作，上针筒袜针重新参加编织（轨迹 a—a—a），上下袜针形成 1 + 1 罗纹，关边收口，封闭橡筋线，使起口不致脱散。

3. 袜口部段编织 袜口组织为 1 + 1 罗纹，编织袜口前，所有上针筒袜针转移到下针筒，重新选针、转移，选中编织关边的那些袜针在上下针筒继续编织 1 + 1 罗纹。

4.袜筒等部段编织　编织袜筒、高跟、袜脚、加固圈、套眼和握持横列时,针筒单向回转,每一横列都进行转移、选针。首先,将上针筒袜针全部转移到下针筒,上针筒起针闸刀 15、转移闸刀 17 逐级进入工作,将所有上导针片向压下;同时下针筒辅助转移闸刀 7 逐级进入工作,升起下导针片,接受上针筒向下转移的袜针。接着,上压翘三角 20 压住上导针片的尾踵,袜针与上导针片片钩脱离,从而将上针筒袜针全部转移到下针筒上。随后,辅助压针闸刀 8 逐级进入工作将下导针片向压下,电子选针器 21 下方的活络复位三角(图 5 – 16 中未显示)将选针片径向向外推出,准备选针。

电子选针器 21 根据各部段的组织结构进行选针,选中的选针片沿着选针三角 22 上升,下导针片转移踵进入辅助转移镶板 10 和下面的镶板中间,下压翘三角 12 配合作用于下导针片的片踵,将袜针转移到上针筒;未选中的选针片上方的下导针片经压针闸刀 9 压针,在下针筒垫纱成圈(下导针片的工作踵沿着图 5 – 16 中轨迹 b—b—b 运行)。转移到上针筒的袜针经上压针闸刀 18 压针,在上针筒垫纱成圈(上导针片的工作踵沿着图 5 – 16 中轨迹 a—a—a 运行)。

5.袜跟袜头部段编织　编织时,选针器下方的活络复位三角将选针片全部径向推入针槽,选针器不工作。辅助转移闸刀 7 进入一级将长、中踵下导针片(对应袜面部分的袜针)抬起到中三角上方后退出工作(下导针片的工作踵沿着图 5 – 16 中轨迹 e—e 运行),辅助压针闸刀 8、压针闸刀 9 和辅助转移镶板 10 退出工作。与此同时,上起针闸刀 15 进入二级,上转移闸刀 17 和上压针闸刀 18 退出工作,上导针片(对应袜面部分的袜针)退出工作(上导针片的工作踵沿着图 5 – 16 中轨迹 a—d—d—a 运行)。针筒往复回转,袜底针在下针筒双向三角座垫纱成圈(针筒正转时,下导针片的工作踵沿着图 5 – 16 中轨迹 b—f—f—b 运行;针筒反转时,下导针片的工作踵沿着图 5 – 16 中 b—g—g—f—f—b 轨迹运行),挑针器和撤针器配合进行收放针,形成袋形袜跟袜头。

第五节　无缝内衣与编织工艺

一、无缝内衣的结构与编织原理

传统的针织内衣(汗衫、背心、短裤等)的生产,都是先将光坯布裁剪成一定形状的衣片,再缝制而成最终产品。因此,在内衣的两侧等部位具有缝迹,对内衣的整体性、美观性和服用性能都有一定的影响。此外,普通针织内衣是由平面衣片缝制而成,对人体三维型态的适型性较差。

无缝针织内衣是 20 世纪末发展起来的新型高档针织产品,其加工特点是在专用针织圆机上一次基本成形即半成形,不仅在内衣的两侧无缝迹,而且可以在内衣不同部位采用不同的织物组织并结合原料搭配来适应人的三维体型,衣坯下机后稍加裁剪、缝边以及后整理,便可成为无缝的最终产品。无缝针织内衣产品除了一般造型的背心和短裤等外,还包括吊带背心、胸罩、护腰、护膝、高腰缩腰短裤、泳装、健美装、运动服和休闲装等。

无缝内衣专用针织圆机是在袜机的基础上发展而来,其特点为:一是基本上具有袜机除编织头跟之外的所有功能,并增加了一些机件以编织多种结构与花型的无缝内衣;二是针筒直径较袜机大,一般在 254 ~ 432mm(10 ~ 17 英寸),以适应各种规格产品的需要。

下面以一件简单的单面无缝三角短裤为例,说明其结构与编织原理。图 5 – 18 显示了一种三角短裤的外形。图 5-18(1)为无缝圆筒形裤坯结构的正视图,图 5-18(2)、(3)分别为沿圆筒形两侧剖开后的前片和后片视图。

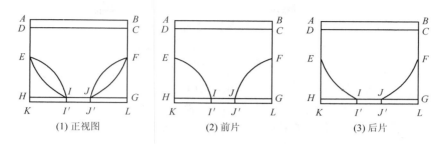

(1) 正视图　　　　(2) 前片　　　　(3) 后片

图 5-18　无缝针织短裤结构

编织从 A—B 开始。A—B—C—D 段为裤腰,采用与平针双层或衬垫双层袜口类似的编织方法,通常加入橡筋线进行编织。C—D—E—F 段为裤身,为了增加产品的弹性、形成花色效应以及成形的需要,一般采用两根纱线编织,其中地纱多为较细的锦纶弹力丝或锦纶/氨纶包芯纱等,织物结构可以是添纱(部分或全添纱)、集圈、提花、毛圈等组织或它们的组合。E—F—G—H 段为裤裆,原料与结构可以与 C—D—E—F 段相同或不同,曲线 E—I 和 F—J 是编织出的裁剪线,其织物结构与裤身及裤裆不同。G—H—K—L 为结束段,采用双纱编织。圆筒形裤坯下机后,将 E—K—I' 和 F—L—J' 部分裁去并缝上弹力花边,再将前后的 I—J 段缝合(其中 I—J—J'—I'—I 为缝合部分),便形成了一件无缝短裤。业内有人称这种产品为全成形内衣,但这与前面所述的通过收放针方法生产的全成形产品有着完全不同的概念,请注意区分。

尽管无缝针织内衣属于半成形产品,但它具有工艺流程短,生产效率高,无缝和整体性好、穿着舒适等优点,尤为适合生产贴身或紧身内衣类产品。

二、无缝内衣针织圆机的结构与工作原理

电脑控制无缝内衣针织圆机分单针筒和双针筒两类,可分别生产单面和双面无缝针织产品。下面介绍某种单针筒无缝内衣针织圆机的主要机件配置与工作原理。

(一)编织机件

1. 织针　如图 5-19(1)所示,针踵分长、短两种,便于三角在机器运转过程中径向进出控制,以适合不同织物组织的编织。在针筒的同一针槽中,自上而下安插着织针、中间片(也称挺针片)和选针片(也称提花片)。

2. 沉降片　如图 5-19(2)所示,插在沉降片槽中,与针槽相错排列,配合织针进行成圈。片踵分高、低两种,高片踵沉降片可用来编织毛圈组织。

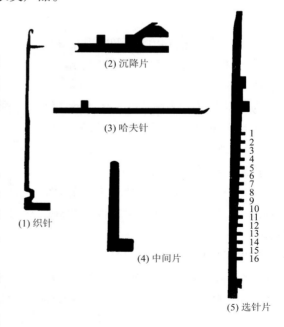

(1) 织针　　(2) 沉降片　　(3) 哈夫针　　(4) 中间片　　(5) 选针片

图 5-19　编织机件

3.哈夫针 采用单片式哈夫针,如图5－19(3)所示。哈夫针仅在编织产品的下摆或腰部等起始部段的起口与扎口时进入工作,具体的起口与扎口过程见本章第三节中的双层袜口的编织。

4.中间片 如图5－19(4)所示。中间片装在针筒上,位于织针和选针片之间,起传递运动的作用,可将织针升高或将选针片压下,供下一个电子选针器进行选针。

5.选针片 如图5－19(5)所示。每片选针片上仅留一档齿,共有16片留不同档齿的选针片,在机器上呈步步高"/"排列。其受相对应的16把电磁选针刀的控制,根据需要进行选针。

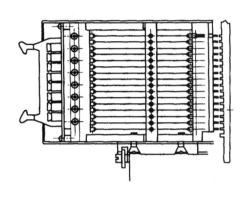

图5－20 选针装置

（二）选针装置

该机采用8个编织系统,每一系统有两个电子选针装置。图5－20显示的该选针装置共有上下平行排列的16把电磁选针刀,每把选针刀片受一双稳态电磁装置控制,可摆到高低两种位置。当某一档选针刀片摆到高位时,可将留同一档齿的选针片压进针槽,使其片踵不沿选针三角上升,故其上方的织针不被选中。当某一档选针刀片摆至低位时,不与留同一档齿的选针片齿接触,选针片不被压进针槽,片踵沿选针三角上升,其上方的织针被选中。双稳态电磁装置由计算机程序控制,可进行单针选针,因此花型的花宽和花高不受限制,在总针数范围内可随意设计。

（三）三角装置及其作用

图5－21为该机一个成圈系统的三角装置展开图。1～9为织针三角,10、11为中间片三角,12、13分别为第一和第二选针区的选针三角,14、15分别为第一和第二选针区的电子选针装置,该机在每一成圈系统有两个选针区。图中的黑色三角为活动三角,其中三角1、2、4、5、11可受电脑程序与电磁铁的控制径向进出,三角8、9可受电脑程序与步进电动机的控制上下移动,其他三角(三角3、6、7、10、12、13)均为固定三角。为了介绍方便,本节关于三角的图中的图注是统一的。

当集圈三角1和退圈三角2都径向进入工作时,所有织针在此处上升到退

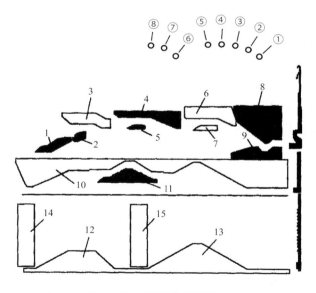

图5－21 三角装置展开图

圈高度。当集圈三角1径向进入工作而退圈三角2径向退出工作时,所有织针在此处只上升到集圈高度。而当集圈三角1和退圈三角2都径向退出工作时,织针在此处不上升,只有在选针区通过选针装置来选针编织,未被两个选针装置选中的选针片被压入针槽,对应的织针不上升

即不编织。

参加成圈的织针在上升到退圈最高点后,在收针三角3、4、6和成圈三角8的作用下下降,垫纱成圈。收针三角3、4、6还可以防止织针上窜。当三角4、5径向退出工作及中间片挺针三角11径向进入工作时,在第一选针区被选中的织针在经过第二选针区时,仍然保持在退圈高度,直至受到第二选针区的收针三角6和成圈三角8作用时,才被压下垫纱成圈。

成圈三角8、9可上下移动改变弯纱深度,从而改变线圈长度。在有些型号的机器上,奇数路上成圈三角也可以沿径向运动,进入或退出工作,这时相邻两路就会只用一个偶数路上的成圈三角进行弯纱成圈。

中间片护卫三角10可以将被选中上升的中间片压回到起始位置,也可以防止中间片向上窜动。中间片挺针三角11作用于中间片的片踵上,当三角11径向进入工作时,中间片沿其上升,从而推动在第一选针区(选针装置14与选针三角12)被选中的处于集圈高度的织针继续上升到退圈高度;当三角11径向退出工作时,在第一选针区被选中的织针只能上升到集圈高度。选针三角12、13位于针筒座最下方,可分别使被选针装置14、15选中的选针片沿其上升,从而通过其上的中间片推动织针上升。其中选针三角12只能使被选中的织针上升到集圈高度,而选针三角13可使被选中的织针上升到退圈高度,使针踵在三角6、7之间运行。

当集圈三角1、退圈三角2和中间片挺针三角11都径向退出工作时,利用选针装置14、15以及选针三角12、13,可以在一个成圈系统实现三功位选针:经过选针装置14、15都不被选中的织针不编织;仅在选针装置14被选中的织针集圈;仅在选针装置15被选中的织针成圈。

此外,该机每一成圈系统装有8个导纱器(又称纱嘴),数字①~⑧表示第1~8号导纱器。每个导纱器都可以根据需要由电脑程序控制进入或退出工作。一般第1、第2号导纱器穿地纱(常用锦纶/氨纶包芯纱),第3号导纱器穿橡筋线,第4~8号导纱器穿面纱(常用锦纶、涤纶、棉纱等原料)。

三、无缝内衣设计与编织

(一)无缝内衣的设计

无缝内衣机由电脑程序控制全自动编织。无缝内衣的设计需借助专用的绘图软件和工艺设计软件。绘图软件用来绘制无缝内衣的款式与造型,并对内衣各个部位填充适当的织物组织。工艺设计软件根据绘制的无缝内衣构型,设置编织过程中三角、导纱器、牵拉、转速等的工艺参数。

(二)常用织物组织的编织工艺

单面无缝内衣针织机的产品结构以添纱组织为主,包括普通添纱织物、浮线添纱织物、添纱网眼织物、提花添纱织物、集圈添纱织物和添纱毛圈织物等。下面结合图5-21,介绍几种常用结构的编织工艺。

1. 浮线添纱组织　编织该组织时,地纱始终成圈,而面纱根据结构和花型需要,有选择地在某些地方成圈,在不编织的地方以浮线的形式存在。当地纱较细时,可以形成网眼效果,而当地纱和面纱都较粗时,可以形成绣纹效果。

图5-22显示了编织浮线添纱组织的三角配置及走针轨迹。三角1、2径向退出工作,三角4、5、11径向进入工作。在第一选针区(选针装置14与选针三角12)被选中的织针经收针三角

4后下降,如果在第二选针区(选针装置15与选针三角13)不被选中,就沿三角7的下方通过,此时织针只能勾取到第2号(或第1号)导纱器的地纱而不会勾取到第4号(或第5号)导纱器的面纱,故地纱形成单纱线圈,面纱形成浮线;而在第二选针区又被选中的织针,将会沿三角7的上方通过,可以同时勾取到第4号(或第5号)导纱器的面纱以及第2号(或第1号)导纱器的地纱,面纱与地纱一起编织形成添纱线圈。

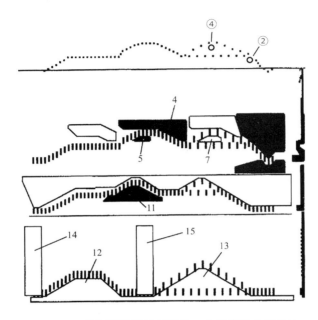

图 5 – 22　编织浮线添纱组织的三角配置及走针轨迹

2. 浮线组织　浮线组织是通过选针使某些针参加编织形成线圈,而另一些针不参加编织形成浮线。如果参加编织的织针勾取两根纱线织成添纱线圈,就形成了添纱浮线结构;如果只有一个导纱器进入工作,采用一根纱线编织,就形成了平针浮线结构。

假罗纹组织是无缝内衣产品中使用较多的一种浮线组织。图 5 – 23(1)、(2)、(3)分别显示了1×1、1×2、1×3假罗纹的结构意匠图,其中前面的数字表示在一个横向循环中参加编织的针数,后面的数字表示不编织的针数。图 5 – 23中,在有不编织的线圈纵行,形成了拉长线圈,其线圈大而松,且在线圈后面有浮线,使该线圈纵行正面拱起,形成凸条纹;而在都成圈的线圈纵行,线圈小而均匀紧密,凹陷在织物后面,形成凹条纹。故这类织物外观很象罗纹的效果,简称假罗纹。

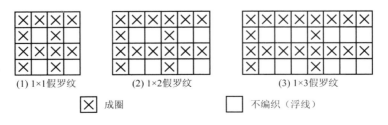

图 5 – 23　常用假罗纹组织结构意匠图

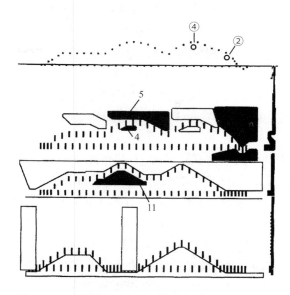

图5-24 编织假罗纹组织的三角配置及走针轨迹

图5-24显示了编织假罗纹组织的三角配置及走针轨迹。三角1、2径向退出工作,三角4、5、11径向进入工作。在两个选针区都选中的织针勾取第4号导纱器的面纱和第2号导纱器的地纱,编织添纱线圈;而在两个选针区都不被选中的织针既不勾取面纱也不勾取地纱,形成浮线。

3. 提花添纱组织 编织提花添纱组织时,地纱为一种纱线,面纱一般为两种纱。可以根据花型需要,选择不同的颜色或种类的面纱编织。

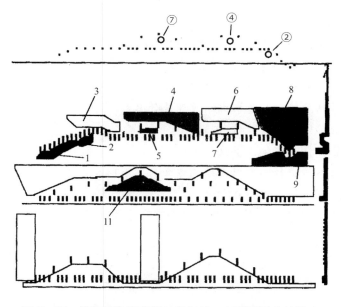

图5-25 编织两色提花添纱组织的三角配置及走针轨迹

图 5-25 显示了编织两色提花添纱组织的三角配置及走针轨迹。编织时,第 7 号(或第 8 号)导纱器穿色纱 A 作第一面纱,第 4 号(或第 5 号)导纱器穿色纱 B 作第二面纱,两种颜色的面纱都用第 2 号(或第 1 号)导纱器的纱作地纱。三角 1、2、4、5、11 径向进入工作。其余过程如下。

在第一选针区被选中的中间片上升到集圈高度,同时所有织针在集圈三角 1 和退圈三角 2 的作用下上升到退圈高度,并在收针三角 3 的作用下回到集圈高度,此时所有织针针舌开启,旧线圈处于针杆上。

在第一选针区被选中的中间片在挺针三角 11 的作用下将织针升起,这些织针在挺针三角 5 的作用下再次上升到退圈高度,随后沿着收针三角 4 下降,在第 7 号(或第 8 号)导纱器勾取第一面纱后回到集圈高度。勾取第一面纱的织针在第二选针区不被选中,在挺针三角 7 的下方水平横移,不能勾取第 4 号(或第 5 号)导纱器的第二面纱,最后在成圈三角 8 的作用下,在第 2 号(或第 1 号)导纱器再勾取地纱。第一面纱和地纱一起成圈,形成色纱 A 提花线圈。

第一选针区未被选中的所有织针,在挺针三角 5 的下方水平横移,不能勾取第一面纱。当经过第二选针区时,这些织针中,被选中的织针在挺针三角 7 的作用下再次上升,到达退圈高度后沿着收针三角 6 下降,在第 4 号(或第 5 号)导纱器勾取第二面纱,然后沿着成圈三角 8 下降,在第 2 号(或第 1 号)导纱器再勾取地纱。第二面纱和地纱一起成圈,形成色纱 B 提花线圈。

第一选针区和第二选针区均未被选中的织针,在挺针三角 5 和挺针三角 7 的下方水平横移,最后沿着成圈三角 8 下降,在第 2 号(或第 1 号)导纱器勾取地纱,形成单线圈,显露地纱的颜色。

为了避免产生单线圈,可以在设计时根据花型要求,使所有织针不是在第一选针区就是在第二选针区被选中,从而在织物正面形成每一横列 A、B 两色线圈互补的提花添纱效应。

☞ 思考练习题

1. 纬编针织成形有几种方法,各适用于编织哪些产品?

2. 袜品有哪些种类? 主要有哪些部段组成?

3. 袜口有哪些种类? 双层袜口有何编织特点?

4. 袜跟和袜头的结构特点和基本编织原理是什么?

5. 单面圆袜机上如何实现收放针?

6. 在双针筒电脑袜机如何编织罗纹抽条袜?

7. 无缝针织内衣与传统针织内衣在结构方面有何不同?

8. 无缝内衣针织圆机的有何特点?

9. 无缝内衣常用织物组织有哪些,其编织工艺有什么不同?

第六章　横机编织原理与产品织造及成形工艺

本章知识点

1. 普通横机编织部分的基本构造,平式三角的编织原理,横机成圈过程特点。
2. 单级电子选针电脑横机的成圈与选针机件配置、三角系统组成、编织与选针原理。
3. 多级电子选针电脑横机的成圈与选针机件配置、三角系统组成、编织与选针原理。
4. 波纹组织、嵌花织物的结构特点与编织方法。
5. 衣坯的起口方式,收针与放针的几种形式与成形编织原理。
6. 平面衣片成形、立体成形和整体服装的编织工艺。

第一节　普通横机的编织原理

普通横机是一种最简单的横机,以手摇为主,也有部分半自动横机。半自动横机在编织不收针部分和简单结构时可以由电动机驱动。

一、编织机构工作原理

手摇横机(manually operated flat knitting machine)的编织机构主要包括针床、织针和三角座及其三角。图6-1是其结构的断面图。图6-1中1、2分别为前后针床,它们固装在机座3上,呈倒"V"字形。针床又称针板,在针床上铣有用于放置舌针的针槽。在针槽中装有前后织针4、5。6、7、8分别为导纱器9和前后三角座10、11的导轨。机头12由连在一起的前后三角座组成,它像马鞍一样跨在前后针床上,可沿针床往复移动,同时还可通过导纱器变换器13带动导纱器9一起移动。在机头上装有开启针舌和防针舌反拨用的扁毛刷14。栅状齿15位于针槽壁上端,所有栅状齿组成了栅状梳栉,它作用于线圈沉降弧,起到类似沉降片的作用,在编织单面织物时尤为重要。当推动机头横向移动时,前后针床上的织针针踵在三角针道作用下,沿针槽上下移动,完成成圈过程的各个阶段。

(一)织针

普通横机使用舌针进行编织。如图6-2所示,根据三角结构的不同,舌针可分为短踵针、长踵针和长踵长舌针,长舌针与短舌针之间的舌长差如图6-2中A所示。最基本的普通横机仅采用短踵针,而具有花式三角的普通横机可采用两种针(短踵针+长踵针)或三种针(短踵针+长踵针+长踵长舌针)。

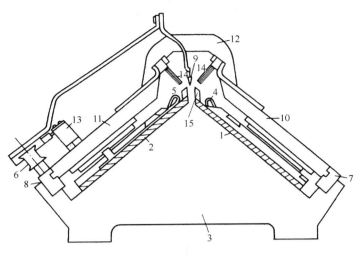

图 6-1　编织机构的一般结构

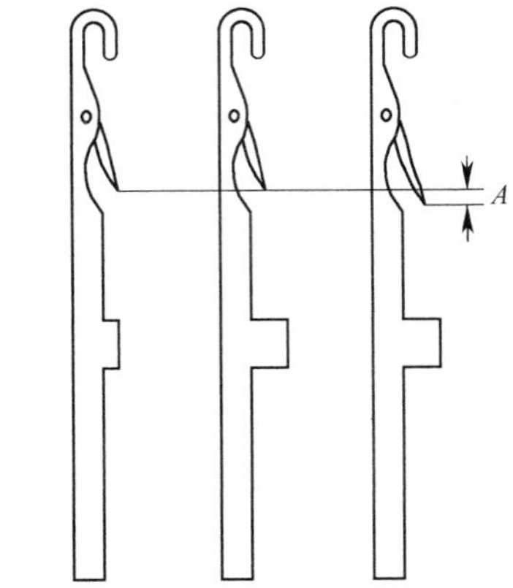

(1) 短踵针　(2) 长踵针　(3) 长踵长舌针

图 6-2　普通横机的织针

(二) 三角座及三角

三角座又称机头,是横机的核心装置,手摇横机三角座的结构如图 6-3 所示。图 6-3(1)为从上方向下看到的三角座视图,其上装有前后三角座的压针三角调节装置 1、2、3、4,导纱器变换器 5,起针三角开关 6、7,起针三角半动程开关 8,拉手 9,手柄 10 和毛刷架 11。图 6-3(2)为从下方往上看到的三角座视图,在它的底板上装有组成前后三角座的三角块。

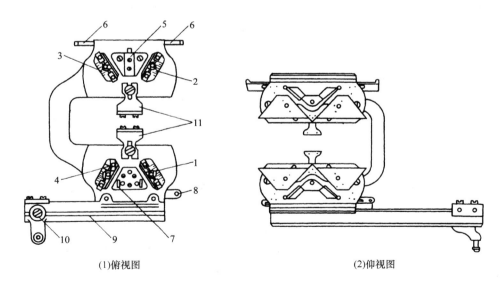

(1)俯视图　　　　　　　　　　　　　　(2)仰视图

图 6-3　手摇横机三角座

三角因实现功能的不同,可分为平式三角和花式三角。由于目前普通横机已大部分被电脑横机取代,所以这里仅介绍平式三角。

平式三角是最基本也是最简单的三角结构,如图 6-4 所示。它由起针三角 1、2(推动织针

上升开始退圈),挺针三角3(推动织针上升到退圈高
度),压针三角4、5(推动织针下降,进行垫纱、弯纱与
成圈)以及导向三角(又称眉毛三角)6组成。起针三
角可以受起针三角开关的作用,垂直于针床运动,进
入或退出工作,使织针工作或不工作。压针三角可以
按图中箭头方向上下移动进行调节,以改变织物的密
度和进行不完全脱圈的集圈编织。横机的三角结构
通常都是左右完全对称,而且前后三角座中的三角也
前后对称,从而可以使机头往复运动进行双面编织或
单面编织(一个针床的左右起针三角退出工作)。

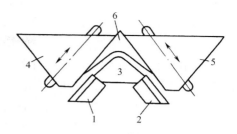

图6-4　平式三角结构

二、送纱与针床横移

横机的送纱机构除了具有以一定的张力输送纱线到编织区域的一般功能外,还能在机头换
向停止编织时挑起多余的纱线,使纱线处于张紧状态和保持一定张力,保证编织的正常进行。
此外,送纱机构还能在机头换向时根据需要变换导纱器(换梭),以采用不同原料或颜色的纱线
进行编织。

在纬编机中,针床横移是横机的一个特点。针床横移机构可控制后针床相对于前针床移动
半个针距或整针距。用于改变前后针床针槽之间的对位关系,以编织不同的组织结构,或改变
前后针之间的对位关系,编织波纹等花色组织。

三、成圈过程特点

横机的成圈过程与圆纬机相似,也可以分为退圈、垫纱、闭口、套圈、弯纱、脱圈、成圈和牵拉
八个阶段。由于三角的对称性,其又有如下特点。

(1)前后针床的织针同时开始退圈,并同时到达退圈最高点。

(2)两个针床的织针直接从导纱器得到纱线。

(3)压针时,前后针床的织针同时到达弯纱最低点。它属于无分纱同步成圈方式。

第二节　电脑横机的编织原理

一、电脑横机的一般概念

在手摇横机的基础上,人们又开发了半自动横机和自动横机,并有机械式和电脑控制式之
分。但因机械式的结构复杂,现在较少采用。目前我国使用的横机除了少量手摇横机外,其余
多为电脑横机。

电脑横机(computerized flat knitting machine)所有与编织有关的动作(如机头的往复横移
与变速变动程、选针、三角变换、密度调节、导纱器变换、针床横移、牵拉速度调整等)都是由预
先编制的程序,通过电脑控制系统向各执行元件(伺服电动机、步进电动机、电子选针器、电磁
铁等)发出动作信号,驱动有关机构与机件实现的。因此,电脑横机具有自动化程度高、产品编

织范围广、花型变换方便、质量易于控制、工人的劳动强度低和用工少等优点。

电脑横机主要用来生产成形毛衫衣片、全成形整体服装以及服装附件（如 T 恤衫衣领等）等产品，产品的设计需要借助专用的计算机花型准备系统。

电脑横机根据采用的电子选针器是单极式还是多级式，其编织机构也有所差异。尽管单极电子选针编织机构有许多优点，但是目前国内外电脑横机绝大多数采用的是多级电子选针的编织机构，主要原因是单极电子选针对选针器的电磁特性及其相关机件的精度与配合要求很高。下面分别介绍单极电子选针与多级电子选针编织机构的工作原理。

二、单级电子选针编织机构的工作原理

（一）成圈与选针机件

1. 织针 与手摇横机一样，电脑横机主要采用舌针作为织针。该针的结构与图 3−80 中所示的下针相似，舌针边侧带有一个扩圈片，一个针床上的织针可以插到另一个针床织针的扩圈片中，以便在前后针床进行移圈。

2. 成圈与选针机件配置 图 6−5 所示为某种单级选针电脑横机一个针床的截面图，它反映出舌针与选针机件之间的配置关系。

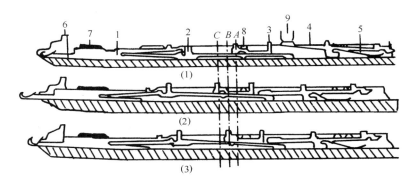

图 6−5　成圈与选针机件的配置

（1）织针。织针 1 由塞铁 7 压住，以免编织时受牵拉力作用从针槽中翘出，它由挺针片 2 推动上升或下降。

（2）挺针片。挺针片 2 与织针 1 镶嵌在一起，由于织针上无针踵，所以挺针片片踵起到了针踵的作用。挺针片的片杆有一定的弹性，当挺针片不受压时，片踵伸出针槽，可以沿着机头中的三角轨道运动并推动织针上升或下降；当挺针片受压时，片踵埋入针槽，不能与三角作用，其上的织针也就不能上升或下降。

（3）中间片（又称压片）。中间片 3 位于挺针片 2 之上，其上有二个片踵。下片踵在相应的三角作用下推动中间片处于不同的高度，从而使上片踵处于 A、C、B 三种不同位置，分别如图 6−5（1）、（2）、（3）所示。当上片踵处于 A 位置时，由于受压条 8 的作用，挺针片 2 的片踵在起针之前就被压入针槽，不与三角作用，织针不参加编织。当上片踵被推到 B 或 C 位置时，挺针片 2 的片踵从针槽中露出可以受到三角作用，织针参加工作，分别进行成圈（或移圈）和集圈（或接圈）。

（4）选针片。选针片 4 直接受电磁选针器 9 作用。当选针器 9 有磁性时，选针片被吸住，选

针片不会沿三角上升,其上方的中间片 3 不上升,上片踵处于上述 A 位置,在压条 8 的作用下将挺针片 2 压入针槽,织针保持不工作状态;当选针器 9 无磁性时,和选针片 4 镶嵌在一起的弹簧 5 使选针片 4 的下片踵向外翘出,选针片在相应三角的作用下向上运动,推动中间片 3 向上运动,使其突出部位脱离压条 8 的作用,它下面的挺针片 2 被释压,挺针片片踵向外翘出,可以与三角作用,推动织针工作。

（5）沉降片。图 6－5 中 6 为沉降片,它配置在两枚织针中间,位于针床齿口部分的沉降片槽中。两个针床上的沉降片相对配置,由机头中的沉降片三角控制沉降片片踵使沉降片前后摆动。沉降片的结构与作用原理如图 6－6 所示。当织针 1 上升退圈时,前后针床中的沉降片 2 闭合,握持住旧线圈的沉降弧,防止旧线圈随针上升,如图 6－6（1）所示。当织针下降弯纱成圈时,前后沉降片打开,以不妨碍织针成圈,如图 6－6（2）所示。与压脚相比,沉降片可以实现对单个线圈的牵拉和握持,且可以作用在整个成圈过程,效果更好,对于在空针上起头、成形产品编织、连续多次集圈和局部编织十分有益。

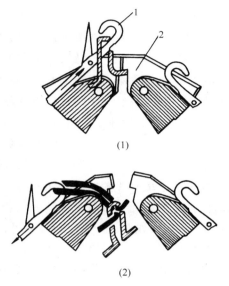

（1）

（2）

图 6－6　沉降片的结构与作用原理

（二）三角系统

电脑横机的机头内可安装 1 个或多个编织系统,现在最多可有 8 个系统。机头也可以分开成为两个（如一个 4 系统机头可分为两个 2 系统机头）或合并为一个。当分开时,可同时编织两片独立的衣片。下面介绍与上述选针机件相对应的电脑横机三角系统的结构及其编织与选针原理。

图 6－7 为一个成圈系统的三角结构平面图。根据作用对象（挺针片、中间片、选针片）的不同,该三角系统可以分为以下三部分。

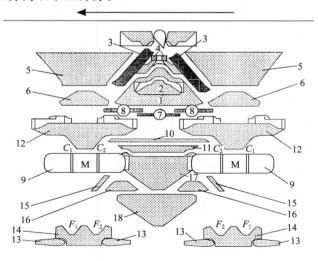

图 6－7　电脑横机三角系统平面结构

1.作用于挺针片的三角　1 为挺针片起针三角,被选中的挺针片可沿其上升将织针推到集圈高度或退圈高度。接圈三角 2 和起针三角 1 同属一个整体,它可使被选中的挺针片沿其上升将织针推到接圈高度。挺针片压针三角 3 除起到压针作用外,还有移圈三角的功能。当挺针片沿压针三角上平面上升时可将织针推到移圈高度。压针三角 3 可以在程序的控制下通过步进电动机调节其高低以得到合适的弯纱深度。挺针片导向三角 4 起导向和收针作用。上、下护针三角 5、6 起护针作用。

2.作用于中间片的压条及三角　集圈压条 7 和接圈压条 8 是作为一体的活动件,可上、下移动,作用于中间片的上片踵,分别在集圈位置或接圈位置将中间片的上片踵压进针槽,使挺针片和织针在该位置不再继续上升,而是处于集圈或接圈高度。中间片三角 10、11 可使中间片下片踵形成三条轨迹。当中间片的下片踵沿三角 10 的上平面运行时,织针可处于成圈或移圈位置;当中间片的下片踵在三角 10、11 之间通过时,织针处于集圈或接圈位置;如果中间片的下片踵在三角 11 的下面通过,则织针始终处于不工作位置。12 为中间片复位三角,它作用于中间片的下片踵,使中间片回到起始位置,即图 6 –5(1)所示的位置。

3.作用于选针片的选针器及三角　选针器 9 由永久磁铁 M 和选针点 C_1、C_2 组成,选针点可通过电信号的有无使其有磁或消磁。选针前先由 M 吸住选针片的片头,当选针点移动到选针片片头位置时,如果选针点没有被消磁,选针片头仍然被吸住,织针没有被选中,不工作;如果选针点被消磁,选针片头被释放,相应的织针就被选中,参加工作。

选针片复位三角 13 作用于选针片的尾部,使选针片片头摆出针槽,由选针器 9 吸住,以便进行选针。选针三角 14 有两个起针斜面 F_1、F_2,作用于选针片的下片踵,分别把在第一选针点 C_1 和第二选针点 C_2 被选中的选针片推入相应的工作位置。选针片挺片三角 15、16 作用于选针片的上片踵,把由选针三角 14 推入工作位置的选针片继续向上推。其中,三角 15 作用于第一选针点选中的选针片,三角 16 作用于第二选针点选中的选针片,选针片再分别将相应的中间片及挺针片向上推,使其上方的织针至成圈(或移圈)位置和集圈(或接圈)位置。选针片压片三角 17 可作用于选针片的上片踵,把沿三角 15、16 上升的选针片压回到初始位置。三角 18 为选针片的下片踵压片三角。

该横机三角系统设计十分巧妙,除挺针片压针三角 3、集圈压条 7 和接圈压条 8 可以上下移动外,其余机件都是固定的,这就使机器工作精度更高,运行噪声和机件损耗更小。

(三)选针与编织原理

为叙述方便,下面文图中所讲三角与图 6 –7 相同。

1.成圈、集圈和不编织　下面结合图 6 –7,分析三种编织方式的工作原理。

(1)成圈编织。成圈编织的走针轨迹如图 6 –8 所示。此时,选针片在第一选针点 C_1 被选中,选针片的下片踵沿选针三角的 F_1 面上升,上片踵沿三角 15 上升,从而推动它上面的中间片的下片踵上升到三角 10 的上方并沿其上表面通过,中间片的上片踵在压条 8 的上方通过,始终不受压。相应的挺针片片踵一直沿三角 1 的上表面运行,使其上方的织针上升到退圈最高点,垫纱后成圈。图中的 K、K_H、K_B 分别为挺针片片踵、中间片上片踵和下片踵的运动轨迹。

(2)集圈编织。集圈编织的走针轨迹如图 6 –9 所示。选针片在第二选针点 C_2 被选中,选针片下片踵沿选针三角的 F_2 面上升,上片踵沿三角 16 上升,从而推动它上面的中间片的下片踵上升到三角 10、11 之间并沿其间通过。中间片的上片踵在经过压条 7 时,被压条 7 压进针槽,从而将挺针片片踵压进针槽,使挺针片在上升到集圈高度时就不能再沿三角 1 上升,只能在三角 1 的内表面通过,形成走针轨迹 T,其上方的织针集圈。图 6 – 9 中 T_H 和 T_B 分别为中间片上片踵和下片踵的运动轨迹。

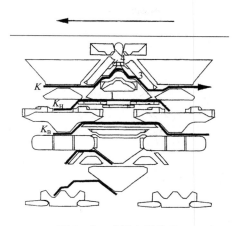

图 6 – 8 成圈走针轨迹

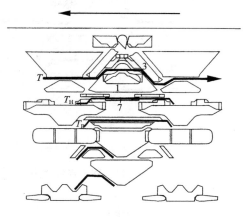

图 6 – 9 集圈走针轨迹

（3）不编织。在两个选针点都没有被选中的选针片不会沿三角 14 上升,从而也就不会推动中间片离开它的起始位置。中间片上片踵始终被压条 8 压住,这样挺针片片踵也不会翘出针槽,不会沿三角 1 上升,只能在三角 1 的内表面通过,所以其上方的织针就不参加工作。

（4）三功位选针编织。在编织过程中,如果有些选针片在第一选针区被选中,有些选针片在第二选针区被选中,有些选针片在两个选针区都不被选中,则会形成三条走针轨迹,分别为成圈（实线）、集圈（虚线）和不编织（点划线）,这就是三功位选针。其走针轨迹如图 6 – 10 所示。

2. 移圈和接圈 前后针床织针之间的线圈转移是电脑横机编织中一个非常重要和必不可少的功能。在专业术语中,移圈本来定义的是将一个针上的线圈转移到另一个针上的过程。但是在电脑横机中为了更好地说明,把这个过程进行了分解,将给出线圈的织针称为移圈,而接受线圈的织针称为接圈。

（1）移圈。移圈的走针轨迹如图 6 – 11 所示,其中 D、D_H、D_B 分别为挺针片片踵、中间片上片踵和下片踵的运动轨迹。移圈时的选针与成圈时相似,选针片也是在第一选针点 C_1 被选中,选针片和中间片都走与成圈时相同的轨迹。所不同的是,此时的挺针片压针三角 3 向下移动到最下的位置,挡住了挺针片片踵进入三角 1 的通道,使其只能沿压针三角 3 的上面通过,从而使其上方的织针上升到移圈高度。如图 6 – 12 所示,在移圈时,移圈针 1 上的线圈 3 处于扩圈片的位置,以便于对面针床上的接圈针 2 进入扩圈片,当针 1 下降时,其上的线圈从针头上脱下,转移到对面针床的针 2 上。

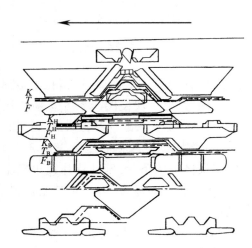

图 6 – 10 三功位选针走针轨迹

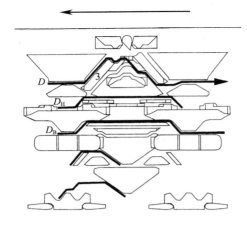

图 6-11 移圈走针轨迹

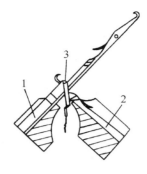

图 6-12 移圈与接圈原理

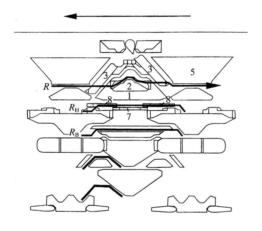

图 6-13 接圈走针轨迹

（2）接圈。图 6-13 是接圈时的走针轨迹，其中 R、R_H、R_B 分别为挺针片片踵、中间片上片踵和下片踵的运动轨迹。接圈时，选针片在第二选针点 C_2 被选中，与集圈选针相同。但此时集圈压条 7 和接圈压条 8 下降一级，这样被推上的中间片上片踵在一开始就受左边的接圈压条 8 的作用，被压入针槽，并将挺针片片踵也压入针槽，使其不能沿下降的压针三角 3 上升，只能在三角 3 的内表面通过。当运行到中间位置离开接圈压条 8 后，中间片和挺针片被释放，挺针片片踵露出针槽，沿接圈三角 2 的轨道上升，其上的织针上升到接圈高度，使针头正好进入对面针床织针的扩圈片里，当移圈针下降后，就将线圈留在了接圈针的针钩里。随后，另一块接圈压条 8 重新作用于中间片的上片踵，挺针片的片踵再次沉入针槽，以免与起针三角相撞，并且不受压针三角 3 的影响。走过第二块接圈压条后，挺针片片踵再次露出针槽，从三角 5、6 之间通过，被压到起始位置，完成接圈动作。

（3）双向移圈。在机头的一个行程中，在同一成圈系统也可以有选择地使前后针床织针上的线圈相互转移，即有些针上的线圈从后针床向前针床转移，有些针上的线圈从前针床向后针床转移，这样就形成双向移圈。双向移圈走针轨迹如图 6-14 所示。此时，有些选针片在第一选针点

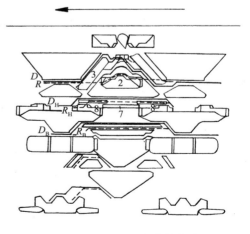

图 6-14 双向移圈走针轨迹

C_1 被选中,其上的织针进行移圈;有些选针片在第二选针点 C_2 被选中,其上的织针接圈,在两个选针区都没有被选中的选针片,其上面的织针既不移圈也不接圈。

三、多级电子选针编织机构的工作原理

(一)成圈与选针机件及配置

图 6 – 15 所示为某种多级电子选针电脑横机成圈与选针机件在针床 5 上的配置关系。在同一针槽中,依次安插着织针 1、挺针片 2、推片 3、选针片 4。其中织针与挺针片的头部相联结、配合,成为一体。由于挺针片具有一定的弹性,当它的后半部受到外力作用时,其片踵即沉入针槽内,从而使织针退出工作。推片位于挺针片后端上部,它的片踵可处于 A、B、H 三个位置,并受机头上压片的控制,以使织针处于成圈、集圈、不编织三种状态。选针片根据选针齿高度不同按一定顺序排列,受相应的选针器作用。

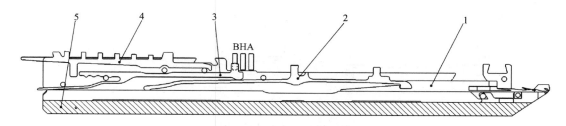

图 6 – 15　成圈与选针机件配置

(二)三角系统

图 6 – 16 显示了与上述成圈与选针机件相对应的电脑横机三角系统(左右两个成圈系统)的平面结构,每个针床的三角系统由两个编织部分 S_1 和 S_2、两个移圈部分 T_1 和 T_2、四个选针部分 C_1、C_2、C_3 和 C_4 组成。下面结合图 6 – 15 说明三角系统中各个机件的作用。

选针部分的选针器 2 有八档选针摆片,每档对应一档选针齿,每档选针摆片分别由相应的电磁铁控制上下摆动。上摆时,不压相应齿高的选针片,选针片可沿三角上升进行选针;下摆时,压相应齿高的选针片,被压入的选针片不能沿三角上升选针。每一成圈系统有两组选针器,经第一组选针器选中的选针片沿预选针三角 3 上升并将推片推至 H 位;经第二组选针器选中的选针片沿推针三角 1 上升可将推片推往 A 位;两组选针器都没选中的选针片,其上的推片保持在 B 位置。

每一成圈系统有三种压片:不编织压片 5 作用于 B 位置的推片,其上的织针不工作;集圈压片 6 作用于 H 位置的推片,使相对应的织针集圈;接圈压片 9 作用于 H 位置的推片,使相应的织针接圈。被选中的挺针片(织针)可沿起针三角 7 上升到集圈高度,沿挺针三角 10 上升到退圈高度,在接圈时沿接圈三角 8 上升至接圈高度。移圈时,挺针三角 10 垂直于三角底板运动退出工作,移圈三角 11 垂直于三角底板运动进入工作,被选中的挺针片(织针)可沿其上升到移圈高度。

弯纱(压针)三角 12 由步进电动机控制,可上下移动以调整弯纱深度,改变织物密度。选针片复位三角 4 使那些被选针器压进去的选针片抬起回到待选位置。导向三角 13 对选针片、推片和挺针片起导向与护卫作用。推片清针三角 14 可垂直于三角底板运动,将处于 H 位和 A

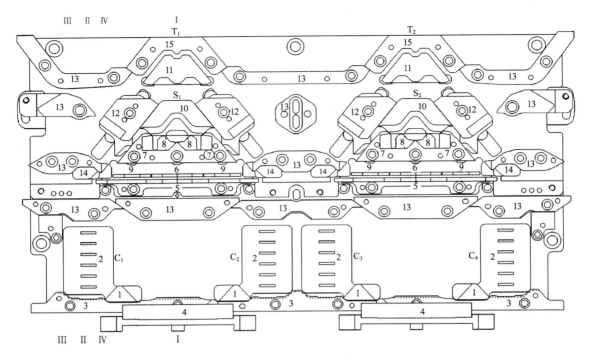

图 6 – 16 三角系统平面图

位的推片推至 B 位。移圈导向三角 15 使上升到移圈位置的针下降到起始位置。

(三)选针与编织原理

1.两次选针 该机需要通过两次选针实现三功位编织的功能。由于两个成圈系统只有四个选针器,因此,上一编织行程需要为下一编织行程进行预选针。例如,当机头从左向右运行(相当于选针片、推片和挺针片从右向左运动)时,C_1 的选针器会为下一行程第一成圈系统的编织进行第一次选针,被选中的选针片沿左边的预选针三角 3 上升,将相应的推片推至 H 位;在下一行程,机头从右向左运行(相当于选针片、推片和挺针片从左向右运动)时,选针片先被左边的导向三角 13 压下,接着被 C_1 的选针器第二次选针,对在上一行程被 C_1 的选针器预选中的选针片再进行一次选择,被选中的选针片沿 C_1 的推针三角 1 再上升一级,从而把它上面的推片推到 A 位。而那些二次都没有被选中的选针片既不沿预选针三角 3 上升,也不沿推针三角 1 上升,其上的推片就处于 B 位置。

机头继续向左运行,C_2 的选针器为第二成圈系统进行第一次选针,被选中的选针片沿中间的预选针三角 3 上升,推动推片上升到 H 位;随后选针片先被中间的导向三角 13 压下,接着 C_3 的选针器为第二成圈系统进行第二次选针,被选中的选针片沿 C_3 的推针三角 1 上升,推动推片上升到 A 位。最后经过 C_4 的选针器时,它将为下一个行程进行预选针,被选中的选针片沿右边的预选针三角 3 上升,推动推片上升到 H 位,以便为下一个行程的编织做准备。

在编织过程中,未被选中的选针片所对应的推片处于 B 位置,相应的织针不参加编织;只经过一次选针(预选)被选中的选针片所对应的推片处于 H 位置,相对应的织针参加集圈或接圈;经过两次选针都被选中的选针片所对应的推片处于 A 位置,相应的织针参加成圈或移圈。

2. 成圈、集圈和不编织　以一个成圈系统为例,结合图 6 - 15 和图 6 - 16,说明三种编织方式的工作原理。

(1)成圈编织。图 6 - 17 显示了成圈编织走针轨迹图(图中斜线阴影三角表示缩入三角底板即退出工作,以下各图相同)。此时移圈三角和左推片清针三角退出工作。当选针片二次选针都被选中时,相应的推片被选针片推到 A 位置,相应针槽里的挺针片始终不被压入针槽,从而带动织针沿起针三角上升到集圈高度后,再沿挺针三角上升完成退圈,之后沿弯纱三角下降完成编织。

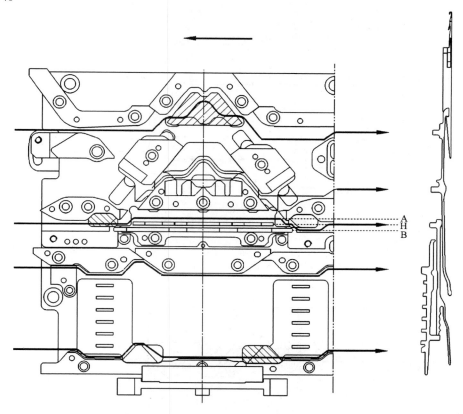

图 6 - 17　成圈编织走针轨迹

(2)集圈编织。图 6 - 18 显示了集圈编织走针轨迹。此时,移圈三角、左推片清针三角和左、右接圈压片退出工作。在第一次选针被选中的选针片沿预选针三角上升推动相应的推片到 H 位置。由于处于 H 位置的推片在经过集圈压片时,推片上的片踵被压入针槽,所以,相应针槽里的挺针片带动织针沿起针三角上升到集圈高度后,挺针片的下片踵也被压入针槽,挺针片不再沿挺针三角上升,而是停留在集圈位置沿弯纱三角下降,织针完成集圈编织。

(3)三功位选针编织。图 6 - 19 显示了三功位选针编织的走针轨迹。图中粗实线为成圈编织轨迹,虚线为集圈编织轨迹,这时各三角的状态与前面所述的成圈和集圈编织时一样。参加集圈的织针在第一次选针被选中,参加成圈的织针在第一次和第二次选针都被选中;仅在第

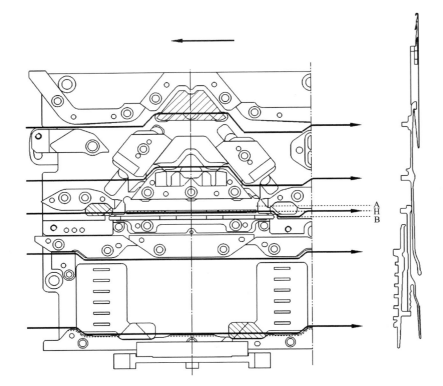

图 6－18 集圈编织走针轨迹

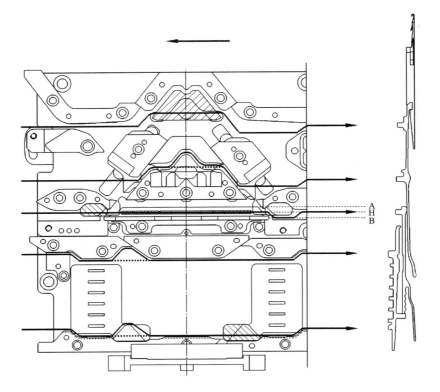

图 6－19 三功位选针编织走针轨迹

一次选针被选中的选针片沿预选针三角上升，并推动相应的推片上升到 H 位，其上的挺针片推动织针到集圈高度，形成集圈；在第二次选针也被选中的选针片沿推针三角上升，推动相应的推片到 A 位置，其上的挺针片推动织针到退圈高度，形成线圈；那些第一次和第二次都没被选中的选针片不上升，所对应的推片处于初始 B 位置，其上挺针片不上升，织针不编织。

3.移圈和接圈　两种编织方式的工作原理如下。

（1）移圈。图 6 - 20 显示了移圈（又称翻针）的走针轨迹。这时挺针三角退出工作，移圈三角进入工作。两次选针都被选中的选针片沿推针三角上升，推动相应的推片到 A 位置，其上的挺针片带动织针沿起针三角上升到集圈高度后，挺针片的上片踵再沿移圈三角上升，在移圈三角与移圈导向三角组成的轨道中运行使织针完成移圈，最后沿移圈导向三角和弯纱三角运行到初始位置。

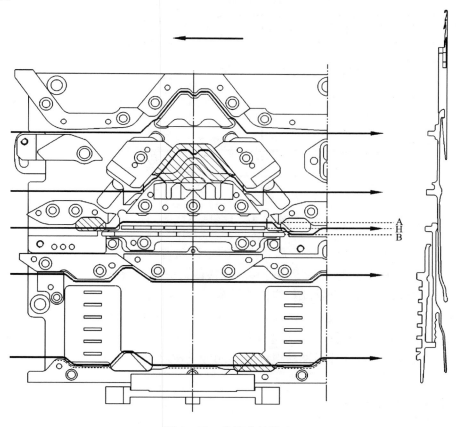

图 6 - 20　移圈走针轨迹

（2）接圈。图 6 - 21 显示了接圈（又称接针）的走针轨迹。这时挺针三角退出工作，集圈压片向上摆离 H 位置。在第一次选针（预选针）被选中的选针片沿预选针三角上升，推动相应的推片到 H 位置，如果在第二次选针不被选中，处于 H 位的推片移到接圈压片时被压入针槽，其上的挺针片下片踵也被压入针槽，不能沿起针三角上升；当推片经过集圈压片位置时被释放，挺针片的下片踵也被释放，可沿起针三角上加工出来的斜面（即接圈三角）运行到接圈高度。之后，挺针片的上片踵沿移圈三角的右下斜面下降，使织针完成接圈。最后，织针沿弯纱三角和导向三角运行到初始位置。

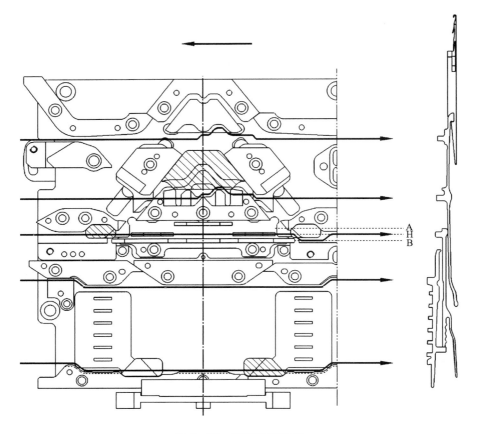

图 6 - 21　接圈走针轨迹

（3）双向移圈。图 6 - 22 显示了双向移圈的走针轨迹,图中粗实线为移圈轨迹,虚线为接圈轨迹,这时各三角的状态与前面所述的移圈和接圈时一样。仅在第一次选针(预选针)被选中的选针片沿预选针三角上升推动相应的推片到 H 位置,其上的挺针片推动织针上升到接圈高度进行接圈;在第二次选针也被选中的选针片推动相应的推片到 A 位置,其上的挺针片带动织针沿移圈三角上升完成移圈。两次选针都没有被选中的选针片不上升,相应的推片处于 B 位置,始终压制挺针片,挺针片不推动织针上升,织针不移圈也不接圈。

四、配合编织的其他技术

（一）织物密度调节

电脑横机的弯纱(压针)三角由电脑程序控制,通过步进电动机来调节弯纱深度,从而改变织物密度。电脑横机密度调节有三种形式:静态调节、动态调节和两段密度调节。静态调节是在每一横列只有一种弯纱深度,在机头运行到机器的两端时进行变换;动态调节可以使弯纱深度在一个横列中根据程序变化,即在机头运行的过程中变换。它们都是通过步进电动机来改变。但是,在机头运行时通过步进电动机改变弯纱深度不能实现相邻两针之间密度的突然变化,而只能是在一定针数范围内渐变。因此,很多电脑横机就采用不同厚度的三角结构通过机械的方式来实现相邻线圈大小的显著变化,即所谓两段密度调节。如图 6 - 23 所示,在弯纱阶段,如果某枚针被压进针槽一些,其针踵就接触不到外层三角 2,只能沿里层三角 1 运动,形成

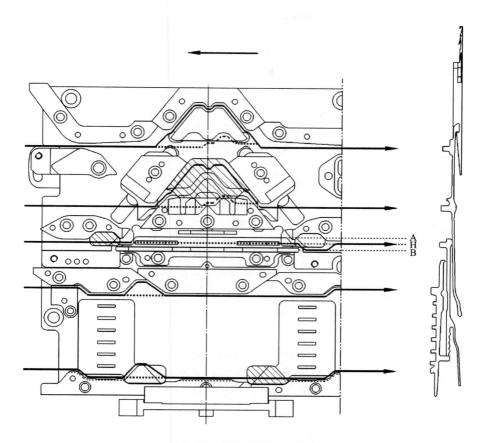

图 6 - 22　双向移圈走针轨迹

小线圈；如果不被压进针槽，它就会沿外层压针三角 2 下降，形成大线圈。两层弯纱三角之间的差值可以是固定的，也可以由程序控制，通过各自的步进电动机改变。

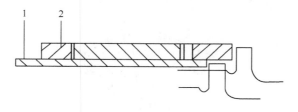

图 6 - 23　两段密度调节

（二）多针床编织技术

为了编织整体衣服（"织可穿"产品）和其他一些特殊产品，提高移圈时的生产效率，四个甚至五个针床的横机已经问世。图 6 - 24 是一种四针床横机的针床结构。它是在两个编织针床的上方，又增加了两个辅助针床，但这两个针床只是移圈针床，其上安装的是移圈片 3、4，而不是织针。它可以辅助主针床上的织针 1、2 进行移圈操作，即在需要时从织针上接受线圈或将所握持的线圈返回织针，但不能进行编织。也有一种四个针床都安装织针的真正四针床横机，如图 6 - 25 所示。

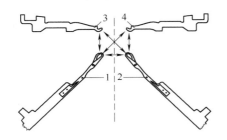

图6-24 带有两个移圈针床的四针床横机

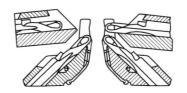

图6-25 带有四个编织针床的横机

(三)针床的横移

电脑横机的针床横移是由程序控制,通过步进电动机来实现的。它可以进行整针距横移、半针距横移和移圈横移。一般横移的针床多为后针床,且是在机头换向静止时进行。也有的横机在机头运行时也可以进行横移,还有些横机两个针床都能横移(相对横移),从而提高了横移效率。针床横移的最大距离一般为50.8 mm(2英寸),最大的可达101.6 mm(4英寸)。

(四)送纱与换梭

图6-26是导纱器(俗称"梭子")配置的断面结构图。一般电脑横机配备4根与针床长度相适应的导轨(图中 A、B、C、D),每根导轨有两条走梭轨道,共有8条走梭轨道。根据编织需要,每条走梭轨道上可安装一把或几把导纱器。

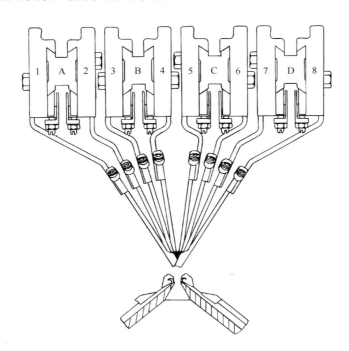

图6-26 导纱器结构

导纱器由安装在机头桥臂上的选梭装置来进行选择,可以随时根据需要通过电脑程序控制使任何一把导纱器进入或退出工作。

第三节 横机特色织物与编织工艺

横机是一种纬编机,因此它可以编织第二章所述的所有基本组织、变化组织和第三章所述的大部分花色组织。除此之外,它还可以编织一些圆纬机所不能或不易编织的织物结构。下面介绍横机编织的常用基本组织和具有横机特点的花色织物与编织工艺。

一、纬编基本组织在横机上的编织

(一)罗纹组织

罗纹组织也是在电脑横机中采用较多的一种结构。它除了可以作毛衫的大身之外,还大量的用作毛衫衣片的下摆、袖口、领口和门襟等。

1+1罗纹是用得较多的一种组织。在横机上有两种编织方式,一种是满针编织,另一种是一隔一抽针编织。满针罗纹在生产中又叫四平组织,在编织时前后针床的针槽相错对位,所有的针都参加编织。所编织的织物结构比较紧密,常用作大身、领口、袋边和门襟等。在生产中所称的1×1罗纹或1+1罗纹,一般是指一隔一抽针编织的罗纹织物。在编织时,前后针床的针槽呈相对,前后针床织针一隔一交替出针,所编织的织物比满针罗纹松软,延伸性好,主要用作衣片的下摆和袖口。

2+2罗纹在横机衣片的生产中也用得很多,主要编织下摆和袖口。

此外,在横机上还可以很容易地编织5+2、6+3等宽罗纹,作为衣片的大身。

(二)双反面组织

在电脑横机上通过前后针床织针上的线圈相互转移,可以很容易地编织双反面组织。普通1+1双反面组织在横机产品中很少单独使用,但它的一些变化和利用其形成原理所编织的一些花式组织在毛衫中应用较多,如图6-27所示的席纹组织(basket stitch)和图6-28所示的桂花针组织(moss stitch)等。

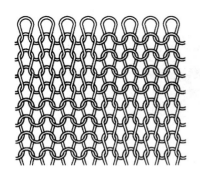
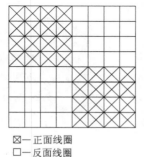

⊠—正面线圈
□—反面线圈

图6-27 席纹组织

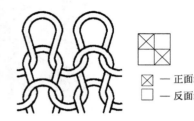

⊠ — 正面线圈
□ — 反面线圈

图6-28 桂花针组织

二、具有横机特点花色织物与编织工艺

在横机上,特别是在电脑横机上,可以编织的花色组织很多。下面主要介绍横机所编织的

较有特点的常用花色织物。

图6-29 阿兰花

(一)移圈织物

移圈组织是横机编织中一个较有特色的结构,在横机上可以编织单面移圈和双面移圈织物,常见的移圈组织是将两组相邻纵行的线圈相互交换位置形成的绞花织物(图3-74)等。

利用移圈的方式使两组相邻纵行上的线圈相互交换位置,在织物中形成凸出于织物表面的倾斜线圈纵行,组成菱形、网格等各种结构花型,被称为阿兰花(Aran),如图6-29所示。

(二)波纹组织

波纹组织(racked stitch)又称扳花组织,是横机所编织的一种特有结构,在普通圆纬机上无法编织。它是通过前后针床织针之间位置的相对移动,使线圈倾斜,在双面地组织上形成波纹状的外观效应。波纹组织可以在1+1罗纹(四平)、罗纹半空气层(又称三平,即由一个横列的四平和一个横列的平针组成)、畦编或半畦编等常用组织基础上,形成罗纹波纹组织(四平扳花)、罗纹半空气层波纹组织(三平扳花)、畦编波纹组织(元宝扳花)或半畦编波纹组织(单元宝扳花)等,也可以通过抽针形成抽条扳花或方格扳花等。

波纹组织是在双针床横机上通过横移针床(扳花)来编织。图6-30所示为四平扳花的线圈结构图,它是在四平组织的基础上进行扳花的。图6-30(1)为每编织一个横列前后针床向相反方向相对移动一个针距的线圈结构图。在织物下机以后,由于纱线弹性的作用,线圈将会力图恢复到原来状态,使曲折消失。因此,在实际生产中大多采用每编织一横列前后针床相对移动两针距的方法。在这种情况下,由于线圈倾斜度较大,波纹效果就会显现出来,如图6-30(2)所示。

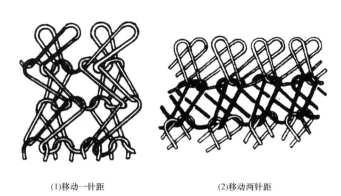

(1)移动一针距   (2)移动两针距

图6-30 波纹组织结构

波纹组织在编织时不需要特殊的机件,对机器也没有特殊的要求,应该说是横机上比较容易编织的一种花色组织。图6-31所示为四平扳花的编织方法。首先在前后针床的织针上编织一个1+1罗纹线圈横列a,如图6-31(1)所示,此时前针床1、3、5针分别在后针床2、4、6针的左边;然后后针床向左移动一个针距,使前针床1、3、5针分别位于后针床2、4、6针的右边,这时所编织的a横列线圈发生了歪斜。在这种状态下再编织一个1+1罗纹线圈横列b,如图6-31(2)所示。接着,后针床再向右移动一个针距,移回到图6-31(1)所示的位置并准备进行新的循环的编织。

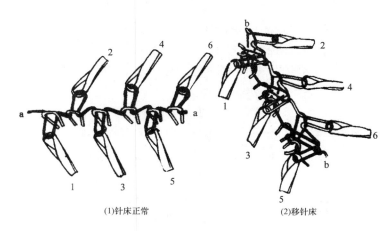

(1)针床正常   (2)移针床

图6-31 波纹组织编织方法

基于四平组织的编织方法,将前针床有规律地进行抽针,经横移针床后,可以在反面地组织上由正面线圈纵行形成波纹状的外观效果。图6-32所示为这种织物的线圈结构图。在编织时,每编织一横列针床单向移动一针距,共三次,再换向移动、编织三次,以此循环。

(三)嵌花织物

嵌花织物(intarsia fabric)是一种纵向连接组织。它是把不同颜色编织的色块,沿纵行方向相互连接起来形成的一种织物,每一色块由一根纱线编织而成。图6-33所示为嵌花织物的结构。

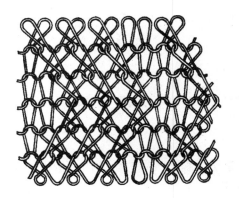

图6-32 四平抽条扳花织物

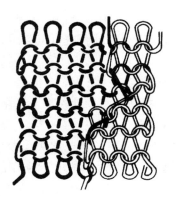

图6-33 嵌花织物结构

嵌花织物是在横机上编织的一种色彩花型织物,一般的圆纬机无法编织。它是由几种不同色纱依次编织同一横列线圈形成的,这些纱线按照花型要求分别垫放到相应的针上。为了把一个横列中各色纱所编织的线圈(即各个色块之间)连接起来,在色块边缘可采用集圈、添纱和双线圈等方式加以连接。在电脑横机上,单面嵌花织物一般都采用集圈的方式进行连接。嵌花织物所采用的基础组织可为单面或双面纬编组织,以单面嵌花织物使用较多。由于在编织过程中线圈结构不起任何变化,故嵌花织物的性质与所选用的基础组织相同,仅在各色块相互连接处略有不同。

单面嵌花织物因反面没有浮线,故又称为单面无虚线提花织物。因其花纹清晰,用纱量少,常用于生产高档羊毛衫产品。该产品可在具有嵌花导纱器的电脑横机上编织。编织嵌花织物的关键是分区垫纱,即受电脑程序控制的各个嵌花导纱器(衣片横向具有多少色块就需要多少把嵌花导纱器),分别对各个区段的织针(每一色纱对应一个区段的若干枚织针)垫纱,经机头三角作用完成成圈。

图 6-34 楔形编织

(四)楔形编织

楔形编织又称局部编织。在编织时,使有些编织针暂时退出编织,但针上的线圈不从针上退下来,当需要时再重新进入编织,以形成特殊的织物结构。如图 6-34 所示(双尖括号表示机头运动方向),在第 1 横列,所有织针都进行编织,然后参加编织的针逐渐减少,但线圈并没有从针上脱掉。到第 5 横列时,只有两枚针编织;在第 6 横列,前几横列逐渐退出工作的织针又重新进入工作,参加编织。采用楔形编织可以形成楔形色彩花形,也可以形成楔形下摆、楔形收肩和立体编织等效果。

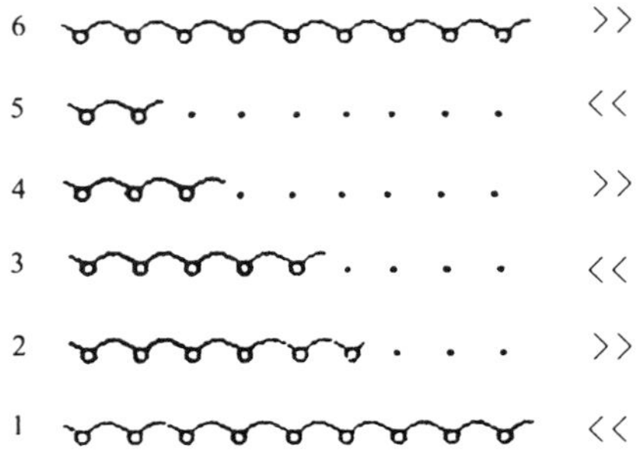

第四节　横机成形产品与编织工艺

横机是一种可以成形编织的针织机。它可以在机器上一次性编织出具有一定形状的平面或三维成形衣片,利用"织可穿"电脑横机可以在机器上一次性编织出一件完整的衣服,下机后无需缝合或只需少量缝合就可以穿用。

一、衣坯的起口

在编织衣片时,每一件衣片可以在空针上起头编织,也可以分片连续编织。

(一)在空针上起头

在空针上起头可分为毛起头和纱起头。

1.毛起头　毛起头是起口时所用的纱线就是所要编织产品的纱线,所编织的起口横列就是衣片的一部分。如图 6-35 所示,在普通手摇横机上起口时,两个针床织针 1 一隔一交替排针,机头运行后,在针上垫上纱线 a—a,然后将起底板 3 上的眼子针 2 自下向上插入针间,当眼子针的针眼位于起底纱之上时,将钢丝 4 从一端逐个穿入眼子针,放下起底板,在起底板上挂上重锤,就可以在一定的牵拉张力下进行编织了。在电脑横机上起口时,需采用牵拉针梳。

2.纱起头　纱起头是在起口时用废纱起口,并用它编织一定横列后再换用正式纱线进行编织,衣坯下机后将废纱段拆除。如图 6 – 36(1)所示,先使一个针床上的舌针 1 上垫上纱线形成 a—a 横列,用起针梳钩子 2 在针间钩住纱线并施加一定的张力;下一行程垫入纱线形成 b—b 线圈横列,如图 6 – 36(2)所示。用废纱连续编织 3 ~ 5 横列后,使另一针床上的织针进入工作,换上衣片所用的纱线进行编织。

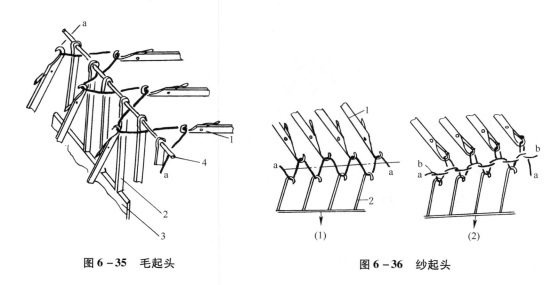

图 6 – 35　毛起头　　　　　　　　　图 6 – 36　纱起头

(二)连续衣片的编织

在电脑横机上编织连续衣片的示意图如图 6 – 37 所示。这里 1 为上一件衣片的结束横列,并为下一衣片的编织作准备;2 为分离横列,它通常用较细但强度较高、表面光滑的纱线编织,便于下机后从织物中抽出来,以使两件相连的衣片分开;3 为新衣片的起始横列,此时开始新衣片的编织;4 为罗纹下摆;5 为罗纹下摆和大身之间的过渡横列;6 为大身或袖身的编织。

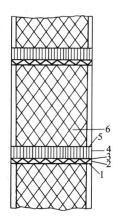

图 6 – 37　连续衣片的编织顺序

二、翻针

在横机产品的编织时,经常采用双面的罗纹组织编织下摆,而用单面组织编织大身。当编织完下摆之后,要将一个针床针上的线圈转移到另一个针床的针上,这一过程称为翻针。在电脑横机上可以通过电脑程序控制,用前面所述的带有扩圈片的移圈针,在两个针床针处于移圈对位的情况下,将一个针床上的线圈转移到另一个针床上。

三、成形方式

成形(fashioning shaing)是横机编织的一个重要特点,它是通过增减参加工作的针数使所编织产品的宽度和形状发生变化,从而达到所要求的形状和尺寸。

(一)收针(减针)

收针(narrowing)是通过各种方式减少参与编织的织针针数,从而达到缩减编织物宽度的目的。收针的方法有移圈式收针、脱圈式收针(拷针)和持圈式收针等。

1. 移圈式收针 它是将要退出工作的针上的线圈转移到相邻针上并使其退出工作,从而达到减少参加工作的针数,缩减织物宽度的目的,如图 6－38 所示。

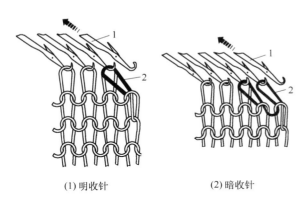

(1) 明收针 　　　　　　　　　(2) 暗收针

图 6－38　移圈式收针

根据移圈针数的多少,移圈式收针可分为明收针和暗收针两种。所谓明收针就是移圈的针数等于要减去的针数,从而在织物边缘形成由退出工作的织针 1 上的线圈 2 和原来针上的线圈重叠的效果,如图 6－38(1) 所示。这种重叠的线圈使织物边缘变厚,不利于缝合,也影响缝合处的美观。暗收针移圈的针数多于要减少的针数,从而使织物边缘不形成重叠线圈,而是产生与多移圈的针数相等的若干纵行单线圈,使织物边缘便于缝合,也使边缘更加美观,如图 6－38(2) 所示。此时要减少的只有 1 针,而被移线圈有两个,最边上的线圈 2 在向里移后并没有产生线圈的重叠。收针可以在织物边缘由移圈线圈形成特殊的外观效果,被称为收针辫子或收针花。收针后织物边缘光滑,线圈不会脱散。

在手摇横机中,收针是借助于特殊的收针工具由手工直接将一个针上的线圈转移到同针床上的相邻针上。在电脑横机上,一般是先将要转移的针上的线圈移到对面针床的针上,再经针床横移后,将其移回到原针床的另一枚针上。收针步骤如图 6－39 所示:编织一个线圈横列;将要收去的左右各一枚针上的线圈转移到对面针床的空针上;使后针床右移一针距,将要收去的线圈再移回到前针床左面第二枚针上,在这枚针上形成重叠线圈(明收针);使后针床左移两针距,将要收去的线圈再移回到前针床右面第二枚针上,在这枚针上也形成重叠线圈。这样就使前针床左右各一枚针成为空针,达到了收针的目的。

2. 脱圈式收针 脱圈式收针是将要减去的织针上的线圈直接从针上脱下,并使该织针退出工作,而不进行线圈转移。它比收针简单,效率高,但线圈从针上脱下后可能会沿纵行脱散,因此在缝合前要进行锁边。

3. 持圈式收针 持圈式收针又称休止收针或握持式收针。此时要减少的织针上的线圈既不转移也不脱掉,仍保留在针钩里,只是在一段时间里不参加编织,待完成所收针数后再重新进入工作。用这种方法收针后,可以编织若干横列废纱以防止边缘脱散(图 6－40),便于以后缝制。持圈式收针区域平滑,没有收针花。也可以用于局部编织和形成立体结构。持圈式收针可以在电脑横机上通过选针来完成。

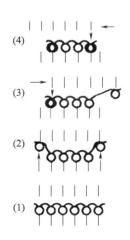

**图 6－39　电脑横机
收针步骤**

(二)放针(加针)

与收针相反,放针(widening)是通过各种方式增加参加工作的针数,以达到使编织物加宽的目的。其中明放针和暗放针都是使没有线圈的空针进入工作,而持圈式放针则是使暂时退出工作但针钩里仍然含有线圈的织针重新进入工作。

1. 明放针　明放针是直接将需要增加的织针1进入工作,从空针上开始编织新线圈2,以使织物宽度增加,如图6-41(1)所示。

2. 暗放针　暗放针是在使所增加的针1进入工作后,将织物边缘的若干纵行线圈依次向外转移,使空针在编织之前就含有线圈2,形成较为光滑的织物布边。此时中间的一枚针3成为空针,如图6-41(2)所示。

图6-40　持圈式收针

四、平面衣片成形编织

横机成形编织的最常见方法是平面成形。通过翻针和收放针等可以编织出具有一定形状的平面衣片,需经缝合后才能形成最终产品。

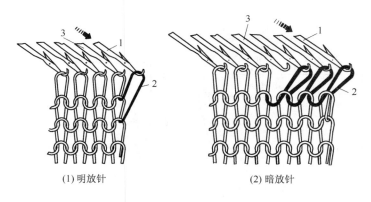

(1)明放针　　　　　　　(2)暗放针

图6-41　放针

图6-42为一种男式V领套衫的上机工艺单,它包括前片、后片、袖片和领条。对于有些产品还可能包括门襟和口袋等。

在编织衣片时,首先织下摆部分。一般下摆多采用罗纹结构,在编织到所需长度后,进行大身部分的编织。如果大身为平针组织,则要在编织完罗纹下摆之后,将一个针床上的线圈全部转移到另一个针床上。根据所要编织衣坯的形状和尺寸要求,大身部分通常由若干块矩形和梯形组成。在编织矩形时,不需要加针或减针;而在编织梯形时,就需要根据衣片的形状进行加减针操作。因此生产中,其工艺设计还要根据所编织的产品款式、规格尺寸、组织结构和密度等要求,计算出衣片各部分所编织的纵行数和横列数。在实际生产中用针数来表示纵行数,用转数来表示横列数。横机机头的向左向右一个往复运动为一转,根据所编织的组织结构不同以及成圈系统数量,一转可为一横列,也可为两横列,四平空转(即罗纹空气层组织,参见图3-85)为三转四横列。在梯形部位,要根据加减针数和所编织的转数计算出加减针的规律,一般用几转收(或放)几针以及共收(或放)几次来表示。下摆罗纹的编织针数习惯上用条数表示,一条就表示沿横列方向一个完整的组织循环。如1＋1罗纹组织中一条就是一个正面线圈纵行和一个反面线圈纵行,在机器上就是一枚前针床织针和一枚后针床织针。

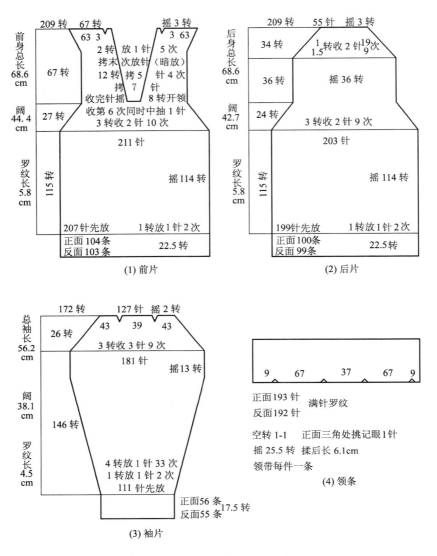

图6－42　∨领男套衫上机工艺单

五、立体成形编织工艺

除了编织平面成形衣片,在横机上还可以利用持圈式收放针的方法来编织三维成形结构。最常见的产品是贝雷帽的编织,如图6－43(1)所示。在编织DE段时,采用持圈式收针,使织针按照所要求的形状逐渐退出工作,但不脱掉线圈。当收到所要求的针数后,所有的针再一起进入工作,编织图中DF横列,这样就使DE和DF连接起来。同理,AB与AC也是如此。由于纵行之间编织的横列数不同,下机后就形成了图6－43(2)所示的形状,由图6－43(1)中的EF部分形成帽子的中间尖端,CB部分形成帽子的里圆,M－M形成帽子的外圆。利用这种方法还可以编织其他一些立体结构。

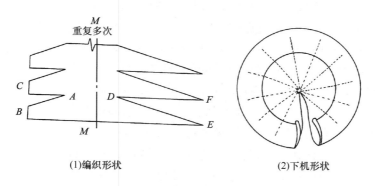

(1)编织形状　　　　　　　(2)下机形状

图6-43　贝雷帽的编织方法

除了编织服用类产品外,在电脑横机上还能够编织出具有三维成形结构或具有一定厚度的片状织物,如弯管、球体、盒体、汽车坐垫或间隔织物等,可用作产业用复合材料的增强骨架。

六、整体服装编织工艺

在横机上一次就编织出一件完整的衣服,下机后无需缝合或只需进行少量缝合就可穿用,这样的产品称为整体服装(whole garment, one-piece garment),又被称为"织可穿(knit and wear)"。图6-44所示为在电脑横机上编织的带有罗纹领口的长袖套衫。编织时,在针床上的相应部位同时起口编织袖口和大身,此时袖子和大身编织的都是筒状结构,如图6-45(1)所示。在编织到腋下时,两个袖片和大身合在一起进行筒状

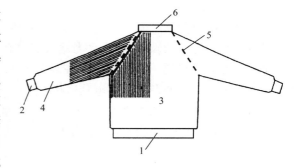

图6-44　整体服装外观

编织,如图6-45(2)所示,直至领口部位,最后编织领口。

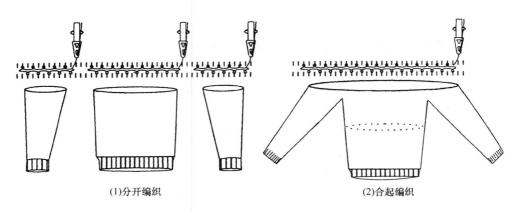

(1)分开编织　　　　　　　　　　(2)合起编织

图6-45　整体服装的编织方法

在横机上用两个针床可以很容易地编织筒状平针结构,但是筒状罗纹结构的编织就要复杂得多。图6-46为筒状罗纹编织的原理图。织针的配置和排列如图6-46(1)所示,两个针床的针槽相对,每个针床上只有一半针形成线圈,另一半针不形成线圈,只进行接圈和移圈。在编织时,先在两个针床上利用一半的成圈针编织1+1罗纹结构,并在编织后将前针床上的线圈移到后针床的不成圈针上[图6-46(2)],这样就相当于编织了筒状罗纹的一面。再利用另一半成圈针编织一个1+1罗纹结构,编织后将后针床上的线圈移到前针床不成圈的针上,这就编织了筒状罗纹的另一半[图6-46(3)]。在完成一个横列的筒状罗纹后,再将存放在后针床不成圈针上的线圈移回前针床的成圈针上,继续进行如图6-46(2)所示的编织。接着再将存放在前针床不成圈针上的线圈移到后针床,继续进行图6-46(3)所示的编织。如此循环编织,直至达到所需的罗纹长度。领口罗纹的编织也采用这种方法。

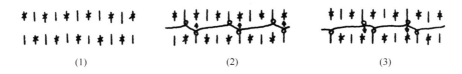

(1)   (2)   (3)

图6-46 筒状罗纹的编织方法

用这种方法编织的产品可以在肩袖结合处形成特殊的风格,也避免了因缝合而形成凸出的棱和因缝线断裂造成的破损,也不会因缝线的存在而造成延伸性不一致。另外,它可以节省缝合工序和降低原料损耗。当然它也存在设计复杂、产品结构受到一定限制和生产效率低的问题。一般这种产品只能在特殊的电脑横机上进行编织,机器的针床宽要能满足同时编织大身和袖子的需要。在双针床的机器上,由于只能隔针编织,故实际产品的机号只相当于机器机号的一半,如在$E14$的机器上可以编织相当于$E7$的"织可穿"产品。而在四针床的机器上就可以满针编织了。

思考练习题

1.普通手摇横机的平式三角有哪些三角组成,各三角有何功能,其成圈过程有何特点?

2.单级电子选针电脑横机的成圈与选针机件如何配置? 三角系统如何实现成圈、集圈、不编织、移圈和接圈动作?

3.多级电子选针电脑横机为何要预选针? 三角系统如何实现成圈、集圈、不编织、移圈和接圈动作?

4.波纹组织和嵌花织物的结构有何特点? 如何进行编织?

5.如何在横机的空针上进行起口?

6.收针和放针各有哪些方法? 对应的织物结构有何特点?

7.平面成形衣片的工艺设计有哪些内容?

8.如何编织整体服装?

第七章　送纱

本章知识点

1. 送纱的工艺要求,送纱方式的分类和适用条件。
2. 纱筒的安放形式与纱线的行程。
3. 储存消极式送纱装置的构造和工作原理。
4. 张力控制送纱装置的构造和工作原理。
5. 储存式积极送纱装置、弹性纱送纱装置的构造和工作原理。
6. 送纱量调整装置的工作原理。

第一节　送纱的工艺要求与分类

纬编针织机上送纱(yarn feeding,又称送纱)是指纱线从卷装上退绕,沿着导纱机件和送纱装置等形成的行程,以成圈所需的长度送入编织系统。送纱条件良好与否,不但影响成圈能否正常进行,而且对针织物的质量起着重要的作用。

一、送纱的工艺要求

对纬编送纱的工艺要求有以下几点。

(1)纱线必须连续均匀地送入编织区域。

(2)各成圈系统之间的送纱比应保持一致。

(3)送入各成圈区域的纱线张力宜小些,且要均匀一致。

(4)如发现纱疵、断头和缺纱等应迅速停机。

(5)当产品品种改变时,送纱量也应相应改变,且调整要方便。

(6)纱架应能安放足够数量的预备筒子,无需停机换筒,使生产能连续进行。

(7)在满足上述条件的基础上,送纱机构应简单,且便于操作和调节。

二、送纱方式分类

纬编机的送纱方式分为消极式和积极式两大类。

1. 消极式送纱　消极式送纱是借助于编织时成圈机件对纱线产生的张力,将纱线从纱筒架上退下并引到编织区域的过程。在编织时,根据各个瞬间耗纱量的不同而相应地改变送纱速度,即需要多少输送多少,是不匀速送纱。这种送纱方式适用编织时耗纱量不规则变化的针织机。如横机的机头在针床工作区域移动时,正常编织需要送纱,而机头移到针床两端换向时,停止编织不需要纱线,所以横机上只能采用消极式送纱。又如提花圆机,针筒每一转,各个系统的耗纱量是与被选中参加编织针数的多少有关,变化不规则。

2. 积极式送纱 积极式送纱是主动向编织区输送定长的纱线,也就是不管各瞬间耗纱量多少,在单位时间内给每一编织系统输送一定长度的纱线,即匀速送纱。它适用于在生产过程中,各系统的耗纱速度基本均匀一致的机器,如多针道机、普通毛圈机、罗纹机和棉毛机等。

第二节 筒子的放置与纱线的行程

一、筒子的放置

(一)筒子架及纱筒安放形式

在纬编针织机上,纱筒放在筒子架上,筒子架有多种形式。对于横机来说,由于使用的纱筒数量少,所以放在针床之后的架子上。在小筒径圆形针织机中,纱筒也是这样放置的。对于大筒径圆形针织机,纱筒可放在机器上方的圆伞形纱架上,或者放在机器旁的落地纱架上。前者占地面积小,后者可放置较多的预备纱筒,换纱筒和运输较为方便。在某些三角座回转的针织机中,纱架必须随三角座同步回转,这样就不能用落地纱架。

纱线从纱筒上退绕时,纱筒的安放形式有两种,一种是纱筒竖放,如图7-1(1)所示;另一种是纱筒横放,如图7-1(2)所示。

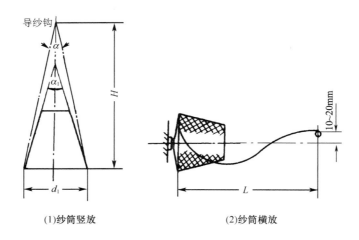

(1)纱筒竖放　　　　　　(2)纱筒横放

图7-1 纱筒竖放和横放时纱线的退绕

(二)纱筒竖放

纱筒竖放时,导纱钩(或张力装置)距纱筒的高度很重要。其高度应使纱线从纱筒下部退绕时不会触及纱筒的表面,这样可以减少纱线与纱筒表面的摩擦,以减小退绕时的张力波动。从图7-1(1)可见,导纱钩2的高度 H 是由纱筒圆锥角 α_1 确定的,纱线从纱筒下部退绕时形成的退绕角 α 应小于纱筒圆锥角 α_1,即 $\alpha < \alpha_1$,且一般 $\alpha_1 - \alpha$ 为 $3° \sim 5°$。高度 H 为:

$$H = \frac{d_1}{2}\cot\frac{\alpha}{2}$$

式中：d_1——纱筒大端的直径。

（三）纱筒横放

纱筒横放时，导纱钩离纱筒底部的水平距离 L 对纱线退绕张力有一定的影响。试验表明，当导纱钩离纱筒较近时，纱线退绕张力较大；距离 L 增大，退绕张力减小；当 L 在某一值时，退绕张力最小，而且张力波动也小，以后退绕张力却随 L 增大而增大。当纱线从纱筒上退出时，它将绕纱筒回转而形成气圈，这使纱线产生附加张力。一般来说，气圈所产生的张力是较小的。纱线自重对气圈形状也有一定影响，使纱线与纱筒上表面发生摩擦，造成张力不匀。为了改变这种状况，导纱钩的位置应比纱筒轴心线高些，一般以高 10～20mm 为宜。

二、纱线的行程

图 7 - 2 所示为普通圆纬机上纱线的行程。纱线从纱筒上引出，经过纱结检测自停器 1、失张力检测自停器 2、张力装置 3、送纱装置 4 和导纱器 5 进入编织区域。纱结检测自停器的作用是，当检测到有粗纱节和大结头时，里面的触点开关接通，使机器停止转动。失张力检测自停器的作用是，当检测到断纱、缺纱和纱线张力过小时，使机器停止运转。

横机上的纱线行程及其检测与圆纬机差不多，只是多了挑线弹簧。它的作用是当机头在针床两端换向返回时，将松弛的纱线抽紧，以保证随后的编织正常进行。

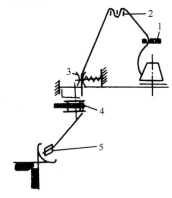

图 7 - 2　普通圆纬机上纱线的行程

第三节　消极式送纱装置

一、简单消极式送纱装置

图 7 - 3 所示为一种简单消极式送纱装置。纱线从放在纱架上的纱筒 1 引出，经过导纱钩 2、2′，上导纱圈 3，张力装置 4，下导纱圈 5 和导纱器 6 进入编织区域。这种送纱装置送入编织区的纱线张力是由下列因素引起的：纱线从纱筒上退绕时的阻力，纱线运动时气圈产生的张力，纱线在行进中的惯性力，纱线经过导纱装置时产生的摩擦力，纱线重力和由张力装置所产生的张力等。

由于纱线从纱筒上退绕时的阻力在纱筒的大端与小端不一样，在满筒与空筒时又不一样，导致一个成圈系统的送纱张力有波动，各个成圈系统间的送纱张力也难以做到均匀一致，所以会影响编织线圈长度的均匀性和织物的质量。这种送纱装置已较少采用，取而代之的是储存消极式送纱装置等。

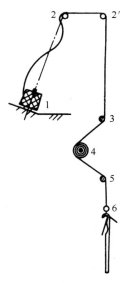

图 7 - 3　简单消极式送纱装置

二、储存消极式送纱装置

这种送纱装置安装在纱筒与编织系统之间,其工作原理是:纱线从纱筒上引出后,不是直接喂入编织区域,而是先均匀地卷绕在该装置的圆柱形储纱筒上,在绕上少量具有同一直径的纱圈后,再根据编织时耗纱量的变化,从储纱筒上引出后再送入编织系统。这种装置比简单消极式送纱具有明显的优点。第一,纱线卷绕在过渡性的储纱筒上后有短暂的松弛作用,可以消除由于纱筒容纱量不一、退绕点不同和退绕时张力波动所引起的纱线张力的不均匀性,使纱线在相仿的条件下从储纱筒上退绕。其次,该装置所处位置与编织区域的距离比纱筒离编织区域为近,可以最大限度地减少由纱线行程长造成的附加张力和张力波动。

根据纱线在储纱筒上的卷绕、储存和退绕方式的不同,该装置可分为三种类型。

(1)第一种类型如图7-4(1)所示,储纱筒2回转,纱线1在储纱筒上端切向卷绕,从下端经过张力环3退绕。

(2)第二种类型如图7-4(2)所示,储纱筒3不动,纱线1先自上而下穿过中空轴2,再借助于转动圆环4和导纱孔5的作用在储纱筒3下端切向卷绕,然后从上端退绕并经转动圆环4输出。

(3)第三种类型如图7-4(3)所示,储纱筒4不动,纱线2通过转动环1和导纱孔3的作用在储纱筒4上端切向卷绕,从下端退绕。

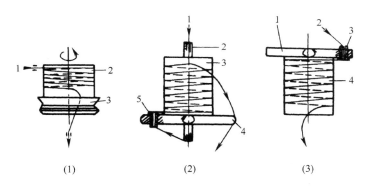

(1)   (2)   (3)

图7-4　纱线的储存与退绕装置

第一种类型纱线在卷绕时不产生附加捻度,但退绕时被加捻或退捻。第二、三种类型不产生加捻,因为卷绕时的加捻被退绕时反方向的退捻抵消。

图7-5所示为第一种类型的储存式送纱装置。纱线1经过张力装置2、断纱自停探测杆3(断纱时指示灯8闪亮),切向地卷绕在储纱筒10上。储纱筒由内装的微型电动机驱动。根据编织时成圈系统瞬时用纱量的多少,纱线以相应速度从储纱筒下端经过张力环5退绕,再经悬臂7上的导纱孔6输出。

随着纱线的退绕输出,当储纱筒上存储的纱圈量少到一定程度,倾斜配置的圆环4控制电动机的微型开关

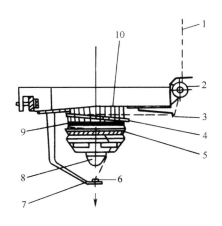

图7-5　储存消极式送纱装置

接通,从而电动机驱动储纱筒回转进行卷绕储纱。由于圆环4的倾斜,卷绕过程中纱线被推向圆环的最低位置,即纱圈9向下移动。随着纱圈9数量的增加,圆环4逐渐移向水平位置。当储纱筒上的卷绕纱圈数达最大时,圆环4使电动机开关断开,储纱筒停止卷绕储纱。

为了调整退绕纱线的张力,可以根据加工纱线的性质,采用具有不同梳片结构的张力环5。

三、张力控制送纱装置

某种张力控制送纱装置的结构如图7-6所示。1为按钮,用于穿纱。2为双层磁性张力器,除了对纱线施加张力外,还能自动清洁纱线上的杂质疵点,以保证送纱张力稳定。3为张力调整旋钮。4为纱夹,受电磁驱动,由回纱臂位置控制,回纱时夹持纱线。5为回纱臂,位于绕纱轮后,最大回纱长度600mm;其作用是当纱线松弛时(如横机机头移动到两端停止编织时等),回纱臂将松弛的纱线绕到储纱轮上,从而使纱线抽紧。6为储纱轮。7为导纱钩。8为张力设置与显示部分。

张力控制送纱装置可以直接设定纱线在工作时的准确张力。若编织时送纱张力大于设定张力,则该装置内置的电动机转速加快,送纱速度增加,使送纱张力下降至设定张力;若编织时送纱张力小于设定张力,则内置的电动机转速减慢,送纱速度下降,则送纱张力增加到设定张力。该装置可以根据纱线张力的变化相应地改变送纱速度,使送纱张力基本等于设定张力,以保证送纱张力均匀。

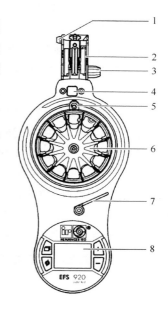

图7-6 张力控制送纱装置

张力控制送纱装置主要用于无缝内衣机、横机和袜机等。

第四节 积极式送纱装置

采用积极式送纱装置,可以连续、均匀、衡定供纱,使各成圈系统的线圈长度趋于一致,送纱张力较均匀,从而提高了织物的纹路清晰度和强力等外观和内在质量,能有效地控制织物的密度和几何尺寸。

一、储存积极式送纱装置

储存积极式送纱装置的基本工作原理是,通过穿孔带或齿形带驱动储纱轮回转,一边卷绕储纱一边退绕送纱,使纱线定量输送给编织区。这类装置也有多种形式。图7-7所示为其中的一种。纱线1经过导纱孔2、张力装置3、粗节探测自停器4、断纱自停探杆5、导纱孔6,由卷绕储纱轮9的上端7卷绕,自下端8退绕,再经

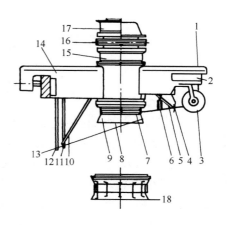

图7-7 储存式积极送纱装置

断纱自停杆 10、支架 11 和支架 12,最后输出纱线 13。

卷绕储纱轮 9 的形状是通过对纱线运动的仔细研究而特别设计的。它不是标准的圆柱体,在纱线退绕区呈圆锥形。轮上具有光滑的接触面,不存在会造成飞花集聚的任何曲面或边缘,即可自动清纱。卷绕储纱轮还可将卷绕上去的纱圈向下推移,即自动推纱。轮子的形状保证了纱圈之间的分离,使纱圈松弛,因此降低了输出纱线的张力。

该装置的上方有两个传动轮 15、17,由穿孔条带驱动卷绕储纱轮回转。两根条带的速度可以不同,通过切换选用一种速度。送纱装置的输出线速度应根据织物的线圈长度和总针数等,通过驱动条带的无级变速器来调整。图 7-7 中 14 为基座,16 为离合器圆盘。

该装置还附有杆笼状卷绕储纱轮 18,可对纱线产生摩擦,适用于小提花等织物的编织。

二、弹性纱送纱装置

弹性纱(如氨纶丝)是高弹性体,延伸率大于 600%,稍受外力便会伸长,如送纱张力不一、喂入量不等,便会引起布面不平整。因此,弹性纱的送纱必须采用专门的积极式定长送纱装置。图 7-8 所示为一种卧式弹性纱送纱装置。其工作原理是:条带驱动传动轮 1,使两个传动轴 2、3 转动,氨纶纱筒卧放在两个传动轴上(可同时放置两个氨纶纱筒),借助氨纶纱筒本身的重量使其始终与传动轴相接触;传动轴 2、3 依靠摩擦驱动氨纶纱筒以相同的线速度转动,退绕的氨纶丝经过带滑轮的断纱自停装置 4 向编织区域输送。这种送纱装置可以尽量减少对氨纶裸丝的拉伸力和摩擦张力,使送纱速度和纱线张力保持一致。送纱量可通过驱动条带的无级变速装置来调整。

图 7-8　弹性纱送纱装置

三、无级变速装置

积极式送纱装置的送纱速度改变由无级变速盘来实现。如图 7-9 所示,无级变速盘由螺旋调节盘 1、槽盘 2 和滑块 3 组成。槽盘 2 和一齿轮固装在同一根轴上,电动机经其他机件传动该轴,使槽盘 2 转动。每一滑块 3 上面有一个凸钉 4,装在螺旋调节盘 1 的螺旋槽中,下面有两个凸钉 5,装在槽盘 2 的直槽内,12 块滑块组成转动圆盘,通过穿孔条带传动积极式送纱装置进行送纱。手动旋动调节盘 1 可调节滑块 3 的径向进出位置,改变圆盘的传动半径 R,达到无级变速的目的,从而调整传动比和送纱装置的送纱速度,最终改变织物的密度。

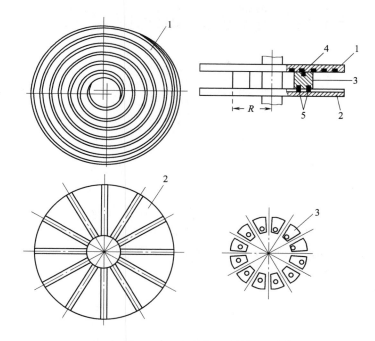

图 7 - 9　无级变速盘的结构

🖝 思考练习题

1. 纬编送纱的工艺要求是什么?

2. 储存消极式与储存积极式送纱装置的结构和工作原理有何区别?

3. 张力控制送纱装置如何实现送纱张力均匀?

4. 弹性纱送纱装置有何特点?

5. 如何无级调整积极式送纱装置的送纱速度?

第八章 纬编机的其他机构与装置

本章知识点

1. 牵拉与卷取的工艺要求,纬编机常用的牵拉方法和适用条件。牵拉对织物的影响,扩布装置的作用和构型。

2. 电脑横机牵拉卷取机构的组成与工作原理。牵拉针梳和压脚的作用和工作原理。

3. 圆纬机牵拉卷取机构的几种形式,以及调整牵拉卷取张力的方式。

4. 横机和圆纬机的几种传动形式。圆纬机的针筒转向对织物纬斜的影响。

5. 纬编机常用的故障检测自停装置。

第一节 牵拉卷取机构

针织机的牵拉(take-up)与卷取(wind-on)过程,就是将形成的针织物按照一定的速度从成圈区域中牵引出来,然后卷绕成一定形式和容量的卷装。

在有沉降片的纬编机上,沉降片具有辅助牵拉的作用,但为了获得更加均匀的线圈结构和质量良好的织物,一般仍需使用牵拉机构。而在没有沉降片的纬编机上,更需要采用牵拉机构。绝大多数圆形纬编机装有卷取机构。普通的平形纬编机因主要编织衣片,所以一般不用卷取机构。

一、牵拉与卷取的工艺要求及其分类

牵拉与卷取对成圈过程和产品质量影响很大,因此应具备下列基本要求。

(1)由于成圈过程是连续进行的,故要求牵拉与卷取应能连续不断地、及时地进行。

(2)作用在每一线圈纵行的牵拉张力要稳定、均匀、一致。

(3)牵拉卷取的张力、单位时间内的牵拉卷取量应能根据工艺要求调节,最好能够无级调节,在机器运转状态下调整。

根据对织物作用方式的不同,纬编机常用的牵拉方法一般可以分为以下几种。

(1)利用定幅梳板下挂重锤牵拉织物,如图8-1所示。这种方法仅用于普通横机。

(2)通过牵拉辊对织物的夹持以及辊的转动牵拉织物,这种方法用于绝大多数圆纬机和电脑横机等。其具体又可分为将从针筒

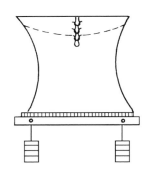

图8-1 梳板重锤式牵拉

出来的圆筒形织物压扁成双层,或先剖开展平成单层,再进行牵拉与卷取两种方式。前者适用于一般的织物,后者用于一些氨纶弹性织物。因为某些氨纶弹性织物在牵拉卷取时被压扁成双层,两边形成的折痕在后整理过程也难以消除,影响到服装的制作。

(3)利用气流对单件织坯进行牵拉,它主要用于袜机和无缝内衣针织机。

二、牵拉对织物的影响

在平形纬编织机上,针织物在针床口和牵拉梳板(或牵拉辊)处,由于横向受到制约,不能收缩,而在针床口与梳板(或牵拉辊)之间横向收缩较大,如图8−1所示。因而经过这种牵拉后的针织物从针床口至梳板(或牵拉辊)之间各个线圈纵行长度不等,边缘纵行长度要大于中间纵行,造成了作用在边缘纵行上的牵拉力要小于中间纵行。在编织某些织物时,织幅边缘线圈会因牵拉力不够而退圈困难,影响正常的成圈过程。为此,普通横机编织时通常在针床口的边缘线圈上加挂小型的钢丝牵拉重锤。在电脑横机上编织全成形衣片时,当放针达一定数量时,由于主牵拉辊距针床较远,使织幅两边牵拉力不够,因此不少电脑横机在靠近针床处配置了一对辅助牵拉辊,以弥补主牵拉辊的不足。

在采用牵拉辊的圆形纬编机上,由成圈机构编织的圆筒形织物,经过一对牵拉辊压扁成双层,再进行牵拉与卷取,如图8−2所示。这样在针筒与牵拉辊之间的针织物呈一复杂的曲面。由于各线圈纵行长度不等,所受的张力不同,造成针织物在圆周方向上的密度不匀,出现了线圈横列呈弓形的弯曲现象。如果将织物沿折边上的线圈纵行剪开展平,呈弓形的线圈横列就如图8−3所示。图8−3中实线表示横列线,$2W$表示剖幅后的织物全幅宽,b表示横列弯曲程度,a表示由多成圈系统编织而形成的线圈横列倾斜高度。

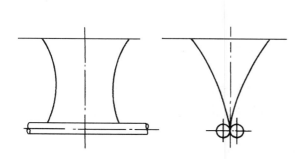 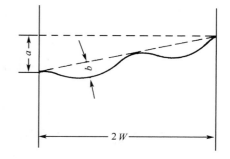

图8−2　针筒至牵拉辊之间织物的形态　　　　图8−3　线圈横列的弯曲

这种线圈横列的弯曲,造成了针织物的变形,影响产品质量。对于提花织物来说,特别是大花纹时,由于前后衣片缝合处花纹参差不齐,增加了裁剪和缝制的困难,因此必须使横列的弯曲减少到最小值。

实验表明,在针筒和牵拉辊之间加装扩布装置后可以明显地改善线圈横列的弯曲现象。其作用原理是,利用特殊形状的扩布装置,对在针筒与牵拉辊之间针织物线圈纵行长度比较短的区域进行扩布,使其长度接近原来较长的线圈纵行。

图8−4所示为扩布装置的结构及其安装位置。图中1和2分别表示针筒针盘。可调节的

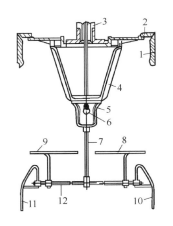

图 8-4　扩布装置的结构与安装位置图

扩布装置(7~12)悬挂在机架 4、5 下方的针盘传动轴 3 之上。灯泡 6 用来检查织物疵点。圆筒形织物先被扩布圈 8、9 扩成椭圆形,然后受扩布羊角 10、11 作用变成扁平形。扩布圈 8、9 及羊角 10、11 可以在杆 12 上水平方向调整,以适应组织结构和机器调整时对织物幅宽的要求。

扩布装置的形状有椭圆形、马鞍形以及方形等。方形扩布装置如图 8-5 所示。图 8-5(1)为内部扩布架,其下部是一个扩幅器;图 8-5(2)为外部压力架。内外两套装置复合起来迫使圆筒形织物沿着一个方形截面下降,到牵拉辊附近成为扁平截面。实质上是使织物逐渐变成宽度增加而厚度减小的矩形筒。这样,织物四周各纵行的长度相等,消除了横列弯曲。实践表明,方形扩布装置比起椭圆形等装置效果要好,尤其适合于采用四色调线机构编织彩横条织物。

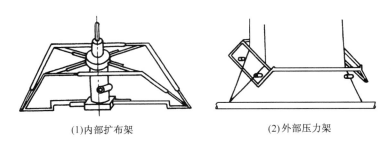

(1)内部扩布架　　　　　　　　(2)外部压力架

图 8-5　方形扩布装置

三、牵拉卷取机构及其工作原理分析

纬编针织机的牵拉卷取机构大多数为辊式。在电脑横机上主要采用双辊式牵拉机构,大筒径圆纬机一般采用三辊式牵拉机构,而小筒径的袜机和无缝内衣机通常采用气流牵拉装置。

(一)电脑横机的牵拉卷取机构

某种电脑横机的牵拉机构如图 8-6 所示。它包括辅助牵拉辊 1、2,主牵拉辊 3、4,牵拉针梳 5。主牵拉辊起主要牵拉作用。它由牵拉电动机控制,通过电脑程序控制改变电动机的转动速度从而改变牵拉力的大小。在横机产品的编织中,合理的牵拉力是非常重要的。该机构可以根据所编织的织物结构和织物宽度来改变牵拉值。由于在编织时,针床两端和中间的牵拉力要求有所不同,为了使沿针床宽度方向各部段的牵拉都合适,一般采用分段式牵拉辊。每段牵拉辊一般只有 5cm 长左右,可通过调整各段压辊上弹簧的压缩程度,使牵拉力大小符合工艺要求。

辅助牵拉辊一般比主牵拉辊直径小,离针床口比较近,可以由电脑程序控制进入或退出工作。它主要用于在特殊结构和成形编织时协助主牵拉辊进行工作,如多次集圈、局部编织、放针等,以起到主牵拉辊所不能达到的牵拉作用。

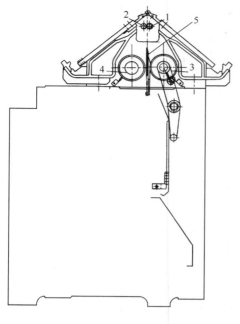

图8-6 电脑横机的牵拉机构

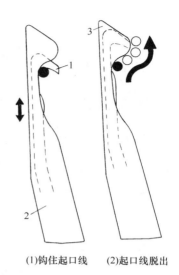

(1)钩住起口线 (2)起口线脱出

图8-7 牵拉梳工作原理

牵拉针梳又称起底板,主要用于衣片的起头。此时,牵拉针梳由电脑程序控制上升到针间,牵拉住所形成的起口纱线,直至编织的织物达到牵拉辊时才退出工作。图8-7所示为一种牵拉梳的结构,牵拉梳包括钩子1和滑槽2两部分。滑槽2可以沿箭头方向上下移动。在起口时,牵拉梳上升到针间,滑槽向上移动,使钩子露出,钩子钩住新喂入的起口线,如图8-7(1)所示。当牵拉梳到达牵拉辊作用区时,滑槽向下移动,用其头部3遮住钩子,并使钩子中的起口线从滑槽头部脱出,如图8-7(2)所示。

压脚(presser foot)是在很多电脑横机中使用的一种辅助牵拉方式。它是一种由钢丝或钢片制成的装置,装在机头上随机头移动。图8-8所示为一种形式的压脚及其工作原理。编织时,狭长的金属片或钢丝1刚好落在两个针床栅状齿2之间,位于上升的织针3的针背和针舌

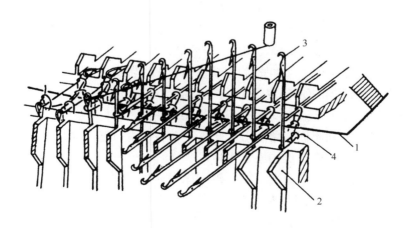

图8-8 压脚及其工作原理

下面,旧线圈 4 的上面,阻止了这些旧线圈随正在退圈的织针一起上升,从而达到辅助牵拉的作用。在电脑横机中压脚可以由程序控制进入或退出工作。

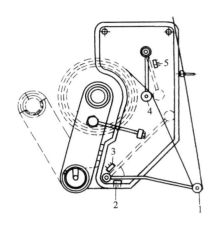

图 8 - 9　电脑横机的卷取机构

多数电脑横机编织成形衣片不需要卷取机构。也有些生产连续衣坯或辅件(如 T 恤衫的衣领等)的电脑横机带有卷取装置。图 8 - 9 所示的为某种卷取机构的结构和工作原理。织物绕过导布辊 1,它可根据所编织下来的织物长度上下移动。当织物长度到达一定值时,导布辊靠自重向下移动压下微动开关 2,开始卷取织物。当卷取一定量后,导布辊 1 被上抬,压下微动开关 3,停止卷取。导布辊 4 用于监测卷装尺寸。当布卷直径达到预定尺寸时,另一微动开关 5 被压下,编织动作停止。

(二)圆纬机的牵拉卷取机构

圆纬机的牵拉卷取机构有多种形式,根据对牵拉辊驱动方式的不同,一般可以分为三类。第一类为机械连续式牵拉,主轴的动力通过一系列传动机件传至牵拉辊,针筒回转一圈,不管编织下来织物的长度是多少,牵拉辊总是转过一定的转角,即牵拉一定量的织物。这种牵拉方式俗称“硬撑”,齿轮式、偏心拉杆式等属于这一类。第二类为机械间歇式牵拉,主轴的动力通过一系列传动机件传至一根弹簧,只有当弹簧的弹性回复力对牵拉辊产生的转动力矩大于织物对牵拉辊产生的张力矩时,牵拉辊才能转动牵拉织物。这种方式俗称“软撑”,凸轮式、弹簧偏心拉杆式等属于这一类。第三类是由直流力矩电动机驱动牵拉辊而进行连续牵拉,这是一种性能较好,调整方便的牵拉方式。下面介绍几种比较典型的牵拉卷取机构。

1. 齿轮式牵拉卷取机构　图 8 - 10 是较多圆纬机上采用的齿轮式牵拉卷取机构的结构图。其中,1 为机构的机架,2 为固定伞形齿轮底座,3 为横轴,4 为变速齿轮箱,5 为变速粗调旋钮,6 为变速细调旋钮,7 为牵拉辊,8 为皮带,9 为从动皮带轮,10 为卷取辊。

该机构的传动原理如图 8 - 11 所示。电动机 1 经皮带和皮带轮 2、3、4 传动小齿轮 5,后者驱动固装有针筒的大盘齿轮 6。机架 7 上方与大盘齿轮 6 固结,下方座落在固定伞齿轮 8 上。当大盘齿轮 6 转动时,带动整个牵拉卷取机构与针筒同步回转。此时,与伞齿轮 8 啮合的伞齿轮 9 转动,经变速齿轮箱 10 后变速后,驱动横轴 11 转动。固结在横轴一侧的链轮 12 经链条传动链轮 13,从而使与链轮 13 同轴的牵拉辊 14 转动进行牵拉。固结在横轴另一侧的链轮 15 经链条传动链轮 16,从而使与链轮 16 同轴的主动皮带轮 17 转动。皮带轮 17 经图 8 - 10 中的皮带 8 传动从动皮带轮 9,从而驱动与皮带轮 9 同轴的卷取辊进行卷布。

可以转动图 8 - 10 中的变速粗调旋钮 5 和变速细调旋钮 6 来调整齿轮变速箱的传动比,从而改变牵拉速度。两个旋钮不同转角的组合共有一百多档牵拉速度,可以大范围、精确地适应各种织物的牵拉要求。这种牵拉机构属于连续式牵拉。

齿轮式牵拉卷取机构的卷取速度不能调整,当图 8 - 10 中的皮带 8 驱动从动皮带轮 9 的力矩大于布卷的张力矩时,卷取辊 10 转动进行卷布。当皮带 8 驱动从动皮带轮 9 的力矩小于布卷的张力矩时,皮带与从动皮带轮之间打滑,卷取辊 10 不转动即不卷布。这种卷取机构属于间歇式卷取。

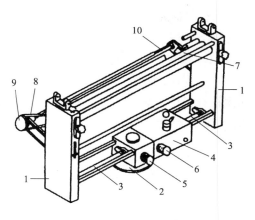

图 8 – 10　齿轮式牵拉卷取机构

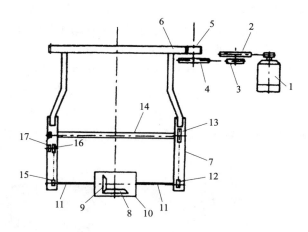

图 8 – 11　机构的传动

2. 直流力矩电动机式牵拉卷取机构　直流力矩电动机牵拉卷取机构如图 8 – 12 所示。中间牵拉辊 2 安装在两个轴承架 8、9 上，并由单独的直流力矩电动机 6 驱动。电动机转动力矩与电枢电流成正比。因此，可通过电子线路控制电枢电流来调节牵拉张力。机上用一电位器来调节电枢电流，从而可很方便地随时设定与改变牵拉张力，并有一个电位器刻度盘显示牵拉张力大小。这种机构可连续进行牵拉，牵拉张力波动很小。

筒形织物 7 先被牵拉辊 2 和压辊 1 向下牵引，接着绕过卷布辊 4，再向上绕过压辊 5，最后绕在卷布辊 4 上。因此，在压辊 1、5 之间的织物被用来摩擦传动布卷 3。由于三根辊的表面速度相同，卷布辊卷绕的织物长度始终等于牵拉辊 2 和压辊 1 牵引的布长，所以卷绕张力非常均匀，不会随布卷直径而变化，织物的密度从卷绕开始到结束保持不变。

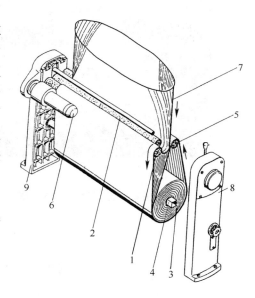

图 8 – 12　直流力矩电动机牵拉卷取机构

3. 开幅式牵拉卷取机构　随着氨纶弹性织物的流行，为了避免将圆筒形织物压扁成双层进行牵拉与卷取两边形成难以消除的折痕，各个针织机械制造厂商都推出了开幅式牵拉卷取机构。图 8 – 13 显示为某种开幅式牵拉卷取机构。如图 8 – 13（1）所示，织物 1 从针筒沿着箭头向下引出，首先被一个电动机 2 驱动的转动裁刀 3 剖开；随后被一展开装置展平成单层，如图 8 – 13（2）所示；接着由牵拉辊 4 进行牵拉，最后由卷布辊 5 将单层织物卷成布卷 6，如图 8 – 13（3）所示。通过电子装置控制牵拉电动机可以实现连续均匀地牵拉和卷取，以及牵拉速度的精确设定与调整。

由于开幅式牵拉卷取机构将织物剖开展平成单层进行牵拉卷取，因而增加了牵拉辊和卷取辊的长度，使牵拉卷取机构的尺寸增大，导致了针织机的占地面积也相应增大。

(三)圆袜机(无缝内衣机)的气流式牵拉机构

气流式牵拉机构是利用压缩空气对单件织坯(袜坯、无缝衣坯等)进行牵拉。

图8-14所示为气流式袜机牵拉机构。风机1安装在袜机的下部,使气流在下针筒2与上针筒3(或上针盘)所形成的缝隙之间进入,作用在编织区域,对织物产生向下的牵拉力。然后气流从连接于针筒下的管道通过到储袜筒4,这时由电子装置控制的风门5呈开启状态,因而气流经软管6由风机引出。当一只袜子编织结束时,气流将袜品吸入储袜筒,此时在电子装置控制下风机关闭,风门5闭合,储袜筒门板7在弹簧作用下打开,袜子下落。

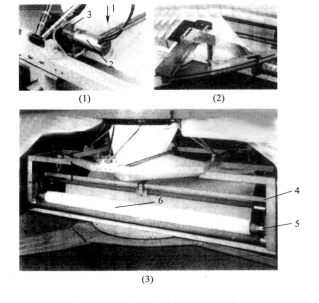

图8-13 开幅式牵拉卷取机构

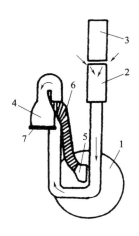

图8-14 气流式牵拉机构

第二节 传动机构

传动机构的作用是将电动机的动力传递给针床(或三角座)以及送纱和牵拉卷取等装置机构。传动机构的要求是:传动要平稳,能够在适当范围内调整针织机的速度;启动应慢速并具有慢速运行(又叫寸行)和用手盘动机器的功能;当发生故障时(如断纱、坏针、布脱套等),机器应能自动迅速停止运行。

一、横机的传动机构

根据横机机头(即三角座)往复横移动程是固定还是可变的,传动机构相应地分为两类。

1.机头动程固定 机头动程固定式的传动机构也有多种类型,其中以链条传动方式居多。图8-15表示其传动机构示意图。电动机1传动过渡轮2,2又传动链轮3,使链条4只能朝一个方向运转,但可以在两个方向驱动与之连接的机头。

　　图8－16表示传动原理。滑板1与机头相连,在滑板中有一滑块2与链条相连。当链轮顺时针转动时,滑块连在链条上部,并作用于滑板,驱动机头从左向右运动,如图8－16(1)所示。在转弯处,与链条相连的滑块绕链轮转动,使它在滑板中从上向下移动,如图8－16(2)所示。当滑块随链条转到链条下部时,又作用于滑板,驱动机头从右向左运动,如图8－16(3)所示。这种传动机构不管织幅宽窄,机头都要从头至尾往复运动。

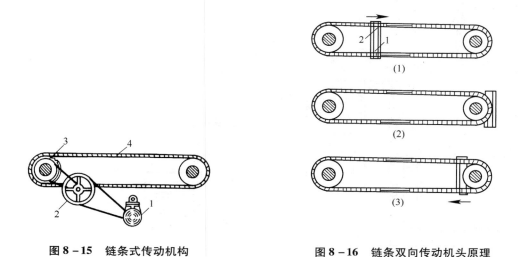

图8－15　链条式传动机构　　　　　　　　图8－16　链条双向传动机头原理

　　2. 机头动程可变　为了提高生产效率,目前电脑横机一般都可以根据织幅的不同而自动调整机头往复的动程。其传动机构由计算机程序控制的伺服电动机通过同步齿形皮带传动机头。电动机的正反转实现了机头的往复运动,对参加工作织针的精确测量与计数,可控制与改变机头的动程。机头运动的速度也可以由程序控制,随着织物结构的简易与复杂程度而变化。

二、圆纬机的传动机构

　　圆纬机的传动形式可分为两种:第一种是针筒和牵拉机构不动,三角座、导纱器和筒子架同步回转;第二种是针筒与牵拉卷取机构同步回转,其余机件不动。前者因筒子架回转使机器惯性振动大,不利于提高机速和增加成圈系统数,启动和制动较困难,操作看管也不方便。它只应用于小口径罗纹机,衬经衬纬针织机和计件衣坯圆机等少数几种机器。大多数圆纬机均采用后一种传动形式,其传动机构也是大同小异。

　　图8－17为典型的双面圆纬机传动机构简图。动力来自电动机1,现已普遍采用了变频调速技术来无级调节机速和慢启动。电动机1经皮带2、皮带轮3和小齿轮4、5、6传动主轴9。与小齿轮6同轴的小齿轮7传动支撑针筒大齿轮8,使固装在齿轮8上的针筒10转动。针盘14从小齿轮11和针盘大齿轮12获得动力,绕针盘轴13与针筒同步回转。传动轴19使牵拉卷取机构(包括牵拉辊15、卷取辊16和布卷17等)与针筒针盘同步回转。另一个电动机18专用于牵拉卷取。

　　为了保证在机器运转过程中针筒针与针盘针对位准确和间隙不变,通常还配置补偿齿轮。如图8－18所示,小齿轮1和支撑针筒大齿轮10传动针筒11,小齿轮3、针盘大齿轮4和针盘轴 5 使针盘 8 与针筒同步回转。补偿小齿轮 6、9 以及轴 7 均匀分布在针筒针盘一周,可以提高在针筒和针盘之间的扭曲刚度,减小传动间隙和改进针筒针盘的同步性。

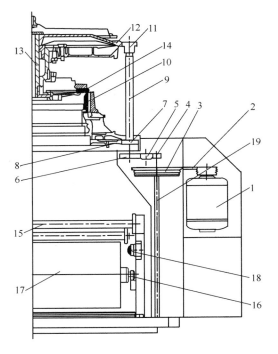

图 8 - 17　双面圆纬机的传动机构

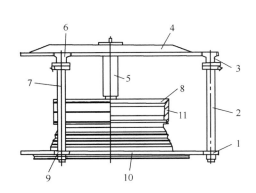

图 8 - 18　双面圆纬机的传动补偿齿轮

圆纬机的传动方式有针筒顺时针和逆时针转向两种。实践证明,针筒转向对织物的纬斜有一定影响。若采用 S 捻纱线编织,则针筒顺时针转动(或三角座逆时针转动)可使纬斜大为减少。而采用 Z 捻纱线,则针筒逆时针转动可使纬斜降到最低程度。

第三节　辅助装置

一、检测自停装置

为了保证编织的正常进行和织物的质量,减轻操作者的劳动强度,纬编针织机上设计和安装了一些检测自停装置。当编织时检测到漏针、粗纱节、断纱、失去张力等故障时,这些装置向电器控制箱发出停机信号并接通故障信号指示灯,机器迅速停止运转。

(一)漏针与坏针自停装置

这种装置由探针 1 和内部的触点开关等组成,如图 8 - 19 所示。它安装在针筒或针床口,机器运转时,当探针 1 遇到漏针(针舌关闭)、坏针等障碍物时,会弹缩到虚线位置 2,从而触点开关接通,发出自停信号。重新使用时,必须将探针按回原位。

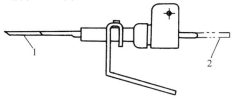

图 8 - 19　漏针与坏针自停装置

（二）粗纱节自停装置

图8-20所示为检测纱线结头与粗节的自停装置。纱线1穿过薄板6的缝隙,绕过转子5并以张力 Q 导向下方。薄板的间隙能使一定细度的纱线通过。当遇到粗节纱、大结头时张力 Q 增加,改变杠杆2的位置,使电路的触点3、4接通,发出自停信号。

（三）断纱自停装置

图8-21所示为断纱自停装置,它由穿线摆架1和触点开关等组成。正常送纱时,纱线2穿过穿线摆架孔将该架下压。遇到断纱时,摆架在重力作用下上摆至位置3,使里面的触点开关接通,发出自停信号。

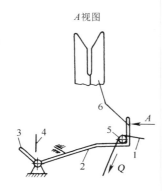

图 8-20　粗纱节自停装置

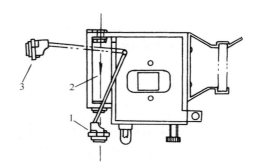

图 8-21　断纱自停装置

（四）张力自停装置

图8-22所示为张力自停装置。在正常编织过程中,由于弹簧的作用,使导纱摆杆1处于工作位置2。当通过导纱摆杆的张力过大时,它被下拉到位置3,里面的触点开关接通,发出自停信号。反之,若纱线张力过小(失张)或断纱,则张力控制杆4在自重作用下向下摆动,也产生自停效果。

（五）电脑横机上的其他自停装置

电脑横机上除了上述几种自停装置外,还安装了一些故障检测自停装置,使机器的工作更加可靠。

1. 机头振动与阻力过大检测自停装置　编织过程中,当出现针踵、选针片踵等成圈机件破损,异物卡在针床上,或织物密度不合适时,机头运动阻力会过大并发生振动。这可通过安装在针床上的压电传感器检测出,并由电路发出自停信号。

2. 织物缠绕检测自停装置　它的作用是防止织物缠绕在牵拉辊上而不向下引出。如图8-23所示,整个装置1由两块托架2、接触螺钉3和延伸至整个编织宽度的护板4组成。当织物缠绕在牵拉辊上时,迫使护板4上抬,使其与螺钉3接触,从而电路接通和停机。

3. 织物脱套检测自停装置　这种装置的结构如图8-24所示。转臂1可绕轴2转动,其上端装着罗拉3,罗拉靠在织物4上。当织物从针床上脱套或牵拉机构不起作用时,转臂1逆时针转动,使接触杆5向上运动与杆6接触,电路接通停机。托架7和锁紧螺母8用来调整定位转臂1在织幅宽度中的位置。

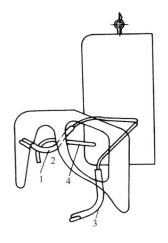

图 8 - 22　张力自停装置

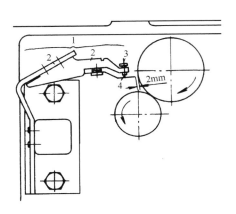

图 8 - 23　织物缠绕自停装置

二、加油与除尘装置

由于圆纬机转速较高,进线路数较多,产生的飞花尘屑也较多。为进一步提高主机的生产效率及工作可靠性,延长其使用寿命,一般还配置了自动加油装置与除尘清洁装置。

(一)自动加油装置

自动加油装置的形式也有多种,通常是以压缩空气为动力,具有喷雾、冲洗、吹气和加油四个功能。

喷雾是把气流雾化后的润滑油输送到织针和三角针道等润滑点。冲洗是利用压力油定期将各润滑点凝结的污垢杂质冲洗干净。吹气是利用压缩空气的高速气流,将各润滑点的飞花杂物吹掉。加油是利用空气压力将润滑油输送到齿轮、轴承等润滑点。

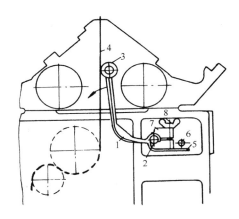

图 8 - 24　织物脱套自停装置

(二)除尘清洁装置

圆纬机上常用的有风扇除尘和压缩空气除尘两种形式。

风扇一般装在机器顶部,机器运转时它也回转,可以吹掉机器上的一些飞花尘屑。

压缩空气吹风除尘装置分别装在机器顶部和中部。顶部的除尘清洁装置可以有 4 条吹风臂环绕机器转动,吹去筒子架等机件上面的飞花,空气由定时控制输出。中部的除尘清洁装置通常与喷雾加油装置联合使用,通过管道在编织区吹风,防止飞花进入编织区,保证织物的编织质量。

☞ 思考练习题

1. 对牵拉与卷取有什么工艺要求?

2. 线圈横列弯曲的原因何在? 如何改善?

3. 电脑横机、圆纬机、袜机和无缝内衣机的牵拉卷取机构有何异同点?

4. 针织机上的辅助装置一般具有哪些功能?

第九章　纬编织物与工艺参数计算

本章知识点

1. 常用纬编针织物线圈长度的计算方法。
2. 常用纬编针织物密度的计算方法。
3. 针织物单位面积重量的估算方法。
4. 机号与针织物密度的关系以及机号的估算方法。
5. 针织坯布幅宽的影响因素以及估算方法。
6. 纬编针织机理论产量和实际产量的计算方法。

第一节　线圈长度

线圈长度是进行针织工艺计算的一个重要参数,它不仅与所使用的纱线和针织机机号有关,还影响着织物密度、单位面积重量、强度等性能指标。在进行产品设计时,一些基本针织物组织的线圈长度是通过计算得到的,而在实际生产中还可通过实验测量的方法得到。

一、根据纱线线密度等参数计算线圈长度

(一)平针组织

在已知纱线直径 d、织物横密 P_A 和纵密 P_B(或圈距 A 和圈高 B)的基础上,可以根据下式来计算平针组织的线圈长度 l:

$$l \approx \pi \frac{A}{2} + 2B + \pi d = \frac{78.5}{P_A} + \frac{100}{P_B} + \pi d \qquad (9-1)$$

式(9-1)中的纱线直径与纱线的体积密度有关,可以通过测量或以下式计算获得:

$$d = 0.0357 \sqrt{\frac{Tt}{\lambda}} \qquad (9-2)$$

式中:Tt——纱线线密度,tex;

　　　λ——纱线体积密度,g/cm³。

纱线体积密度与纱线的结构和紧密程度有关,每一种纱线都有一取值范围。表 9-1 列出了常用纱线体积密度的中间值。

表 9 - 1　常用纱线的体积密度 λ

纱线种类	棉　纱	精梳毛纱	涤纶丝	锦纶丝	粘胶丝	涤纶变形丝
λ(g/cm³)	0.8	0.78	0.625	0.6	0.75	0.05

例 9 - 1　设计 18tex 棉纱平针组织的线圈长度。

由式(9 - 2)得：

$$d = 0.0357\sqrt{\frac{18}{0.8}} = 0.17(\text{mm})$$

假定平针组织的线圈模型如图 9 - 1 所示，则圈距 A 与纱线直径 d 有如下关系：

$$A = 4d = 0.68(\text{mm})$$

平针组织的密度对比系数 C 一般取 0.8，则有圈高：

$$B = C \times A = 0.544(\text{mm})$$

将纱线直径 d、圈距 A 和圈高 B 代入式(9 - 1)，可得线圈长度近似为：

$$l \approx 3.14 \times 0.68/2 + 2 \times 0.544 + 3.14 \times 0.17 = 2.69(\text{mm})$$

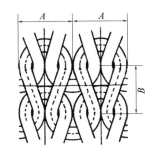

图 9 - 1　圈距与纱线直径的关系

（二）罗纹组织

由于罗纹组织每一面线圈的形态与平针组织相似，所以其线圈长度的计算可以参照上述平针组织的计算方法。下面是其线圈长度的计算式：

$$l \approx \frac{78.5}{P_{\text{An}}} + \frac{100}{P_{\text{B}}} + \pi d \tag{9-3}$$

式中：P_{An}——罗纹组织的换算密度。

（三）双罗纹组织

计算双罗纹组织线圈长度的经验算式如下：

$$l = \delta d' \tag{9-4}$$

式中：δ——未充满系数，一般取值为 19～21；

d'——纱线在张紧状态下的直径，mm。

由 $d' = 0.93d$ 和式(9 - 2)可得：

$$l = 0.0332\delta\sqrt{\frac{\text{Tt}}{\lambda}} \tag{9-5}$$

式中：Tt——纱线线密度，tex；

λ——纱线体积密度，g/cm³。

（四）添纱衬垫组织

添纱衬垫组织中地纱的线圈长度可按照平针组织线圈长度的公式进行计算。由于面纱要束缚衬垫纱（舌针衬垫圆纬机编织），因此其线圈长度要大于地纱，一般面纱的线圈长度是地纱的 1.1～1.2 倍。衬垫纱的平均线圈长度可按下列经验公式近似计算：

$$l_1 = \frac{nT + 2d_{\text{N}}}{n} \tag{9-6}$$

式中：l_I——衬垫纱的线圈长度，mm；

  n——衬垫比循环数；

  T——针距，mm；

  d_N——针杆直径，mm。

二、根据织物单位面积重量等参数计算线圈长度

织物单位面积重量是重要的经济和质量指标，也是进行工艺设计（如选用织物组织、原料、机号等，以及确定织物染整工艺特别是定型工艺）的依据。

（一）针织物单位面积重量

$$Q = \frac{4 \times 10^{-4} P_A P_B \sum_{i=1}^{m} l_i \mathrm{Tt}_i}{1 + W} \tag{9-7}$$

式中：Q——织物单位面积重量，g/mm^2；

  P_A——织物横密，纵行/5cm；

  P_B——织物纵密，横列/5cm；

  l_i——第 i 根纱线的线圈长度，mm；

  Tt_i——第 i 根纱线的线密度，tex；

  m——所使用的纱线根数；

  W——纱线公定回潮率。

（二）平针和双罗纹组织线圈长度的计算

在已知织物面密度、横密、纵密和纱线线密度的基础上，可以根据下式来计算平针或双罗纹组织的线圈长度：

$$l = 2.5 \times 10^3 \times \frac{kQ(1+W)}{P_A P_B \mathrm{Tt}} \tag{9-8}$$

式中：l——线圈长度，mm；

  k——系数，平针组织取 1，双罗纹组织取 0.5；

  Q——织物单位面积重量，g/m^2；

  P_A——织物横密，纵行/5cm；

  P_B——织物纵密，横列/5cm；

  Tt——纱线线密度，tex。

三、根据生产实践积累估算线圈长度

估算所使用的算式如下：

$$l = \frac{\beta\sqrt{\mathrm{Tt}}}{31.62} \tag{9-9}$$

式中：l——线圈长度，mm；

  Tt——纱线线密度，tex；

  β——线圈模数值，通过生产实践积累而得。

表9-2给出了常用针织物组织的线圈模数值 β。

表9-2　常用针织物组织的线圈模数值 β

组织结构	纱线种类	β 值
平针	棉/羊毛	21/20
1+1 罗纹	棉/羊毛	21/21
双罗纹	棉/羊毛	23/24
双反面	羊毛作外衣/作头巾	25/27

根据纱线线密度,选择适当的线圈模数值,即可估算出常用针织物组织的线圈长度。

第二节　织物密度

针织物的密度与织物组织结构、线圈长度、纱线直径和纱线品种有直接关系。在一般情况下,已知纱线品种和细度以及线圈长度,可以根据经验算式来计算下列组织在平衡状态下的密度。

一、棉纱平针组织

根据式(1-1)、式(1-2)和式(2-5),棉纱平针组织横密和纵密的计算式如下:

$$P_A = \frac{50}{0.20l + 0.022\sqrt{Tt}};\quad P_B = \frac{50}{0.27l - 0.047\sqrt{Tt}} \tag{9-10}$$

式中:P_A——织物横密,纵行/5cm;

　　P_B——织物纵密,横列/5cm;

　　l——线圈长度,mm;

　　Tt——纱线线密度,tex。

二、棉纱1+1罗纹组织

根据式(1-1)、式(1-2)和式(2-19),棉纱1+1罗纹组织横密和纵密的计算式如下:

$$P_A = \frac{50}{0.30l + 0.0032\sqrt{Tt}};\quad P_B = \frac{50}{0.28l - 0.041\sqrt{Tt}} \tag{9-11}$$

三、棉纱双罗纹组织

根据式(1-1)、式(1-2)和式(2-31),棉纱双罗纹组织横密和纵密的计算式如下:

$$P_A = \frac{50}{0.13l + 0.11\sqrt{Tt}};\quad P_B = \frac{50}{0.35l - 0.095\sqrt{Tt}} \tag{9-12}$$

式中各参数的定义同上。

四、衬垫组织

确定衬垫组织密度的经验公式如下：

$$A_I = 2(d_P + d_I) ; A_P = 4d_P ; P_A = \frac{50(K_1 + K_2)}{K_1 A_I + K_2 A_P} ; P_B = \frac{P_A}{C} \qquad (9-13)$$

式中：A_I——垫入衬垫纱的线圈圈距，mm；

　　　A_P——未垫入衬垫纱的地组织线圈圈距，mm；

　　　d_I——衬垫纱直径，mm；

　　　d_P——地纱直径，mm；

　　　K_1——一个循环内垫入衬垫纱的线圈个数；

　　　K_2——一个循环内未垫入衬垫纱的线圈个数；

　　　P_A——织物横密，纵行/5cm；

　　　P_B——织物纵密，横列/5cm；

　　　C——密度对比系数（0.77~0.89）。

第三节　织物单位面积重量

若已知针织物的线圈长度、横密、纵密和纱线线密度，可以根据式（1-7）或式（9-7）直接计算织物的单位面积重量。如果仅知道织物的纱线线密度，则可按照下列方法来估算织物的单位面积重量。

例9-2　设计18tex棉纱的平针组织的单位面积重量。

根据式（9-9）和表9-2，可得线圈长度为：

$$l = \frac{21\sqrt{18}}{31.62} = 2.81 (\text{mm})$$

根据式（9-10），可得织物的横密和纵密为：

$$P_A = \frac{50}{0.20 \times 2.81 + 0.022\sqrt{18}} = 76.2 (\text{纵行}/5\text{cm})$$

$$P_B = \frac{50}{0.27 \times 2.81 - 0.047\sqrt{18}} = 89.8 (\text{横列}/5\text{cm})$$

最后，根据式（1-7）可得织物的单位面积重量为：

$$Q = \frac{0.0004 \times 2.81 \times 18 \times 76.2 \times 89.8}{1 + 0.08} = 124.8 (\text{g/m}^2)$$

第四节　机号

一、机号与织物密度的关系

当针槽全部排针,且所有织针都参加编织时,在针上的织物横向密度与针织机的机号相等。但随着新线圈的形成,旧线圈所在横列由于失去了织针的约束而发生横向尺寸变化。当织物尺寸完全稳定后,其横密与针织机机号的关系为:

$$E = kP_A \qquad\qquad (9-14)$$

式中:E——机号,针数/2.54cm;

　　k——系数,为织物宽度(筒形状织物周长)和机器实际工作宽度(针筒周长)之比;

　　P_A——针织物横密,纵行/2.54cm。

在实际生产中,对于圆形纬编针织机编织的普通织物(如平针组织、双罗纹组织等),当织物尺寸完全稳定后,一般取 $k = 0.313$,即 $E = 0.313P_A$。对于其他织物,可通过对测试结果进行统计分析得到所需要的 k 值。

机号与织物纵向密度的关系,可利用织物的密度对比系数,将上式中的横向密度转换成纵向密度得到,即:

$$E = kCP_B \qquad\qquad (9-15)$$

式中:C——密度对比系数,为针织物横密与纵密之比;

　　P_B——针织物纵密,横列/2.54cm。

二、用类比系数法估算机号

根据理论分析,针织机所加工纱线的最低线密度 Tt(tex)与机号 E 的平方成反比,即:

$$Tt = \frac{K}{E^2} \qquad\qquad (9-16)$$

式中 K 为系数,涉及多方面因素,如成圈过程中针与针槽(或沉降片)之间必须容纳的纱线根数、纱线的体积密度、针与针槽(或沉降片)之间的间隙与针距之间的比例关系等。因此要计算系数 K 较困难,但是上述关系式为估算机号或纱线细度提供了理论依据。下面通过两个实例来说明估算的方法。

例 9-3　已知机号 $E16$ 棉毛机可以加工 28tex 棉纱,机号 $E22.5$ 棉毛机可以加工 14tex 棉纱,现有 $E28$ 机号的棉毛机,试估算它可以加工的棉纱号数。

由式(9-16)可得:

$$K_1 = 28 \times 16^2 = 7168$$

$$K_2 = 14 \times 22.5^2 = 7087.5$$

$$Tt = \frac{K_1 + K_2}{2 \times E^2} = \frac{7168 + 7078.5}{2 \times 28^2} = 9.1(tex)$$

由于已知条件中可以加工纱线的不一定是最低线密度,所以该估算值有一定的范围,可以试加工线密度略大于9.1tex的棉纱。

例9－4　已知提花圆机上用机号 $E20$ 可以加工 16.7tex 和 14tex 的涤纶长丝,用机号 $E22$ 可以加工 14tex 和 11tex 的涤纶长丝。试估算加工 8.4tex 的涤纶长丝应采用何机号。

由式(9－15)可得:

$$K_1 = 20^2 \times \frac{16.7 + 14}{2} = 6140$$

$$K_2 = 22^2 \times \frac{14 + 11}{2} = 6050$$

$$E = \sqrt{\frac{K_1 + K_2}{2 \times \text{Tt}}} = \sqrt{\frac{6140 + 6050}{2 \times 8.4}} = 26.9$$

由此推断出,加工 8.4tex 的涤纶长丝应采用 $E26$ 或 $E28$ 机号为宜。

第五节　坯布幅宽

针织机加工坯布的门幅宽度关系到衣片的排料与裁剪。对于某一规格的针织内衣来说,选择合适幅宽的坯布,可以使裁剪损耗最小,从而降低成本。若要生产圆筒形的无缝内衣,为了适应人的体形,圆筒形坯布幅宽的控制就更为重要。针织坯布的幅宽与针筒直径、机号和横密等因素有关。

一、幅宽与针筒针数和横密的关系

由于圆纬机针筒中每一枚织针编织一个线圈纵行,所以针筒的总针数等于圆筒形针织坯布的总线圈纵行数。因此可得:

$$W = \frac{5n}{P_A} \tag{9-17}$$

式中:W——剖幅后光坯布幅宽,cm;

　　n——针筒总针数;

　　P_A——光坯布横密,纵行/5cm。

二、幅宽与针筒直径、机号和横密的关系

针筒直径、总针数 n 和机号有如下关系:

$$n = \pi D E \tag{9-18}$$

式中:D——针织直径,cm;

　　E——机号,针数/2.54cm。

将式(9－18)代入式(9－17)可得:

$$W = \frac{5\pi D E}{P_A} \tag{9-19}$$

实际应用时,对于来样分析仿制,可以测得织物的密度和纱线细度,通过经验或估算确定针织机的机号,再根据选定的针筒直径由式(9-19)计算出坯布幅宽,或者根据所需的坯布幅宽计算出针筒直径。

如果是产品设计,首先要选定纱线种类和线密度并确定机号,接着根据设计的织物结构及相关的未充满系数(或线圈模数)计算出线圈长度,再由线圈长度和纱线线密度计算出织物的密度,最后便可根据选定的针筒直径计算出坯布幅宽,或者根据所需的坯布幅宽计算出针筒直径。

除了计算外,还可以查阅《针织手册》和相关书籍,其中给出了某些针织机的筒径与织物幅宽、密度及机号之间的关系。

以上介绍的是圆纬机坯布幅宽的估算方法,对于横机等平形纬编机,只需要将针筒总针数换成针床工作针数,针筒直径换成针床宽度,式(9-18)和式(9-19)作相应修改,就可以参照上述方法估算出编织的坯布幅宽。

第六节　针织机产量

一、理论产量

圆形纬编针织机的理论产量与线圈长度、纱线细度以及机器的针数、成圈系统数和转速等有关。其计算式如下:

$$A_{\mathrm{T}} = 6 \times 10^8 MNn \sum_{i=1}^{m} l_i \mathrm{Tt}_i \tag{9-20}$$

式中:A_{T}——按纱线线密度(tex)计算的理论产量,kg/(台·h);

　　M——成圈系统数;

　　N——编织针数;

　　n——机器转速,r/min;

　　l_i——第 i 根纱线的线圈长度,mm;

　　Tt_i——第 i 根纱线的线密度,tex;

　　m——所使用的纱线根数。

$$A_{\mathrm{D}} = 6.67 \times 10^9 MNn \sum_{i=1}^{m} l_i N_{\mathrm{D}i} \tag{9-21}$$

式中:A_{D}——按纱线旦数计算的理论产量,kg/(台·h);

　　$N_{\mathrm{D}i}$——第 i 根纱线的旦尼尔数。

上面的参数与坯布品种、机器型号有关。在设计时,一般首先确定织物品种,然后设计线圈长度、纱线线密度、织物单位面积重量等织物参数,最后选用合适的机型、筒径、机号、路数、针数等。针织机的理论产量主要与机器的转速有关。一般来说,控制机器的速度主要是控制线速度,转速将随着针筒直径的增大而减小。

对于横机等平形纬编机,只需要将机器转速换成机头运动线速度(m/s),式(9-20)和式

(9－21)作相应修改,就可以参照上述方法计算出理论产量。

二、实际产量

在实际生产中,由于换纱、下布、接头、加油、换针等操作都会造成停机,使得实际运转时间小于理论运转时间。

(一)机器时间效率

机器时间效率是指在一定生产时间内,机器的实际运转时间与理论运转时间的比值。

$$k_T = \frac{T_s}{T} \times 100\% \qquad (9-22)$$

式中:k_T——机器时间效率;

T_s——每班机器的实际运转时间,min;

T——每班机器的理论运转时间,min。

机器的时间效率与许多因素有关,如机器的自动化程度、工人的操作技术水平、劳动组织、保全保养以及采用的织物的组织结构和卷装形式等有关。机器的时间效率可通过实际测量得出,也可根据经验统计资料选用平均水平。

不同的针织机的时间效率也不相同,如棉毛机的时间效率为84%～95%,罗纹机的时间效率为85%～92%。

(二)实际产量

针织机的实际产量可由下式确定:

$$A_s = A \times k_T \qquad (9-23)$$

式中:A_s——实际产量,kg/(台·h);

A——理论产量(A_T或A_D),kg/(台·h);

k_T——机器时间效率。

☞ 思考练习题

1.常用纬编针织物线圈长度的计算方法有哪几种? 与哪些参数有关?

2.常用纬编针织物密度的计算与哪些参数有关?

3.针织物单位面积重量的估算与哪些参数有关?

4.机号与针织物横密以及纱线线密度有何关系? 怎样估算机号?

5.针织坯布的幅宽与哪些因素有关? 怎样进行估算?

6.纬编针织机的理论产量和实际产量与哪些因素有关? 怎样进行估算?

第二篇　经编

第十章　经编概述

本章知识点

1. 经编针织物的结构特点和形成方法。

2. 经编生产工艺流程。

3. 经编针织物的分类。

4. 用线圈图、垫纱运动图与穿纱对纱图、垫纱数码表示经编针织物组织结构和编织工艺的方法,以及二行程和三行程的概念。

5. 经编机的分类,特利柯脱型经编机与拉舍尔型经编机的主要特征和区别。

6. 经编机的一般构造和主要技术规格参数。

第一节　经编针织物及形成

一、经编针织物的结构

与纬编针织物一样,经编针织物(warp knitted fabric)的基本结构单元也是线圈。图 10 - 1 为典型的经编针织物线圈结构图。线圈由圈柱 1 - 2 与 4 - 5、针编弧 2 - 3 - 4 和延展线(under-lap)5 - 6 组成,线圈的两根延展线在线圈的基部交叉和重叠的称为闭口线圈(B),没有交叉和重叠称为开口线圈(A)。纬编针织物有关线圈横列和纵行的定义也适用于经编针织物。

经编针织物与纬编针织物的结构差别在于:一般纬编针织物中每一根纱线上的线圈沿着横向分布,而经编针织物中每一根纱线上的线圈沿着纵向分布;纬编针织物的每一个线圈横列是由一根或几根纱线的线圈组成,而经编针织物的每一个线圈横列是由一组(一排)或几组(几排)纱线的线圈组成。

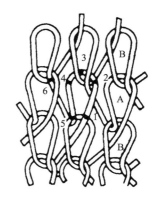

图 10 - 1　经编针织物线圈结构图

经编针织物的横密与纵密一般用纵行/cm 与横列/cm 来表示,其他参数与性能指标,如线圈长度、延伸性、弹性等,其定义与表示方法与纬编针织物一样,这里不再赘述。

二、经编针织物的形成

经编的成圈过程,其基本原理与纬编编结法成圈相似,也分为退圈、垫纱、闭口、套圈、弯纱、脱圈、成圈和牵拉几个阶段。图 10-2 显示了经编针织物的形成方法。在经编机上,平行排列的经纱从经轴引出后穿过各根导纱针(guide)1,一排导纱针组成了一把导纱梳栉(guide bar),梳栉带动导纱针在织针间的前后摆动和针前与针后的横移,将纱线分别垫绕到各根织针 2 上,成圈后形成了线圈横列。由于一个横列的线圈均与上一横列的相应线圈串套从而使横列与横列相互连接。当某一针上线圈形成后,梳栉带着纱线按一定顺序移到其他针上垫纱成圈时,这样就构成了线圈纵行与纵行之间的联系。图中虚线表示各个线圈横列和线圈纵行的分界。

经编与纬编针织物形成方法的差别在于:纬编是在一个成圈系统由一根或几根纱线沿着横向垫入各枚织针,顺序成圈;而经编是由一组或几组平行排列的纱线沿着纵向垫入一排织针,同步成圈。

三、经编生产工艺流程

经编生产的一般工艺流程为:整经→织造→染整→成品制作。

整经工序是将若干个纱筒上的纱线平行卷绕在经轴上,为上机编织做准备。织造工序是在经编机上,将经轴上的纱线编织成经编织物。染整和成品制作工序都与最终产品有关。经编最终产品包括服用、装饰用和产业用三类。服用类产品有泳装、女装饰内衣、运动休闲服等。

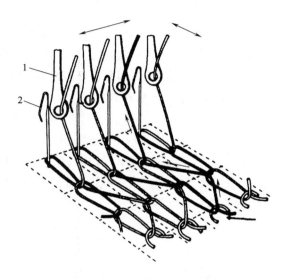

图 10-2　经编针织物形成方法

装饰用产品有窗帘、台布、毯子等。产业用产品有土工格栅、灯箱布、棚盖布等。总的来说,在经编产品中,服用类所占的比重不如纬编大,而装饰用和产业用所占的比重则超过纬编。

第二节　经编针织物分类与表示方法

一、经编针织物的分类

与纬编针织物一样,经编针织物也用组织来命名与分类。一般分为基本组织、变化组织和花色组织三类,并有单面和双面两种。

经编基本组织是一切经编组织的基础,它包括单面的编链组织、经平组织、经缎组织、重经组织,双面的罗纹经平组织等。

经编变化组织是由两个或两个以上基本经编组织的纵行相间配置而成,即在一个经编基本组织的相邻线圈纵行之间,配置着另一个或者另几个经编基本组织,以改变原来组织的结构与性能。经编变化组织有单面的变化经平组织(经绒组织、经斜组织等)、变化经缎组织、变化重经组织,以及双面的双罗纹经平组织等。

经编花色组织是在经编基本组织或变化组织的基础上,利用线圈结构的改变,或者另外附加一些纱线或其他纺织原料,以形成具有显著花色效应和不同性能的花色经编针织物。经编花色组织包括少梳栉经编组织、缺垫经编组织、衬纬经编组织、缺压经编组织、压纱经编组织、毛圈经编组织、贾卡经编组织、多梳栉经编组织、双针床经编组织、轴向经编组织等。

二、经编针织物结构的表示方法

经编针织物组织结构的表示方法有线圈图、垫纱运动图与穿纱对纱图、垫纱数码和意匠图等。

(一)线圈图

图 10−3 为某种经编组织的线圈结构图。该图可以直观地反映经编针织物的线圈结构和经纱的顺序走向,但绘制很费时,表示与使用均不方便。特别对于多梳和双针床经编织物,很难用线圈结构图清楚地表示,因此在实践中较少采用。

(二)垫纱运动图与穿纱对纱图

垫纱运动图是在点纹纸上根据导纱针的垫纱运动规律自下而上逐个横列画出其垫纱运动轨迹。图 10−4 是与图 10−3 相对应的垫纱运动图。图中每一个点表示编织某一横列时一个针头的投影,点的上方相当于针钩前,点的下方相当于针背后。横向的"点行"表示经编针织物的线圈横列,纵向"点列"表示线圈纵行。用垫纱运动图表示经编针织物组织比较直观方便,而且导纱针的移动与线圈形状完全一致。

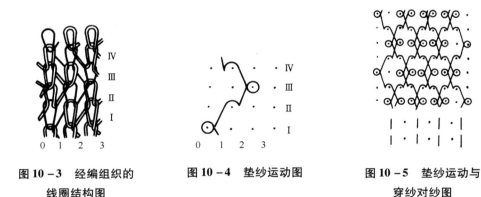

图 10−3 经编组织的线圈结构图　　　　图 10−4 垫纱运动图　　　　图 10−5 垫纱运动与穿纱对纱图

一般经编针织物的组织是由若干把导纱梳栉形成,因此需要画出每一梳栉的垫纱运动图。如果某些梳栉部分导纱针未穿纱(部分穿经),通常还应在垫纱运动图下方画出各把梳栉的穿纱对纱图,如图 10−5 所示。该图表示两梳栉经编组织,每一梳栉都是一穿一空(竖线代表该导纱针穿纱,点代表该导纱针空穿),两梳栉的对纱方式是穿纱对穿纱,空穿对空穿。如果梳栉上穿有不同颜色或类型的纱线,可以在穿纱对纱图中用不同的符号表示。

(三)垫纱数码

用垫纱数码来表示经编组织时,以数字顺序标注针间间隙。对于导纱梳栉横移机构在左面的经编机,数字应从左向右顺序标注;而对于导纱梳栉横移机构在右面的经编机,数字则应从右向左顺序标注。以前，特利柯脱型经编机的针间序号多采用连续数字 0、1、2、3、…奇数，而拉舍尔型经编机的针间序号一般采用 0、2、4、6、…偶数。2009 年国际标准（ISO）规定：所有类型经编机都采用连续数字 0、1、2、3……顺序标注针间间隙。本书将根据这一标准来标注针间间隙与书写垫纱数码。

　　垫纱数码顺序地记录了各横列导纱针在针前（点的上方）的横移情况。例如，与图 10-4 相对应的垫纱数码为 1—0/1—2/2—3/2—1//，其中横线连接的一组数字表示某横列导纱针在针前的横移动程；在相邻两组数字之间，即相邻两个横列之间，用单斜线加以分割开；第一组的最后一个数字与第二组的起始一个数字，表示梳栉在针后的横移动程；双斜线表示一个完全组织的结束。以上述例子来说，第Ⅰ横列的垫纱数码为 1-0，它的最后一个数字为 0，第Ⅱ横列的垫纱数码为 1-2，它的起始一个数字为 1，因此 0-1 就代表导纱针在第Ⅲ横列编织开始前，在针后进行横移的动程。以上垫纱数码适用于二行程（针前横移一次，针后横移一次）的梳栉横移机构。

　　对于三行程梳栉横移机构，编织每一横列梳栉在针前横移一次，在针后横移二次，因此一般是利用三个数字来表示梳栉的横移过程。例如，与图 10-4 所对应的垫纱数码为 1-0-1/1-2-2/2-3-2/2-1-1//。每一组数字中，第一、第二两个数字表示导纱针在针前的横移动程，第二、第三两个数字表示导纱针在针后的第一次横移动程，前一组最后一个数字与后一组最前一个数字表示导纱针在针后的第二次横移动程。

　　在以后的学习中我们会发现，垫纱数码实际上也代表了梳栉横移机构所用链块的号数。

（四）意匠图

　　在设计某些经编花色组织的花型时，例如贾卡（提花）经编组织、双针床毛绒组织、单针床色织毛圈组织、缺垫组织等，一般在方格纸上用彩色笔描绘，这种彩色方格图称为意匠图。在意匠图中，通常一个小方格的高度表示一个线圈横列或两个线圈横列（贾卡组织），一个小方格的宽度表示一个针距，不同的颜色表示不同的组织。

第三节　经编针织机

　　经编机种类繁多，一般根据其结构特点、用途和附加装置进行分类，主要可分为特利柯脱型经编机、拉舍尔型经编机和特殊类型经编机（钩编机、缝编机、管编机等）三大类。其中广泛使用的是前两类。目前就采用的织针类型而言，槽针（复合针）已经成为主流，现代经编机大部分配置了槽针；舌针仍有一定的应用，多见于双针床经编机；钩针在现代经编机上已经不用，被槽针所取代。尽管可以制造圆形针床的经编机，但目前实际生产使用的基本为平形针床经编机。

　　经编机的主要技术规格参数有机型、机号、针床宽度（可以加工坯布的宽度）、针床数（单针床或双针床，可分别生产单面或双面织物）、梳栉数（梳栉数量越多，可以编织的花型与结构越复杂）、转速（主轴每分钟转速，一般每转编织一个线圈横列）等。

一、特利柯脱型经编机

　　特利柯脱型（Tricot）经编机的特征如图 10-6 所示，其坯布牵拉方向 1 与织针平面 2 之间的夹角 β 在 90°～115°范围。一般说来，特利柯脱型经编机梳栉数较少，大多数采用复合针，机号较高(常用 $E24 \sim E32$,最高可达 $E44$),机速也较高(最高可达 4000r/min),针床宽度通常在 $3300 \sim 6600$mm($130 \sim 260$ 英寸)之间。

尽管特利柯脱型经编机有单针床和双针床两类,但绝大多数为前者。单针床特利柯脱型经编机有普通型(2~4 梳栉)、多梳型(一般 9 梳栉以下)、弹性织物型、毛圈型、全幅衬纬型等。

二、拉舍尔型经编机

拉舍尔型(Raschel)经编机的特征如图 10 – 7 所示,其坯布牵拉方向 1 与织针平面 2 之间的夹角 β 在 130°~170°范围。该机多数采用复合针,少数为舌针,与特利柯脱型经编机相比,一般其梳栉数较多,机号和机速相对较低。针床宽度通常在 1000mm~6600mm(40~260 英寸)之间。

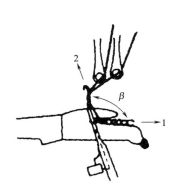 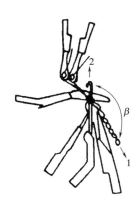

图 10 – 6　特利柯脱型经编机特征　　　图 10 – 7　拉舍尔型经编机特征

拉舍尔型经编机也分单针床和双针床两类。单针床拉舍尔型经编机包括少梳高速型(4~5 梳栉)、普通多梳型、花边窗帘用多梳型(一般 20~65 把梳栉,最多可达 95 把梳栉)、衬纬型、贾卡提花型、双轴向型和多轴向型等。而双针床拉舍尔型经编机有普通型、短绒型、长绒型、间隔织物型、毛圈型、袋型、圆筒织物型、无缝内衣型等。

尽管经编机的种类繁多,但它们的基本构造与组成部分是相似的。图 10 – 8 显示的是一种普通经编机的外形。卷绕有经纱的经轴 1 配置在机器的上方,一般有几把梳栉就对应有几根经轴。在经轴旁侧的送经机构 2 将经纱输送至编织机构 3。编织机构包括针床、梳栉等机件。编织机构的旁侧是梳栉横移机构 4。编织机构编织的织物经过牵拉卷曲机构 5(位于梳栉横移机构 4 的下方)的牵引,最后绕成布卷 6。7 是控制箱与操纵面板。整机还包括传动机构、机架、辅助装置等部分。

三、经编机的梳栉编号

通常经编机上少则配置两把梳栉,多则有几十把梳栉。为便于工艺设计,梳栉需要按一定的顺序进行编号。以前,若是采用两把梳栉,可以用 F 和 B 分别表示前梳栉和后梳栉;如果采用三把梳栉,则可以用 F、M、B 分别表示前梳栉、中梳栉、后梳栉;对于多于三把梳栉的情况,拉舍尔型经编机的梳栉由机前到机后依次编号为 L_1、L_2、L_3、…,而特利柯脱型经编机的梳栉则由机后到机前依次编号为 L_1、L_2、L_3、…。

图 10 - 8 普通经编机的外形

2005 年国际标准规定:所有类型经编机的梳栉编号均统一为由机前向机后,依次为 GB1、GB2、GB3、…。因此,本书的梳栉编号按照这一标准。

👉 思考练习题

1. 经编针织物的结构有何特点,与纬编针织物有何不同?

2. 经编针织物是如何形成的,与纬编有何区别?

3. 经编针织物分几类,表示经编针织物结构的方法有几种,各有何特点?

4. 经编机的主要技术规格参数有哪些?

5. 特利柯脱型与拉舍尔型经编机有哪些差别?

6. 经编机一般有哪几部分组成,每一部分的作用是什么?

第十一章 整经

本章知识点

1. 整经的目的与要求,分段整经、轴经整经和分条整经的特点和用途。
2. 分段整经机的基本构造与工作原理。
3. 弹性纱线整经机的工作原理与特点。

第一节 整经工艺的要求与整经方法

整经(warping,beaming)是经编织造的必不可少的准备工序。整经质量的好坏对经编生产和织物的质量将会产生实质性的影响。

一、整经的目的与要求

整经的目的是将筒子纱按照工艺所需要的经纱根数与长度,在相同的张力下,平行、等速、整齐地卷绕到经轴(beam)上,以供经编机使用。在整经过程中,不仅要求经轴成形良好,还应改善经纱的编织性能,消除整经过程中发现的经纱疵点,为织造提供良好的退绕条件,从而尽可能减少编织产生的疵点。

二、整经的方法

常用的整经方法有三种:分段整经、轴经整经和分条整经。

1. 分段整经 由于经编机上每一把梳栉所需要的经线根数很多,实际生产中往往将一把梳栉对应的经轴上的纱线,分成几份到经轴上的几个盘头上,由整经机将各份经纱卷绕到各个盘头(即分段经轴)上,再将几个分段经轴组装成经编机上的一个经轴。这种将经纱卷绕成狭幅的分段经轴就称为分段整经。分段整经生产效率高,运输和操作方便,比较经济,能适应多种原料纱线的要求,是目前使用最广泛的方法。

2. 轴经整经 轴经整经是将经编机一把梳栉所用的经纱,同时并全部卷绕到一个经轴上。对一般编织地组织的经轴,由于经纱根数很多,纱架容量要较大,整经中对设备的要求较高,也容易引起成形不良,故这种办法不经济,在生产中也有一定困难。因此,轴经整经多用于经纱总根数不多的花色纱线的整经,如衬纬纱线的整经等。

3. 分条整经 分条整经是将经编机梳栉上所需的全部经纱根数分成若干份,一份一份分别绕到大滚筒上,然后再倒绕到经轴上的整经方法。这种整经方法生产效率低,操作麻烦,已很少使用。

第二节　整经机的基本构造与工作原理

　　整经机通常由三部分组成:纱架、纱线处理机构和纱线卷绕机构。纱架部分是承载纱线并使纱线以恒定张力和速度送出的机构,它的核心是张力装置。整经机的中间部分主要是对纱线进行辅助处理及整经过程出现断头时进行处置的系列装置,如对纱线进行加油、静电消除、纱线毛疵、纱线断头处理等。纱线卷绕部分是整经机的核心,它承担纱线卷绕工作,整经机的操控、显示等都集中在此部分。

一、分段整经机

　　分段整经机的种类很多,但工作原理大致相同。目前常用的分段整经机如图 11 – 1 所示。纱线或长丝由纱架 1 上筒子引出,经过集丝板 2 集中,通过分经筘 3、张力罗拉 4、静电消除器 5、加油器 6、储纱装置 7、伸缩筘 8 以及导纱罗拉 9 均匀地卷绕到经轴 10 上。在有些整经机上经轴表面由包毡压辊 11 紧压。筒纱插在纱架 1 上。在纱架上装有张力装置、断纱自停装置、静电消除器、信号灯等附属装置。下面介绍常用分段整经机的主要装置的结构与工作原理。

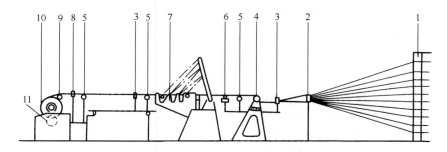

图 11 –1　分段整经机结构简图

(一)张力装置

1.圆盘式张力器　圆盘式张力装置安装在筒纱的前方。如图 11 –2所示,经纱从筒子引出,经挡板 1 并自磁孔 2 穿入后,通过上张力盘 3 与下张力盘 4 之间,绕一个立柱 7 或三个立柱 5、6、7 后引出。张力盘的位置可在沟槽 8 滑移,以调节经纱包围角。

　　经纱张力的大小取决于以下几个因素。

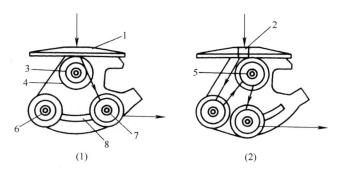

图 11 –2　圆盘式张力器

　　(1)经纱绕过张力盘的个数。绕过张力盘的个数越多,经纱张力越大。

（2）经纱对张力盘立柱的绕线方式。经纱对立柱的包围角越大,经纱张力也越大。

（3）上张力盘的重量。上张力盘的重量增加,经纱的张力也加大。随机供应的张力片因机型不同而略有差别,一般的有 1.5cN、2cN、3.2cN、5cN 等。

2. 液态阻尼式张力器　液态阻尼式张力器,又称 KFD 张力器,如图 11－3 所示。图中经纱穿过气圈盘 1 绕过棒 2 时,只要转动气圈盘 1 则可改变纱线与棒 2 的包围角,经纱的张力也随之改变,这样可以根据工艺要求来调节单纱的预加张力。

另一方面,由拉簧控制的张力杆 3 位于可活动的小平台上,经纱绕过张力杆 3 后获得张力的大小由拉簧的拉力决定。拉簧的拉力则由纱架同一纵列的一根集体调节轴 5 控制,通过改变拉簧的拉力,就可以调节经纱的张力。

液压阻尼机构主要由活动的小平台及其下面的油槽 4 组成。油槽里有控制小平台运动的阻尼叶片和控制张力杆 3 的拉簧,它们均浸在黏性油里。

经纱由气圈圆盘的孔引入,绕过棒 2 后,在张力杆 3 之间穿行。当经纱张力增大（大于预定张力值）时,若干张力杆在拉簧的作用下开始变动位置,使纱线与杆的包围角减小,以达到减小张力的目的,直至张力回复到预定值为止,如图 11－4（1）所示。当经纱张力减小（小于预定张力值）时,若干张力杆再次变更位置,使纱线与张力杆之间的包围角增加以此来提高经纱的张力,直至张力回复到预定值为止,如图 11－4（2）所示。

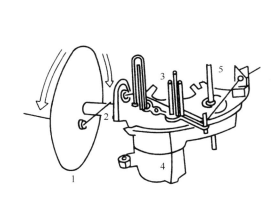

图 11－3　液态阻尼式张力器

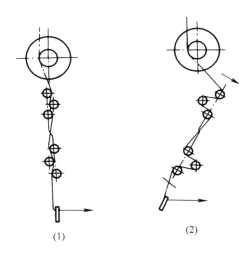

图 11－4　纱线绕过张力杆的不同状态

由于该张力装置能够有效的控制经纱的初张力,液压阻尼机构又能吸收张力峰值减少张力波动,因而能均衡一个筒子自身（从满管到空管）的张力差异,也能均衡筒子之间的张力不匀。

该装置的另一个特点是:张力制动器被用作自停装置,当纱线断头或纱筒用完时,发生无张力的情况,杆与平台转到极端位置,使继电器接通,整经机停止工作。新型的 KFD 张力装置的纱架,采用了一系列相互制约的开关电路。当某根经纱断头后,该排指示灯发亮,同时送出负电平,将其他指示灯的触发电路封锁,避免其因张力松弛而发亮,因而可提高挡车工的效率。

这种装置有不同的型号,以适应不同经纱的要求。KFD－K 型适于合成纤维与精纺纱线,张力调节范围在 4～24cN 之间。KFD－T 型适用于粗纱线,如地毯等厚重织物的纱线整经,它的张力调节范围在 30 ~ 70cN 之间。

（二）储纱机构

储纱装置的作用是在纱线发生断头时便于纱线回绕。在整经机高速运转中发现断头后，即使立即停机，由于惯性的作用，断了的纱头也往往会卷入经轴，接头时必须倒转经轴，直到断头露出为止。储纱装置能使倒出的经纱保持平直状态。

图 11 - 5 显示了上摆式储纱装置的结构。其主要由一组固定储纱辊 1、摆动储纱辊 2、夹纱板 3 以及摆臂 4 等组成，储纱量为 10m。

储纱退绕时，在机头处踩下脚踏开关的反开关，交流电动机驱动摆臂向上（向后）摆动，夹纱板夹紧经纱片，摆臂把经纱从经轴上拉出，直到找到断头为止。处理完断头后，踩下脚踏开关的正开关，经轴向前慢速卷绕，经纱将摆臂向下（向前）拉动，此时交流电动机失电，由于摆臂的传动链中摩擦离合器打滑，摆臂在经纱拉动下返回。当摆动储纱辊 2 下降到固定储纱辊 1 附近时，摆臂使夹纱板打开，同时交流电动机启动，使摆臂继续下降达到它的最低位置。这段时间内，纱线始终由主电动机以慢速向前卷绕，直到放松脚踏开关。

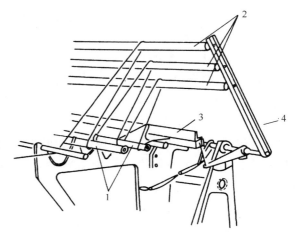

图 11 - 5　上摆式储纱装置

摆臂的最低和最高（最远）极限位置，由摆臂轴上的限位开关凸轮来调整。摆臂的摆角不宜随意增加，以免使经纱在拉回摆臂时承受太大的张力。当经纱根数特别少而不能承受所需的总张力时，应使摆臂的摆动幅度不超过垂直位置，此时总储纱量少于 10m。

摩擦离合器的摩擦力距，可以用螺母进行调节，在保证摆臂带动纱线上摆退绕时，能平稳地上升到垂直位置的前提下，离合器调得越松越好（上升过程中摩擦片间允许平稳的相对滑动），以减少摆臂返回时纱线所受的张力。但在纱线根数较多和较粗时，如果要求总张力加大，可适当增加摩擦离合器的摩擦力矩。

（三）机头

整经机机头部分主要由机头箱、经轴、主电动机及尾架组成。

目前，经编机盘头（分段经轴）的边盘直径一般在 533 ~ 1000mm（21 ~ 40 英寸），盘头的长度通常为 533mm（21 英寸）或 1270mm（50 英寸）。为了适应产品变化的要求，在许多整经机上盘头的大小可以更换，只要将安装盘头的轴头与支承尾架的导柱稍加调整就可实现这种变更。

装在机头上的盘头由直流电动机直接带动。为了保证在盘头直径变化时经纱卷绕速度和卷绕张力不变，必须随着盘头卷装直径的逐渐加大而逐渐降低直流电动机的转速。这个调节过程是这样的，当盘头卷装直径逐渐增大时，经纱线速度也相应增加，并带动导纱罗拉转速加快。在此罗拉上的发电机的测速反馈电压增大，当大于预定标准时，通过继电器，使伺服电动机倒转电枢电压下降，迫使电动机减速，致使盘头转速下降直到回复到预定的线速度。

在有些整经机上为使盘头纱层结构紧密，还装有压辊。它准确地位于两边盘之间，对纱层均匀施压以获得平整的盘头。通常,张力装置能使经纱保持必要的均匀张力,已能满足盘头表面平整的工艺要求。只有在纱线张力要求特别低或对经纱密度有特殊要求时才使用压辊。

(四)静电消除器

静电消除器的作用是将整经过程中纱线所产生的静电及时加以消除。在整经时,高速行进的经纱与金属机件等摩擦产生静电。为了消除静电,除了在加油器中适当加入消除静电油剂外,还可在集丝板等部位安装电离式静电消除器。电离式静电消除器主要由变压器和电离棒组成,利用高电位作用下的针尖放电,使周围空气电离。当经纱片通过电离区时,所带静电被逸走,从而减少整经时的静电,保证了整经的顺利进行。

(五)毛丝检测装置

为了进一步提高整经质量,一般在整经机上还装有毛丝检测装置。它的作用是检测纱线中毛丝、粗节并在整经中予以消除。这种装置与经纱片平行,由光源、光敏元件组成。当光源的光线受到毛丝的遮挡时,照度发生变化,经放大使继电器作用,从而使整经机停机。

(六)拷贝功能整经机

一些较新型的整经机的电脑具有较强的纱线张力控制能力,可整出质量很高的盘头。操作工只需整好一只张力一致的主盘头,电脑会记录下该盘头的内径、外径和圈数,并根据记录下的数值为同组的其他盘头计算生成一参考曲线。如接下来的盘头与主盘头有一定的偏差,电脑将通过控制张力辊的转动速度调节纱线张力的偏差。由于这种整经机有了盘头拷贝功能,可以保证同根经轴上一组盘头的纱线张力一致、盘头周长一致、卷绕圈数一致,从而改进了经编机的织物质量和运转情况。

二、花色纱线整经机

供多梳经编机花色梳栉使用的经轴通常经纱根数较少,可以采用轴经整经的方法,由这种整经机直接制成整个经轴。

图 11 −6 表示了在一花色经轴上用几根纱线 1 卷绕成几段的情况,经轴 2 被两个回转的回转辊 3 摩擦带动,因而不会因经轴直径增大而影响纱线的卷绕速度。

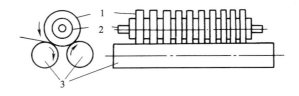

图 11 −6 花色纱整经机

正面纱架上引出的经纱由导筘引导到经轴上,并作横向往复运动。导筘往复运动的动程应小于两个纱段同位点的距离,以便在两个纱段之间留有一定的距离。

三、弹性纱线整经机

氨纶等弹性纱线由于其模量低,受很小的张力就能产生很大的延伸。氨纶弹性纱与导纱机件的摩擦系数很大(0.7 ~ 1.3),是其他合成纤维的 3 ~ 4 倍,较小的张力波动都会造成纱线的伸长发生较大的变化,因而其整经难度较高。用普通整经方法整经时纱线极易缠结,经纱张力也不稳定,因此必须使用专门的整经机。

弹性纱线整经机与普通长丝整经机的结构和功能基本相同,不同点在于:弹性纱线整经机纱线从纱筒上退绕是积极式送纱,且送纱与卷绕需要根据纱线的弹性等相关性能进行匹配;而普通长丝整经机纱线从纱筒上退绕则是消极式送纱。

弹性纱整经机除了应具有一般整经机的结构外,还需要有积极送纱、纱线牵伸和纱线张力补偿装置以适应弹性纱整经时的伸长和回缩。图 11 - 7 显示了弹性纱线整经机的工作原理。弹性纱筒子 9 套在纱架 7 中的纱筒芯座上,并由弹簧紧压在垂直送纱辊 8 上,垂直送纱辊由机身主电动机 11 传动;由于弹性纱筒与送纱辊间的摩擦,积极送出纱线,经张力传感装置 5,张力辊 4 积极传送,再由导纱辊 2 送出,最后由经轴 1 卷取进行整经。当需要停机时,机器的各部分均能同步制动。图 11 - 7 中 10 为无级调速器,3、6 为前后筘,12 为经轴电动机。

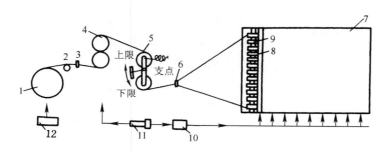

图 11 - 7　弹性纱线整经机

1. 积极送纱装置　承载弹性纱的筒子架由几个独立的纱架组合而成,可以根据整经根数予以增减。纱架向着机头排成扇形(图 11 - 8),使前后纱架上各纱路间的差异尽可能降低,从而减少单纱间的张力不匀。积极式送纱装置主要由每个筒子架上的积极式送纱辊构成。积极式送纱辊通过自身的回转而带动与其接触的弹性纱筒子,使所有的弹性纱筒子表面的退绕线速度与送纱辊表面的线速度一致。送纱量的大小可以通过调节送纱辊的回转速度来改变。

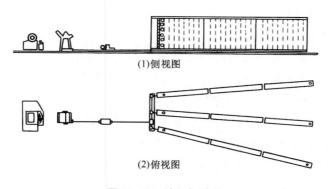

(1)侧视图

(2)俯视图

图 11 - 8　纱架与纱路

送纱辊通常有立式和卧式两种,如图 11 - 9 所示。主动回转的送纱辊 1 带动氨纶纱筒 2 进行退绕送纱,这种传动方式确保了纱筒上的氨纶都以同样的线速度退绕。为了使弹性纱张力均匀,要求筒子架上所有的纱筒直径相同。在较新型整经机上,送纱辊逆时针回转传动纱筒,这种传动方式与旧式的送纱辊作顺时针方向回转相比,可以确保纱筒不打滑,并可消除在满筒时出现的粘丝及其造成的不能顺利退下而断头的现象。

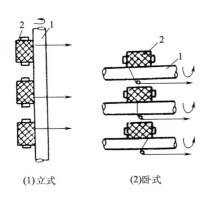

(1)立式　　(2)卧式

图11-9　氨纶纱送纱辊

2. 纱线牵伸装置　牵伸装置是弹性纱整经机上所特有的一种装置,它是将送纱辊送出的弹性纱卷绕到盘头上之前进行适当的拉伸,保持弹性纱的平直。预牵伸量是指弹性纱由纱架送纱辊送出到张力辊之间的拉伸量。张力辊速度与纱筒退绕速度的比值称为预牵伸比,它可以通过改变传动送纱辊的电动机速度和变换齿轮在1~3.17范围内调节。从张力辊到盘头之间纱线的拉伸为后牵伸量。盘头卷取速度与张力辊速度的比值称为后牵伸比。因为是弹性纱,后牵伸比可以是正值,也可以是负值。总牵伸量取决于纱线从纱筒至盘头之间的拉伸量,预牵伸比与后牵伸比的乘积为总牵伸比,其值应尽量保持稳定。各牵伸比的计算遵从下列公式:

$$D_f = \frac{v_r}{v_y} \qquad (11-1)$$

$$D_b = \frac{v_b}{v_r} \qquad (11-2)$$

$$D_t = D_f \times D_b = \frac{v_b}{v_y} \qquad (11-3)$$

式中:D_f——预牵伸比;

$\quad D_b$——后牵伸比;

$\quad D_t$——总牵伸比;

$\quad v_r$——张力辊转动表面线速度,m/s;

$\quad v_y$——纱筒退绕线速度,m/s;

$\quad v_b$——盘头转动表面线速度,m/s。

3. 纱线张力补偿装置　在整经过程中随着纱线筒子直径的减小,退绕张力也将发生变化,并影响纱线的伸长量。为了保持张力稳定,使用张力传感装置,在整经过程中对纱筒上弹性纱伸长的差异自动地适时改变拉伸,进行张力的补偿,做到绕在盘头上的弹性纱的伸长差异减少到最低程度。一对张力传感辊,装在摇臂上,摇臂借拉簧与经纱张力保持平衡。摇臂轴端固有一只感应螺钉,螺钉随摇臂作同步摆动。当经纱张力过大时,螺钉压在下限感应开关上,通过电子放大器使无级调速器加速,筒子退绕速度增加,张力迅速减小。反之,当经纱张力过小时,通过上限感应开关和无级调速器使电动机减速,筒子退绕速度减小,直到张力恢复正常为止。

除了以上必要的装置之外,为了尽量减少弹性纱线与机器的接触点,所有导纱体的表面均为旋转结构,使纱线受到积极、均匀的传动。

☞ **思考练习题**

1.整经的目的是什么？整经要达到哪些工艺要求才能保证编织的顺利进行和产品的质量？

2.整经主要有哪些方法？各有何特点？

3.分段整经机有哪些主要机构？各机构起何种作用？

4.拷贝功能整经机有何特点？

5.弹性纱整经机与分段整经机在结构上有何不同？需要采用哪些特殊机构？

6.弹性纱线整经时会产生一定的牵伸量,牵伸量有哪些？

第十二章　经编机的成圈机件与成圈过程

本章知识点

1. 槽针经编机的成圈机件与成圈过程,成圈机件的运动配合与位移曲线。
2. 舌针经编机的成圈机件与成圈过程,成圈机件的运动配合与位移曲线。
3. 钩针经编机的成圈机件与成圈过程,成圈机件的运动配合与位移曲线。
4. 槽针经编机、舌针经编机和钩针经编机的成圈机件位移曲线的异同点。

第一节　槽针经编机的成圈机件与成圈过程

经编机的编织需要各成圈机件的相互配合,不同种类的经编机,其成圈机件的运动配合也不相同。一般来说,经编机所用的织针类型决定其成圈运动配合的形式,使用同种类型织针的经编机的成圈运动配合基本接近。为适应高速和高质量编织的需要,现代经编机大多使用槽针(复合针)。

一、成圈机件及其配置

槽针经编机的成圈机件包括槽针、沉降片和导纱针等。

1. 槽针　槽针由针身和针芯两部分组成,其结构可参见图 1 - 4。针身和针芯的相互配合运动使针口关闭或开启,来完成线圈的编织。

槽针的安装如图 12 - 1 所示。其中针身可以采取两种方式安装:一种是单个的针身 1 一枚一枚地插放在针床的插针槽板 2 上;另一种是将数枚针身一组浇铸于一定尺寸的铅锡合金针座片上,再将针身座片组合安装在针床上。针芯 3 一般数枚一组浇铸在一定尺寸的合金座片 4 上,再将这些针芯座片 4 组合安装在针床 5 上。针身之间和针芯之间都应相互平行且保持等距,两者的配合也要精确一致。

槽针在成圈过程中的动程较小,与同机号的钩针经编机相比,槽针的动程可减小四分之一左右,从而为高速运转创造了条件。虽然槽针必须采用单独传动针芯的机构,但却省去了压板,又其运动规律比钩针简单得多,且传动机构的结构也比较简单,这也是它可以适应高速的原因之一。

2. 沉降片　槽针经编机上采用的沉降片的形状随机型种类而不同。特利柯脱型机上采用的沉降片如图 12 - 2 所示,由片鼻 1、呈平状的片腹 2 和片喉 3 组成。其中,片喉可用来握持旧线圈和辅助牵拉,片腹可作为弯纱时搁持纱线。该沉降片数片一组将片头和片尾均浇铸在合金

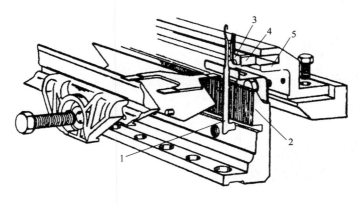

图 12 -1　槽针的安装

座片,合金座片再组合安装在沉降片床上。

3.导纱针　梳栉上的导纱针在成圈过程中用来引导经纱垫放于针上。导纱针由薄钢片制成,其头端有孔,用以穿入经纱。导纱针头端较薄,以利于带引纱线通过针间,针杆根部较厚,以保证具有一定的刚性。如图 12 -3 所示,导纱针通常也是数枚一组浇铸于宽 25.4mm(1 英寸)或 50.8mm(2 英寸)的合金座片上,再将其组合安装到导纱针床上。这些在导纱针床上全幅宽平行排列的一排导纱针组成了一把梳栉,各导纱针的间距与织针的间距一致。

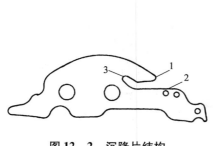

图 12 -2　沉降片结构

图 12 -3　导纱针结构

4.成圈机件配置　特里柯脱型槽针经编机的成圈机件配置如图 12 -4 所示。针身 1 安装在针床 2 上,连杆 3 带动针床摆臂 4 绕轴 5 摆动使针床上下运动。针芯 6 浇注在针芯座片 7 上,针芯座片组合安装在针芯床 8 上,连杆 9 带动针芯床摆臂 10 绕轴 11 摆动使针芯床上下运动。沉降片 12 装在沉降片床 13 上,连杆 14 带动沉降片床摆臂 15 绕轴 16 摆动使沉降片床前后运动。一排导纱针 17 组成了梳栉 18,连杆 19 带动梳栉摆臂 20 绕轴 21 摆动使梳栉前后运动。

图 12 -5 为拉舍尔型槽针经编机的成圈机件配置。图 12 -5 中 1、2、3、4 和 5 分别为针身、针芯、沉降片、导纱针和栅状脱圈板。

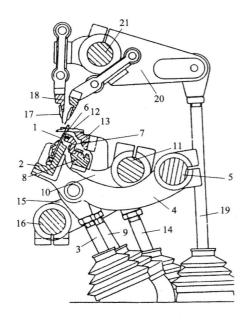

图 12 - 4 特里柯脱型槽针经编机的成圈机件配置　　**图12 - 5** 拉舍尔型槽针经编机的成圈机件配置

二、成圈过程

特利柯脱型槽针经编机的成圈过程如图 12 - 6 所示。

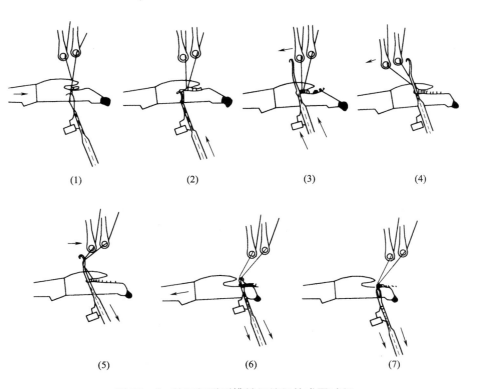

(1)　　　　　　(2)　　　　　　(3)　　　　　　(4)

(5)　　　　　　(6)　　　　　　(7)

图 12 - 6 特里柯脱型槽针经编机的成圈过程

1.退圈　槽针(包括针身和针芯)处于最低位置,沉降片继续向前运动将旧线圈推离针的运动线,如图 12 −6(1)所示。此后,针身先于针芯开始上升,如图 12 −6(2)所示,随后针芯也上升,由于针身的上升速度快于针芯,二者逐渐分开而使针口打开。当针芯头端没入针槽内时,针口完全开启。此后二者继续同步上升到最高位置,旧线圈退到针杆上,如图 12 −6(3)所示。此时,沉降片以片喉握持旧线圈,导纱针已开始向机后摆动,准备进行针前垫纱,但在针到达最高位置前,导纱针不宜越过针平面。

2.垫纱　针在到达最高位置后将静止一段时间,导纱针摆到针的最前位置,作针前横移,准备垫纱,如图 12 −6(4)所示。接着导纱针又摆回到针后位置,将经纱垫在开启的针口内,垫纱完毕后,针身先下降,如图 12 −6(5)所示。

3.闭口和套圈　针身下降一定距离后,针芯也开始下降,但下降速度比针身慢,直至针身的针钩尖与针芯头端相遇。这时针口完全关闭,旧线圈套圈,如图 12 −6(6)所示。此阶段沉降片快速后退,以免片鼻干扰纱线。

4.弯纱、脱圈、成圈和牵拉　针身和针芯以相同速度继续向下运动,针钩钩住了经纱开始弯纱。当针头低于沉降片片腹时,旧线圈由针头上脱下,随着针身和针芯继续下降,逐步弯成了所需长度的新线圈,如图 12 −6(7)所示。此阶段沉降片在最后位置,导纱针在最前位置不动。然后沉降片向前运动握持刚脱下的旧线圈,并将其向前推离针的运动线,进行牵拉,如图 12 −6(1)所示。此阶段导纱针在针后作针背横移,为下一横列垫纱作好准备。

拉舍尔型槽针经编机的成圈过程与后续将要介绍的舌针经编机十分相似,只是由相对移动的针芯来代替针舌的作用。

三、成圈机件的运动配合

经编机的各成圈机件需要有精确和良好的配合才能保证成圈过程的顺利进行,不良的配合不仅会影响成圈及织物的质量,而且还会造成成圈机件的损坏。不同类型的槽针经编机的运动配合也存在差异。针身和针芯的运动配合是经编机成圈的关键,需要精确保证按成圈过程的要求进行开启和关闭针口。

成圈机件运动的配合可用成圈机件位移曲线图表示。成圈机件位移曲线表示主轴一转(一个成圈过程)中各成圈机件的位移和主轴转角的关系,位移曲线随各种机型而不同,特别是针和导纱针的位移曲线变化更多。图 12 −7 为典型的特利柯脱型槽针经编机各成圈机件的位移曲线,下面分析各机件的运动配合。

1.针口开启阶段　在此阶段,针芯不能妨碍旧线圈的退圈。针身在主轴转角 0°开始上升,针芯在 60°左右开始上升。为保证针芯不妨碍退圈,针芯头在上升到旧线圈握持平面(沉降片片腹)高度前,就应全部没入针槽。由于针芯头伸出针槽口为 5mm(此值与机号有关),所以二者的位移曲线应保证当针芯上升 1mm 时,针身应已上升 6mm 以上。在针身位移曲线已经确定后,应控制针芯的位移曲线,并保证在以后升到最高位置期间内,针芯头与针头间始终保持 5mm 左右的距离,以保证针口完全打开。由于针身的动程一般为 13mm(与机号有关),故针芯的动程为 8mm 或接近 8mm。此后,针身与针芯在最高位置作一阶段停顿,在某些机器上,由于连杆传动机构的结构,针芯的位移曲线在停顿阶段有一波形下降后再上升,这并不影响成圈机件的配合。

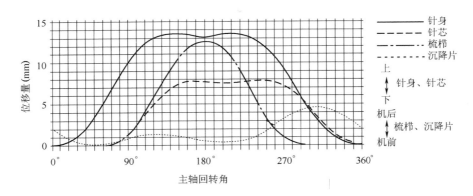

图 12 - 7　特利柯脱型槽针经编机成圈机件位移曲线

2. 针身和针芯的下降阶段　在此阶段,要注意封闭针口的时间以保证套圈的顺利进行。针身先下降,且速度较快,针芯迟下降,且速度慢,使二者闭合。为保证套圈可靠,防止旧线圈重新进入针口内,针口闭合时间要求为:当针芯下降到针芯槽端点到达沉降片片腹平面时,已闭合针口。此后针芯和针身同步下降,两者的位移曲线基本相同。

3. 梳栉与针身的配合　针身的位移曲线基本是对称的。至于停顿阶段时间的分配要兼顾针身和梳栉的运动情况。单就针身的运动来分析,当然希望尽可能减小其在最高位置的停顿时间,以增加针身的上升和下降时间,达到运动的平稳性。但在梳栉较多的机器上,由于梳栉摆动动程的增加,往往成为影响机器运转速度的主要因素,在这种情况下就必须尽可能增加针身在最高位置的停顿时间,以降低梳栉的摆动速度。在四梳栉槽针经编机上,针身在最高位置的停顿时间一般为主轴转角130°左右比较恰当。随着梳栉数的增加,这一段时间还应适当增加,针身的上升和下降时间各为主轴转角110°～120°为宜。

导纱梳栉的摆动动程在四梳栉槽针经编机上为24mm左右,由于动程较大,梳栉的摆动一部分是在针身停顿阶段进行,另一部分是与针身的运动同时进行,但应保证后梳向机后摆到针平面时,针身必须已升到最高位置;后梳向机前回摆过针平面后,针身才开始下降。梳栉的最后位置相应于针身在最高位置停顿期间的中央,因为梳栉摆动曲线一般对称于其最后位置,以保证其摆动平稳和有足够的针前横移时间。梳栉一般在主轴转角50°左右开始向后摆动,在180°左右摆到最后位置,再在310°左右摆回到最前位置,摆到最前位置后应基本不动。

4. 沉降片与针身的配合　在特利柯脱型槽针经编机上,沉降片起握持和牵拉旧线圈的作用。当针身由最高位置开始下降时,沉降片应开始后退,使片鼻逐步退离针的运动线,以免干扰新纱线成圈。为此针头下降到沉降片片鼻上平面前,针头离开最低位置的距离为6～7mm,这时沉降片已退到最后位置。具体时间与沉降片的尺寸有关。接着沉降片又要向前移动,必须注意在针头低于沉降片片腹以前,片鼻尖不能越过针的运动线。为使沉降片运动动程不致过大,沉降片在最后位置时,其片鼻尖一般在针运动线后方1.8mm左右,所以在针头下降到低于沉降片片腹时(一般为主轴转角345°～350°左右),沉降片向机前移动量不应超过1.8mm。另外,为保证退圈时旧线圈受到握持,在针头由最低位置上升至片腹水平时,沉降片片鼻尖应越过针运动线,伸入针间,并迅速到达最前位置,这相应于主轴转角40°～50°期间。沉降片在最前位置基本停留不动,但也允许略微向后移动,这可略微放松针运动时的旧线圈张力。沉降片的动程与沉降片的尺寸有关,一般为7mm左右。

由此可见,在研究和设计槽针经编机的成圈机件位移曲线时,必须考虑其成圈和高速两方面的要求。一方面要使成圈机件在各成圈阶段的主要工艺点有合适的相对位置,保证能高质量成圈。另一方面又要兼顾各机件之间的配合关系,合理分配时间,使其尽可能有较长的运动时间,保证运动的平稳性,使机器高速运转时不会产生过大的加速度和惯性负荷。

四、复合材料成圈机件

随着材料科学与经编技术的进步,近年来,国外率先研制出了碳纤维增强复合材料梳栉,用于新型槽针经编机,以替代传统的金属材料制梳栉。这种新型梳栉具有以下特点。

(1)重量较金属梳栉减轻了许多,梳栉的摆动和横移运动惯量相应降低,机速可以提高25%。目前配置该新型梳栉的两梳槽针经编机的最高速度已经达到4000r/min,生产效率明显提高。

(2)具备很高的强度和刚度,可以提高经编机高速运转时导纱针间距的稳定性,明显减小由于高机号或宽门幅对于机器转速限制的影响。

(3)热膨胀系数极低,因车间温度变化对针距稳定性的影响大为降低,经编机可以在±7℃车间温度范围内高速精确地运行,而此前的要求是±2℃。此外,可以在新建经编厂房时空调设备投资可减少16%,并可节能33%。

(4)大大减少了条纹织物疵点和碰针的可能性。

目前,该技术已经应用到了其他成圈机件,沉降片床、针身床和针芯床也都由碳纤维增强复合材料制成,从而真正实现了经编机的高速、高效、高稳定性、节能和环保。

第二节　舌针经编机的成圈机件与成圈过程

一、成圈机件及其配置

舌针经编机的成圈机件有舌针、栅状脱圈板(即针槽板)、导纱针、沉降片和防针舌自闭钢丝。

1. 舌针　舌针是舌针经编机的主要成圈机件,对产品质量有直接关系。针钩用以拉取纱线,一般较短。但对于某些花边经编机,为满足特殊需要,常采用长钩针。针舌长度对舌针动程有决定性影响,从而影响经编机的速度。使用短舌针是提高舌针经编机速度的有效措施。由于舌针的垫纱范围较大,故适宜于多梳栉经编机以编织花型复杂的经编织物。此外,舌针适用于加工短纤纱。一般舌针数枚一组浇铸在宽25.4mm(1英寸)或50.8mm(2英寸)的合金座片上,如图12-8所示。

2. 栅状脱圈板　栅状脱圈板是一块沿机器针床全幅宽配置的金属板条,其上端按机号要求铣有箄齿状的沟槽,舌针就在其沟槽内作上下升降运动,进行编织。在针头下降到低于栅状脱圈板的上边缘时,旧线圈被其挡住,从针头上脱下,所以其作用为支持住编织好的坯布。在高机号经编机上,通常采用薄钢片先铸成座片形式(图12-9),再将座片固定在金属板条上,并在后面装以钢质板条,以形成脱圈边缘和支持住编织好的坯布。薄钢片损坏时,可以将座片更换。

3. 沉降片 沉降片由薄钢片制成,以数片为一组将其根部按针距浇铸在合金座片内,如图 12 - 10 所示。沉降片安装在栅状脱圈板的上方位置。当针上升退圈时,沉降片向针间伸出,将旧线圈压住,使其不会随针一起上升。这对于编织细薄坯布,使机器能以较高速度运转,具有积极的作用。低机号机器采用较粗的纱线编织粗厚的坯布时,因为坯布的向下牵拉力较大,靠牵拉力就可起到压布作用,故可不用沉降片。

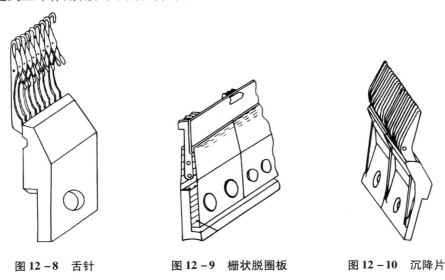

图 12 - 8　舌针　　　　图 12 - 9　栅状脱圈板　　　　图 12 - 10　沉降片

4. 导纱针 舌针经编机所用的导纱针与槽针经编机一样,也是数枚一组浇铸于一定尺寸的合金座片上。

5. 防针舌自闭钢丝 防针舌自闭钢丝沿针床全幅宽横贯固定在机架上,使其位于针舌前方离针床一定距离处,或装在沉降片支架上与沉降片座一起摆动。当针上升针舌打开后,由它拦住开启的针舌,防止针舌自动关闭而造成漏针现象。

6. 成圈机件配置 舌针经编机的成圈机件配置如图12 - 11所示。舌针 1 铸在座片 2 上并一起安装在针床 3 上,栅状脱圈板座片 4 装在栅状脱圈板 5 上,沉降片 6 铸在座片 7 上并一起安装在沉降片床 8 上,在沉降片的上方安装有防针舌自闭钢丝 9,导纱针 10 由梳栉带动。

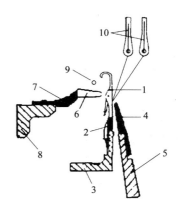

图 12 - 11　舌针经编机的
成圈机件配置

二、成圈过程

普通双梳栉舌针经编机的成圈过程比较简单,如图 12 - 12 所示。

1. 退圈 在上一成圈过程结束时,舌针处于最低位置,准备开始新的成圈循环,如图 12 - 12(6)所示。成圈过程开始时,舌针上升进行退圈,沉降片向针背(机前)运动以压住坯布,握持线圈的延展线,使其不随织针一起上升。导纱针处于针背位置,继续进行针背横移,如图 12 - 12(1)所示。

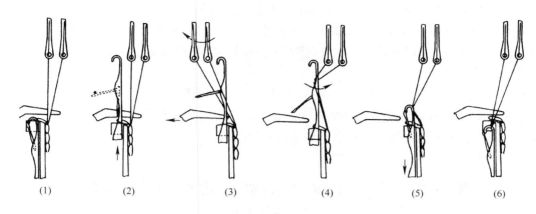

图 12 – 12　舌针经编机成圈过程

针上升到最高位置,旧线圈退到针杆上。由于安装在沉降片上方的防针舌自闭钢丝的作用,会拦下因退圈而上弹的针舌,使针舌处于开启状态,如图 12 – 12(2)所示。

2. 垫纱　梳栉上的一排导纱针向针前(机后)摆动,将经纱从针间带过,直到最后位置,如图 12 – 12(3)所示。此时,导纱针在机后进行针前横移,一般移过一个针距。在编织衬纬组织时,衬纬梳栉不作针前横移。此时沉降片向机后移动,然后梳栉摆回机前,导纱针将经纱垫绕在所对应的针上,如图 12 – 12(4)所示。

3. 闭口和套圈　在完成垫纱后,舌针开始下降,旧线圈将针舌关闭并套在针舌外,如图 12 – 12(5)所示。

4. 弯纱、成圈和牵拉　舌针继续向下运动,将针钩中的新纱线拉过旧线圈进行弯纱。由于旧线圈为栅状脱圈板所支持,所以旧线圈脱落到新纱线上。在针头下降到低于栅状脱圈板的上边缘后,沉降片向前移到栅状脱圈板上方,将经纱分开,如图 12 – 12(6)所示,此时导纱针作针后横移。

当针下降到最低位置时,新纱线穿过旧线圈而形成具有一定形状和尺寸的线圈。与此同时,坯布受牵拉机构的作用将新线圈拉向针背。

三、成圈机件的运动配合

普通双梳栉舌针经编机的成圈机件位移曲线如图 12 – 13 所示。图中曲线 1 为舌针的升降运动,曲线 2、3 分别为梳栉和沉降片的前后运动。

1. 梳栉与针的配合　从图 12 – 13 可见,针的上升和下降各用了主轴转角 90°时间,而在 90°~270°期间,针在最高位置静止不动。梳栉(导纱针)从 90°开始向后摆动,由 180°开始则向前摆动,到 270°时摆到最前方。

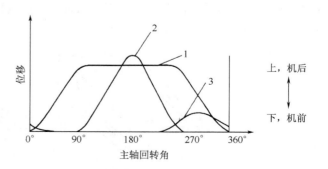

图 12 – 13　舌针经编机成圈机件位移曲线

2.沉降片与针的配合 沉降片的位移曲线与针的配合较为简单,大部分时间在机前握持织物,图中为主轴转角20°~220°。从220°起后退逐渐让出位置,以便针下降时勾取纱线,而不妨碍新纱线的运动。310°时到达最后位置,接着又向前运动,准备为下一成圈过程压住坯布,20°时沉降片到最前位置。

从上述成圈过程位移曲线中可以看到。舌针的升降和梳栉的前后摆动相互错开,分别占用了主轴转角的180°时间。这种时间配合对于垫纱过程的顺利进行是有利的,其缺点是二者的静止时间较长,用于运动的时间较短,不利于机速的提高。

第三节 钩针经编机的成圈机件与成圈过程

一、成圈机件及其配置

钩针经编机的成圈机件有钩针、沉降片、压板和导纱针。

1.钩针 钩针的结构可以参见图1-4。在安装时,针杆嵌在插针槽板的槽内,而针踵(针脚)则插在插针槽板的小孔内作为定位之用,在针槽板外面加上盖板,用螺丝固紧。

2.沉降片 其形状如图12-14(1)所示,也是由片鼻1、片腹2和片喉3组成。与图12-2所示的槽针经编机沉降片不同的是,钩针经编机用沉降片的片腹呈隆起状。片喉到片腹最高点的水平距离对沉降片的动程有决定性影响。图12-14(2)所示为沉降片数片一组浇铸在座片上。

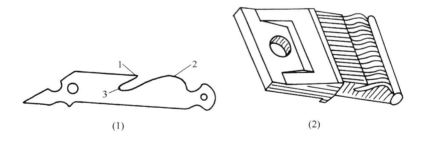

图12-14 沉降片结构

3.压板 压板用来将针尖压入针槽内,使针口封闭,其形状如图12-15所示。普通压板工作时,对所有针进行压针;花压板的工作面带有一定规律的切口,可进行选择压针。压板前面的倾角对压板的作用有很大影响,常为55°。

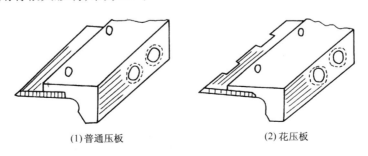

(1)普通压板   (2)花压板

图12-15 压板结构

4.导纱针　导纱针的结构和要求和舌针经编机的类似,都采用座片形式。

5.成圈机件配置　钩针经编机的成圈机件配置如图 12 – 16所示。作上下运动的钩针 2 安装在针床 1 上,沉降片 3 安装在沉降片床 8 上,作前后运动。压板 6 安装在压板床 7 上,也作前后运动。安装在梳栉 5 上的导纱针 4 则作前后摆动以及针前和针后的横移。

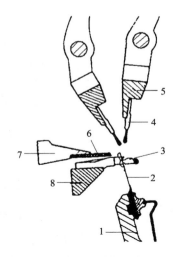

图 12 – 16　钩针经编机的
成圈机件配置

二、成圈过程

图 12 – 17 为成圈过程,图 12 – 18 为典型的位移曲线。图 12 – 18 中曲线 1 为钩针的升降运动,曲线 2、3、4 分别为梳栉、沉降片和压板的前后运动。下面将成圈过程并结合成圈机件的位移曲线加以说明。

1.退圈和垫纱　在主轴转角 0°时,针床处于最低位置,上一横列的新线圈刚形成,如图 12 – 17(7)所示。此时沉降片继续向机前运动,对刚脱下的旧线圈进行牵拉。导纱针处于机前位置,做针背横移。压板继续向后退,以便让出位置,供导纱针后摆。

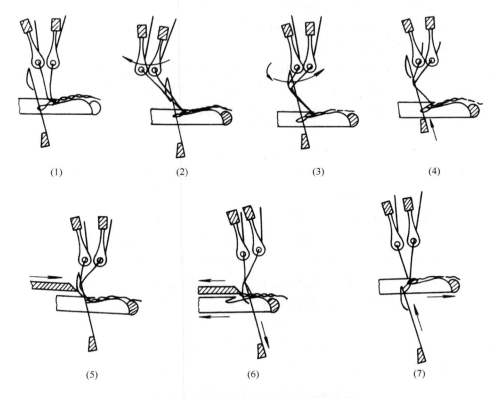

(1)　　　　(2)　　　　(3)　　　　(4)

(5)　　　　(6)　　　　(7)

图 12 – 17　双梳栉钩针经编机成圈过程

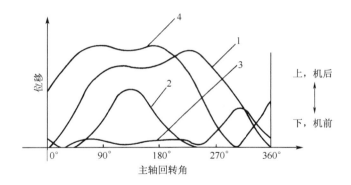

图 12 - 18 典型的钩针经编机成圈机件位移曲线

针上升进行退圈,在100°左右上升到一定高度(称为第一高度),使旧线圈由针钩内滑到针杆上,如图12-17(1)所示。沉降片在20°时处于最前位置,由片喉将旧线圈推离针的运动线。另外,片鼻将新线圈压住,使其不致由于摩擦而随针杆一起上升。沉降片在20°~50°间稍向后退以放松线圈,有利于线圈通过较粗的针槽部分,减少线圈上受到的张力和摩擦力。导纱针从30°开始向机后摆动,准备针前垫纱。80°左右压板退到最后位置。

在130°左右,导纱针摆到最后位置,如图12-17(2)所示。针在第一高度近似停顿不动。导纱针摆到最后位置后就向前回摆,在它向后摆出针平面到向前摆到针平面期间,在针钩前横移(针前垫纱)。沉降片和压板基本维持不动。

在180°左右,导纱针已摆到针背一侧,将经纱垫到所对应的针钩上,如图12-17(3)所示,压板开始向前运动,沉降片基本维持不动。

针自180°起继续上升,在225°左右到达最高点,使原来垫在针钩外侧上的纱线滑落到针杆上,如图12-17(4)所示,沉降片仍基本不动。导纱针在230°左右摆回到针背后的最前位置,此后就静止,直到下一成圈循环再摆向机后,在此期间导纱针要作针背横移运动。压板继续向前运动,为压针作准备。

由上述可知,钩针经编机的垫纱过程较为复杂,先将纱线垫于针钩外侧,然后使纱线滑到针杆上,为此针的上升过程分两次完成,并在第一高度要静止较长时间(80°左右),这样就减少了针可以运动的时间,并增加了机械的惯性力。由于针的运动规律复杂而引起针的传动机构复杂化,这些都导致机器速度的提高受限。钩针经编机上垫纱分两个阶段的目的在于改善垫纱条件,从而使成圈过程顺利进行。针和导纱针各部段的截面厚度是不同的,针头部分和导纱针的头端均比其杆部要薄。当导纱针带着经纱由针间摆过时,如针的相对位置较低,就可使容纱间隙增大,这可减少针和导纱针对纱线的擦伤,有利于纱线的通过。另外,针头较低,还可避免针头在导纱针摆过时挂住由导纱针孔引向经轴的纱段。

2. 闭口和套圈 针从235°开始下降,使原来略低于针槽的新纱线相对移到针钩下方,完成带纱动作。压板继续向前移动准备压针,当针钩尖下降到低于沉降片上平面0.5~0.7mm时,压板开始和针鼻接触,如图12-17(5)所示。在300°左右,压板到最前位置,即压针最足针口闭合。在240°~316°期间,沉降片迅速后退,由片腹将旧线圈抬起,进行套圈,如图12-17(6)所示,此时针继续下降。

压板离开钩针的时间必须和套圈很好配合。为保证套圈可靠,当旧线圈上移到接近压板压住针鼻的部位时,压板才可释压,否则就会形成花针断纱等疵点。

3. 弯纱、脱圈、成圈和牵拉　此后针继续下降,钩住经纱进行弯纱,压板向后运动。当针头下降到低于沉降片片腹最高点(或最高点附近)时,旧线圈就由针头上脱下,完成脱圈。此时沉降片向前运动,对旧线圈进行辅助牵位,如图 12 - 17(7)所示。针在 360°时下降到最低位置,形成一定大小的线圈。

在针的下降过程中,要注意其速度是不同的。在带纱阶段(235°~280),针以较快速度下降。在压针阶段(280°~310°)针下降速度减慢,以减少针和压板的磨损。在弯纱、脱圈、成圈阶段(310°~360°)又以较快速度下降,有利于迅速完成脱圈和成圈动作。

三、成圈机件的运动配合

1. 梳栉与钩针的配合　钩针经编机上由于垫纱过程的特殊性,需要针床在第一高度上停顿,十分不利于机器的高速,为此,在现代钩针经编机上应尽量设法减小这一停顿时间。采用的方法是针床尚未升到第一高度时,梳栉就开始向机后摆动。但是梳栉的后摆也不能开始得太早。它们的配合关系为:当后梳栉摆到针平面时,钩针必须已上升到第一高度,以便使经纱能按垫纱要求处于规定的针间。如果梳栉后摆开始过早,针尚未升到第一高度,导纱针已摆过针平面,则上升的针将穿过后梳的经纱层,甚至穿过前梳的经纱层而刺伤纱线,或使经纱不能处于规定的针间,导致垫纱过程受到破坏。

另外,为减少针在第一高度的停顿时间,通常在梳栉还没有完全摆回到机前时,针就开始第二次上升。一方面可以减少针在第一高度的停顿时间;另一方面,这时垫上的纱线较易滑到针杆上,从而使针的第二次上升的位移可以小些。但针的第二次上升也不可开始过早,若导纱针尚未摆到针背后时,针就上升,这将增大导纱针插入针间的深度,易挤轧甚至擦断经纱。因此,针第二次上升的开始时间只能适当提早。一般可配置成:后梳向前刚摆出钩针平面时,钩针就开始第二次上升。

2. 改进的成圈机件位移曲线　不同类型的钩针经编机成圈机件的位移曲线可能有很大不同。一种针床由单偏心机构传动的钩针经编机的成圈机件位移曲线如图 12 - 19 所示,其中 1、2、3、4 分别为钩针、梳栉、沉降片和压板的位移曲线。从位移曲线可看到,针床升到第一高度是在主轴 90°时间内完成的,这样就可以增加针床在第一高度的停顿时间,从而避免上升的针头刺擦经纱的情况。

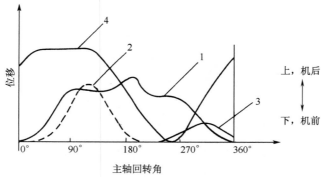

图 12 - 19　某种钩针经编机成圈机件位移曲线

成圈机件位移曲线运动规律的合理性和相互之间的配合情况对经编机的速度有重大影响。设计成圈机件位移曲线时,要与它们的运动配合联系起来。应在满足工艺条件的要求下,依靠成圈机件的良好配合,尽可能减小机件动程和缩短停顿时间。曲线的运动部段要求平稳,少冲击。

☞ 思考练习题

1. 槽针经编机的成圈机件有哪些? 正确绘出槽针经编机的成圈机件位移曲线并分析成圈过程。

2. 舌针经编机的成圈机件有哪些? 正确绘出舌针经编机的成圈机件位移曲线并分析成圈过程。

3. 钩针经编机的成圈机件有哪些? 正确绘出钩针经编机的成圈机件位移曲线并分析成圈过程。

4. 比较和分析槽针、舌针、钩针经编机成圈机件位移曲线的异同点。

5. 槽针经编机为什么可以实现高速?

6. 钩针经编机在退圈时,为什么钩针要分两次上升?

7. 在钩针经编机中,压板的压针时间过早或过迟,编织过程中会出现什么问题?

第十三章　导纱梳栉的横移

本章知识点

1. 梳栉横移必须满足的工艺要求。
2. 机械式梳栉横移机构的几种形式与工作原理。
3. 链块的种类、规格和排列方法。
4. 电子式梳栉横移机构的几种形式与工作原理。

第一节　梳栉横移的工艺要求

在成圈过程中，为了完成垫纱，梳栉除了在针间前后摆动（swinging motion）外，还必须在针前和针背沿针床进行横移。梳栉横移（guide bar shogging）运动决定着各把梳栉的经纱所形成的线圈在织物中分布的规律，从而形成不同组织结构与花纹，因此导纱梳栉横移机构又称花纹机构。

梳栉横移机构的功能是使梳栉根据不同的花纹要求进行横向移动，它能对一把或数把梳栉起作用，并与摆动相配合，使导纱针围绕织针进行垫纱。梳栉的横移必须满足下列工艺要求。

1. 按织物组织结构进行横移　在一个成圈过程中，导纱梳栉应作针前和针背横移，其横移量应为针距的整数倍。每次横移后导纱针应处于针间间隙的适当位置，以免在梳栉摆动时产生撞针或刮擦经纱。梳栉针前横移一般为 1 个针距，也可为 2 针距（重经组织）或 0 针距（缺垫组织，衬纬组织）。针背横移可以是 1 个针距、2 个针距或者更多，也可以为 0 针距，这主要根据织物组织结构而定。

2. 横移必须与摆动密切配合　当导纱针摆动至针平面时，梳栉不能进行横移，否则将发生撞针现象。

3. 梳栉横移运动符合动力学的要求　在编织过程中，梳栉移动时间极为短促，故应保证梳栉横移平稳，速度无急剧变化，加速度小，无冲击。随着经编机速度的提高，对梳栉横移机构的要求愈来愈高，由直线链块变成曲线链块，现在普遍使用花盘凸轮。

4. 梳栉横移机构必须与经编机的用途相适应　为了使经编机能达到最高的编织速度和最好的花纹效果，一些制造商根据经编机的不同用途而设计了专用的梳栉横移机构。如特里柯脱经编机采用 N 型，多梳栉经编机采用 EH 型，贾卡经编机采用 NE 型横移机构等。

5. 满足快速设计和变换花型的要求　为了缩短花型设计和上机时间，快速变换市场所需产品，传统的机械式梳栉横移机构难以满足要求。以采用链块横移机构的多梳栉经编机为例，随着导纱梳栉数量的增加和花型完全组织的扩展,链块总数数以万计,重达数吨,调换链块和链条需要动用起重设备,翻改一个花型要停机数周。用电子导纱梳栉横移机构取代链块机构就能克服上述弊端,不仅变换品种方便快捷,而且可以降低费用,因而在现代经编机中得到日益广泛的使用。

第二节 机械式梳栉横移机构工作原理

常用的机械式梳栉横移机构有链块(pattern links)式和花盘凸轮(pattern wheels)式两种,链块式横移机构又分为直接式和间接式。另外,根据花纹滚筒的数目,梳栉横移机构可分为单滚筒和双滚筒。

一、链块式梳栉横移机构
(一)直接式横移机构

1. 机构的结构 某种单滚筒 N 型梳栉横移机构如图 13-1 所示。滚筒 6 上包覆有 48 块链块 4 组成花纹滚筒。当传动机构经齿形皮带、变换齿轮 A、B、传动轴 5 和蜗轮变速箱 3 驱动滚筒转动时,链块 4 通过滑块 7 和推杆 2,直接作用于梳栉 1 使其横移,两块花纹链块的差值等于梳栉的横移距离。改变变换齿轮 A、B 的齿数比,就能改变主轴与花纹滚筒的传动比,设计与编织出 10、12、14、16、18 和 24 横列一个完全组织的花纹。

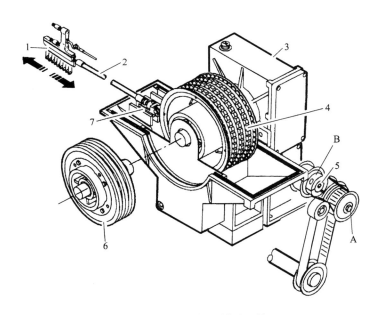

图 13-1 N 型梳栉横移机构

根据经编机成圈原理,编织每一横列导纱梳栉需要在针前和针背进行横移。因此,在主轴一转中,控制梳栉横移的花纹滚筒必须转过两块链块,其中一块链块完成针前横移,另一块链块完成针背横移。这种采用两块链块编织一个横列的方式叫做两行程式,大多数舌针经编机采用两行程式。显然在两行程式经编机中,如果采用的链块规格一致,则针前与针背横移时间是相等的,但针前横移一般为一针距,而针背横移的针距数往往较多,较大的针背横移通常会引起梳栉的剧烈振动,且影响垫纱的准确性,对提高速度不利。如果针背横移分两次完成,即由两块链块完成针背横移,这对于降低梳栉针背横移速度是有利的。这种采用三块链块编织一个横列的方式称为三行程式。

2. 花纹链块　普通花纹链块的形状如图 13-2 所示,一端为双头,另一端为单头。按高度不同链块分为 0,1,2,3,…n 号,相邻号数链块之间的高度差为 1 针距。每一号链块按其斜面的多少和位置不同分成 a 型(无斜面,又称平链块)、b 型(前面有斜面,又称上升链块)、c 型(后面有斜面,又称下降链块)、d 型(前后均有斜面,又称上升下降链块)四种类型。0 号链块最低,只有 a 型,故没有比它低的链块和它连接。

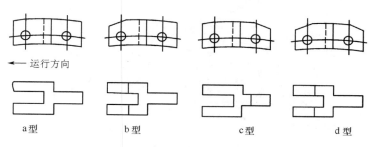

图 13-2　普通链块形状

将各种不同高度的链块的单头插入下一链块的双头内,并通过销子连接成花纹链条,再嵌入滚筒的链块轨道,便装配成了花纹滚筒。链块之间的高度差等于梳栉横移距离的大小。链块排列如图 13-3 所示,相邻链块搭接原则有如下两条。

(1)每一块链块应双头在前,单头在后(保证运动平稳无冲击)。

(2)高号链块的斜面与低号链块的平面相邻。

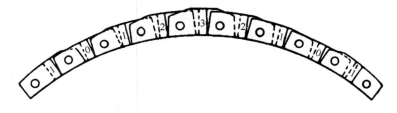

图 13-3　链块排列

由于普通链块的斜面呈直线且比较短,所以难以满足高速运转或编织针背横移大的花纹的要求。对于这种情况,可以采用与大针距横移相适应的曲线链块,使导纱梳栉能在高速条件下平稳而无振动横移。在磨铣曲线链块时需要根据织物组织结构的需要,将编织每一横列所需的三块链块编成一组,成组磨铣,这样能确保三块链块表面曲线连续而不中断。在排链块时,曲线链块只能成组使用(三块为一组),同一组三块链块依次按顺序 1、2、3 标记,将每组链块放置在一起,这样就能确保梳栉横移运动平稳。曲线链块不能由用户自己磨制,链块只能分段替换。

(二)间接式横移机构

机械链块式多梳拉舍尔经编机采用 EH 型双滚筒横移机构,如图 13-4(1)所示。上滚筒 1

采用两行程式 E 型链块,并直接作用于地梳栉,以形成针前垫纱和针背垫纱,链块高度随机号不同而改变。下滚筒 2 采用单行程链块,通过摆动杠杆 3 间接作用于花梳栉,以垫入衬纬等纱线;采用 ER36H 型通用链块时,链块高度按半针距设计,花梳栉通过摆动杠杆装置把由链块产生的推程放大 2 倍。需要改变机号时,只要改变滚筒在水平方向的位置 B 以及从动滚子 4 在摆动杠杆 3 上的相应位置,即可改变摆动杠杆的传动比,使其与针距相适应。因此,一种链块可适用于 E14、E18、E24 三种不同的机号,如图 13 −4(2)所示。

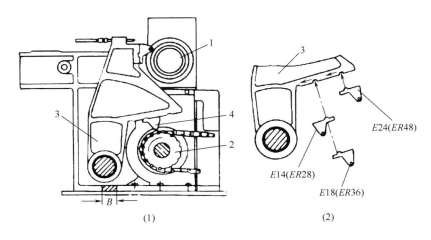

图 13 − 4　EH 型梳栉横移机构

二、花盘凸轮式横移机构

花盘凸轮横移机构也属于直接式梳栉横移机构,在现代高速经编机上已得到广泛应用。如果花盘上的线圈横列数可以被花型循环所整除,就可以使用花盘凸轮。如图 13 − 5 所示,花盘凸轮像曲线链块一样,具有精密的曲线表面。

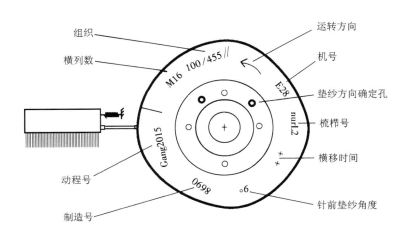

图 13 − 5　花盘凸轮

　　根据完全组织的高度,"每横列链块"数目也可以数字化。例如,对于高度为 10 横列的完全组织和凸轮廓线相当于 48 块链块的花盘凸轮,主轴与花盘的传动比为 1∶10,这意味着每横列花盘转过的链块数目是 4.8。

　　花盘凸轮使梳栉横移非常精确,机器运行平稳,且速度高,目前使用凸轮横移机构的经编机最高机速已达 4000r/min。它减少了存储空间,不会出现诸如链块装错或杂质在槽道内搁置链块而影响机器正常运转等问题。采用花盘凸轮可以很方便地进行行程数变换,并能设计出 10、12、14、16、18、20、22 和 24 横列完全组织的花纹。二行程的花盘凸轮只用于拉舍尔经编机。然而,花盘凸轮不能交叉使用在不同的梳栉位置,完全组织的横列数也受到花盘周长的限制。这种机构主要应用于特里柯脱经编机和高速拉舍尔经编机。

第三节　电子式梳栉横移机构工作原理

一、电磁控制式梳栉横移机构

　　电磁控制式梳栉横移机构又称 SU 电子梳栉横移机构,由计算机控制器、电磁执行元件和机械转换装置组成。其中机械转换装置如图 13 – 6 所示,由一系列偏心 1 和斜面滑块 2 组成,通常含有 6~7 个偏心。对于六个偏心组成的横移机构,斜面滑块则为七段。每段滑块的上下两个端面(最上和最下滑块只有一个端面)呈斜面,相邻的两滑块之间被偏心套的头端转子 3 隔开,形成了不等距的间隙。当计算机控制器收到梳栉横移信息时,在电磁执行元件的作用下,偏心 1 转向左端,偏心套转子 3 也左移,相邻两滑块在转子的作用下扩开,两滑块的间隙加大,最上方滑块通过水平摆杆 4 和直杆 5 作用于推杆 6,推动梳栉 7 右移。反之,当计算机控制器未收到梳栉横移信息时,在电磁执行元件的作用下,偏心 1 转向右端,偏心套转子 3 也右移,被转子隔开的相邻两滑块在弹簧 8 作用下合拢,两滑块的间隙减小,使梳栉 7 左移。

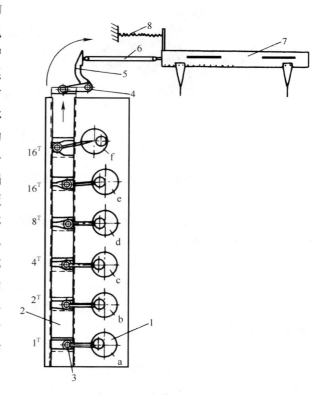

图 13 – 6　SU 横移机构的机械转换装置

　　在每个转子处两个滑块的端面坡度是不同的,因而两滑块之间的间隙大小也不同,但它们都为针距的整倍数。各个偏心所对应的间隙具体如下。

对应的偏心编号：　a　b　c　d　e　f

间隙相差针距数：　1　2　4　8　16　16

根据花型准备系统的梳栉横移信息，可使偏心按一定顺序组合向左运动，它们所产生移距累加便可得到各种针距数的横移，每一横列梳栉最大可横移16针距，累计横移针距数最多可达47针。

电磁控制式梳栉横移机构一般用于多梳栉拉舍尔经编机，其主要特点是：节省了大量链块；能与花型准备系统接口，使计算机辅助设计成为可能；缩短了花型变换时间，提高了机器效率。由于采用了磁铁－机械转换装置实现其主要功能，该机构还存在着不能适应高速（最大转速只能达到450r/min）、横移距离不够的缺点；另外，其传动部分比较复杂，运行噪声也比较大。

二、伺服电动机控制式梳栉横移机构

伺服电动机控制式梳栉横移机构有直线型和转动型两种。

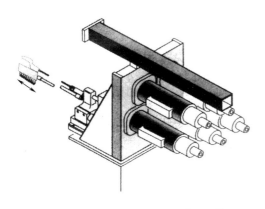

图13－7　直线型电子梳栉横移机构

（一）直线型伺服电动机控制

直线型电子梳栉横移机构如图13－7所示，又称EL电子梳栉横移机构，工作原理如同直线伺服电动机。该机构主要包括一个主轴，其内部为铁质内核，外面环绕线圈。在通电流时，线圈会产生一个磁场，使铁质内核产生线性运动，从而把横移运动直接传输到导纱梳栉。

直线型电子梳栉横移机构一般用于4梳栉和5梳栉的特里柯脱经编机或拉舍尔高速经编机，也可用于双针床拉舍尔经编机。其主要特点如下。

（1）机构简洁，横移可靠，操作方便。

（2）花纹循环不受限制，能进行较大的针背横移。机号$E28$的机器针背横移可达12针，最大累计横移距离可达50mm。

（3）省去链块存储和维护，减少出错的可能性。

（4）能快速进行花纹设计，花纹变换快速，生产效率高。

（5）即使生产结构复杂的产品，对机器生产速度几乎没有影响。但机器的速度受到限制，最高为1800r/min。

（6）成本高。

（二）转动型伺服电动机控制

1. 地梳和贾卡梳栉用横移机构　新一代多梳栉拉舍尔花边机的地梳栉和分离的贾卡梳栉由转动型伺服电动机控制，如图13－8所示。伺服电动机3的转动通过丝杆5和滚珠螺母6变成直线运动，再由球面顶头4推动梳栉横移；其中1为调整标志，2为防护罩，7为球架，8为供油部位。

地梳栉电子驱动装置的设计极其紧凑，电动机和每把梳栉的传动装置排成一条线，这可使工作元件排列成片。当梳栉相邻排列时，它们便形成一个半圆，这样便可以充分利用空间。导

纱梳栉驱动装置改变也很容易,且互不影响。该机构具有下列优点。

（1）结构紧凑,这样就减少了移动部件的重量。

（2）由于采用伺服电动机直接控制地梳栉与贾卡梳栉横移运动,这样就减少了梳栉占用空间。

（3）地梳栉的垫纱运动可以自由的设计。

（4）上机时间缩短。

2. 花梳栉用横移机构　现代多梳栉拉舍尔经编机的花梳栉采用了

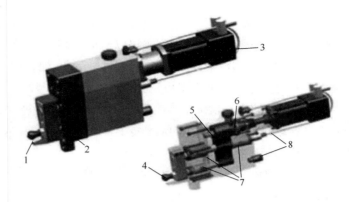

图 13 - 8　地梳和贾卡梳栉的驱动装置

新型的钢丝花梳横移机构,其结构如图 13 - 9 所示。该系统由细的金属丝和花梳导纱针组成,最多可以 8 把梳栉集聚。在钢丝花梳单元 1 中,导纱针 2 黏附在细的钢丝梳 3 上,钢丝梳上的导纱针可以更换;每一根钢丝由计算机控制的伺服电动机 4 通过驱动轮 5 和带子 6 完成横移运动;夹持装置 7 通过气缸把联接驱动轮的带子夹持住,以便更换钢丝花梳;钢丝通过弹簧装置 8 进行往复拉伸,并保证整个横移区保持张力一致。

图 13 - 10 显示了钢丝花梳的集聚,其中 1、2 和 3 分别为钢丝、隔离板和导纱板,两个导纱板联接成一组件。

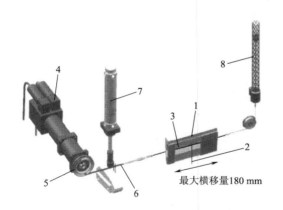

最大横移量180 mm

图 13 - 9　钢丝花梳的结构

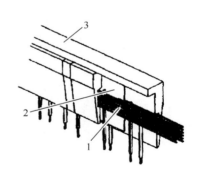

图 13 - 10　钢丝花梳的集聚

新型的钢丝花梳栉横移机构具有以下优点。

（1）花梳栉的横移距离增大。采用其他横移机构,花梳栉的最大横移动程原先只有 47mm 左右。而采用钢丝花梳栉横移机构,现在可达 180mm（相当于驱动轮的周长）,一次横移最大达到 12 针距,最大累计横移为 170 针距,比原来的电磁控制式梳栉横移机构增加了 260%。在此之前,梳栉的最大累计横移为 47 针距,在生产宽条花边时,设计受到限制,导致产品质量较差。采用该机构的新一代花边机能提供 170 针距的花梳栉横移范围,意味着有更大的移动空间。现在能使用更广的原料生产更宽的花边饰带,降低了产品生产和设计的损耗。只要设置一个新的起始位置,就能生产不同宽度的花边。

(2)花梳栉的数目增多。花梳栉的尺寸很小,这样空间利用更加充分,一条集聚线上最多可配置6~8把钢丝花梳。梳栉配置仍以扇形排列,但排列得更紧凑,可装上更多的钢丝梳,如压纱板前面的花梳栉数量由原来的24把增加到36把,提高了50%。目前新一代花边机的梳栉总数可达95把,进而可加工出更精美的花型。

(3)花梳栉的横移精确。影响横移运动的环节减少,导纱针变短,零部件选用最好的材料和采用最新的涂层工艺,梳栉的运动没有摩擦不需润滑。无论生产何种花型、横移距离多少,都能保证横移的精确性。

(4)机器的运转速度提高。由于钢丝花梳栉质量大大减轻,每把只有100~350g,从而使花边机的运转速度达到950r/min。

(5)操作和维护方便。花梳栉和横移机构布局简洁明了,易于操作,维护方便,且费用低。导纱梳栉可以单独排列也可成组排列,不管是在哪种情况下,变化起来都很方便,因此大大缩短了安装时间。

☞ 思考练习题

1. 梳栉横移必须满足哪些工艺要求?

2. 横移机构的形式有哪些? 各有何特点?

3. 链块有哪些种类和规格? 应如何排列?

4. 电磁控制式梳栉横移机构的工作原理是什么?

5. 简述伺服电动机控制式梳栉横移机构的种类、结构、工作原理与应用。

第十四章 经编送经

本章知识点

1. 送经运动必须满足的基本工艺要求。
2. 消极式送经机构的几种形式与工作原理。
3. 积极式送经机构的几种形式。线速度感应式积极送经机构的组成部分和工作原理,以及送经量的计算与调整。
4. 电子式送经机构的几种形式与工作原理。

第一节 送经的工艺要求

经编机在正常运转时,经纱从经轴上退绕下来,按照一定的送经量送入成圈系统,供成圈机件进行编织,这样的过程称为送经(run-in,let-off)。完成这一过程的机构称为送经机构。

一、送经的基本要求

在织物织造过程中,送经的连续性和稳定性不仅影响经编机的效率,而且与坯布质量密切相关。因此,送经运动必须满足下述基本要求。

(1)送经量与坯布结构相一致,要求送经机构能瞬时改变其送经量。这里要考虑两种情况,一种是编织素色织物或花色织物的地组织时,每个横列的线圈长度基本不变或变化很少;另一种是编织花纹复杂的经编组织时,它们的完全组织一般延续很多横列,针背垫纱长度不再固定,有时仅为1针,有时高达7针,而编织的方式又有成圈和衬纬之别,这就要求送经装置能瞬时改变其送经量,甚至在编织褶裥织物时,需要负送经量。理想的送经装置应该能满足上述各种情况。

(2)在保证正常成圈条件下,降低平均张力及张力峰值。过高的平均张力及张力峰值不仅影响经编机编织过程的顺利进行,也有碍织物外观,严重时还会使经纱过多拉伸,造成染色横条等潜在织疵。但不恰当地降低平均张力,会使最小张力过低造成经纱松弛,使经纱不能紧贴成圈机件完成精确的成圈运动。

(3)送经量应始终保持精确。送经量习惯用"腊克"(rack)表示,即每编织480个线圈横列时需要送出的经纱长度(mm)。当送经装置的送经量产生波动时,轻则会造成织物稀密不匀而形成横条痕,重则使坯布单位面积重量发生差异。即使送经量有微量的差异,也会产生一个经轴的经纱比其余经轴先用完的情况,从而导致纱线浪费。

二、经纱张力变化分析

图 14-1 所示为钩针成圈过程中经纱行进路线(简称纱路)。图中经纱自经轴退绕点 K 引出,经弹性后梁 C、导纱针孔眼中心 A 而垫到织针,最后织入织物。经纱在针钩上的垫纱点(即经纱与织针的折弯点)为 B,O 点为经纱织入点。由成圈过程可知,在一个成圈周期中各成圈机件相对位置瞬时变化,尤其是导纱针相对于织针位置的变化,使经纱自退绕点 K 至织入点 O 之间的纱路不断变化,造成 K 与 O 点之间纱段的总长度瞬息变化,这是引起经编机上经纱张力波动的主要原因之一。

图 14-2 中曲线 a、b 分别表示实测经纱延伸量和经纱张力的变化曲线。图 14-2 中纵坐标表示纱段 KO 之间经纱延伸量和经纱张力值,横坐标为主轴的转角。由图 14-2 可知,在一个成圈周期中经纱延伸量和经纱张力出现了二次幅度较大的变化,经纱延伸量曲线的峰值为点 $1'$ 和 $3'$,低谷为点 $2'$ 和 $4'$;而张力曲线的峰值为点 1 和 3,低谷为 2 和 4。

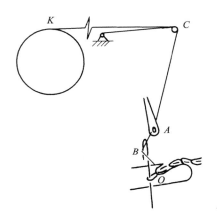

图 14-1　成圈过程中的经纱纱路

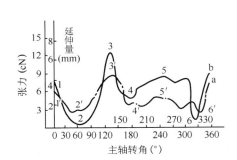

图 14-2　经纱延伸量与经纱张力变化曲线

比较上述曲线的波形可以看出,经纱延伸量和经纱张力的变化总趋势是一致的,但经纱张力除了上述两次较明显的波动外,尚有若干微小幅度的波动,这是由于在绘制经纱延伸量曲线时,曾对实际条件进行一定程度的简化,忽略了影响延伸量变化的次要因素。

由变化曲线可以看出,当主轴转角为 0° 时,经纱张力明显上升,这是由于成圈阶段织针处于最低位置使经纱延伸量急剧增加的缘故。随后织针上升进行退圈,导纱针由针背极限位置向针前方向摆动,经纱延伸量逐渐减少,张力随之下降,当导纱针孔眼中心 A 摆到后梁接触点 C 与经纱织入点 O 之间连线上时(在成圈、退圈阶段,纱线不在织针上折弯),经纱延伸量达到极小值(相应于点 $2'$),因而经纱张力也出现极小值(相应于点 2)。

在垫纱阶段,导纱针继续向针前方向摆动,延伸量随之增加,当导纱针到达织针最前位置并作横移时,经纱延伸量达到极大值(相应于点 $3'$),其时经纱张力也出现极大值(相应于点 3)。此后导纱针从针前位置开始向针背方向摆动,使导纱针孔眼中心 A 与经纱织入点 O 逐步接近,当导纱针孔眼中心 A 再次到达 CO 连线上时,延伸量又一次达到低谷(相应于点 $4'$)。自主轴转角 240° 开始,导纱针已摆到织针的最后位置并一直停顿在那里,在这一阶段延伸量变化甚微。

在转角300°前后(即压针阶段),钩针因受压后仰,加上沉降片向针钩方向移动将织物握持平面上抬,缩短了AO之间的距离,致使延伸量及张力有所下降。成圈阶段随着织针下降,经纱延伸量不断增加,在织针到达最低位置时,延伸量及经纱张力再次达到峰值。

可见在每次成圈周期中经纱一般出现两次张力峰值。最大的张力峰值发生在垫纱阶段,这时纱线的延伸量最大。另一峰值产生在成圈阶段。应该指出,成圈过程中经纱延伸量和经纱张力变化规律并不是一成不变的,它与成圈机件相对配置及其运动规律有关。

总之,应在保证编织顺利进行的情况下给予经纱最小的张力。

第二节 机械式送经机构工作原理

送经机构的种类很多,可以分为机械式和电子式。根据经轴传动方式,机械式送经机构又可以分为消极式和积极式两种。下面分别阐明其结构及工作原理。

一、消极式送经机构

由经纱张力直接拉动经轴进行送经的机构称为消极式送经机构。消极式送经机构结构简单,调节方便,适合于编织送经量多变的花纹复杂组织。由于经轴转动惯性大,易造成经纱张力较大的波动,所以这种送经方式只能适应较低的运转速度,一般用于拉舍尔经编机。该类送经机构根据不同控制特点又可分为经轴制动和可控经轴制动两种形式。采用消极式送经机构,机器可达到的速度最高为600r/min。

(一)经轴制动式消极送经装置

该装置如图14-3所示。这种利用条带制动的送经装置,只需在经轴1轴端的边盘2上配置一根条带3,条带用小重锤4张紧,重锤重量为5~400cN。这种装置一般用于多梳栉经编机上花经轴的控制。衬纬花纹纱的张力控制是极严格的,张力过小,纱线在织物中衬得松,经轴有转过头的倾向;张力过大,花纹纱变得过分张紧,使地组织变形。对这些花纹纱的控制,是目前限制车速提高的一个因素。

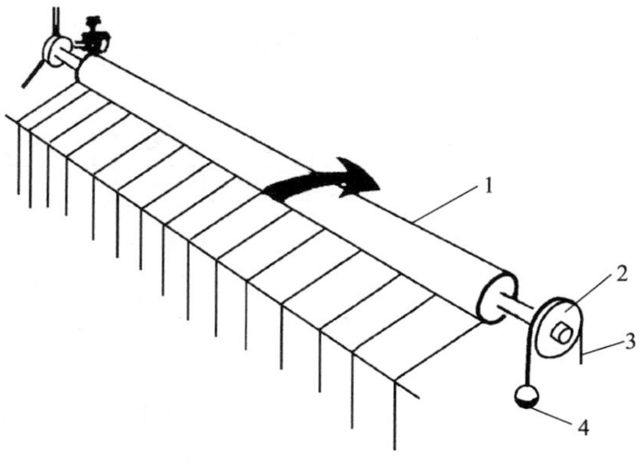

图14-3 经轴制动式消极送经装置

(二)可控经轴制动式消极送经机构

该机构如图14-4所示。一根装在V形制动带轮5上的V形制动带6由两根弹簧4拉紧,使制动带6紧压在V形带轮5的槽中。当经纱张力增加时,张力杆1被下压,使升降块2顶起升降杆3,放松弹簧4,从而减小了皮带的制动力,因此与制动带轮5同轴的经轴被拉转。当经纱张力下降时,张力杆1在回复弹簧作用下上抬回复原位,使弹簧4张紧,从而增加了制动带对带轮的制动力,降低了经轴转速。

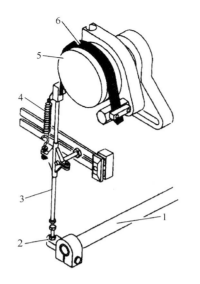

图 14-4 可控经轴制动式消极送经机构

二、积极式送经机构

由经编机主轴通过传动装置驱动经轴回转进行送经的机构称为积极式送经机构。随着编织工作进行，经轴直径逐渐变小，因此主轴与经轴之间的传动装置必须相应增加传动比，以保持经轴送经速度恒定，否则送经量将愈来愈小。在现代高速特里柯脱经编机和拉舍尔经编机中，最常用的是定长积极式送经机构，还有一些较为特殊的送经机构。

（一）线速度感应式积极送经机构

这种送经机构由主轴驱动，它以实测的送经速度作为反馈控制信息，用以调整经轴的转速，使经轴的送经线速度保持恒定。

线速度感应式送经机构有多种类型，但其主要组成部分及作用原理是相同的，图 14-5 所示为该机构的工作原理简图。主轴经定长变速装置和送经无级变速装置，以一定的传动比驱动经轴退绕经纱，供成圈机件连续编织成圈。为保持经轴的送经线速度恒定，该机构还包含线速度感应装置以及比较调整装置。比较调整装置有两个输入端和一个输出端，图中比较调整装置左端 A 与定长变速装置相连，由定长变速装置所确定的定长速度由此输入；右端 B 与线速感应装置相连，实测的送经线速度则由此输入。当两端输入的速度相等时，其输出端 C 无运动输出，受其控制的送经无级变速装置的传动比不作变动；当两者不同时，输出端便有运动输出，从而改变送经无级变速装置的传动比，使实际送经速度保持恒定。

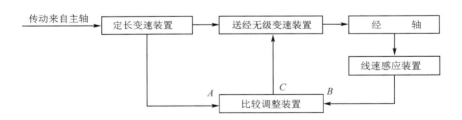

图 14-5 线速度感应式积极送经机构工作原理简图

线速度感应式积极送经机构类型颇多，各以其独特的比较调整装置等为特征，现将常用的各部分具体结构分别加以介绍。

1. 定长变速装置 根据织物组织结构和规格决定线圈长度，这由调整定长变速装置的传动比来达到。定长变速装置的传动比在上机时确定后，在编织过程中将不再变动。定长变速装置由无级变速器或变换齿轮变速器组成。有些经编机的各个经轴共用一个无级变速器，再分别传动几个经轴。为使各经轴间的送经比可以调整，在各经轴的传动系统中采用"送经比"变换齿轮。

2. 送经无级变速装置 由主轴通过一系列传动装置驱动送经无级变速装置，再经减速齿轮传动经轴。经轴直径在编织过程中不断减小，为了保持退绕线速度恒定，经轴传动的角速度应该不断增加。因此，送经无级变速装置必须采用无级变速器使主轴至经轴的传动比在运转中连续地得到调整。常用的送经无级变速器有铁炮式及分离锥体式两种，如图 14 – 6 所示。

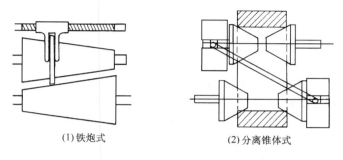

(1)铁炮式　　　　　　　　(2)分离锥体式

图 14 – 6　铁炮式和分离锥体式无级变速器

3. 线速度感应装置　用以测量经轴的实际退绕线速度，并将感应的送经线速度传递给测速机件。常用的线速度感应装置采用测速压辊，它在扭力弹簧作用下始终与经轴表面贴紧，使压辊与经轴能保持相同的线速度转动，再经一系列齿轮传动，使测速机件能反映实际的送经速度。

4. 比较调整装置　比较调整装置类型较多，结构各异。下面介绍较为常用的差动齿轮式比较调整装置。

图 14 – 7 所示为差动齿轮式比较调整装置，它包含由两个中心轮 E、F 和行星轮 G、K 以及转臂 H 所组成的差动齿轮系。中心轮和行星轮均为锥形齿轮，且齿数相等。这种差动轮系的传动特点是，当中心轮 E、F 转速相等方向相反时，转臂 H 上的齿轮 K、G 只作自转而不作公转；当两中心轮转速不等时，转臂 H 上的齿轮 K、G 不仅自转而且产生公转，差动轮系这一传动特点可用作送经机构中的比较调整装置。

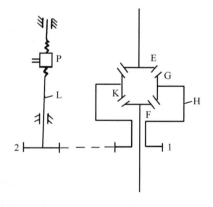

定长变速装置的预定线速度和实测的送经线速度分别从差动轮系的两个中心轮 E、F 输入，当实际送经线速度与预定线速度相一致时，转臂 H 不作公转，齿轮 1、2 静止不动；当两个输入端速度不等时，转臂 H 公转，通过齿

图 14 – 7　差动齿轮式比较调整装置

轮 1、2 驱动丝杆 L 转动，从而使滑叉 P 带动送经无级变速器的传动环左右移动，改变送经变速器的传动比，直至经轴实际线速度与预定的送经速度相等为止。由于编织过程中经轴直径不断变小，使实际送经线速度低于预定线速度，通过差动轮系的公转，使传动环向左移动，从而增大经轴转动速度，以使经轴线速度达到预定线速度。如果实际线速度高于预定线速度，则差动轮系转臂与上述反向转动，使传动环右移，从而降低经轴转速，直至实际退绕线速度与预定线速度相符为止。

5. 有关参数的计算　上述定长变速、送经无级变速、线速度感应以及比较调整等装置的不同结合可以形成结构各异的线速度感应式积极送经机构。

如图 14-5 所示,主轴传动定长变速装置,再由定长变速装置的输出端传动送经无级变速装置以及比较调整装置,最后通过齿轮传动经轴。

主轴一转即编织一个线圈横列时,经轴的转数 n_w 可由下式确定:

$$n_w = k_1 i_1 i_2 \qquad (14-1)$$

式中:i_1——定长变速器的传动比;

  i_2——送经变速器的传动比;

  k_1——由主轴到经轴传动链的传动系数。

如果采用差动齿轮式比较调整机构进行计算,主轴一转,它与定长变速器相联的定长齿轮 E(即图 14-7 中的中心轮 E)的转数 n_E 为:

$$n_E = k_2 i_1 \qquad (14-2)$$

式中:k_2——由主轴到定长齿轮 E 之间传动链的传动系数。

主轴一转中测速齿轮 F(即图 14-7 中的中心轮 F)的转数 n_F 为:

$$n_F = k_3 n_w D_w \qquad (14-3)$$

式中:D_w——经轴直径;

  k_3——经轴至测速齿轮 F 之间传动链的传动系数。

当实际送经量与预定送经量相等时,有 $n_E = n_F$,即:

$$k_2 i_1 = k_3 n_w D_w = k_3 k_1 i_1 i_2 D_w$$

$$i_2 = \frac{k_2}{k_1 k_3 D_w} = \frac{k_4}{D_w} \qquad (14-4)$$

式中,$k_4 = \dfrac{k_2}{k_1 k_3}$。

可见送经变速器的传动比 i_2 只与经轴直径 D_w 成反比,而与线圈长度 L 无关。当经轴上机时,送经变速器 i_2 的大小根据经轴直径加以调节。

主轴一转的送经量即线圈长度为:

$$L = \pi D_w n_w = \pi k_4 k_1 i_1 = k_5 i_1 \qquad (14-5)$$

式中:常数 $k_5 = \pi k_4 k_1$。

上式表明,线圈长度 L 只与定长变速器的传动比 i_1 成正比,而与经轴直径 D_w 无关。根据此式可调整定长变速器,以得到所设计的线圈长度。

(二)双速送经机构

图 14-8(3)为一种具有两种不同送经速度的机构工作原理图。在这一机构中,除了离合器 1 外,并附加有一组飞轮装置 2。所以在离合器脱开时,送经机构的传动并未中断。只不过依照一定规律,降低速度而已。图中链盘 3 控制着离合器的离合。当离合器闭合时,来自主轴的动力按图 14-8(1)的线路传递,此时未经过变速系统,故属正常速度送经。当离合器脱开时,主轴动力按图 14-8(2)的线路传递,此时因经过下方的变速系统,故经轴以较小速度送经。这两种速度的变化比率,可通过调整变速系统中的变换齿轮 A、B、C、D、E 的齿数加以控制。

(三)定长送经辊装置

定长送经辊装置也称定长积极送经罗拉,如图 14-9 所示。传动动力来自主轴,经过链条 1 传动到链轮 2,经变换齿轮 3、4,传动减速箱 5,其传动比为 40:1;再通过链轮 6 和链条 7,传动

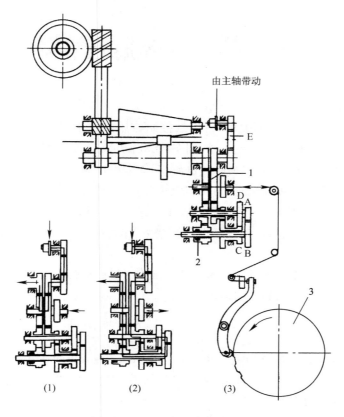

由主轴带动

E

1

D A

2

C B

3

(1)　　　　(2)　　　　(3)

图 14 – 8　双速送经机构

到定长送经辊一端的链轮 8 和齿轮 9、10。送经辊 11 和 12 表面包有摩擦系数很大的包覆层,防止纱线打滑,但在经纱拉力大于卷绕和摩擦阻力的情况下,纱线又可在送经辊上被拉动。两根送经辊的直径一样,传动比为 1∶1。线圈长度确定后,只要将变换齿轮 3、4 选好,不管经轴直径大小,都能定长送出经纱。定长送经辊将经纱从经轴上拉出是消极的。这种定长送经装置既简单又可靠,较多地用于双针床经编机和贾卡经编机。

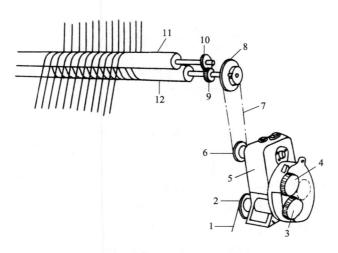

11

10

8

12

9

7

6

5

4

2

1

3

图 14 – 9　定长送经辊装置

第三节　电子式送经机构工作原理

机械式送经机构虽然有许多优点,但仍然存在无法克服的缺陷。例如,随着车速的提高,传动和调速零件磨损严重,使传动间隙增大,导致控制作用滞后于实际转速的变化,反馈性能不足,因而不能满足更高速度的送经要求。特别在停、开机时易造成送经不匀,出现停机横条。现代经编机向着更高速度方向发展,织物品种也越来越多样化,而电子式送经机构能够满足这一要求。电子信号的传导速度接近光速,因此响应速度快,在理论上能跟踪开停机时刻的急剧变化信息,有可能消除或减少停机横条。此外,电子式送经机构送经量精确,调节范围大,有利于提高织物质量;能够实现更高的转速,提高了生产效率;更改送经量方便、迅速;各经轴单独控制,减少了摩擦和能量损耗。

经编机电子送经有定速送经机构和多速送经机构,控制方式采用经轴表面感测辊测速的全闭环和不采用表面感测辊测速的半闭环控制方式。

一、定速电子送经机构

定速电子送经机构又称 EBA(德文 Elektronische Baum – Antrieb)电子送经机构,其作为特利柯脱型与拉舍尔型经编机的标准配置,主要应用于花纹比较简单,一个完全组织中每个横列的线圈长度基本不变或很少变化,即定速送经的场合。图 14 – 10 为 EBA 电子送经机构的原理框图。它的工作原理与线速度感应机械式送经机构基本相同。其基准信息取之于主轴上的交流电动机,当实测送经速度与预定送经速度不等时,通过变频器使电动机增速或减速。

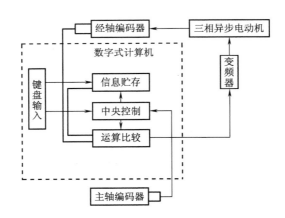

图 14 – 10　EBA 电子送经机构原理框图

EBA 机构配置了一个大功率的三相交流电机和一个带有液晶显示的计算机,机器的速度和送经量可以方便地使用键盘输入,并且送经量可以编程。设定速度时,在 EBA 计算机上,只要简单地揿一下键,可使得经轴向前或者向后转动,在上新的经轴时非常方便。

新型的 EBA 电子送经机构还具有双速送经功能,每一经轴可在正常送经和双速送经中任选一种。另外,为了获得特殊效应的织物,如褶裥织物,经轴可以短时间向后转动或者停止送经。

二、多速电子送经机构

多速电子送经机构又称 EBC（德文 Elektronische Baum – control）电子送经机构，主要包括交流伺服电动机和可连续编程送经的积极式经轴传动装置。图 14-11 所示为该机构的组成和工作原理。

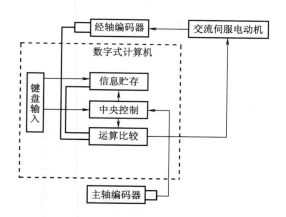

图 14-11 EBC 电子送经机构组成与工作原理

在启动经编机前，必须先通过键盘将下列参数传输给计算机：经轴编号、经轴满卷时外圆周长、停机时空盘头周长、满卷时经轴卷绕圈数以及该经轴每腊克的送经长度。其中每腊克送经长度不一定固定，而是可以根据织物的组织结构的需要任意编制序列，最多可编入 199 种序列，累计循环可达八百万线圈横列。

该机构中经轴脉冲信号来自经轴顶端，而不是取之于经轴的表面测速辊，因而反映的是经轴转速，而不是经轴线速度。但计算机可以根据所输入的经轴在空卷、满卷时的直径以及满卷时的绕纱圈数，逐层计算出经轴瞬时直径，并结合经轴脉冲信号折算成表面线速度，而后将此取样信息输入计算机中，与贮存器的基准信息一一比较。如果取样与基准信息一致，则计算机输出为零，交流伺服电动机维持原速运行；当取样信息高于或低于基准信息时，计算机输出不为零时，将在原速基础上对交流伺服电动机进行微调。由于采取了这种逐步接近的控制原理，送经精度可以大大提高，其控制精度可达 1/10 个横列的送经长度。

EBC 电子送经机构的突出优点是具有多速送经功能，为品种开发提供了十分有利的条件，适用于花纹比较复杂，一个完全组织中各个横列的线圈长度并不都相同的织物的生产。目前这种电子送经机构不仅广泛用于高速经编机，也被用于拉舍尔经编机。

思考练习题

1. 何谓送经？送经运动必须满足哪些基本工艺要求？
2. 消极式送经机构有几种形式？其工作原理如何？
3. 线速度感应式积极送经机构有哪几部分组成？如何实现定长积极送经和改变织物的线圈长度？
4. 简述电子式送经机构的几种形式、工作原理和适用场合。

第十五章　经编机的其他机构与装置

本章知识点

1. 牵拉卷取机构的几种形式与工作原理,牵拉和卷取速度的调整方法。
2. 成圈机件传动机构必须满足的要求。传动机构的几种形式,各自的特点和工作原理。
3. 经编机常用的故障检测自停装置。

第一节　牵拉卷取机构

在经编机上,牵拉卷取机构的作用是随着编织过程的进行,将形成的坯布不断地从成圈区域牵拉出来,并卷绕在卷取辊上或折叠在一定的容器内。

经编机在运转时,坯布牵拉的速度对坯布的密度和质量都有影响。机上坯布的纵向密度随着牵拉速度的增大而减小,反之亦然。因此,要得到结构均匀的经编坯布,就必须保持牵拉速度恒定。

一、牵拉机构

(一)机械式牵拉机构

图15-1显示了一种机械式牵拉机构。主轴通过变换齿轮装置1及蜗轮蜗杆装置2传动牵拉辊3,三根牵拉辊将织物夹紧并作无滑动牵拉。如要改变牵拉速度即所编织坯布的纵向密度,只需更换变换齿轮A、B。机上附有密度表,根据所需的坯布密度就可查到相应变换齿轮A、B的齿数。

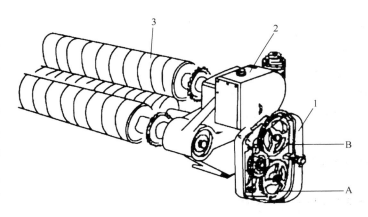

图15-1　机械式牵拉机构

(二)电子式牵拉机构

电子式牵拉机构有EAC和EWA两种。EAC电子式牵拉机构装有变速传动电动机,它取代了传统的变速齿轮传动装置,通过计算机将可变化的牵拉速度编制程序,可获得诸如褶裥结构的花纹效应。EWA电子式牵拉机构仅在EBA电子送经的经编机上使用,它可以定速牵拉或双速牵拉。

二、卷取机构

（一）径向传动（摩擦传动）机械式卷取机构

该机构如图 15－2（1）所示，坯布 2 由牵拉辊 1 送出后，经过三根导布辊 3、4、5 和扩布辊 6，到达作同向回转的两根摩擦辊 7、8，摩擦辊带动卷布辊 9 以恒定的线速度卷绕坯布。扩布辊 6 的两边有螺旋环，以逆进布方向高速回转，使卷边坯布的布边平整地展开。

（二）轴向传动（中心传动）机械式卷取机构

该机构的示意图如图 15－2（2）所示，1 为牵拉辊，2 为织物，3 为操作踏板，4、5、6 为导布辊，7 为卷布辊与布卷。该机构安装到独立的经轴架上，从而保证了在机器振动时织物的质量不受影响。织物卷布辊被紧固在经轴离合器上，卷取张力通过一摆动杠杆和摩擦离合器维持恒定，卷绕张力可作调节。

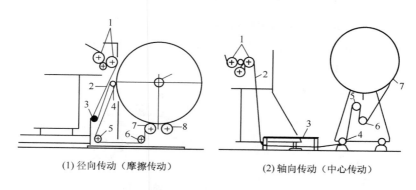

(1) 径向传动（摩擦传动）　　　　(2) 轴向传动（中心传动）

图 15－2　机械式卷取机构

第二节　传动机构

一、经编机主轴的传动

为适应不同原料、织物品种的要求，现代经编机从启动到正常运转需采用不同速度传动。在经编生产中，根据所采用电动机的不同性能而有不同的变速方式。现代高速经编机一般使用高启动转矩的电动机，其启动转矩一般不小于正常运转时满载转矩的四分之三，以确保快速启动，使经编机在尽可能短的时间内加速到全速运转状态，减少开停机条痕的横列数，改善坯布的质量。经编机常用的变速方式有下皮带盘变速和电动机变速两种。

二、成圈机件的传动

为了使成圈过程中各机件产生一定规律的运动并保证编织的顺利进行，成圈机件的传动机构必须满足如下要求。

（1）保证各成圈机件的运动在时间上能密切配合。

（2）尽量使机件在运动中轻快平稳,避免出现速度的急剧变化。

（3）传动机构的结构尽可能简单,制造加工方便。

经编机上采用的成圈机件传动机构,一般有凸轮机构、偏心连杆机构和曲柄轴机构三种。

（一）凸轮机构

凸轮机构的工作原理主要是利用具有一定曲线外形的凸轮,通过转子、连杆而使成圈机件按照预定的规律进行运动。采用凸轮传动成圈机件的历史较长,至今在有些舌针经编机上仍有采用。

经编机上所用的凸轮一般为共轭凸轮。图15－3为共轭凸轮机构的简图。它将主凸轮和回凸轮做成一个整体C,其外表面起主凸轮作用,内表面起回凸轮作用。摇臂的两个转子A、B在推程和回程中先后与内外表面接触滚动。在设计凸轮轮廓线时,内外表面的轮廓线按主凸轮和回凸轮轮廓线的设计方法分别进行。这种凸轮机构的结构简单紧凑,能适应较复杂的运动规律;但凸轮和从动件之间是线(或点)接触,运转时容易磨损,不利于高速运转。

图15－4是凸轮机构在经编机上的应用实例。装有针基(针蜡)2的针床1固装在托架7上。而托架与叉形杠杆3的上端都固定在针床摆轴4上。叉形杠杆下端两侧各装有转子5,分别与主轴上的主回凸轮6的外廓接触。当主轴回转时,主回凸轮6通过转子及叉形杠杆而使针床绕摆轴中心按一定运动规律进行摆动。

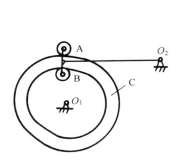

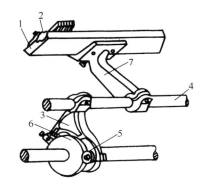

图15－3　共轭凸轮机构简图　　　　图15－4　凸轮机构的应用

（二）偏心连杆机构

偏心连杆机构在高速经编机上已广泛应用。它是平面连杆机构的一种。随着连杆机构设计和制造水平的提高,已经能完全满足经编机高速运转的要求,所以在现代高速经编机的成圈机件的传动机构中,已基本上代替了凸轮传动机构。

图15－5所示为槽针经编机成圈机件传动机构,其实质为偏心连杆机构。其中针芯传动机构由十连杆组成,但杆CD、CE及DE组成一个固结的三角杆组,因此该机构实质上仍为三套四连杆机构组合而成的八连杆机构。运动由固装在主轴A的曲柄输入,通过第一套四连杆机构$ABCD$的作用使三角杆CDE得到确定的摆动,再通过第二套及第三套四连杆机构$DEFG$和$GFKH$的传递,使固结在摆杆HK上的针芯得到成圈所需的运动。导纱梳栉、针身和沉降片传动机构的工作原理与针芯的相同。

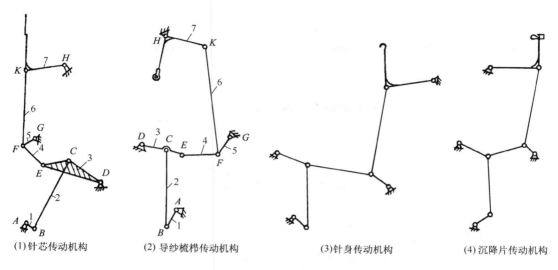

(1)针芯传动机构　　(2)导纱梳栉传动机构　　(3)针身传动机构　　(4)沉降片传动机构

图 15 - 5　槽针经编机成圈机件传动机构

（三）曲柄轴机构

新型的高速经编机大多采用整体的曲柄轴连杆机构来驱动成圈机件,如图 15 - 6 所示。主轴 1 和曲柄轴 2 为整体制造,连杆 3 的轴承直径为 50mm;曲柄轴 2 回转时,连杆 3 使摆杆 4 绕支点 A 摆动,带动连杆 5 上下往复运动,从而推动成圈机件的摆臂(图中未画出)运动。用曲柄轴代替传统的偏心连杆不仅可以大幅提高机器的编织速度,而且可以降低机件的磨损、震动、噪声和能耗,方便设备的维护和保养,提高机器的使用寿命。

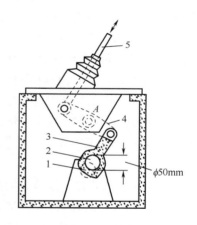

图 15 - 6　曲柄轴机构

第三节　辅助装置

经编机的辅助装置是指那些扩大机器工艺可能性或便于机器调整和看管的装置。在现代经编机上各类辅助装置很多,这里简单地介绍一些便于看管机器的自停装置及经编机控制系统。自停装置是在经纱断头、张力过大或坯布出现疵点以及满匹时使机器及时停止运转的装置。这种装置除能够及时停机,防止织疵延长、扩大,减少许多潜在性机器损坏外,还可以减少挡车工不停巡视机台的劳动强度,从而增加其看台数。

一、断纱自停装置

图 15 - 7 所示为非接触式光电断纱自停装置。它是将光源及光源接收器分置于机台的两

侧或置于机台的同侧而另一侧配置一个反光镜。此外,沿机器整个工作幅宽在经纱下方装有吸风长槽,当断头时纱头被吸风口吸引而卷缩浮起,干扰光束的正常通过量,从而激发接收器内光电电池的光电效应,产生停机动作。

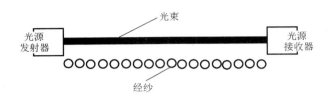

图 15 – 7　光电自停装置

二、坏布织疵检测装置

坏布织疵检测装置不仅可以控制断纱引起的破洞,并且坏针时也能检测。织疵检测装置主要有电接触式、气动式和光电式三种。

1. 电接触式检测装置　电接触式检测装置中在与针床平行并贴近布面处装有电极板,金属刷作为另一电极沿坏布下面来回往复游动,当坏布出现破洞时电路闭合,产生自停。因这种结构的电极是开放式的,有产生接触不良的缺陷。

2. 气动式检测装置　由具有许多出风口的风管组成,风管固装在游架上并在针床和牵拉辊之间沿针床方向来回游动,气流以较小的压力由风口吹向坏布。当产生破洞时,由风口吹出的气流速度将增大,由此引起风管内风压发生变化,这一变化由风管内压力传感器所感应,产生停机信号。

3. 光电式检测装置　光电式检测装置是较先进的一种装置,它又可分为游架式和静止式两种。

(1)游架式检测装置。该装置的游架沿针床与牵拉辊之间的导轨来回游动,游架在其行程的一端碰触电动机换向开关,从而改变电动机转向。游架上装有检测器及由两个柔性电线供电的灯泡,灯光射向布面,其反射光线落到检测器的物镜上,这里的光束被分成两小束,且每小束分别照射到各自的光电元件上。由光电元件产生的两个电信号与比较线路进行比较,当坏布表面出现疵点时,被比较的两电信号之间产生差异而导致停机。这种检测装置的缺点是游架往复一次需要一定时间,这样就有可能在形成相当长度织疵后才被发现。

(2)静止式检测装置。该装置将光电电池与光源装于一个摇动头内,悬挂在距针床上方约2.44m 处,作 90°摇头式往复摆动,其摆动周期为每秒钟扫描一次。为了使停机动作更为可靠,检测装置在接收疵点信号后并不立即停车,而是改变运动方向,反复检测,当换向次数达到预定数目时,即布面上疵点得到证实后才产生停机,这样就可以消除因各种虚假信号而导致不必要的停机。

以上几种织疵检测装置都存在一定的局限性,在编织密实的平布时检测效果甚佳,但对网眼织物则效果不良。

三、经纱长度及织物长度检测装置

1. 经纱长度测量装置　经纱长度测量装置用来对经轴的送经速度进行连续的检测,以及时检查并调整送经机构的工作,使送经速度达到预定的数值;使不同机台、不同批量生产的同类产品的线圈长度保持恒定,对控制经编织物的质量以及确保各个经轴经纱同时用完均具有重要的意义。经纱长度检测装置由经纱速度感测器、主轴转数感测器及电磁计数器组成。

2. 织物长度检测装置　在经编机上还装有织物长度检测装置。在经编机开始编织前,将检测装置的计长器调节到规定的长度,随着编织的长度逐渐增加,计长器的数字逐个减少,当编织的坯布达到预定长度时,计长器的数码倒退至零,通过定长行程开关,经编机立即停止运行。

在现代经编机上采用多功能数码式计数器代替机械式或电气式的单次检测装置。如图15-8所示,多功能数码式计数器主要由四个部分组成。1 为转数表,显示主轴每分钟的实际转数,即每分钟线圈横列数。2 为织物定长表,根据织物的定长以及织物纵向密度,将预置转数通过数字键输入并在数码表中显示其预置转数(一般显示腊克数)。随着编织的进行,预置数逐一递减,至零立即停机。3 为累计转数,它可以 480:1 或 1000:1 的比例加以显示。4 为四班产量表,可通过旋转开关在四个计数表中选用一个。另有一个复位开关,可将数码表复位至零。图中 5 为非触点传感头及主轴测速盘。

在电子送经(EBC)及电子牵拉卷取(EAC)的经编机上,计算机除了控制定长送经及自动调节牵拉卷取量外,还可以自动显示各个经轴送经速度、织物长度、主轴转速,记录并显示疵点的次数以及疵点的种类等参数。

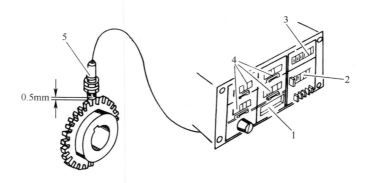

图 15-8　多功能数码计数器

四、经编机控制系统

现代经编机计算机控制系统如图 15-9 所示,通过现场总线控制电子送经、电子梳栉横移和电子贾卡装置以及疵点检测。该系统的工控机采用彩色的触摸屏,并配有菜单,可以方便地输入和查看生产数据,如送经量控制数据、花型控制数据等;人机界面友好,操作简便。该系统还通过给机器的操作工、领班和维修人员等群体分别配给各种密码以保证数据操作的安全性。所有的机器都可以连入网络,一旦出现问题,都会通过远程服务系统中的远程诊断给予帮助。远程指导可以提供正确操作步骤的提示和建议,确保可以充分利用机器的潜力。花型数据可以通过网络由设计中心传送到生产部门,而且可以通过以太网来进行花型数据的传送。

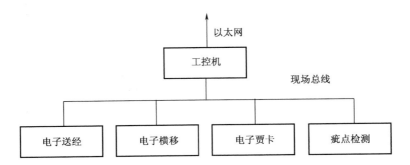

图 15 – 9   KAMCOS 经编机计算机控制系统

思考练习题

1. 牵拉卷取机构有几种形式？其工作原理是什么？

2. 牵拉和卷取速度的调整方法是什么？

3. 成圈机件传动机构必须满足哪些要求？

4. 传动机构有哪些种类？各自的特点和工作原理是什么？

5. 什么是经编机的辅助装置？经编机常用的辅助装置有哪些？

第十六章　经编基本组织与变化组织

本章知识点

1. 经编基本组织的几种结构与表示方法，各自的特点和基本性能。
2. 常用经编变化组织的结构特点、表示方法以及基本性能。

第一节　经编基本组织

一、编链组织

编链组织（pillar stitch）是由一根纱线始终在同一枚织针上垫纱成圈所形成的线圈纵行，如图 16－1 所示。由于垫纱方法不同，编链组织可分为闭口编链和开口编链。闭口编链组织的垫纱数码为 0—1//，而开口编链的垫纱数码为 0—1/1—0//。在编链组织中，各纵行间无联系，故不能单独使用，一般与其他组织复合形成经编织物。

经编织物中如局部采用编链，由于相邻纵行间无横向联系而形成孔眼，因此该组织是形成孔眼的基本方法之一。以编链组织形成的织物为条带状，纵向延伸性小，其延伸性主要取决于纱线的弹性，可逆编织方向脱散。利用其脱散的特性，在编织花边织物时可以作为花边间的分离纵行。

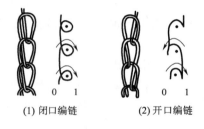

(1) 闭口编链　　(2) 开口编链

图 16－1　编链组织

二、经平组织

经平组织（tricot stitch）是由同一根纱线所形成的线圈是轮流排列在相邻两个线圈纵行，它可以由闭口线圈、开口线圈或开口和闭口线圈相间组成。

图 16－2(1) 为闭口线圈的经平组织。图 16－2(2) 中 D 表示导纱针作针背垫纱运动，为下一横列编织做准备；A 表示导纱针向针前（机后）摆动，B 表示导纱针作针前垫纱运动，C 表示导纱针向针后（机前）摆回形成线圈。图 16－2(3) 表示与图 16－2(2) 相对应的垫纱运动图，其垫纱数码为 1—0/1—2//。

图 16－3 为开口线圈的经平组织，其垫纱数码为 0—1/2—1//。

经平组织中的所有线圈都具有单向延展线，也就是说线圈的导入延展线和引出延展线都是处于该线圈的一侧。由于弯曲线段力图伸直，因此经平组织的线圈纵行呈曲折形排列在针织物

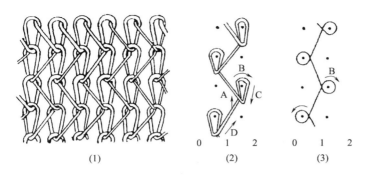

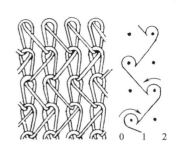

图16-2　闭口经平组织

图16-3　开口经平组织

中,如图16-4所示。线圈向着延展线相反的方向倾斜,线圈倾斜度随着纱线弹性及针织物密度的增加而增加。

　　经平组织在纵向或横向受到拉伸时,由于线圈倾斜角的改变,以及线圈中纱线各部段的转移和纱线本身伸长,而具有一定的延伸性。经平结构的经编织物,在一个线圈断裂并受到横向拉伸时,则由断纱处开始,线圈沿纵行在逆编织方向相继脱散,而使坯布沿此纵行分成两片。

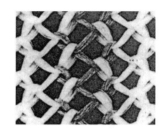

图16-4　经平组织形成的织物

三、经缎组织

　　经缎组织(atlas stitch)是一种由每根纱线顺序地在三枚或三枚以上相邻的织针上形成线圈的经编组织。每根纱线先沿一个方向顺序地在一定针数的针上成圈,后又反向顺序地在同样针数的针上成圈。图16-5为三针开口经缎组织,纱线顺序地在三枚相邻的织针上成圈,其垫纱数码为1—0/1—2/2—3/2—1//。图16-6为五针闭口经缎组织,纱线顺序地在五枚针上成圈,其垫纱数码为0—1/2—1/3—2/4—3/5—4/3—4/2—3/1—2//。

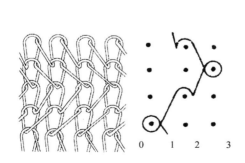

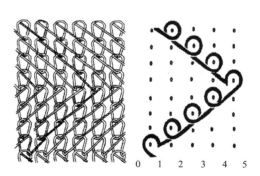

图16-5　三针开口经缎组织

图16-6　五针闭口经缎组织

　　经缎组织一般在垫纱转向时采用闭口线圈,而在中间的则为开口线圈。转向线圈由于延展线在一侧,所以呈倾斜状态;而中间的线圈在两侧有延展线,线圈倾斜较小,线圈形态接近于纬

平针组织。图 16－7 所示为四针开口经缎
组织。

　　经缎结构织物的卷边性及其他一些性
能类似于纬平针组织。不同方向倾斜的线
圈横列对光线反射不同,因而在针织物表面
形成横向条纹。当有个别线圈断裂时,坯布
在横向拉伸下,虽会沿纵行在逆编织方向脱
散,但不会分成两片。

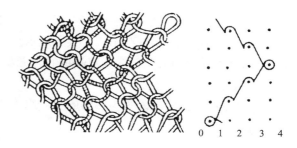

图 16－7　四针开口经缎组织

四、重经组织

　　凡是一根纱线在一个横列上连续形成两只线圈的经编组织称为重经组织(double loop stitch)。编织重经组织时,每根经纱每次必须同时垫纱在两只针上。图 16－8 为重经组织的几种形式。图 16－8(1)是开口重经编链,垫纱数码为 0—2/2—0//;图 16－8(2)是闭口重经编链,垫纱数码为 0—2//;图 16－8(3)是闭口重经平,垫纱数码为 2—0/1—3//。

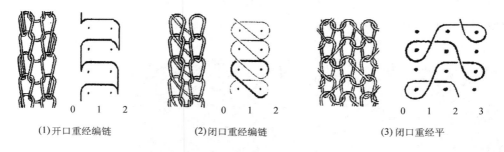

(1)开口重经编链　　　　　(2)闭口重经编链　　　　　(3)闭口重经平

图 16－8　重经组织的几种形式

　　由于重经组织中有较多比例的开口线圈,以其形成的织物的性质介于经编和纬编之间,具有脱散性小、弹性好等优点。编织重经组织时,每横列中同时在两枚针上垫纱成圈。对于离导纱针较远的那枚针来说,它由导纱针拉过经纱时,除了要克服编织普通经编组织时所有的阻力外,还要克服拉过前一针时经纱与前一针及其旧线圈之间的摩擦阻力,因此张力较大,易造成断纱。为了使重经组织的编织顺利进行,要采取对经纱上蜡或给油,以及调整成圈机件位置等措施。

五、罗纹经平组织

　　罗纹经平组织(tricot stitch based on rib)是
在双针床经编机上编织的一种双面组织,编织时
前后针床的针交错配置,每根纱线轮流地在前后
针床共三枚针上垫纱成圈。图 16－9 所示为罗纹
经平组织的结构。垫纱运动图中符号"×"和"。"
分别代表前后针床上的织针,其垫纱数码为 2—
1—1—0/1—2—2—3//。双针床经编组织的垫纱

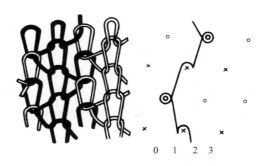

图 16－9　罗纹经平组织

数码表示方法与单针床经编组织略有不同,一个完整的线圈横列由相邻的前、后针床编织的线圈组成;在同一横列中,第一与第二个数字表示前针床的针前垫纱数码,第三与第四个数字表示后针床的针前垫纱数码;单斜线和双斜线的含义没有变化,仍旧分别表示相邻横列之间的分开和完全组织的结束。

罗纹经平结构织物的外观与纬编的罗纹组织相似,但由于延展线的存在,其横向延伸性能则不如后者。

第二节　经编变化组织

一、变化经平组织

变化经平组织是指延展线跨越两个或以上针距的经平组织。图 16 – 10(1)所示的为三针经平组织,又称经绒组织(cord lap),垫纱数码为 1—0/2—3//。它是由两个经平组织组合而成,一个经平组织的线圈纵行配置在另一个经平组织的线圈纵行之间,一个经平组织的延展线与另一个经平组织的线圈在反面相互交叉。图 16 – 10(2)为四针经平组织又称经斜组织(satin lap),垫纱数码为 1—0/3—4//。它是三个经平组织组合而成。

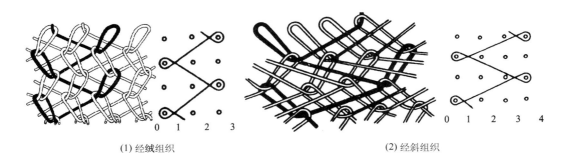

(1) 经绒组织　　　　　　　　　　　(2) 经斜组织

图 16 – 10　经绒组织与经斜组织

变化经平组织的特点是延展线较长,所以其织物的横向延伸性较小、表面光滑。由于变化经平组织由几个经平组织组成,其线圈纵行相互挤住,所以织物的线圈转向与坯布平面垂直的趋势亦较小,其卷边性类似于纬平针组织。另外,在有线圈断裂而发生沿线圈纵行的逆编织方向脱散时,由于此纵行后有另一经平组织的延展线,所以不会分成两片。

二、变化经缎组织

由两个或两个以上经缎组织组成,其纵行相间配置的组织称为变化经缎组织。图 16 – 11(1)显示了跨越两针垫纱所形成的变化开口经缎组织,垫纱数码为 1—0/2—3/4—5/3—2//。图 16 – 11(2)显示了跨越三针垫纱所形成的变化开口经缎组织,垫纱数码为 1—0/3—4/6—7/4—3//。

变化经缎组织由于针背垫纱针数较多,能改变延展线的倾斜角,形成的织物比经缎组织要厚。在双梳栉两隔两空穿形成网眼时,常采用变化经缎组织。

三、双罗纹经平组织

图 16－12 所示为双罗纹经平组织(tricot stitch based on interlock),垫纱数码为 1—2—2—3/2—1—1—0//。它是由两个罗纹经平组织复合而成的双面组织。编织时前后针床上的织针相对配置,纱线轮流地在前后两个针床的三枚针上垫纱成圈。

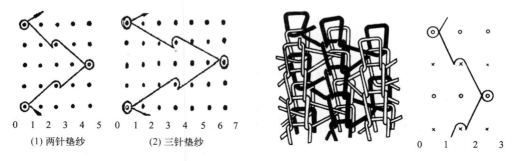

(1) 两针垫纱　　(2) 三针垫纱

图 16－11　变化经缎组织　　　　**图 16－12　双罗纹经平组织**

　　上述的双罗纹经平结构,一根经纱连续在前针床同一枚针上编织,使在前针床编织的一面坯布上呈现出完全直的纵行。而该经纱又轮流在后针床两枚针上垫纱,线圈横列交替地向右和向左倾斜,使后针床编织的一面坯布上呈现出曲折的纵行。

　　与纬编双罗纹组织相似,双罗纹经平组织的正反面线圈纵行也呈相对配置,因此其结构较罗纹经平组织紧密,横向延伸性也较小。

☞ 思考练习题

　　1.经编基本组织有哪些,各有何特点? 画出其垫纱运动图并写出对应的垫纱数码。

　　2.若梳栉横移机构在经编机的右面,试画出五针经平组织的垫纱运动图,并写出对应的垫纱数码。

　　3.重经组织结构有何特点? 编织时有何难度?

　　4.某种经编组织的垫纱运动图如 16－13 所示,试写出对应的垫纱数码。

　　5.罗纹经平组织与双罗纹经平组织有何异同点?

　　6.某种经编织物是在前后织针呈相对配置和梳栉横移机构在左面的经编机上编织,垫纱数码为 1—0—2—3/4—5—6—7/5—4—3—2//,试画出对应的垫纱运动图。

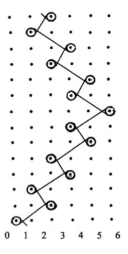

0　1　2　3　4　5　6

**图 16－13　某种经编组织
的垫纱运动图**

第十七章　经编花色组织与编织工艺

本章知识点

1. 双梳栉满穿经编组织的种类,各自的结构特点和基本性能以及编织方法。双梳栉部分穿经形成网眼组织的规律和工艺设计方法。

2. 缺垫组织的结构特点、基本性能、形成的花色效应以及编织方法。

3. 部分衬纬经编组织的结构特点、类型和编织工艺。全幅衬纬经编组织的结构和特性,衬纬方式与编织过程。

4. 缺压集圈和缺压提花组织的结构特点与编织方法。

5. 压纱经编组织的结构特点、形成的花色效应以及编织方法。

6. 形成经编毛圈组织的几种方法。毛圈沉降片法的编织原理,织造经编毛巾组织采用的机件和装置以及编织方法,双针床毛圈组织的编织原理。

7. 贾卡经编组织的结构特点。压电式贾卡导纱装置的结构和基本工作原理,贾卡经编织物种类与提花原理,贾卡花纹的几种表示方法。

8. 多梳栉经编组织常用的地组织类型,形成花纹的原理。与普通的拉舍尔类经编机相比,多梳栉拉舍尔经编机的特点。多梳栉花边织物的工艺设计步骤与方法。

9. 双针床经编机的成圈过程。双针床经编组织的表示方法,以及与单针床经编组织表示方法的区别。双针床经编组织的种类、结构与效应以及编织工艺。

10. 双轴向、多轴向经编组织的结构特点、编织原理、主要性能和应用。

第一节　少梳栉经编组织与编织工艺

第十六章所述的均为单梳栉经编组织,这类组织虽然能形成织物,但因其织物稀薄、强度低、线圈歪斜、稳定性差等原因而较少使用。在实际生产中,可采用少梳栉(一般 2～4 把梳栉)来设计与编织经编花色组织的织物。

一、满穿双梳栉经编组织的结构与特性

这类经编组织采用两把满穿梳栉,做基本组织的垫纱运动,织物表面呈现出平纹效应。

满穿双梳栉经编组织通常以两把梳栉所织制的组织来命名。若两把梳栉编织相同的组织,且做对称垫纱运动,则称为"双经×",如双经平、双经绒等。若两把梳栉编织不同的组织,则将后梳组织的名称放在前面,前梳组织的名称放在后面。如后梳织经平组织,前梳织经绒组织,称

为经平绒;反之则称为经绒平。若两梳均为较复杂的组织,则要分别给出其垫纱运动图或垫纱数码。

纱线的显露关系对于经编织物是极其重要的。基本满穿双梳组织中,每个线圈均由两根纱线组成,如纬编添纱结构,加之线圈背后的延展线,该类织物的横截面可分为四层。通常前梳纱线易显露在织物的工艺正、反两面。即由织物工艺反面到织物工艺正面,依次为前梳延展线、后梳延展线、后梳圈干、前梳圈干。但纱线在工艺正面显露比较复杂,与两把梳栉的经纱线密度、送经比、针背横移量、垫纱位置、线圈形式等有关。一般说来,经纱粗、垫纱位置低、送经量大、针背横移量小、采用开口线圈,则易显露在织物的工艺正面。因此,选择合适的纱线和工艺参数,后梳纱线也可以在工艺正面显露。

(一)素色满穿双梳经编组织的结构、特性及用途

1. 双经平组织 双经平组织(two bar tricot stitch)是最简单的双梳组织,其线圈结构如图17-1所示。

双经平组织中,两把梳栉的延展线在相邻两个纵行之间对称交叉,相互平衡,构成完全直立的线圈纵行。由于当有线圈断裂时,该纵行将会自上而下脱散,导致织物左右一分为二,因此该组织通常不单独使用。

2. 经平绒组织 后梳进行经平垫纱运动,前梳进行经绒垫纱运动所形成的双梳经编组织称为经平绒组织(locknit stitch),其线圈结构如图17-2所示。

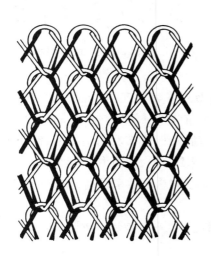

图 17-1 双经平组织   图 17-2 经平绒组织

经平绒组织中,前梳延展线跨越一个纵行,当某一线圈断裂而使纵行脱散时,织物结构仍然由前梳延展线连接在一起,避免了双经平结构织物左右分离的缺陷。该组织中,前梳较长的延展线覆盖于织物的工艺反面,使得织物手感光滑、柔软,具有良好的延伸性和悬垂性。

当经平绒组织的前后梳栉反向垫纱(前梳为1—0/2—3//,后梳为1—2/1—0//)时,织物结构较为稳定(图17-2);而当两把梳栉同向垫纱时(前梳为1—0/2—3//,后梳为1—0/1—2//),则线圈产生歪斜。经平绒组织下机后,横向要发生收缩,收缩率与编织条件、纱线性质等有关。

经平绒组织应用很广,常用做女性内衣、弹性织物、仿麂皮绒织物等。

3. 经绒平组织　后梳进行经绒垫纱运动,前梳进行经平垫纱运动所形成的双梳经编组织,称为经绒平组织(reverse locknit stitch)。其线圈结构如图 17-3 所示。

在经绒平组织中,后梳较长的延展线被前梳的短延展线所束缚,织物结构较经平绒织物稳定,抗起毛起球性能得到改善,但手感较硬。

4. 经平斜组织　后梳进行经平垫纱运动,前梳进行经斜垫纱运动所形成的双梳经编组织,称为经平斜组织(satin stitch)。其线圈结构如图 17-4 所示。

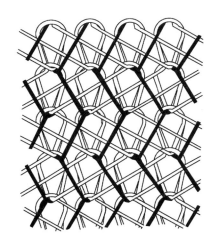

图 17-3　经绒平组织

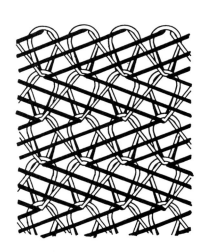

图 17-4　经平斜组织

这类组织中,前梳延展线长而平直,紧密地排列在织物的工艺反面,使织物厚度增加,并具有良好的光泽。经平斜组织多用于做起绒织物,前梳延展线越长,织物越厚实,越有利于拉毛起绒,但织物的抗起毛起球性随之变差。当前后两把梳栉反向垫纱时,织物的稳定性较好,正面线圈较直立。而当两把梳栉同向垫纱时,线圈歪斜,但有利于起绒。在起绒过程中,织物横向将有相当大的收缩,由机上宽度到整理宽度的总收缩率可高达 40% 以上,视起绒程度而变化。

5. 经斜平组织　后梳进行经斜垫纱运动,前梳进行经平垫纱运动所形成的双梳经编组织称为经斜平组织(sharkskin stitch),其线圈结构如图 17-5 所示。

经斜平组织厚实、挺括,结构稳定,抗起毛起球性能好,但手感较差,常用于印花织物。

6. 经斜编链组织　经斜编链组织(queenscord stitch)的后梳进行经斜垫纱运动,前梳进行编链垫纱运动,其线圈结构如图 17-6 所示。

此组织的织物纵横向稳定性极好,收缩率为 1%~6%。该类织物随着后梳延展线的增长,织物面密度增大,尺寸稳定性变好。

(二)色纱满穿双梳组织的结构与特性

在满穿双梳组织的基础上,对其中一把或两把梳栉采用一定根数、一定顺序的色纱穿经进行编织,可以得到各种彩色花纹的经编织物。

图 17 – 5　经斜平组织

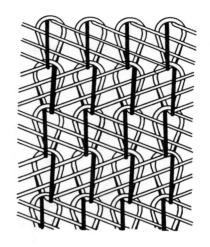

图 17 – 6　经斜编链组织

1. 彩色纵条纹织物　通常后梳栉穿一种颜色的经纱,前梳栉穿两种或两种以上的色纱,并按一定的顺序穿经,就可以得到纵条纹织物。纵条纹的宽度取决于穿经完全组织,曲折情况则取决于梳栉的垫纱运动。如后梳满穿白色经纱,做经斜垫纱运动,前梳以黑、白二色经纱按一定顺序穿经,做编链垫纱运动,这样就能在白色底布上形成具有一定规律的黑色纵条纹。由于前梳采用的是编链组织,因此纵条纹竖直而清晰。当前梳由编链改为经平组织时,同样可以得到上述规律的纵条纹。由于经平组织的一根纱线交替地在相邻两枚针上垫纱成圈,故造成纵条纹的边缘有些模糊不清。

图 17 – 7 所示为双梳变化经缎组织形成的彩色曲折纵条纹织物,前梳(GB1)穿经为 2 黑、24 粉红、2 黑、12 白、4 黑、12 白,后梳(GB2)穿经为全白,所得织物为粉红和白色的宽曲折纵条纹中,配置着黑色的细曲折纵条纹。

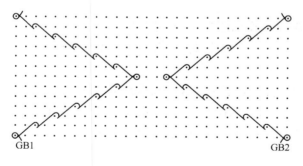

GB1　　　　　　　　　　　　　　　GB2

图 17 – 7　彩色曲折纵条纹织物

2. 对称花纹织物　在满穿双梳组织的基础上利用一定穿经方式和垫纱运动规律可形成几何状花纹。若双梳均采用一定规律的色纱穿经,并采用适当地对纱做对称垫纱运动,可形成对称几何花纹。

图 17 – 8 为由 16 列经缎组织形成的菱形花纹。垫纱数码为:

GB1:1—0/1—2/2—3/3—4/4—5/5—6/6—7/7—8/8—9/8—7/7—6/6—5/5—4/4—3/3—2/2—1//；

GB2:8—9/8—7/7—6/6—5/5—4/4—3/3—2/2—1/1—0/1—2/2—3/3—4/4—5/5—6/6—7/7—8//。

如以"丨"代表黑纱，"＋"代表白纱，完全组织的穿经和对纱情况为：

GB1：＋丨丨丨丨丨丨丨丨＋＋＋＋＋＋＋＋；

GB2：丨丨丨丨丨丨丨丨丨＋＋＋＋＋＋＋＋。

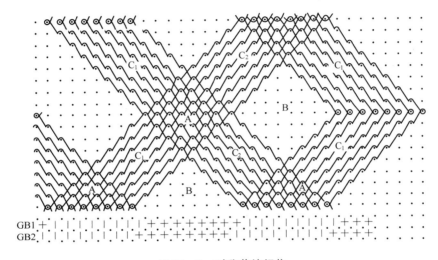

图 17－8　对称花纹织物

图 17－8 中区域 A 及区域 B 为两梳同色纱的线圈重叠处，分别形成黑色菱形块和白色菱形块；而区域 C_1、C_2 则是由黑白两色纱共同构成的，呈现混杂色效应。

若用色纱与不对称的两梳垫纱运动相配合，还可以制得不对称的花纹。

二、部分穿经双梳栉经编组织的结构与特性及用途

在工作幅宽范围内，一把或两把梳栉的部分导纱针不穿经纱的双梳经编组织称为部分穿经双梳经编组织。

由于部分导纱针未穿经纱，造成部分穿经双梳经编组织中的某些地方有中断的线圈横列，此处线圈纵行间无延展线联系，而在织物表面形成孔眼或凹凸效应。这类经编组织的织物通常具有良好的透气性、透光性，主要用于制作头巾、夏季衣料、女用内衣、服装衬里、网袋、蚊帐、装饰织物、鞋面料等。

（一）一把梳栉部分穿经的双梳经编组织

一把梳栉部分穿经，在织物上可形成凹凸和孔眼效应。这种组织中，通常采用后梳满穿、前梳部分穿经。

图 17－9 为一利用前梳部分穿经得到凹凸纵条纹的例子。该组织中，后梳满穿做经绒垫纱运动，前梳两穿一空做经平垫纱运动。由线圈结构图可以看到，纱线 a 只在纵行 2、3 中成圈，纱线 b 只在纵行 3、4 中成圈，所以纵行 2、3、4 将被拉在一起。同样，纵行 5、6、7 被纱线 c、d 拉在

一起。由于空穿处使前梳纱线形成的结构联系中断，所以纵行4、5分开，此处产生空隙。纵行1、2，纵行7、8之间也是如此。

根据上述原则，可以设计出许多种凹凸纵条纹织物。凸条宽度和凸条间空隙宽度取决于做经平垫纱运动的梳栉的穿经完全组织。

一般在凸条间空穿不超过两根纱线，因为织物在该处为单梳结构，易于脱散。若形成凸条的梳栉上穿较粗的经纱，凹凸效应会更加明显。

对于双梳经编组织，当其中一把梳栉部分穿经时，可利用单梳线圈的歪斜来形成孔眼，配以适当的垫纱运动，可以得到分布规律复杂的孔眼。图17-10为一例。前梳满穿做经平垫纱运动，后梳二穿一空做经绒和经斜相结合的垫纱运动。在缺少后梳延展线的地方，纵行将偏开，形成孔眼。

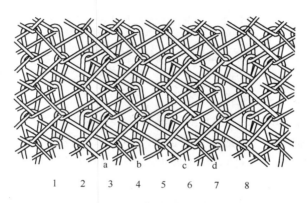

图 17 - 9　凹凸纵条纹组织图

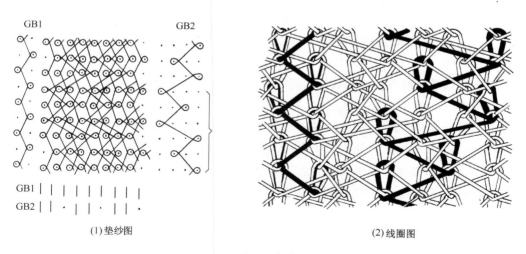

(1)垫纱图　　　　　　　　(2)线圈图

图 17 - 10　一把梳栉部分穿经的网眼组织

（二）两把梳栉部分穿经的双梳经编组织

对于双梳经编组织，当其两把梳栉均为部分穿经并配以适当的垫纱方式时，部分相邻纵行的线圈横列会出现中断，由此形成一定大小、一定形状及规律分布的孔眼。

1. 部分穿经网眼经编组织的形成原则和规律　当采用两把梳栉部分穿经形成网眼组织时，有如下规律(图17－11)。

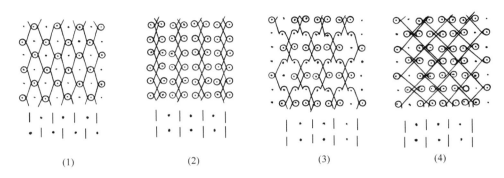

(1)　　　　　　(2)　　　　　　(3)　　　　　　(4)

图 17－11　两梳部分穿经形成网眼的规律

(1)每一编织横列中,编织幅宽内的每一枚织针的针前必须至少垫到一根纱线,以保证线圈不会脱落,编织能连续进行,否则将造成漏针,无法进行正常的编织,如图17－11(1)所示。但是,所垫纱线不必来自同一把梳栉。

(2)为在织物中形成网眼,必须使相邻的纵行在部分横列中失去联系,但是纵行间的分离不能无限延续下去,否则将无法形成整片织物,如图17－11(2)所示。

(3)在织物中,有延展线横跨的纵行将聚拢起来,形成网眼的边柱,而无延展线相连的纵行将分开,形成网眼。

(4)如两把梳栉穿纱规律相同,并做对称垫纱运动(即两梳垫纱运动方向相反、横移针距数相同),则得到对称网眼织物。

(5)对称网眼织物中,相邻网眼间的纵行数与一把梳栉的连续穿经数与空穿数的和相对应。如孔眼之间有三个纵行,则梳栉穿经为二穿一空;如孔眼间有四个纵行,则梳栉穿经可为二穿二空或三穿一空。

(6)一般在连续穿经数与空穿数依次相等时,则至少有一把梳栉的垫纱范围要大于连续穿经数与空穿数的和,如图17－11(3)、(4)所示。

(7)某些部分穿经织物中,有些线圈是双纱的,有些线圈是单纱的,由此形成大小和倾斜程度不同的线圈,其适当分布,将使得织物花纹效应更加丰富。

2. 部分穿经网眼经编组织的类型　部分穿经网眼经编组织有以下几种类型。

(1)变化经平垫纱类。图17－12为两梳部分穿经变化经平网眼组织。两把梳栉均为一穿一空,做对称经绒垫纱运动。由于在转向线圈处,相邻纵行间的线圈无联系,而同一纵行内的相邻线圈倾斜方向又不相同,这样,就以一个横列内两个反向倾斜的线圈作为两边,以下一个横列另两个反向倾斜的线圈作为另外两边,构成一个如图17－12(2)所示近似于菱形的四边小孔眼。图17－12(1)中的斜向阴影线表示在垫纱运动图的该处形成了孔眼。如果要加大织物中的孔眼,可将编链与变化经平相结合。图17－13显示了这种实例,GB1和GB2代表两把梳栉。利用连续几个横列的编链构成网眼的边柱,增加编链垫纱运动的横列数,即可增大网孔,变化经平则用于封闭网眼。

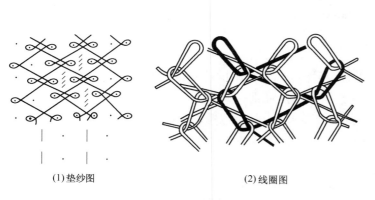

(1)垫纱图   (2)线圈图

图 17－12　两梳部分穿经变化经平网眼组织

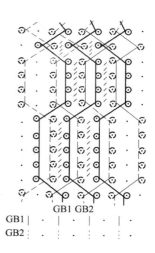

GB1 · · · ·
GB2 · · · ·

图 17－13　两梳部分穿经
大网眼组织

（2）经缎和变化经缎垫纱类。以经缎或变化经缎组织的垫纱方式结合部分穿经形成的网眼组织,在实际生产中应用较为普遍。在图 17－14 中,两把梳栉均采用一穿一空的四列经缎垫纱,该结构中所有线圈均为单纱线圈,线圈受力不均衡,而产生歪斜,形成菱形网眼。

如将经缎垫纱与经平垫纱相结合,可用一穿一空的两把梳栉得到较大的网眼结构。这种组织常用作蚊帐类织物,其垫纱运动为:

GB1:(2—3/2—1) ×2/(1—0/1—2) ×2//;

GB2:(1—0/1—2) ×2/(2—3/2—1) ×2//。

该组织的线圈结构如图 17－15 所示,若增加连续的经平横列数,则可扩大孔眼。

图 17－14　经缎垫纱部分穿经网眼组织

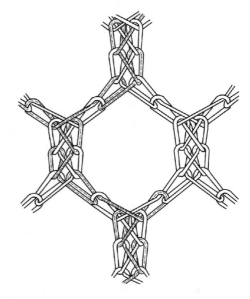

图 17－15　经缎与经平垫纱部分穿经网眼组织

经缎类两梳部分穿经组织通常不限于一穿一空的穿经方式,还有二穿二空、三穿一空、五穿一空等方式。这时需采用部分变化经缎垫纱运动,以确保每一横列的每枚织针均能垫纱成圈。

3. 两梳部分穿经网眼组织的分析与设计 设计两梳部分穿经组织可按如下步骤。

(1)画出意匠图。在意匠图纸上,根据完全组织的宽度和高度,画出完全组织的区间,如图17－16(1)所示。

(2)标注孔眼。在意匠图纸上,用粗竖线标注孔眼的位置及大小,如果相邻纵行无延展线的横列数多,则形成柱形孔眼;横列数少,则为小孔眼。

(3)画出梳栉穿经图。在有孔眼处不穿经纱,其余位置均穿经纱。通常两把梳栉的穿经情况相同,但也可不同,第二把梳栉主要是起填补纱线的作用。

(4)画出垫纱运动图。在穿经图和意匠图的基础上,用两色笔画出两梳的垫纱运动图。柱形孔眼处,如图17－16(1)中 a_1 和 a_3 段,可采用经平垫纱。在画垫纱运动图时,通常使两把梳栉的延展线方向相反,并且延展线不通过具有孔眼的地方(即意匠图上画有粗竖线的地方)。在 a_2 处的孔眼位于两条柱形孔之间,因此,在该段采用经绒垫纱以避开孔眼,如图17－16(2)所示。在 a_4 段孔眼呈跳棋形配置,梳栉又作经绒垫纱。

(5)画出满穿处的两梳垫纱运动图。

(6)写出两梳的垫纱数码。

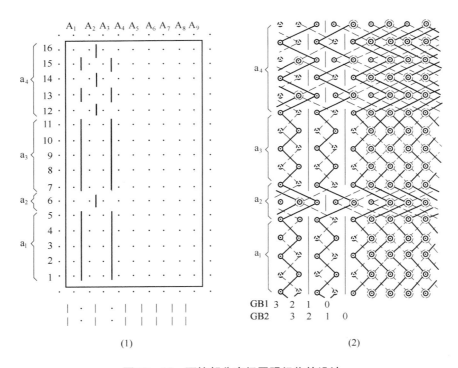

图 17－16 两梳部分穿经网眼织物的设计

三、少梳栉经编织物编织工艺实例

在少梳栉经编机上,通过改变梳栉数、纱线配置、穿经方式、对纱及垫纱运动规律,可形成横条、纵条、格子和绣纹(即绣花添纱组织)等多种花色织物。

图 17-17 所示为三梳弹性灯芯条织物。如以 J 表示 83dtex 锦纶丝,K 表示 40dtex 氨纶裸丝,垫纱数码和穿经完全组织如下:

GB1:1—0/0—1//　　1J,1 空,1J,5 空;

GB2:2—3/1—0//　　满穿 J;

GB3:1—0/1—2//　　满穿 K。

上述织物中前梳 GB1 的部分穿经,使织物形成宽窄相间的灯芯条效应,如图 17-17(2)所示。

图 17-18 所示为两梳横条纹织物。该组织利用在连续若干个横列中延展线长度的变化,形成厚薄不一、宽窄相间的横条效应。垫纱数码和穿经如下:

GB1:(1—0/1—2)×2/(1—0/3—4)×6//　　满穿;

GB2:1—2/1—0/　　满穿。

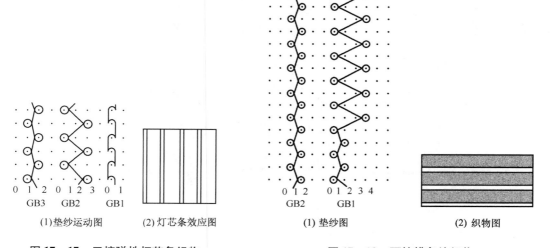

(1)垫纱运动图	(2)灯芯条效应图

图 17-17　三梳弹性灯芯条织物

(1)垫纱图	(2)织物图

图 17-18　两梳横条纹织物

第二节　缺垫经编组织与编织工艺

一、缺垫经编组织的结构与特性

部分梳栉在一些横列处不参加编织的经编组织称为缺垫组织(miss - lapping stitch)。图 17-19所示为一缺垫经编组织,该组织中前梳纱在连续两个横列中缺垫,而满穿的后梳则做经平垫纱运动。在缺垫的两个横列处,表现为倾斜状态的单梳线圈。

也可采用两把梳栉轮流缺垫来形成缺垫经编组织,图 17-20 为其中一例。每把梳栉轮流隔一横列缺垫,由于每个线圈只有一根纱线参加编织,因此,这种织物显现出单梳结构特有的线圈歪斜,但它比普通单梳织物坚牢和稳定,因为每个横列后均有缺垫纱段。

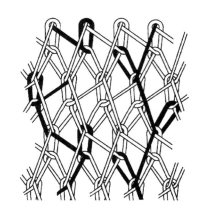

图 17 – 19　缺垫经编组织　　　　**图 17 – 20　两把梳栉轮流缺垫经编组织**

利用缺垫可以形成褶裥、方格和斜纹等花色效应。

(一)褶裥类

形成褶裥效应最简单的方法,是使前梳在一些横列片段缺垫,而其后的一把或两把梳栉在这些横列处仍然编织,从而形成褶裥。图 17 – 21 显示了褶裥的形成过程。

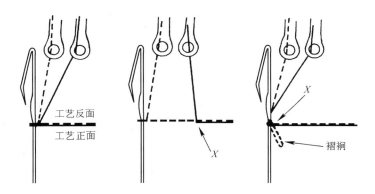

图 17 – 21　褶裥的形成过程

当只有一个或两个横列缺垫时,不会有明显的褶裥效应,只有当连续缺垫横列数较多时,才会形成较显著的褶裥效应。若将缺垫梳栉满穿,褶裥将横过整个坯布幅宽。图 17 – 22 为三梳褶裥织物,其垫纱数码为:

GB1:(1—2/1—0)×9/(1—1)×18//;

GB2:1—2/1—0//;

GB3:1—0/1—2//。

该织物在前梳 GB1 缺垫的 18 个横列处,由中梳 GB2、后梳 GB3 编织的部分形成整幅宽度的褶裥。

若将缺垫与空穿相结合,则可产生更为复杂的褶裥效应。

(二)方格类

利用缺垫与色纱穿经可以形成方格效应的织物。图 17 – 23 为一方格织物,其后梳 GB2 满穿白色经纱,前梳 GB1 穿经为 5 根色纱 1 根白纱,前梳编织十个横列后缺垫两个横列。前 10 个横列,前梳纱覆盖在织物工艺正面,织物上表现为一纵行宽的白色纵条与五纵行宽的有色纵条相间;在第 11 和第 12 横列处,前梳缺垫,后梳的白色纱线形成的线圈露在织物工艺正面,而前梳纱浮在织物反面,于是在有色地布上形成白色方格。

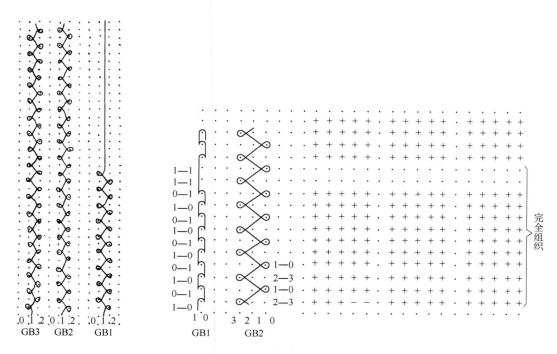

图 17－22　三梳褶裥织物

图 17－23　缺垫方格织物

(三)斜纹类

采用缺垫经编组织可在织物表面形成左斜纹或右斜纹。

图 17－24 所示为三种形成斜纹效应的方法,其中符号"×"表示形成斜纹的地方。图 17－24(1)前梳 GB1 穿经为二"｜"色,二"○"色,后梳 GB2 满穿较细的单丝,与前梳反向垫纱,以使织物稳定。该方法的缺点是织物反面有长延展线,形成难看的凸条,影响织物外观。图 17－24(2)为一种三梳缺垫组织,前梳 GB1 和中梳 GB2 的穿经均为二"｜"色,二"○"色。前梳在奇数

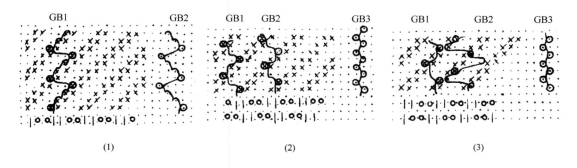

(1)　　　　　　　　　　(2)　　　　　　　　　　(3)

图 17－24　缺垫斜纹织物

横列编织,偶数横列缺垫;中梳则在偶数横列编织,奇数横列缺垫;由做经平垫纱运动的后梳GB3构成地布,这样编织出的斜纹有光洁的反面。图17-24(3)是图17-24(2)的一种变化,前梳GB1和后梳GB3的垫纱运动与方法和图17-24(2)完全相同,中梳GB2形成与前梳反向的长延展线,使织物更加紧密。

在设计斜纹类的非对称花纹时需注意,织物意匠图要反过来设计,因为从织物正面看时,纹路是反过来的。

二、缺垫经编组织的编织工艺

在编织缺垫经编组织时,缺垫横列与编织横列所需的经纱量是不同的,这就产生了送经量的控制问题。当连续缺垫横列数较少时,仍可采用定线速送经机构,但需将喂给量调整为每横列平均送经量,同时采用特殊设计的具有较强补偿纱线能力的张力杆弹簧片,以补偿编织横列或缺垫横列对经纱的不同需求。

当织物中的缺垫片段与编织片段的用纱量差异较大时,则需采用双速送经机构或电子送经(EBC)机构,以使经轴满足不同片段的送经量。

第三节　衬纬经编组织与编织工艺

在经编针织物的线圈圈干与延展线之间,周期地垫入一根或几根不成圈的纬纱的组织称为衬纬经编组织(weft insertion warp - knitted stitch)。衬纬经编组织可以分为部分衬纬(weft insertion)经编组织和全幅衬纬(full width weft insertion)经编组织两种。

一、部分衬纬经编组织

(一)部分衬纬经编组织的结构与特性

利用一把或几把不作针前垫纱的衬纬梳栉,在针背敷设几个针距长的纬向纱段的组织称为部分衬纬经编组织。图17-25所示为一典型的部分衬纬经编组织。该组织由两把梳栉形成,一把梳栉织开口编链,形成地组织;另一把梳栉进行三针距衬纬。从图17-25中可以看到,衬纬纱线不成圈,而是被地组织线圈的圈干和延展线夹住,衬纬纱转向处,挂在上下两横列的延展线上。

由于衬纬纱不垫入针钩参加编织,因而使可加工纱线的范围扩大。可使用较粗的纱线或一些花式纱作为纬纱形成特殊的织物效应。还可通过衬纬梳栉移针距的变化,来形成各种花纹效应。此外,若衬入延伸性较小的纬纱,可改善织物的尺寸稳定性。

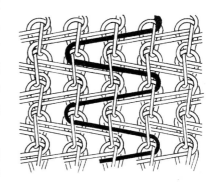

图17-25　典型的部分衬纬经编组织

1. 部分衬纬经编组织的结构特点

(1)衬纬梳栉前至少要有一把成圈梳栉(如为两梳衬纬组织,衬纬纱必须穿在后梳上)。

（2）若衬纬梳栉针前、针背都不横移，则其将自由地处在织物的工艺正面，沿经向浮于两纵行之间，如图 17 - 26（1）所示。

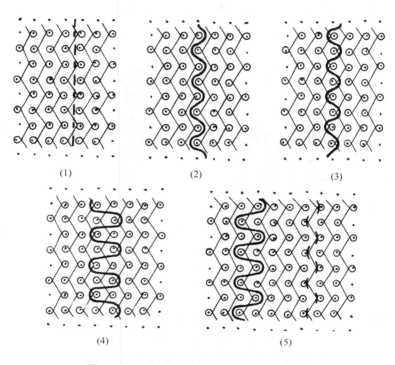

（1）　　　　　　　（2）　　　　　　　（3）

（4）　　　　　　　（5）

图 17 - 26　部分衬纬经编组织的结构特点

（3）如果衬纬和编织梳栉针背垫纱同针距、同方向，则衬纬纱将避开（或称躲避）编织梳栉的针背垫纱，不受线圈延展线夹持，而浮在织物的工艺反面，如图 17 - 26（2）所示。

（4）当地组织为经平时，若衬纬和编织梳栉针背垫纱方向相反，则衬纬纱将被比其针背横移针距数多一根的编织纱所夹持。如图 17 - 26（3）中，衬纬纱的针背横移针距数为 1，它被两根编织纱所夹持；又如图 17 - 26（4）中，衬纬纱的针背横移针距数为 2，它被三根编织纱所夹持。

（5）当地组织为经平时，若衬纬和编织梳栉针背垫纱方向相同，则衬纬纱将被比其针背横移针距数少一根的编织纱所夹持，如图 17 - 26（5）所示。

（6）如果只有两把梳栉，一把编织成圈，一把衬纬。若后梳只做缺垫，则纬纱将从织物工艺正面纵行间脱离织物；若后梳只做躲避，则衬纬纱将从织物工艺反面脱离。但是，如果有其他衬纬梳栉，精心地安排它们的纱线位置和垫纱运动时，也可改变这种状况。

（7）织物中如果有两组纬纱时，靠近机前梳栉上的衬纬纱将呈现在靠近织物工艺反面的地方。

2. 部分衬纬经编组织的类型与应用

（1）起花和起绒衬纬经编组织。起花衬纬经编织物通常利用较粗的衬纬纱在经编地组织上显示花纹。而起绒衬纬经编织物中所用的纬纱是一种较粗的起绒纱，并使之在织物工艺反面呈自由状态突出，经拉毛起绒后即可形成绒面，图 17 - 27 为其中一例。通常将衬纬纱的针背垫纱方向设计为与地组织针背垫纱方向相同，以减少衬纬纱与地组织的交织点，有利于起绒。

（2）衬纬经编网孔组织。将部分衬纬与地组织相配合,可得到多种网孔结构的经编织物。图 17 –28 所示为一种简单的例子。纵向的编链与横向的衬纬纱构成方格网孔,衬纬纱起横向连接、纵向加固的作用。同一横列两把衬纬梳栉针背反向横移,使得织物结构更加稳定。另一类衬纬网孔经编组织是六角网孔组织。

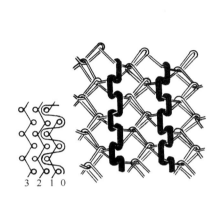

图 17 –27　起绒衬纬经编组织

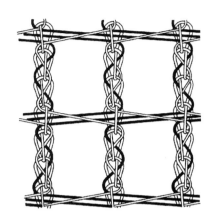

图 17 –28　衬纬经编方格网孔组织

网孔衬纬经编组织常用来生产渔网,通常以 240 ~ 10000dtex 的锦纶 6 或锦纶 66 长丝为原料,采用 4 ~ 8 梳经编网孔组织。图 17 –29(1)所示的是一种最常用的渔网地组织,A 为孔边区,B 为连接区。图 17 –29(2)为四梳渔网组织,所有梳栉均为 1 隔 1 穿经,衬纬纱横移一针距处加固孔边区,横移两针距处加固连接区。

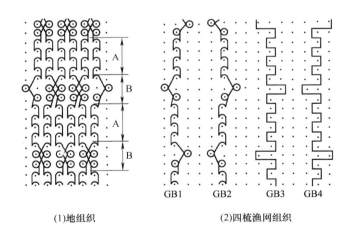

(1)地组织　　　　(2)四梳渔网组织

GB1　GB2　GB3　GB4

图 17 –29　衬纬经编渔网组织

(二)部分衬纬经编组织的编织工艺与表示方法

图 17 –30 显示了部分衬纬的形成过程,前梳满穿白色纱线做经平垫纱运动形成地组织,后梳穿一黑色纱线做四针距衬纬。图 17 –30(1)表示织针刚刚完成一个横列的编织,梳栉处于机前(针后)位置。图 17 –30(2)处于退圈阶段,织针上升进行退圈,两把梳栉分别做针背横移。

图 17－30(3)表示织针已上升到最高点,停顿等待垫纱,梳栉已摆至针钩前,前梳向左做一针距的横移垫纱运动,后梳则不做针前横移。图 17－30(4)显示梳栉摆回针后,织针下降,将前梳纱带下,之后完成套圈、脱圈和成圈。此时后梳的黑色纬纱被夹在前梳线圈的圈干和延展线之间。

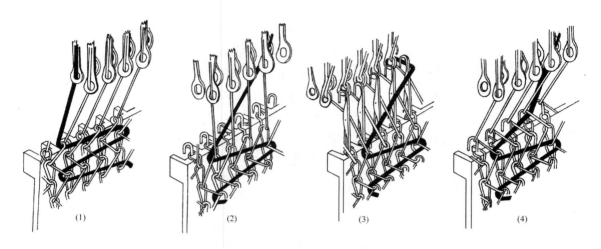

图 17－30　部分衬纬的形成过程

衬纬梳栉垫纱运动图的表示方法如图 17－31 所示。图 17－31(1)表示衬纬梳栉的一枚导纱针在编织第一横列时,在针隙 0 由机前摆向机后(即针前),接着未做针前横移,仍从同一针隙中回摆到机前。在织第二横列时,该导纱针已做四针距的针背横移,而位于针隙 4 做前后摆动。随后各横列的运动依此类推。图 17－31(2)表示针背垫纱和导纱针运动路线的情况。图 17－31(2)中所示针背垫纱路线是针对下一个编织横列进行的,因此为了表示清楚和画图方便,目前多采用图 17－31(3)的方法来表示。

图 17－31 衬纬梳栉的垫纱数码为:0—0/4—4//。

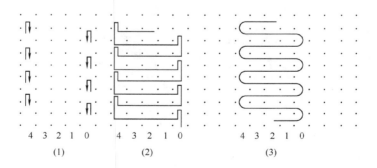

图 17－31　衬纬梳栉的垫纱运动图的表示方法

二、全幅衬纬经编组织

(一)全幅衬纬经编组织的结构与特性

将长度等于坯布幅宽的纬纱夹在线圈主干和延展线之间的经编组织称为全幅衬纬经编组织,如图 17－32 所示。

经编组织中衬入全幅纬纱,可赋予经编织物某些特殊性质和效应。如果采用的纬纱延伸性很小,则这种全幅衬纬织物的尺寸稳定性极好,可与机织物接近。若衬入的纬纱为弹性纱线,则可增加经编织物的横向弹性。衬入全幅衬纬纱还可改善经编织物的覆盖性和透明性,减少织物的蓬松性。当采用有色纬纱并进行选择衬纬时,可形成清晰、分明的横向条纹,这在一般的经编织物中是难以实现的。另外,还可使用较粗或质量较差的纱线作为纬纱,以降低成本;也可用竹节纱、结子纱、雪尼尔纱等花式纱线作为纬纱,以形成特殊外观效应的织物。全幅衬纬经编织物适用于窗帘、床罩及其他室内装饰品,也可用作器材用布、包装用布等。

图 17 – 32　全幅衬纬经编组织

(二)全幅衬纬经编组织的编织工艺

全幅衬纬经编机类型很多,成圈机构与一般经编机类似,机上装有附加的全幅衬纬装置。衬纬方式有多头敷纬(又称复式衬纬)和单头衬纬两种。多头敷纬是将多根纬纱铺敷在输纬链带上,纬纱织入织物后多余的纱段被剪刀剪断,形成毛边。这种方式纱线损耗较大,并且因纬纱筒子数较多,还须有配纱游架,所以占地面积较大。其优点是便于采用多色或多种原料衬纬以形成各种横条纹;并且因多根纬纱同时敷纬,可以减慢纬纱从筒子上的退绕速度,有利于使用强度不高的纱线。采用单头衬纬时,纬纱在布边转折后,再衬入织物,因此能形成光边,不会造成纬纱的浪费,且占地面积小,一般适用于较低机速和较窄门幅的机器。

图 17 – 33 显示了在拉舍尔槽针经编机上,采用多头敷纬方式编织全幅衬纬经编组织的过程。纬纱 8 由配纱游架(图中未画出)以一定隔距敷设在输纬链带 7 上,并由之引向成圈区域。整个过程包括送纬、退圈、垫纱、闭口、套圈、脱圈、成圈和牵拉。

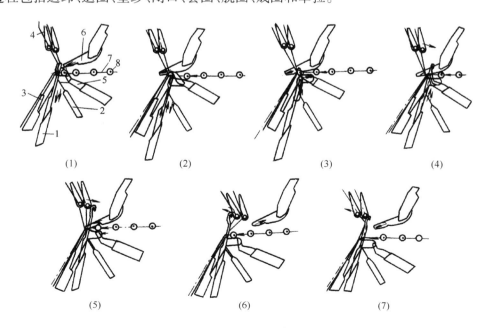

(1)　　　　(2)　　　　(3)　　　　(4)

(5)　　　　(6)　　　　(7)

图 17 – 33　全幅衬纬过程

图 17-33(1)表示槽针 1、针芯 2 下降,处于套圈阶段。推纬片 5 握持住衬纬纱 8,并将它引向织针。

图 17-33(2)、(3)表示针下降到最低点,旧线圈在栅状脱圈板 3 上脱圈,新纱线弯纱成圈。为使全幅衬纬纱线移到槽针背后,推纬片 5 握持住衬纬纱 8,将其推至针背。沉降片 6 向机前移动,以便在退圈阶段握持旧线圈,防止其随针上升。

图 17-33(4)、(5)表示为沉降片 6 继续压住旧线圈,织针上升,进行退圈。梳栉 4 向针前摆动准备垫纱。

图 17-33(6)表示沉降片后退让出空间,梳栉进行针前垫纱。图 17-33(7)表示梳栉完成垫纱摆向机前,槽针开始下降,沉降片向机前运动。之后,随着槽针下降成圈,全幅衬纬纱就被夹在旧线圈的圈干和新形成的延展线之间。

在设计全幅衬纬经编织物时,要特别注意纬纱的滑动问题,尤其当纬纱比较刚硬时。全幅衬纬经编织物的防滑性与经纬纱原料的性质、地布的组织结构、线圈形式及后整理工艺有关。防滑性最好的组织是经编编链组织,短针背横移可将纬纱夹的较紧。针背横移距离越长,夹紧程度越差。由于编链组织纵行之间无联系,它们可能侧向滑动。为此,可以采用双梳组织,使单根编链互相联系。但是双梳组织(例如一个为编链组织,另一个为经平组织)中两组经纱不会均匀承担其断裂负荷,通常将降低断裂强力。比较好的方法是两梳栉交替编织编链和经平组织,如前梳采用 1—0/1—0/1—2/1—2//垫纱,后梳则采用 1—2/1—2/1—0/1—0//垫纱。这种织物受力时,编链线圈抽紧,增大了夹紧力,从而改善其防滑性。

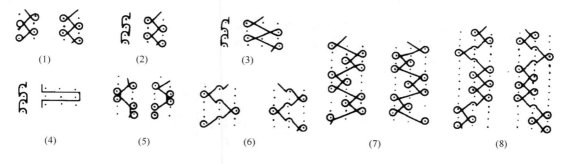

图 17-34　用于全幅衬纬的双梳地组织

图 17-34 表示了几种用于全幅衬纬经编织物的双梳地组织。图 17-34(1)为双经平地组织,两梳能均匀承担负荷,但对纬纱的夹紧程度较差。图 17-34(2)所示的组织结构与 17-34(3)所示的组织结构相似,后者的覆盖性更好,两者的防滑性仍较差。图 17-34(4)的地组织中具有部分衬纬,结构很稳定,如再加上全幅衬纬纱,织物更加密实,其防滑性和防脱散性能良好,生产上有许多应用。图 17-34(5)所示的组织的防滑性和强力都较好。图 17-34(6)、(7)、(8)为一些空穿网眼地组织,其优点是防滑性较好,透气性好。衬入氨纶之类的弹性纬纱后,织物弹性好,衬入的纬纱清晰可见。

以下是一个两梳全幅衬纬织物的编织工艺实例。该织物在机号为 E18 的拉舍尔经编机上编织,垫纱数码及穿经完全组织如下。

GB1:1—0/2—3/4—5/3—2//,‖··,550dtex 高强涤纶丝。

GB2:4—5/3—2/1—0/2—3//，·||·，550dtex 高强涤纶丝。

全幅衬纬:1 穿,1 空，　　　　　　　　　　2×334dtex 涤纶变形丝。

上述织物的网孔结构使织物具有良好的透气性,而平行的全幅衬纬纱赋予织物良好的尺寸稳定性。该织物适用于制作运动鞋面料。

第四节　缺压经编组织与编织工艺

经编织物中部分线圈不在一个横列中立即脱下,而是隔一个或几个横列才脱下,这种组织称为缺压经编组织(miss – press stitch)。

缺压经编组织通常在钩针经编机上编织。它可以分为缺压集圈和缺压提花两类。

一、缺压集圈经编组织

在编织某些横列时,全部或部分织针垫到纱线后而不压针(闭口)的组织称为缺压集圈经编组织。缺压集圈可形成纵条、斜纹、凹凸等效应。

图 17 – 35 所示为一缺压集圈经编组织,其中一个横列压针,另一个横列不压针,交替进行。图 17 – 35(1)的 a 为线圈,b 为集圈悬弧,在不压针而形成悬弧的横列旁边加注" – "符号,以示区别;也可将垫纱运动图画成图 17 – 35(2)所示的形态,即将缺压横列的垫纱运动与上一横列的垫纱运动连续地画在同一横列。该组织在每个线圈纵行处于正面的线圈均是由同一根纱线形成的,采用此方法可以在坯布表面形成边界清楚的纵向条纹。

若在同一枚针上连续多次集圈,则多根缠绕的圈弧会在织物表面形成突起的小结,如图 17 – 36所示。

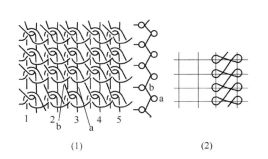

(1)　　　　　　　　　(2)

图 17 – 35　缺压集圈经编组织

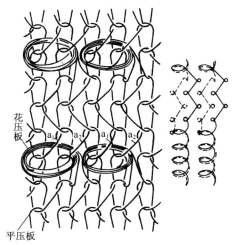

图 17 – 36　连续多次缺压集圈经编组织

编织集圈经编组织一般需用两种压板,一种为平压板,另一种为花压板。花压板上根据花型需要开有切口,在压针时只压住正对没有切口处的针,而切口处织针形成集圈。花压板除了前后压针运动外,还进行横向移动,以使集圈可在不同的针上形成。当花压板起压针作用时,平压板退出工作;而当花压板退出工作时,平压板工作。

二、缺压提花经编组织

在几个横列中的某些织针上,既不垫纱,又不压针(闭口),从而形成拉长线圈的经编组织称为缺压提花经编组织。

编织缺压提花经编组织时,通常采用花压板,梳栉则不完全穿经。花压板的凸出部分必须正对每一横列中垫到纱的织针,以保证不会形成悬弧;而花压板的凹口则必须正对每一横列中垫不到纱的织针,以保证不会造成线圈脱落。因此花压板需做横移运动,并保证其凸出部分始终正对能垫到纱线的织针。

图 17 – 37 所示为一种缺压提花经编组织。该组织为部分穿经单梳提花经编结构,穿经完全组织为三穿三空,花压板为三凸三凹。

梳栉的垫纱数码为:1—0/1—2/2—3/3—4/4—5/4—3/3—2/2—1//。

花压板的横移花纹链条为:0—0/1—1/2—2/3—3/4—4/3—3/2—2/1—1//。

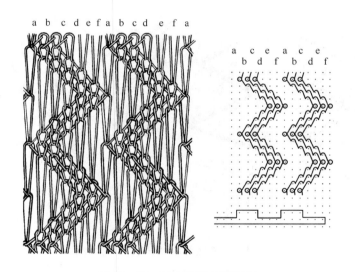

图 17 – 37　缺压提花经编组织

由图 17 – 37 可见,各纵行的线圈数不同。如在每个完全组织中,纵行 a 只有两个线圈,纵行 b、f 有三个线圈,纵行 c、e 有五个线圈,而纵行 d 则有六个线圈。由于各纵行线圈数不同而造成的不平衡,以及拉长线圈的力图缩短,使织物发生变形,形成类似贝壳状的花纹。

第五节　压纱经编组织与编织工艺

一、压纱经编组织的结构与特性

有衬垫纱绕在线圈基部的经编组织称为压纱经编组织(fall plate stitch)。图 17 – 38 所示为一压纱经编组织,其中衬垫纱不编织成圈,只是在垫纱运动的始末呈纱圈状缠绕在地组织线圈的基部,而其他部分均处于地组织纱线的上方,即处于织物的工艺反面,从而使织物获得三维立体花纹。

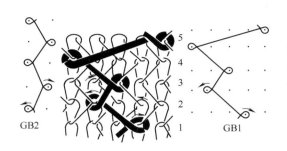

图 17 - 38　压纱经编组织

压纱经编组织有多种类型,其中应用较多的为绣纹压纱经编组织。在编织绣纹压纱经编组织时,利用压纱纱线在地组织上形成一定形状的凸出花纹。由于压纱纱线不成圈编织,因而可以使用花色纱或粗纱线。压纱梳栉可以满穿或部分穿经,可以运用开口或闭口垫纱运动,由此形成多种花纹。

图 17 - 39 和图 17 - 40 分别为以编链组织和经平组织为地组织的压纱经编组织。作闭口垫纱运动的压纱纱线在坯布中的形态与其垫纱运动图很相似,如图 17 - 39(1) 和图 17 - 40(2)所示;而作开口垫纱运动的压纱纱线的形态将发生变化,其真实形态分别如图 17 - 39(2)和图 17 - 40(1)的后两横列所示。压纱梳栉作经缎垫纱运动时,闭口和开口垫纱的结构分别如图 17 - 39(3)、(4)所示。

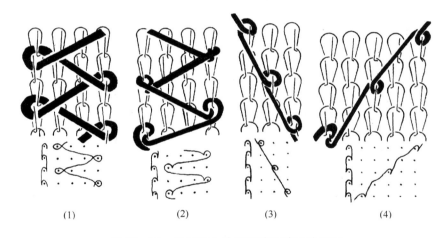

(1)　　　　　(2)　　　　　(3)　　　　　(4)

图 17 - 39　以编链为地组织的压纱经编组织

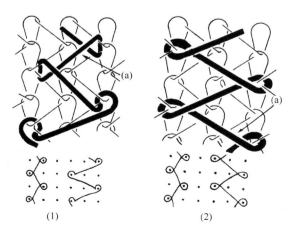

(1)　　　　　　　　(2)

图 17 - 40　以经平为地组织的压纱经编组织

多梳拉舍尔花边机和贾卡拉舍尔经编机上也常带有压纱机构,以使这类经编机可生产出具有浮雕效应的织物。此外,压纱经编组织还有缠接压纱和经纬交织等结构。

二、压纱经编组织的编织工艺

压纱组织是在带有压纱板机构的经编机上编织的。压纱板是一片与机器门幅等宽的金属薄片,位于压纱梳栉之后、地组织梳栉之前。压纱板不仅能与导纱梳栉一起前后摆动,而且能做上下垂直运动。

形成压纱经编组织的过程如图 17 – 41 所示。当压纱板在上方时,如图 17 – 41(1)所示。梳栉与压纱板一起摆过织针,做针前垫纱运动,如图 17 – 41(2)所示。当前梳(压纱梳栉)完成针前垫纱摆回机前后,如图 17 – 41(3)所示。压纱板下降,将刚垫上的压纱纱线压低至针杆上,如图 17 – 41(4)所示。在随后织针以地纱成圈时,压纱纱线与旧线圈一起由针头上脱下,如图 17 – 41(5)所示。通常使压纱梳和地梳的针前横移方向相反,以免压纱纱线在移到针舌下方时将地纱一起带下。如果压纱梳栉与地梳在针前作同向垫纱,则压纱纱线就会和地梳纱平行地垫在织针上,并在压纱板下压时,带着地纱一起被压下。

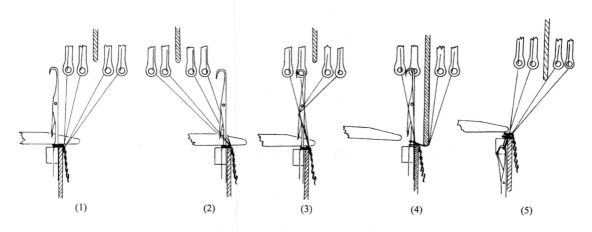

图 17 – 41　压纱经编织物的编织

图 17 – 42 所示为一菱形凸出绣纹的压纱经编组织的垫纱运动图,其垫纱数码和穿经完全组织如下。

GB1:6—7/1—0/2—3/2—1/3—4/3—2…,2 穿,24 空。

GB2:12—13/7—6/12—13/11—10/11—12/10—9…,6 空,2 穿,18 空。

GB3:1—0/0—1//,满穿。

GB4:3—3/2—2/3—3/0—0/1—1/0—0//,满穿。

梳栉 GB3 和 GB4 形成小方网孔地组织。两把压纱梳栉 GB1 和 GB2 均为部分穿经,作相反的垫纱运动。它们在地布的表面上形成凸出的菱形花纹,在菱形角处有长延展线形成的结状凸纹。可以看出,梳栉 GB4 的完全组织为 6 横列,而梳栉 GB1 和 GB2 的完全组织为 46 横列。

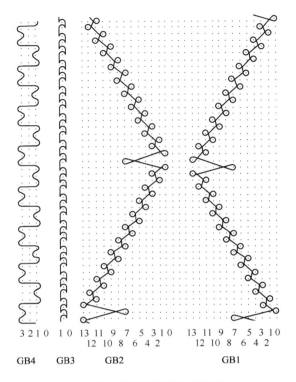

3 2 1 0　　1 0　　13 11　9　7　5　3 1 0　　13 11　9　7　5　3 1 0
　　　　　　　　　12 10　8　6　4　2　　12 10　8　6　4　2
GB4　　GB3　　　GB2　　　　　GB1

图 17 - 42　菱形绣纹压纱经编组织

第六节　经编毛圈组织与编织工艺

经编织物的一面或两面具有拉长的毛圈线圈的结构称为经编毛圈组织(warp - knitted plush/pile loop stitch)。经编毛圈组织具有柔软、手感丰满、吸湿性好等特点,因此被广泛用作服装、浴巾或装饰用品。

一、经编毛圈组织的基本编织方法

生产经编毛圈组织的传统方法是利用经编组织的变化和化学整理方法。常用的传统编织方法有脱圈法和超喂法,化学整理方法有烂花法。

1. 脱圈法　脱圈法是在一隔一的针上形成底布,毛圈纱梳栉在邻针上间歇地成圈,待脱圈后形成毛圈。如图 17 - 43 所示。

其垫纱数码和穿经如下,其中 GB1 为毛圈纱梳栉,GB2 为地纱梳栉。

GB1:2—1—1/1—0—1//,·|·|·|。

GB2:2—3—2/1—0—1//,|·|·|·。

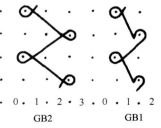

· 0 · 1 · 2 · 3 · 0 · 1 · 2
　　GB2　　　　GB1

图 17 - 43　脱圈法形成毛圈

2. 超喂法　超喂法一般采用加大后梳栉送经量,使线圈松弛来形成毛圈。例如把通常编织的织物[1—0/1—2(前梳),2—3/1—0(后梳)]的送经比由原来的 1.0∶1.24 改为大约 1.0∶2.3。这种织物毛圈不明显,但手感柔软。

3. 烂花法　采用正确的纤维组合,在三梳栉或四梳栉特利柯脱经编机上生产出的平面织物,下机后经由烂花后整理工艺,使某些纤维溶解,某些毛圈竖直成为毛圈。

采用上述这些方法得到的单面或双面毛圈织物虽可获得一定高度的毛圈效应,但都有毛圈密度和高度难以调节、达不到要求的缺陷。因此,在对毛圈高度、丰满度和均匀性要求愈来愈高的情况下,仅仅采用传统方法,依靠经编组织的某些变化来形成毛圈织物已不能满足要求了。因此产生了毛圈沉降片法和经编毛巾组织等生产技术。

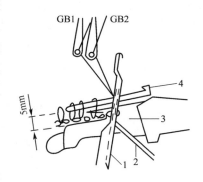

图 17－44　毛圈沉降片法成圈机件的配置

二、毛圈沉降片法编织原理

采用这种方法可以用双梳或三梳编织出质量很好的毛圈织物,而且机器具有很高的速度。图 17－44 为这种毛圈编织法的成圈机件配置。槽针 1、针芯 2、沉降片 3 的成圈运动和普通复合针特利柯脱型经编机一样。GB1 和 GB2 分别为毛圈纱梳栉和地纱梳栉。通常毛圈沉降片 4 和普通沉降片 3 的片腹平面的距离为 5mm。

图 17－45(1)所示为用两把梳栉编织毛圈组织的一例。两把梳栉的垫纱规律为 GB1:0—1/1—0//,GB2:1—0/1—2//,双梳均满穿;毛圈沉降片的横移和梳栉 GB1、GB2 的配合如图 17－45(2)所示,其运动规律为 0—0/1—1。下面结合图 17－45 和图 17－46 说明编织原理。编织时,毛圈沉降片 1 不作前后摆动,只在地纱梳栉 GB2 针背垫纱时做与其同方向同针距的横移运动,这样织针下降时,地纱搁在普通沉降片 2 上弯纱成圈,因此不能形成毛圈。但是,由于毛圈纱梳栉 GB1 的开口编链垫纱运动以及毛圈沉降片的横移运动,使毛圈纱搁在毛圈沉降片 1 上弯纱成圈,从而形成了拉长延展线的毛圈。

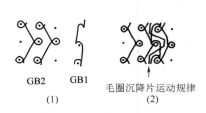

　　GB2　　GB1　　毛圈沉降片运动规律
　　　　(1)　　　　　　　(2)

图 17－45　毛圈沉降片法编织毛圈的原理

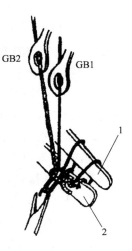

图 17－46　毛圈的形成

毛圈沉降片床的横移是由花纹滚筒上的花纹链条控制。机器的编织方法与任何普通复合针特利柯脱经编机完全一样。通常,在普通的 4 梳栉或 5 梳栉特利柯脱经编机上,可以拆去后梳,由此产生的空间可配置毛圈沉降片装置。

为了产生地组织并构成毛圈,需要两个不同的垫纱运动。一个必须遵循的特殊规律是,地组织的地纱梳栉运动必须与毛圈沉降片床的横移运动相一致,两者做同方向、同针距的横移。由于始终将地纱保持在相同两片毛圈沉降片之间,地纱就不会在毛圈沉降片上方搁持。因此,地纱梳栉的针背横移不会形成毛圈,毛圈沉降片仅允许在针背横移期间横移。

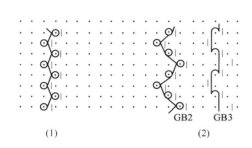

(1)   (2)

图 17 - 47 毛圈组织的地组织

图 17 - 47(1)所示为一种简单的地组织,其中短竖线代表某一毛圈沉降片在每一横列的位置。这种毛圈组织除了可用两把满穿梳栉编织外,也可用三把梳栉编织。另外,毛圈沉降片的横移运动也不局限于以上规律。另一种地组织如图 17 - 47(2)所示。其中地纱梳栉 GB2 跟随着沉降片床的横移运动。地纱梳栉 GB3 在偶数横列,将纱线垫于相同织针上,此时虽有针前横移,但与毛圈沉降片的横移运动一致,故不会形成毛圈。而地纱梳栉 GB3 所带的纱线在奇数横列被毛圈沉降片横推偏斜,但奇数横列时地纱梳栉 GB3 不产生针前垫纱,因此其纱线虽横越在毛圈沉降片上方,却不会形成毛圈。由于增加了一把织编链的地纱梳栉 GB3,从而可产生比图 17 - 47(1)所示的地组织稳定得多的结构。这两把地梳及毛圈沉降片床(POL)的花纹链条编码如下。

GB2:1—0—0/2—1—2/2—3—2/1—2—1//。

GB3:0—0—0/0—1—1/1—1—1/1—0—0//。

POL:0—0—0/1—1—1/2—2—2/1—1—1//。

处于前梳栉 GB1 上的纱线就可以在上述地组织上形成毛圈。如果采用更复杂的垫纱规律,还可以形成提花毛圈组织。

三、经编毛巾组织编织原理

(一)经编毛巾组织形成毛圈的方法

经编毛巾组织的毛圈和底布的编织与经编毛圈组织不同,是采用脱圈法形成毛圈,又加上一些辅助机构得到毛圈较大且较均匀的织物。

由于采用脱圈法形成毛圈,所以无论编织底布,还是编织毛圈都是采用 1 穿 1 空的穿纱方式,以便编织毛圈梳栉的纱线在第一横列垫在编织底布的针上,在第二横列垫在不编织的空针上,在第三横列成圈时脱落下来形成毛圈。

经编毛巾组织有单面毛巾和双面毛巾之分。该织物的底布采用两把梳栉编织,再采用一把梳栉编织一面毛圈或两把梳栉编织正反两面毛圈。

1. 单面经编毛巾组织 图 17 - 48 所示为单面毛巾组织的编织方法。其底布由后梳栉 GB3 和中梳栉 GB2 编织,结构通常采用编链和衬纬组织。为了能形成毛圈,底布必须留出空针,因而采用 1 穿 1 空的穿纱方式,其垫纱数码和穿经如下。

GB2:0—1/1—0//,1 空 1 穿。

GB3:5—5/0—0//,1 穿 1 空。

偶数针 2、4、…为空针,以便形成毛圈;奇数针 1、3、…为编织针,编织底布。

前梳栉编织毛圈,其组织采用针背横移为奇数针距的经平组织,如 0—1/2—1//(GB1),或 1—0/3—4//(GB1′),或 1—0/5—6//(GB1″)。这样垫在第二横列偶数空针上的线圈脱下后即可形成毛圈,而垫在第一横列奇数针上的线圈则织入底布。且前梳栉横移的针距数越多,形成的毛圈越长。

2. 双面经编毛巾组织　该组织需采用四把梳栉,在上述形成单面毛圈的基础上,增加一把后梳栉编织另一面的毛圈,由于后梳栉所垫纱线的延展线将被其他梳栉纱线压住,因而脱圈后不能形成毛圈,故不能像前梳栉那样采用针背横移为奇数针距的经平组织。

图 17 - 49 所示的双面毛巾组织中,为了形成双面毛圈,后梳栉 GB4 通常采用将纱线垫在空针上的衬纬组织,即 5—5/2—3/0—0/3—2//。后梳栉 GB4 在偶数横列上的线圈,脱圈后就能形成毛圈。

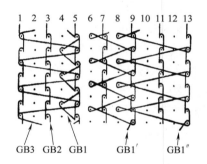

图 17 -48　单面经编毛巾组织的编织方法

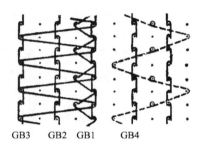

图 17 -49　双面经编毛巾组织的编织方法

(二)附加机件与装置

由于经编毛巾组织采用脱圈法形成毛圈,故存在着毛圈不可能太大且不均匀等缺点。另外,毛巾在有些部分不需要编织毛圈。因此,在经编机上需采用一些附加机件或装置来克服这些缺点和达到这些要求。

1. 满头针　由于在编织时只有奇数针编织成圈,偶数针上所垫纱线脱下后成为毛圈,毛巾经编机上采用满头针与普通的槽针一隔一地安装在针床上。编织时,图 17 -50(1)所示的满头针的弯纱深度比图 17 -50(2)所示的普通槽针大 1.75mm,使毛圈变得长一些,毛圈长度最大可达 6mm。

2. 偏置沉降片　普通经编机上的沉降片是按照针距在铸片时均匀配置而成的,如图 17 -51(1)所示。而在毛巾经编机上却采用偏置沉降片,即不按针距大小均匀铸片,其间隔一个大于针距,一个小于针距,但两个加起来等于两个针距,如图 17 -51(2)所示。这时毛圈的高度可由沉降片均匀配置时的 4mm 增加到 6mm。

3. 刷毛圈装置　在编织双面毛巾时,后梳栉和前梳栉所形成的毛圈在编织后都处于织物的正面,要用刷毛机构把前梳形成的毛圈刷到反面。为了使毛巾织物的毛圈均匀,该机在牵拉辊和卷布辊之间安装了两对刷毛辊 1 和 2,如图 17 -52 所示。织成的毛巾织物从牵拉辊 4 输出后,经过两个导布辊 3 进入刷毛装置,刷毛辊 1、2 分别刷坯布正面和反面的毛圈,这样就可得到两面毛圈高度一致且均匀的毛巾布。经刷毛辊整理后的坯布卷成布卷 5;6 是工作平台,便于工人操作。刷毛辊的表面包有硬质尼龙毛刷,其线速度略快于坯布的运行速度。

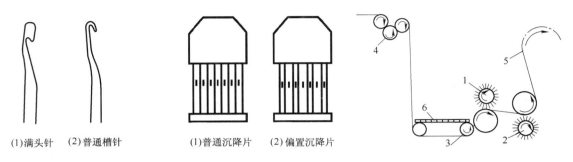

(1)满头针 (2)普通槽针　　(1)普通沉降片 (2)偏置沉降片

图 17 - 50　满头针与普通槽针　图 17 - 51　普通沉降片与偏置沉降片　图 17 - 52　刷毛圈装置

4. 梳栉转换机构　经编毛巾的布面一般是有毛圈组织和其四周的平组织组成。纵向的平组织一般可以通过将编织编链组织的梳栉在织边处改成满穿即可。而横向平组织的编织相对较复杂,需要增加专门的机构。毛巾织物中的毛圈是在空针上采用脱圈方法形成的,其前后梳的穿纱和对纱关系是非常重要的。在上述双面毛巾组织的编织中,前后梳栉均为 1 穿 1 空,对纱关系为空穿对穿经、穿经对空穿。如果在编织中将织物某些横列前后梳的对纱方式改变成穿经对穿经、空穿对空穿,那么所有工作针在每个横列上都将垫到纱线,不会形成空针,编织成平布,也就无法利用脱圈法来形成毛圈。其对纱关系及其结果如下。

GB1:| · | · | · 。

GB4:· | · | · | ;形成毛圈。

GB1:| · | · | · 。

GB4:· | · | · · ;不形成毛圈,编织平布。

为了达到以上效果,在经编机上采用了一个梳栉变位机构,如图 17 - 53 所示。

在前梳栉滑块 1 和花纹链轮 2 之间增加了一个变换滑块 3,在其左端装有一偏心轮 4。正常编织毛圈时,偏心轮 4 的小半径与梳栉滑块 1 接触;编织平布时,装在花纹链轮轴上的梳栉变位凸轮 5 由小半径弧面转换到大半径弧面,通过连杆 6、7、8、9 的作用,使偏心轮 4 逆时针转过一定角度,使其大半径弧面与前梳滑块 1 接触。由于偏心轮 4 大小弧面半径相差一个针距,偏心轮 4 就将前梳栉向左推过一个针距,因此改变了前后梳栉的对纱位置,达到了编织毛圈和编织平布的转换。

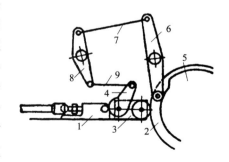

图 17 - 53　梳栉变位机构

四、双针床毛圈组织编织原理

在双针床经编机上,一个针床装普通舌针,另一个针床装无头舌针,它们协同编织毛圈织物,其过程如图 17 - 54 所示。

在编织时至少需要两把梳栉,一般后梳栉穿地纱,前梳栉穿毛圈纱。成圈过程开始时,带舌针的后针床和带无头针的前针床均在最低位置,如图15－54(1)所示。舌针钩住刚形成的线圈,而刚形成的毛圈则已由无头针上脱下。以后前针床带动无头针上升至最高位置,梳栉摆往机前,带着两组经纱由无头针旁边通过。到最前位置时,前梳栉(毛圈纱梳栉)横移一针距,而地纱梳栉不做任何针前横移。以后梳栉摆回机后,毛纱就垫到无头针上。在后针床舌针升起时,梳栉再向机前摆动,让开位置。这时前梳作针背横移,使导纱针移到需垫纱的织针的间隙中。在舌针升到最高位置后,两把梳栉一起后摆,通过舌针旁边,再一起横移一针距,摆回到机前,使地纱和毛圈一起垫到舌针上,如图17－54(2)所示。接着后针床舌针下降,进行脱圈和成圈,毛圈纱和地纱就一起编织在地布内,如图17－54(3)所示。毛圈纱被无头针带住的部分形成了毛圈。

　　毛圈的长度由前后针床的隔距决定,可以通过调整这一隔距来改变毛圈的长度。

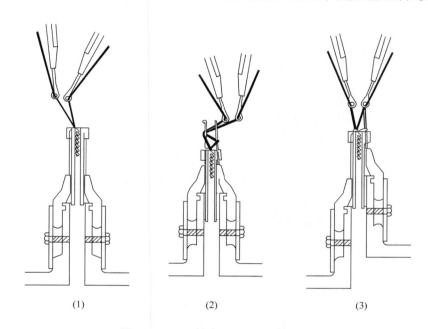

(1)　　　　　　　　(2)　　　　　　　　(3)

图 17－54　双针床毛圈织物编织原理

第七节　贾卡经编组织与编织工艺

一、贾卡经编组织的结构特点与用途

　　梳栉上每一根导纱针受贾卡装置的控制,在梳栉进行针背横移或针前横移时可以发生偏移,使作横向联系的提花纱线在所编织的地组织上产生垫纱横移针距数的变化,从而产生不同的花色效应,这样的经编结构称为贾卡经编组织(jacquard warp－knitted stitch)。

　　上述受控可偏移的导纱针称为贾卡导纱针,由贾卡导纱针组成的梳栉称为贾卡梳栉。贾卡梳栉与普通梳栉的区别在于:贾卡梳栉的每根贾卡导纱针在一定范围内能独立垫纱运动,因而可编织出尺寸不受限制的花纹;而普通梳栉的每根导纱针都不会产生偏移,即所有导纱针的垫纱运动相同。

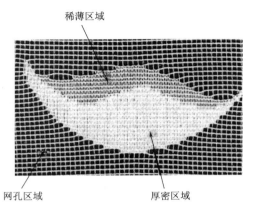

稀薄区域

网孔区域　　　　　　　　　厚密区域

图 17 – 55　贾卡经编织物

典型的贾卡经编织物是在织物表面形成由厚密、稀薄和网孔区域构成的花纹图案。图 17 – 55 所示为一种衬纬型贾卡经编织物实例。

贾卡经编织物已在国内外广泛流行。它主要用作窗帘、台布、床罩等各种室内装饰与生活用织物,也可用作妇女的内衣、胸衣、披肩以及经编无缝服装等带装饰性花纹的服饰物品,还能作为多梳栉经编织物的地组织。

二、贾卡装置的结构与工作原理

早期的贾卡装置主要为纹板机械式,后来发展了电子式贾卡装置。电子式贾卡装置分为电磁式和压电式。

(一)纹板机械式贾卡装置

纹板机械式贾卡装置机件较多,经简化后的结构如图 17 – 56 所示。花纹信息储存在具有若干孔位的纹板上,通常一块纹板控制一个横列的编织。因此,一套纹板中的块数就是织物花高的横列数。纹板上每一个孔位对应一根移位针和一根贾卡导纱针,孔位数量与移位针、贾卡导纱针和织针数量相同。当纹板中某一孔位有孔时,经过一系列传递机件和通丝的作用,对应的移位针处于高位;而某一孔位无孔时,经过一系列传递机件和通丝的作用,对应的移位针处于低位。移位针床和贾卡梳栉可以分别受各自的横移机构控制,作相同或不同的横移运动。

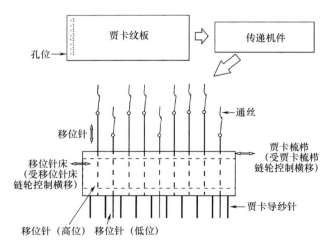

图 17 –56　简化的纹板式贾卡装置

图 17 – 57 显示了纹板式贾卡装置选导纱针提花原理。如图 17 – 57(1)所示,编链纱由地梳栉编织形成地组织;当移位针 1′处于高位(又称基本位置)时,无论贾卡梳栉向右或向左针背

横移垫纱,移位针 1′都不会作用到左邻(对应)的贾卡导纱针 W,因此导纱针 W 作两针距衬纬的基本垫纱运动,从而在织物中形成稀薄结构。如图 17－57(2)所示,当移位针 1′处于低位时,若贾卡梳栉向右针背横移垫纱,且移位针床比贾卡梳栉向右少横移一个针距,则贾卡导纱针 W 被右邻的移位针 1′阻挡致使导纱端向左偏移一个针距,变为一针距衬纬,提花纱收缩后在织物中形成网孔结构。如图 17－57(3)所示,当移位针 1′处于低位时,若贾卡梳栉向左针背横移垫纱,且移位针床比贾卡梳栉向左多横移一个针距,则贾卡导纱针 W 被右邻的移位针 1′向左推动致使导纱端向左偏移一个针距,变为三针距衬纬,在两根织针间多垫入了一根衬纬纱从而在织物中形成厚密结构。图 17－57 中的移位针 2′和 3′都处于高位,因此 2′和 3′对应的贾卡导纱针 X 和 Y 都不偏移,X 和 Y 均作两针距衬纬的基本垫纱运动。

　　综上所述,纹板式贾卡装置选导纱针提花原理可以归结为:有孔无花(即某一孔位有孔——移位针高位——贾卡导纱针不偏移),无孔有花(即某一孔位无孔——移位针低位——贾卡导纱针左偏移一针距)。

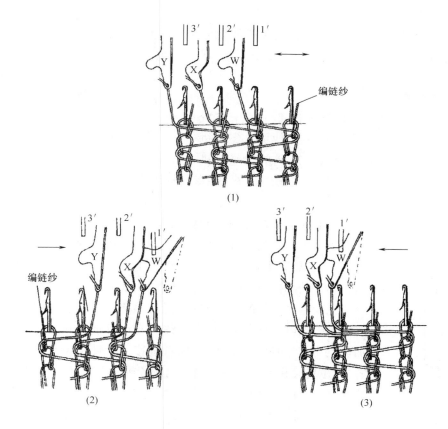

图 17－57　纹板式贾卡提花装置选导纱针提花原理

　　纹板式贾卡装置结构复杂,体积庞大,花纹制作费时,纹板占用空间大,目前只在少数老式贾卡经编机上使用。

(二)电磁式贾卡装置

图 17－58 为一种电磁式贾卡装置的作用原理图。其中与通丝 4 上端联接的机件含有永久

磁铁 2。与纹板式贾卡装置相同,通丝和移位针的基本位置在高位,每编织一个横列,升降杆 3 上下运动一次。在上升时,将所有的通丝联接件提到最高位置,由于永久磁铁 2 吸在电磁铁 1 上,通丝和移位针 5 就保持在高位。当从计算机传来的电子信号使电磁铁形成一个相反磁场时,永久磁铁就释放,使与通丝联接的移位针就下落到低位,从而偏移它相对应的贾卡导纱针。图中 a 为无电子信号,移位针处于高位,对应的贾卡导纱针因此没有偏移。b 为有电子信号,移位针下落到低位,对应的贾卡导纱针因而被偏移。

在电磁式贾卡装置中,每个电磁铁控制一根通丝和一根移位针,因此电磁铁数与移位针数、贾卡导纱针数、织针数相同。电磁式贾卡装置所能编织的织物完全花纹的纵横尺寸取决于计算机的存贮器容量。

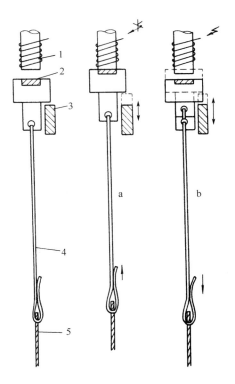

图 17-58　电磁式贾卡装置图

(三)压电式贾卡装置

压电式贾卡装置的问世,彻底改变了贾卡装置需要通丝、移位针等繁杂部件的特点,使贾卡经编机的速度有了很大的提高,已经成为现代贾卡经编机的主流配置。压电式贾卡装置的主要元件如图 17-59 所示,包括压电陶瓷片 1,梳栉握持端 2 和可替换的贾卡导纱针 3。贾卡导纱针在其左右两面都有定位块,这样可以保证精确的隔距。

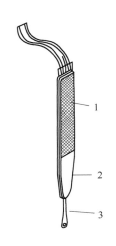

图 17-59　压电式贾卡
装置的主要元件

压电式贾卡装置的两面各贴有压电陶瓷片,它们之间由玻璃纤维层隔离。当压电陶瓷加上电压信号后,会弯曲变形。为了传递电压信号,采用了具有很好弹性和传导性的电极。如图 17-60 所示,通过开关 S1、S2 的切换,在压电式贾卡装置的两侧交替加上正负电压信号,压电陶瓷变形,使得导纱针向左或向右偏移。当压电式贾卡装置的压电陶瓷未施加电压信号时,贾卡导纱针与织针前后正对。当压电陶瓷施加负电压信号时,贾卡导纱针向右偏移半个针距位于两根织针中间位置,此位置又称基本位置。当压电陶瓷施加正电压信号时,贾卡导纱针从基本位置向左偏移一个针距。因此在加电状态下,贾卡导纱针只有两个位置,即基本位置(又称不提花位置)和向左偏移位置(又称提花位置),其提花原理与纹板式贾卡装置类似。

根据贾卡经编机的机号,压电贾卡元件可以组合成不同的压电贾卡导纱针块,如图 17-61 所示。若干压电贾卡导纱针块组装成为贾卡梳栉。贾卡花纹的设计是借助计算机花型准备系统,花纹信息输入给贾卡经编机中的电脑控制系统,后者控制贾卡导纱针元件进行工作。

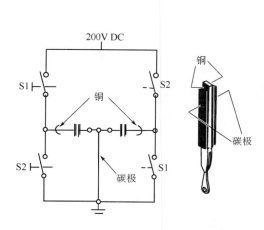

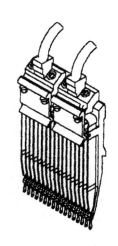

图 17-60 压电式贾卡导纱装置工作原理

图 17-61 压电式贾卡导纱针块

三、贾卡经编织物种类与提花原理

贾卡经编织物由地组织和贾卡花纹两部分组成,即在地组织基础上进行提花。地组织可以使用 1~4 把地梳栉来编织,如单梳的编链、经平等结构,双梳的双经平、对称经缎、网眼等结构。根据贾卡梳栉的基本垫纱运动的不同,贾卡经编织物可以分为衬纬型、成圈型和压纱型等。

(一)衬纬型贾卡经编织物

常用的衬纬型贾卡经编织物是贾卡梳栉作两针距衬纬的基本垫纱运动(即 0—0/2—2//),又称三针技术(贾卡导纱针在三针根范围内垫纱),图 17-62 显示了三针技术衬纬型贾卡经编织物的提花原理。如图 17-62(1)所示,在贾卡梳栉向右针背横移垫纱(又称奇数横列或 A 横列)和向左针背横移垫纱(又称偶数横列或 B 横列)时,贾卡导纱针均不偏移,保持两针距衬纬,贾卡纱线的垫纱数码为 0—0/2—2//,形成稀薄区域(组织)。如图 17-62(2)所示,在贾卡梳栉向右针背横移垫纱(奇数横列)时,贾卡导纱针向左偏移一针距,两针距衬纬变为一针距衬纬,贾卡纱线的垫纱数码变为 1—1/2—2//(即 0—0/1—1//),形成网孔区域(组织)。如图 17-62(3)所示,在贾卡梳栉向左针背横移垫纱(偶数横列)时,贾卡导纱针向左偏移一针距,两

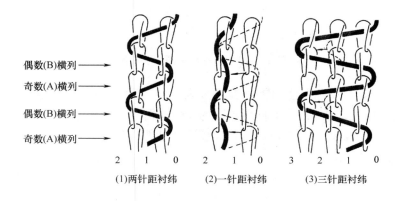

偶数(B)横列 →
奇数(A)横列 →
偶数(B)横列 →
奇数(A)横列 →

(1)两针距衬纬   (2)一针距衬纬   (3)三针距衬纬

图 17-62 衬纬型贾卡经编织物提花原理

针距衬纬变为三针距衬纬,贾卡纱线的垫纱数码变为 0—0/3—3//,形成厚密区域(组织)。需要注意的是,确定奇数或偶数横列是根据贾卡梳栉针背横移的方向,即是向右或向左针背横移,而不是根据横列出现的先后。

综上所述,根据贾卡导纱针的偏移情况,每把贾卡梳栉可以形成三种提花效应,分别是厚密组织、稀薄组织和网孔组织。如将这三种组织按照一定规律组合,就能形成丰富的花纹图案。

图 17-63 显示了三种组织组合形成的贾卡经编织物的线圈图。地组织为编链,贾卡梳栉作两针距衬纬的基本垫纱。当贾卡梳栉向右针背横移垫纱(奇数横列)或向左针背横移垫纱(偶数横列)时贾卡导纱针都不产生偏移,其引导的纱线 1、2、5、8 仍旧保持两针距衬纬的基本垫纱,这样在每一横列相邻两个纵行之间 a、b、c、h 区域覆盖着一根衬纬纱,即形成了稀薄组织。当贾卡梳栉向左针背横移垫纱(偶数横列)时贾卡导纱针向左偏移一个针距,其引导的纱线 3、4 变为三针距衬纬垫纱,这样在每一横列相邻两个纵行之间 d、e 区域覆盖着两根衬纬纱,即形成了厚密组织。当贾卡梳栉向右针背横移垫纱(奇数横列)时贾卡导纱针向左偏移一个针距,其引导的纱线 6、7 变为一针距衬纬垫纱,这样在每一横列相邻两个纵行之间 f、g 区域没有覆盖衬纬纱,即形成了网孔组织。

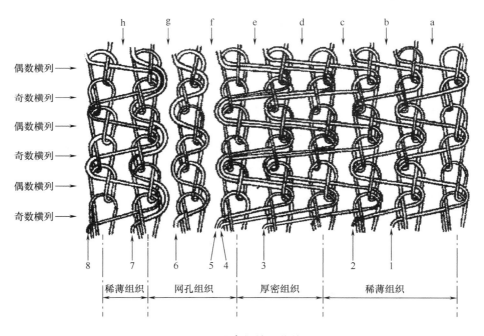

图 17-63　贾卡经编织物线圈图

贾卡经编织物除了用垫纱运动图、线圈图来表示外,还可以用意匠图来表示。贾卡意匠图是在小方格纸中,根据贾卡组织的不同用不同的颜色涂覆相应的小方格。两个小方格横向代表两个相邻纵行,纵向代表奇数与偶数两个相邻横列。通常厚密组织在格子中涂红色,稀薄组织在格子中涂绿色,网孔组织在格子中以白色(或不涂色)标记。因此,与图 17-63 所示贾卡织物线圈图对应的贾卡意匠图如图 17-64 所示。

另一种表示贾卡经编织物的方法是字符组合,即用一分割线和字母 H、T 的组合表示不同的贾卡组织。分割线下方的字母表示奇数横列,上方的字母表示偶数横列;H 表示贾卡导纱针不偏移,T 表示贾卡导纱针偏移。因此,$\dfrac{H}{H}$ 表示贾卡导纱针在奇数和偶数横列均不偏移,即稀薄组织(绿色);$\dfrac{H}{T}$ 表示贾卡导纱针在奇数横列左偏移偶数横列不偏移,即网孔组织(白色);$\dfrac{T}{H}$ 表示贾卡导纱针在奇数横列不偏移偶数横列左偏移,即厚密组织(红色)。按此方法,图 17 - 63 和图 17 - 64 可以用图 17 - 65 等价表示。

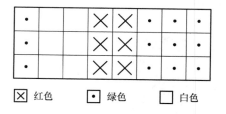

			✕	✕			
·			✕	✕		·	
·			✕	✕		·	
·			✕	✕		·	

✕ 红色　　· 绿色　　□ 白色

图 17 - 64　对应的贾卡意匠图

$\frac{H}{H}$	$\frac{H}{T}$	$\frac{H}{T}$	$\frac{T}{H}$	$\frac{T}{H}$	$\frac{H}{H}$	$\frac{H}{H}$	$\frac{H}{H}$
$\frac{H}{H}$	$\frac{H}{T}$	$\frac{H}{T}$	$\frac{T}{H}$	$\frac{T}{H}$	$\frac{H}{H}$	$\frac{H}{H}$	$\frac{H}{H}$
$\frac{H}{H}$	$\frac{H}{T}$	$\frac{H}{T}$	$\frac{T}{H}$	$\frac{T}{H}$	$\frac{H}{H}$	$\frac{H}{H}$	$\frac{H}{H}$

图 17 - 65　对应的字符图

(二)成圈型贾卡经编织物

贾卡梳栉作成圈垫纱运动形成的是成圈型贾卡经编织物。常用的成圈型贾卡垫纱运动有二针技术、三针技术和四针技术(即贾卡导纱针分别在二、三和四根针范围内垫纱)。图 17 - 66 显示了应用最多的三针技术(图中未画出地组织线圈),贾卡梳栉的基本垫纱为 1—0/1—2//(即经平),可以形成以下三种提花效应。

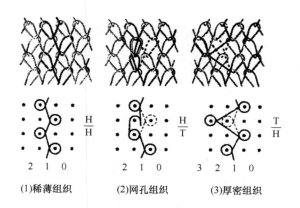

(1)稀薄组织　　　(2)网孔组织　　　(3)厚密组织

图 17 - 66　成圈型贾卡经编织物提花原理

1. 稀薄组织($\dfrac{H}{H}$,绿色)　如图 17 - 66(1)所示,贾卡梳栉在向右和向左针背横移(奇数和偶数横列)时,贾卡导纱针均不偏移,保持 1—0/1—2//垫纱。结果在织物表面形成稀薄花纹效应。

2. 网孔组织($\dfrac{H}{T}$,白色)　如图 17 - 66(2)所示,贾卡梳栉在向右针背横移(奇数横列)时,贾卡导纱针向左偏移一针,垫纱运动变为 2—1/1—2//。结果在织物表面形成网孔花纹效应。

3. 厚密组织($\frac{T}{H}$, 红色) 如图 17-66(3)所示,贾卡梳栉在向左针背横移(偶数横列)时,贾卡导纱针向左偏移一针,垫纱运动变为1—0/2—3//。结果在织物表面形成厚密花纹效应。

(三)压纱型贾卡经编织物

贾卡梳栉作压纱组织(见本章第五节)垫纱运动形成的是压纱型贾卡经编织物。常用的压纱型贾卡垫纱运动有三针技术和四针技术等多种。图 17-67 显示了应用较多的三针技术,地组织为编链,贾卡梳栉的基本垫纱为0—1/2—1//,可以形成以下三种提花效应。

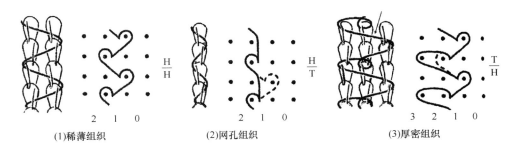

(1)稀薄组织   (2)网孔组织   (3)厚密组织

图 17-67   压纱型贾卡经编织物提花原理

1. 稀薄组织($\frac{H}{H}$, 绿色)   如图 17-67(1)所示,贾卡梳栉在向右和向左针背横移(奇数和偶数横列)时,贾卡导纱针均不偏移,保持0—1/2—1//垫纱。结果在织物表面形成稀薄花纹效应。

2. 网孔组织($\frac{H}{T}$, 白色)   如图 17-67(2)所示,贾卡梳栉在向右针背横移(奇数横列)时,贾卡导纱针向左偏移一针,垫纱运动变为1—1/2—1//。结果在织物表面形成网孔花纹效应。

3. 厚密组织($\frac{T}{H}$, 红色)   如图 17-67(3)所示,贾卡梳栉在向左针背横移(偶数横列)时,贾卡导纱针向左偏移一针,垫纱运动变为0—1/3—1//。结果在织物表面形成厚密花纹效应。

从图 17-67(3)可以看出,提花(压纱)纱线浮在中间纵行延展线的上面(箭头所示),使织物具有较强的立体感。与此相比,衬纬型贾卡织物的提花(衬纬)纱线被中间纵行延展线压住(图 17-63),因此其花纹立体感不如压纱型贾卡经编织物。

以上所述的衬纬型、成圈型和压纱型贾卡经编织物,贾卡导纱针的偏移只发生在贾卡梳栉针背横移时,这称为传统贾卡提花原理。新型的贾卡提花技术,贾卡导纱针的偏移可以在贾卡梳栉针背横移或针前横移,从而扩大了贾卡花型的范围。由于篇幅原因,这里不再介绍。

四、贾卡经编织物的设计与编织

目前制造的贾卡经编机大多数都配置了压电式贾卡装置,因此贾卡经编织物设计一般采用计算机花型准备系统,主要包括花型设计和机器参数设置。花型设计可以直接在花型准备系统上利用绘图工具绘制图案,也可以导入扫描图稿进行编辑;然后填充不同组织变为贾卡意匠图,意匠图中格子的纵边长与横边长的比例应与成品织物的纵密、横密比例相一致。机器参数设置包括贾卡针数、花型幅宽、拉舍尔技术(RT)参数等。

在贾卡经编机上,由于贾卡装置控制的同一把贾卡梳栉中各根经纱垫纱运动规律不一,编织时的耗纱量各不相同,所以通常贾卡花纱需用筒子架消极供纱,机器的占地面积较大。这样贾卡经编机的经纱行程长,张力较难控制,因此车速比一般经编机低。

第八节　多梳栉经编组织与编织工艺

在网孔地组织的基础上采用多梳衬纬纱、压纱衬垫纱、成圈纱等纱线形成装饰性极强的经编结构,称为多梳栉经编组织(multi – bar warp – knitted stitch)。

编织多梳栉经编组织所采用的梳栉数量,与多梳栉拉舍尔经编机的机型有关。一般少则十几至二十几把,中等数量三五十把,目前最多可达 95 把。梳栉数量越多,可以编织的花纹就越大、越复杂和越精致,但是相应的机速将有所下降。

多梳栉经编组织的织物有满花和条型花边两种。满花织物主要用于妇女内外衣、文胸、紧身衣等服用面料,以及窗帘、台布等装饰产品。条型花边主要作为服装辅料使用。

一、多梳栉拉舍尔经编机的结构特点和工作原理

多梳栉拉舍尔经编机的基本结构与普通的拉舍尔类经编机相同。由于它具有较多的梳栉,因此某些机构有其特点,现介绍如下。

(一)成圈机构

多梳栉拉舍尔经编以前采用舌针,现在普遍采用槽针,以适应高机号和提高编织速度的要求。

1. 花梳导纱针与花梳栉集聚　多梳栉拉舍尔经编机通常采用两把或三把地梳栉,这些梳栉上的导纱针与普通经编机上的导纱针相同。而编织花纹的梳栉(亦称花梳栉)上的导纱针则采用花梳导纱针,如图 17 – 68 所示。花梳导纱针由针柄 1 和导纱针 2 组成。针柄上具有凹槽 3,可用螺丝将其固定在梳栉上。通常,编织花纹的梳栉在 50.8mm、72.6mm 或 101.6mm(2 英寸、3 英寸或 4 英寸)的每一花纹横向循环的织物幅宽中仅需一根纱线。因而,这就决定了在后方的所有花梳栉可按花纹需要在某些位置上配置花色导纱针。同一花梳栉上的两相邻花梳导纱针之间,存在相当大的间隙。由于上述的特殊情况,可将各花梳栉的上面部分间隔大些,便于各根花纹链条对它们分别控制。然而各梳栉上的花梳导纱针的导纱孔端集中在一条横移工作线上,在织针之间同时前后摆动,使很多花梳栉在机上仅占很少的横移工作线,从而显著减少了梳栉的摆动量。如图 17 – 69 所示为某型号多梳栉花边机的梳栉配置图,花梳栉的这种配置方式称为“集聚”,其中 3 ~ 4 把花梳栉集聚在一条横移线上。由于“集聚”使拉舍尔经编机的梳栉数量,从早期的 8 把增加到 12 把、18 把,以后又陆续出现了 24 把、26 把、30 把、32 把、42 把、56 把、78 把梳栉,直至目前的 95 把梳栉。应用了“集聚”配置,就出现了一个限制,即在同一“集聚”横移线中,各花梳导纱针不能在横移中相互交叉横越。

2. 成圈机件运动配合　多梳栉拉舍尔经编机的其他成圈机件与普通拉舍尔机相同,依靠它们的协调工作,使织物编织顺利地进行。由于是多梳栉,梳栉的摆动动程影响机器速度的提高。因此,在有些多梳栉拉舍尔机器上采用针床“逆向摆动”,即针在朝着与梳栉摆动的相反方向运动,以加快梳栉摆过针平面的时间。另外,在多梳栉拉舍尔机发展过程中的另一个重要进展就

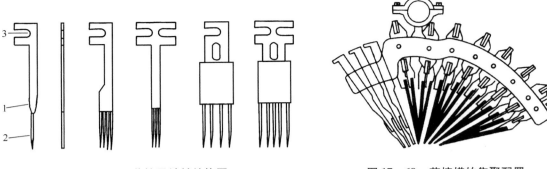

图 17 - 68　花梳导纱针结构图　　　　　　　图 17 - 69　花梳栉的集聚配置

是在成圈机件之间时间配合的改变。如图 17 - 70 所示,老式拉舍尔经编机要等梳栉完全摆到机前,织针才开始下降;而现代拉舍尔花边机,在地梳栉后的第一把衬纬梳栉向机前摆动到达与织针平面平齐的位置时,针床就开始下降,这可使针床在最高位置的停留时间减少,从而使机器的速度提高。这种时间配合是现代拉舍尔花边机上所特有的。

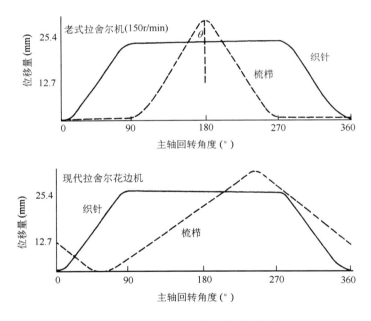

图 17 - 70　成圈机件运动配合曲线

(二)梳栉横移机构

多梳栉拉舍尔经编机除采用一般的横移机构外,花梳栉常采用放大推程杠杆式横移机构,如图 17 - 71 所示。在这种机构中,地梳栉链轮 1 采用两行程,链块直接推动梳栉摆杆 2,作用于梳栉推杆 3,而使梳栉 4 左右横移,链块高低与梳栉横移距离是 1:1 的关系。而花梳采用下部的单行程链轮 6,并与摆杆 2 的下部转子 5 衔接,转子 5 可在左、中、右三个位置上移动,以适应不同的机号。链轮 6 上面的链块高度与梳栉横移距离是 1:2 的关系。

现代多梳栉拉舍尔经编机多采用电子梳栉横移机构(SU 机构),控制花梳栉的横移,以便提高花纹设计能力和经编机的生产能力。在此基础上,近年来又发展了伺服电动机和钢丝来控制花梳栉的横移,梳栉横移累计针距数可从 47 针增至 170 针,进一步扩大了花型的范围,而且导纱针的横移更精确,梳栉放置的空间更大。目前该机构已成为现代多梳栉拉舍尔经编机的主流配置。

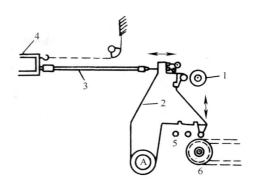

图 17 - 71　放大推程杠杆式横移机构

（三）送经机构

在多梳栉拉舍尔经编机中,可分为地经轴和花经轴两部分送经机构。地经轴的送经机构与其他类型经编机的送经机构相似。而花经轴的送经是采用如图 14 - 3 所示的经轴制动消极式送经装置。

二、多梳栉经编组织的基本工艺设计

多梳栉经编组织由地组织和花纹组织两部分组成,下面分别给予介绍。

（一）地组织设计

多梳栉经编组织的地组织一般可分为四角形网眼和六角网眼结构。这两种结构都不能在特利柯脱经编机上进行编织。因为这是衬纬编链构成的网眼结构,经纱张力较大,编链横列的纵行之间无横向延展线或纬纱连接,因而沉降片无法握持织物,在刚形成的线圈到导纱针孔之间的纱段在向上张力的作用下,织物易随织针上升。

多梳拉舍尔窗帘等装饰织物多采用四角网眼地组织,它们通常用两把或三把地梳栉编织,前梳编织编链,第二、第三把梳栉编织衬纬。图 17 - 72 所示为一些常见的四角网眼地组织的垫纱图,其线圈结构可参见图 17 - 28。在窗帘网眼织物中,地组织是一种格子网眼。每一网眼由两相邻纵行和三个横列的间距组成。显然不可能采用与实际网眼一样尺寸的意匠纸。因为在专用意匠纸中,实际网眼的尺寸上要画三根纱线,没有足够的间距,因此在意匠纸上必须将网眼放大。网眼的具体形态将取决于最终成品网眼织物

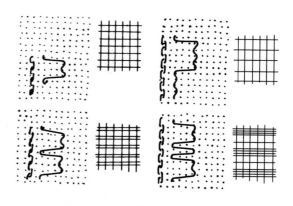

图 17 - 72　常见四角网眼地组织

中横列与纵行的比例。如果一个网眼的完全组织横列数正好三倍于纵行数,即横列与纵行的比例为 3:1,则将获得一个正方形网眼。如果比例小于 3:1,网眼的纵向尺寸小于横向尺寸。如果比例大于 3:1,网眼的纵向尺寸将大于横向尺寸。在实际生产中,此比例的应用范围为 2.5:1 ~ 3.5:1。

花边类织物通常采用六角网眼地组织,其垫纱运动图和线圈结构分别如图 17 - 73（1）、（2）所示。满穿的前梳栉先织 3 个横列编链,然后移到相邻的织针处再编织 3 个横列编链,再返回原来织针处。第 1、第 2 个编链横列为开口线圈,第 3 个为闭口线圈。第 2 把梳栉也是满穿的,沿着上述编链作一针距局部衬纬垫纱。三个横列后,与前梳一起移到相邻纵行上,又在三横列

上作一针距局部衬纬垫纱,再返回起始纵行上。地组织网眼是利用相对于机号采用较纤细的纱线以及线圈结构的倾斜形成的。六角网眼的实际形状的宽窄取决于横列与纵行的比例。由三个横列和一个纵行间隙所形成的网眼,在采用3:1比例时形成正六角形网眼。这些织物通常在机号为$E18$和$E24$的机器上编织,并以与机号相同的每英寸纵行数(横密)对织物进行后整理。因而$E18$机上,比例为3:1时,织物的横密为18纵行/25.4mm,纵密为54横列/25.4mm。小于此比例时,网眼宽而短;大于此比例时,网眼细而长。生产中应用的比例范围为2.4:1~3.4:1。图17-74为用于各种不同密度的六角网眼组织的意匠纸。图17-75为意匠纸与两把地梳栉垫纱运动之间的关系。需要注意的是,对于六角网眼意匠纸来说,每一根自上而下的折线表示一个线圈纵行[与图17-73(2)所示的线圈图相似],因此垫纱数码0标注的针间间隙是在一根折线(又称为零线)的一侧,而每根折线一侧的垫纱数码是一样的。

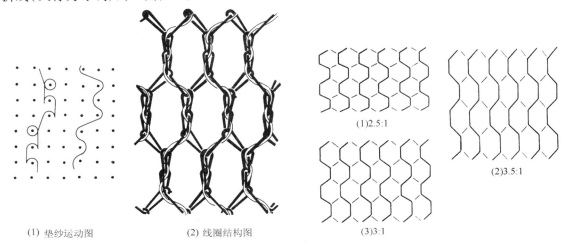

(1) 垫纱运动图　　　(2) 线圈结构图

图 17-73　六角网眼垫纱运动图和线圈结构图

(1)2.5:1

(2)3.5:1

(3)3:1

图 17-74　不同比率的意匠纸

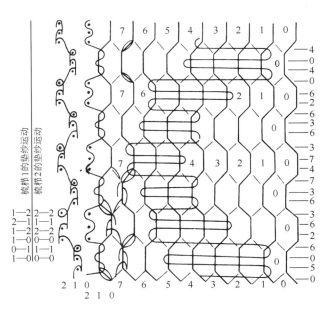

图 17-75　意匠纸与两把地梳栉垫纱运动之间的关系

（二）花纹组织设计

多梳栉经编组织的花梳可以采用局部衬纬、压纱衬垫、成圈等垫纱方式而形成各种各样的花纹图形。图 17 – 76 所示为一种简单的花边设计图，它是在六角网眼地组织基础上通过局部衬纬来形成花纹。

三、花边织物设计举例

这里举一个例子说明十二梳花边的设计。首先设计花边图案，如图 17 – 77 所示。有时常将此图案用白色描在黑纸上，以能更直观地看到将来制品的风格。然后按照一定的比例将此图案描绘到六角网眼意匠纸上，并按此图案作出各花色衬纬梳栉的垫纱运动。各梳栉垫纱运动线要尽可能与描上的图案一致，如图 15 – 78 所示。

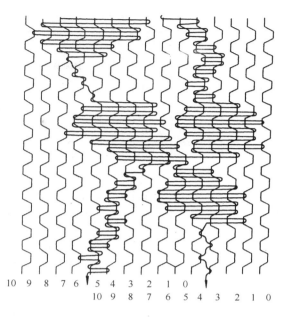

图 17 – 76　简单的花边设计图

图 17 – 77　花边图案

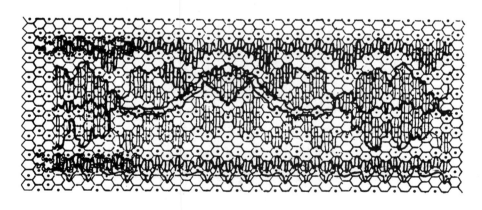

图 17 – 78　图案描绘到六角意匠纸上

接着根据意匠图上画出的各梳栉的垫纱运动线，写下其顺序的花纹链块号。在多梳花边机上，传动导纱梳栉横移的花纹链条分别套在上滚筒和下滚筒上。一般机器一转中上滚筒转过两块花纹链块，而下滚筒则转过一块花纹链块，所以不进行针前垫纱的衬纬梳栉全部由下滚筒上花纹链条控制，而要进行针前垫纱的参加编织的梳栉则全部由上滚筒上花纹链条控制。

各梳栉花纹链条上顺序花纹链块号见表 17 – 1。

表 17 – 1　各梳栉花纹链条上顺序花纹链块号

横列号		上 滚 筒				下 滚 筒														
		1梳	2梳	3梳	11梳	4梳		5梳		6梳		7梳		8梳		9梳		10梳		12梳
1	49	1—0	1—0	0—0	0—0	2	2	1	6	1	3	0	1	2	2	0	6	3	5	1
2	50	0—1	0—1	1—1	2—2	3	3	2	4	6	5	4	5	4	4	1	6	5	4	2
3	51	1—0	1—0	0—0	0—0	2	2	1	6	7	2	0	2	2	2	0	5	4	5	1
4	52	1—2	0—1	2—2	2—2	3	3	3	5	6	5	4	5	4	4	2	6	5	5	1
5	53	2—1	1—0	1—1	0—0	2	2	1	6	3	2	2	4	2	2	2	5	4	6	0
6	54	1—2	0—1	2—2	2—2	3	3	3	5	5	5	4	5	4	4	4	6	3	5	1
7	55					2	2	1	6	2	2	1	2	2	2	1	5	4	5	1
8	56					3	3	1	4	6	5	4	5	4	4	1	4	5	4	2
9	57					2	2	1	6	1	3	0	1	2	2	0	4	5	5	1
10	58					3	3	3	5	7	6	6	6	4	4	1	7	6	5	1
11	59					2	2	2	6	1	4	1	2	2	2	1	7	5	3	0
12	60					3	3	3	5	6	6	5	5	4	4	3	8	5	5	1
13	61					2	2	2	5	0	5	1	2	1	1	1	6	2	4	1
14	62					4	4	1	4	5	5	4	6	3	3	2	6	4	3	2
15	63					1	1	2	3	0	5	1	2	0	0	1	6	3	3	1
16	64					4	4	2	5	5	4	5	3	3	3	2	6	4	3	1
17	65					1	1	1	3	1	4	2	1	0	0	2	6	2	3	1
18	66					4	4	2	6	4	3	3	3	3	3	5	5	3	2	1
19	67					1	1	1	2	1	3	2	0	0	1	4	4	2	2	1
20	68					4	3	3	6	3	2	2	3	3	4	6	5	1	1	1
21	69					2	2	2	5	2	2	0	0	1	2	4	4	0	1	1
22	70					3	3	3	7	3	3	3	4	4	4	4	5	1	2	1
23	71					2	2	3	4	3	2	0	1	2	2	5	5	1	1	0
24	72					3	3	3	7	6	4	3	5	4	4	4	4	1	1	1
25	73					2	2	5	4	2	1	0	2	2	2	4	4	0	0	
26	74					3	3	6	6	6	4	3	4	2	2	3	3	1	1	
27	75					2	2	5	5	2	1	0	3	2	2	4	4	0	0	
28	76					3	3	6	6	6	5	5	5	4	4	4	4	1	1	
29	77					2	2	5	5	2	2	1	2	2	2	4	4	1	1	
30	78					3	3	6	6	5	5	5	5	4	4	4	4	1	1	
31	79					2	2	5	5	1	2	3	0	2	2	4	4	0	0	
32	80					3	3	6	6	4	6	4	3	4	4	3	3	1	1	
33	81					2	2	4	5	1	2	1	0	2	2	4	4	0	0	

（右侧括号标注：×4）

续表

横列号		上滚筒				下滚筒														
		1梳	2梳	3梳	11梳	4梳		5梳		6梳		7梳		8梳		9梳		10梳		12梳
34	82					3	3	7	6	4	6	5	3	4	4	4	4	1	1	
35	83					2	2	4	3	2	3	1	0	2	2	5	5	1	1	
36	84					3	3	7	3	4	3	4	3	4	4	5	4	2	1	
37	85					2	2	3	2	2	2	0	0	2	1	4	4	1	0	
38	86					3	4	3	2	3	3	3	2	5	6	6	6	1	2	
39	87					1	1	2	3	3	1	0	2	2	1	4	4	2	2	
40	88					4	4	6	4	4	4	3	2	5	5	5	2	3	2	×4
41	89					1	1	3	3	1	1	2	1	0	6	4	4	3	2	
42	90					4	4	4	4	4	4	3	3	3	6	6	4	3	3	
43	91					1	1	3	2	4	0	2	0	0	6	2	4	3	4	
44	92					4	4	4	2	4	5	6	5	3	6	3	4	3	4	
45	93					2	2	5	1	5	1	2	2	4	7	1	3	4	4	
46	94					3	3	5	2	6	6	8	5	4	8	4	5	5	5	
47	95					2	2	6	1	4	1	1	2	2	7	1	3	3	4	
48	96					3	3	5	2	6	6	8	5	4	7	1	5	5	5	

穿经完全组织如图17-79所示,此穿经相对于花纹完全组织的第一横列。图右括弧中的数字表示完全组织第一横列的花纹链块号。

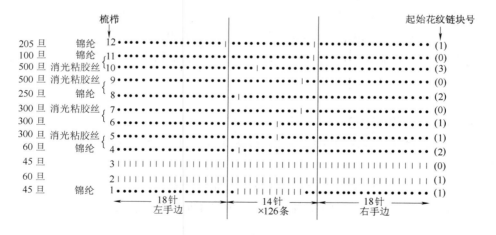

图 17-79　穿经完全组织图

由于机器上有很多花梳栉,所以当一种花边所需花梳栉数较少而多余的花梳栉还可用来编织另一种或几种类型的花边时,就可以在同一台机器上间隔编织几种类型花边。通常在每两条花边之间有专门的分离纵行。分离纵行一般是一个开口编链线圈纵行,常用一根较地组织原料粗的长丝编织,如图17－80所示。

编织该花边各梳栉的作用如下。

第1梳:网眼编链线。

第2梳:直编链线。

第3梳:网眼衬纬线。

第4梳:扇形边锁紧线。

第5梳:花色线/扇形边花色线。

第6梳:花色线。

第7梳:花色线。

第8梳:扇形边花色线。

第9梳:花纹外包线。

第10梳:花纹外包线。

第11梳:缝边加固线。

第12梳:分离线。

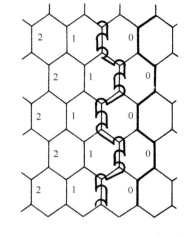

图17－80　分离纵行的垫纱运动

现代多梳栉花边组织还经常与压纱组织、贾卡组织结合在一起,增加织物的花色效应。

第九节　双针床经编组织与编织工艺

在两个平行排列针床的双针床经编机上生产的双面织物组织,称为双针床经编组织(double - needle - bar warp - knitted stitch)。

在第十六章中介绍的罗纹经平组织和双罗纹经平组织就是双针床经编组织。除此之外,双针床经编机还可以编织出多种花色组织,如网孔组织、毛绒组织、间隔织物组织、筒形织物组织等。这些结构不仅在装饰和产业方面应用较多,而且筒形织物组织等还拓展到经编无缝服装产品。

一、双针床经编机的成圈过程

双针床经编机除少数辛普勒克斯(Simplex)钩针机外,目前绝大部分是拉舍尔舌针机,近年来已开始使用槽针。

双针床拉舍尔经编机原是为生产类似纬编罗纹结构的双面经编织物而研制的。因此,最早的双针床机的前后两针床织针呈间隔错开排列。但为了梳栉前后摆动方便,很快就改为前后针床织针背对背排列。

双针床经编机前后几乎是对称的。在两个针床的上方,配置一套梳栉。而对于前后针床,各相应配置一块栅状脱圈板(或称针槽板)和一个沉降片床。因此,机器前后的区分是以牵拉卷取机构的位置来确定。牵拉卷取机构所在的一侧为机器的前方。从机前向机后分别命名前后针床,梳栉由机前向机后依次编号为GB1、GB2、GB3、…。

目前,生产装饰和产业用经编产品的双针床经编机的机号一般在$E16 \sim E22$,而生产无缝服装的双针床经编机机号则为 $E24$、$E28$ 和 $E32$，工作门幅一般为 1118mm（44 英寸，主要生产无缝服装）、2134mm（84 英寸）和 3302mm（130 英寸），多数机器采用六梳栉。下面以比较典型的毛绒型双针床经编机为例，介绍其成圈过程，具体如图 17 – 81 所示。

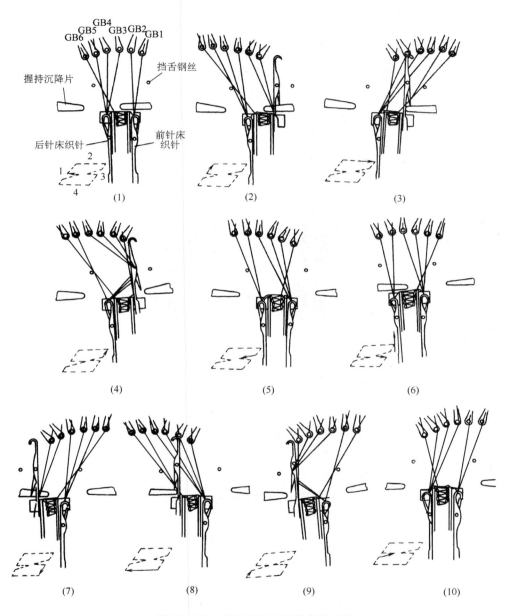

图 17 – 81　双针床经编机的成圈过程

其中梳栉 GB1、GB2、GB5、GB6 用于编织地布，满置的导纱针满穿地纱。GB3、GB4 是毛绒纱梳栉，它们的导纱针常采用一隔一配置。图 17 – 81 中两旁所画的圆点代表防止针舌反拨的钢丝。左下方的封闭虚线代表导纱点的俯视轨迹图。左右虚线 1、3 代表梳栉横移的轨迹，上、中、下虚线 2、4 代表梳栉前后摆动的轨迹。图 17 – 81 中箭头只是代表梳栉在一个循环中各阶段的运动次序,但在横移时,梳栉是向左还是向右,视具体组织要求,都有可能。

从图 17 – 81 可以看到:在前针床完成整个成圈动作后,后针床才开始工作。而梳栉在每一编织循环要摆动六次。值得注意的是:为了尽可能减少不必要的梳栉摆动量,在向前针床针前垫纱时,梳栉 GB5 仅摆到前针床织针平面处,如图 17 – 81 (3)所示;而在向后针床针前垫纱时,梳栉 GB2 仅摆到后针床织针平面处,如图 17 – 81(8)所示。这是因为 GB1、GB2 只编织前针床地布,对后针床无需垫纱;而 GB5、GB6 只编织后针床地布,对前针床无需垫纱。

从图 17 – 81 还可看出,对前针床而言,GB2 相对于 GB1 为前梳栉;对后针床而言,GB5 相对于 GB6 为前梳栉。所以在编织衬纬编链地布时,GB1、GB6 总是用作衬纬梳栉,而 GB2、GB5 总是用作编链梳栉。

还有一类高速型双针床毛绒经编机,它们的成圈机件配置与上述相同,但成圈过程却不一样。图 17 – 82 显示了此种机器的成圈过程。

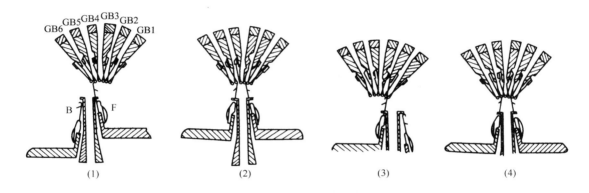

图 17 – 82　双针床毛绒经编机的成圈过程

第一阶段:如图 17 – 82(1)所示,前针床 F 已完成退圈,静止在最高位置,梳栉已摆到机器的最前方,使 GB1、GB2、GB3、GB4 到达前针床织针的针钩侧,按照组织的要求,这些梳栉中的某些梳栉对前针床织针进行针前横移垫纱。

通常编织毛绒组织时,GB1 是衬纬地梳栉,此时不作针前横移。GB2 是前针床的编链地梳栉,所以此时与毛绒梳栉 GB3、GB4 一起进行针前横移垫纱。与此同时,处于两针床针背之间的梳栉 GB6 进行后针床组织所需要的针背垫纱运动。

第二阶段:如图 17 – 82(2)所示,当前针床仍停顿在最高位置时,后针床 B 退圈上升到最高位置。梳栉向后摆到针床中间时停顿下来。在两针床针背之间的毛绒梳栉 GB3、GB4 进行针背横移,而其他各梳栉不作横移。

第三阶段:如图 17 – 82(3)所示,前针床下降、脱圈、成圈。从而 GB2、GB3、GB4 各梳栉的纱线在前针床处形成线圈。在 GB3、GB4、GB5、GB6 各梳栉摆过后针床织针平面时,梳栉摆至机器的最后方。随后 GB3、GB4、GB5 各梳栉对后针床进行针前横移垫纱。与此同时梳栉 GB1 按前针床组织需要作针背横移。

第四阶段:如图 17 – 82(4)所示,后针床尚在最高位置时,前针床退圈上升到最高度。梳栉向前回摆到两针床中间时,梳栉停止摆动。毛绒梳栉 GB3、GB4 在两针床针背之间进行针背横移。其余各梳栉不作任何横移。至此完成了一个编织循环。

从上述成圈过程可明显地看到:前针床和后针床不是轮流依次交替工作,而有很长一段时间是交叠工作的。即前针床正在高处工作,尚未下降时,后针床已退圈上升,反之亦然。因此,在每一个编织循环期间,有两段时间前后针床都处于最高位置。由于前后针床交叠工作较长一段时间,使针床有充裕的时间进行上升、下降以及静止的垫纱运动。

在这种成圈过程中,梳栉的摆动是按下述次序进行的。前摆、后摆到中间位置停顿,继续后摆、前摆到中间位置停顿。因此,在一个编织循环中,梳栉仅前后摆动各两次。只是在每次摆动中间,作一段时间的近似停顿。而 GB3、GB4 对两个针床的针背横移就是利用这两段停顿时间进行的。显然,要做到这一点,在静止的两针床间的上方必须有能容纳 GB3、GB4 导纱针进行针背横移的间距。但这样配置使衬纬梳栉 GB1、GB6 的针背衬纬横移无法和 GB3、GB4 的针背横移同时进行。所以,后针床衬纬梳 GB6 的衬纬横移是与 GB2、GB3、GB4 对前针床的针前横移同时进行;而前针床衬纬梳 GB1 的衬纬横移是与 GB3、GB4、GB5 对后针床的针前横移同时进行的。这样的特殊配置必须相应地体现在组织设计和花纹链条的编排中。

双针床拉舍尔经编机及其工艺具有下列特点。

(1)由于两个针床结合工作,能编织出双面织物。如使用适当的原料和组织,就可获得两面性能和外观完全不同的织物。如使用细密的织针,就可获得既有细致外观又有一定身骨的织物;如在中间梳栉使用松软的衬纬纱,就可获得外观良好而又保暖的织物。

(2)由于双针床经编机的工作门幅所受限制比梭织机和纬编机小,当利用梳栉穿纱和垫纱运动的变化,在针床编织宽度中可任意编织各种直径的圆筒形织物及圆筒形分叉织物,有利于包装网袋、渔具、连裤袜、无缝服装等产品的生产。

(3)由于双针床经编机两脱圈栅状板的间距可在一定范围内无级调节,从而可方便地构成各种高度的毛绒织物以及各种厚度的间隔织物等。因此,双针床拉舍尔经编机及其编织技术正在获得广泛而又迅速的发展。为了提高效率,经编机也出现了生产包装袋、毛绒织物、间隔织物和无缝服装等各种专用机,形成了当前经编业中一个重要部分。

二、双针床经编组织表示方法及基本组织

(一)双针床经编组织表示方法

表示双针床经编组织的意匠纸通常有三种,如图 17−83 所示。图 17−83(1)用"·"表示前针床上各织针针头,用"×"表示后针床上各织针针头。其余的含意与单针床经编组织的点纹意匠纸相同。图 17−83(2)都用黑点表示针头,而以标注在横行旁边的字母 F 和 B 分别表示前、后针床的织针针头。图 17−83(3)以两个间距较小的横行表示在同一编织循环中的前、后针床的织针针头。

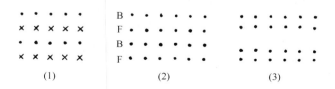

(1)　　　　　　(2)　　　　　　(3)

图 17−83　双针床经编组织的意匠图

在这种意匠纸上描绘的垫纱运动图（即图解记录）与双针床组织的实际状态有较大差异，其主要原因如下。

（1）在此种双针床意匠纸中，代表前、后针床针头的各横行黑点都是上方代表针钩侧，下方代表针背侧。也就是说，前针床的针钩对着后针床的针背。但在实际的双针床机上，前针床的针钩向外，其针背对着后针床织针的针背。

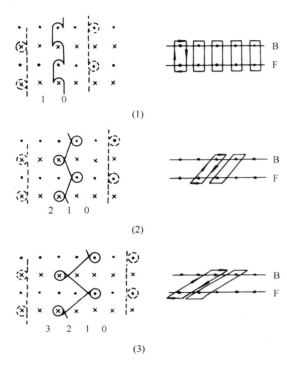

图 17－84　双针床经编组织垫纱运动图和
运动轨迹俯视图

（2）在双针床机的一个编织循环中，前后针床虽非同时进行编织，但前后针床所编织的线圈横列是在同一水平位置上的。但在意匠纸中，同一编织循环前后针床的垫纱运动是分上下两排画的。

因此，在分析这种垫纱运动图时，必须特别注意这些差异。否则，难以用这些垫纱运动图来想象和分析双针床经编组织的结构和特点。

图 17－84 中的三个垫纱运动图如果按单针床组织的概念，可以看作是编链组织、经平组织和经绒组织，图 17－84（1）织出的是一条条编链柱，而 17－84（2）、（3）可构成相互联贯的简单织物。但在双针床拉舍尔经编机上，前针床织针编织的圈干仅与前针床编织的下一横列的圈干相串套；后针床线圈串套的情况也一样。因此，若仅观察前针床编织的一面，则由圈干组合的组织就如垫纱运动图左旁的虚线所示那样。而仅观察后针床编织的一面时，由圈干组合的组织就如右旁虚线所示那样。

为了进一步明确这些组织的结构，在每个垫纱运动图的右边，描绘了梳栉导纱点的运动轨迹俯视图。从各导纱点轨迹图中可看到：这三种垫纱运动各导纱针始终将每根纱线垫在前、后针床的相同织针上，各纱线之间没有相互联结串套关系。所以织出的都是一条条各不相联的双面编链结构。这三种垫纱运动图在双针床中基本上是属于同一种组织。它们之间的唯一差异是：共同编织编链柱的前后两根织针是前后对齐的，还是左右错开一或两个针距，即它们的延展线是短还是长。应该了解，双针床经编组织的延展线并不像单针床组织那样，与圈干在同一平面内，而是与前后针床上的圈干平面呈近似90°的夹角，是三维的立体结构。

根据国际标准有关双针床经编组织垫纱数码的表示方法，上述三个组织的垫纱数码（即花纹链块号）如下。

（1）0—1—1—0//。

（2）1—2—1—0//。

（3）2—3—1—0//。

其中每一组织的第一、第二个数字差值[例(1)中的0-1],为梳栉在前针床的针前横移。第三、第四个数字差值[例(1)中的1-0],为梳栉在后针床的针前横移。其余相邻两个数字差值[例(1)中的0-0和1-1],为梳栉针背横移。除了上述标准的垫纱数码的表示方法外,目前仍有沿用过去的表示方法。对于(1)来说,旧的垫纱数码表示方法为:0-1,1-0//。其余类同。

双针床经编组织也可用线圈结构图来表示,如图17-85(2)所示,但画这种线圈结构图比较复杂。图17-85(1)是与线圈结构图相对应的垫纱运动图。

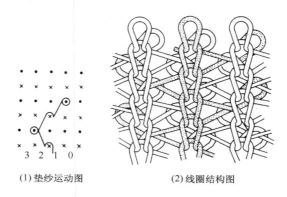

(1)垫纱运动图 (2)线圈结构图

图17-85 双针床织物的垫纱运动图和线圈结构图

(二)双针床经编基本组织

1. 双针床经编单梳组织 像单梳在单针床经编机上形成单梳经编组织一样,一把梳栉也能在双针床经编机上形成最简单的双针床经编组织。值得特别注意的是,在形成这类组织时,梳栉的垫纱应遵循一定的规律。否则不能形成整片的织物。图17-86所示为使用一把满穿梳栉的情况。

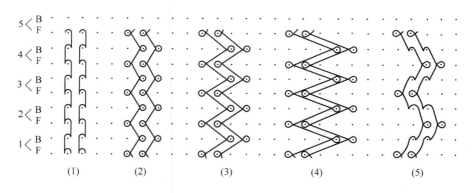

图17-86 双针床经编单梳组织垫纱运动图

可以看出,图17-86(1)~(4)其相邻两根纱线的线圈之间没有串套,相邻的纵行间也没有延展线联接,因此均不能形成整片织物。

而图17-86(5)经纱在前针床编织时分别在第1、3两枚织针上垫纱成圈,在后针床编织时在第2枚针上成圈,因此可以形成整片织物,其结构如图17-85所示。

从以上的例子中可以得出结论:单梳满穿双针床经编组织若每根纱在前、后针床各一枚针上垫纱,即类似编链、经平、变化经平式垫纱,则不能形成整片织物;只有当梳栉的每根纱线至少在一个针床的两枚织针上垫纱成圈,才能形成整片织物。单梳满穿双针床经编组织除经缎式垫纱能编织成布外,还可以采用重复式垫纱来形成织物,如图 17 – 87 所示。

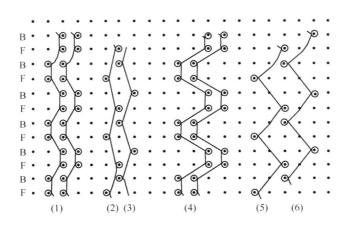

图 17 – 87   双针床单梳重复式垫纱运动图

图 17 – 87 中每横列在前、后针床相对的各一根针上垫纱,两针床的组织记录是相同的,故称为重复式垫纱。这样,尽管采用经平或变化经平垫纱,都能保证每根纱线在两个针床的各自 2 枚针上垫纱成圈,因而保证了形成整片织物。

2. 双针床经编双梳组织   双针床经编双梳组织比单梳组织变化更多,可以采用满穿与部分穿经、满针床针与抽针,还可以采用梳栉垫纱运动的变化,得到丰富的花式效应。

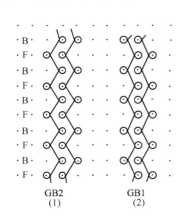

图 17 – 88   双针床双梳罗纹组织

(1)双梳满穿组织。利用满穿双梳在双针床经编机上编织能形成类似纬编中的双面组织。例如,可以双梳均采用类似经平式垫纱(在单梳中不可以形成织物)形成类似纬编的罗纹组织,如图 17 – 88 所示。

如果双梳当中的每一把梳栉只在一个针床上垫纱成圈,将形成下列两种情况。

①前梳 GB1 只在后针床垫纱成圈,而后梳 GB2 只在前针床上垫纱成圈,如图 17 – 89(1)所示。其垫纱数码如下。

GB1:1—1—1—2/1—1—1—0//。

GB2:1—0—1—1/1—2—1—1//。

图 17 – 89(2)表示两梳交叉垫纱成圈形成了织物。显然,如果两梳分别采用不同颜色、不同种类、不同粗细、不同性质的纱线,在前后针床上则可形成不同外观和性能的线圈。因而,此结构类似于纬编的"两面派"或丝盖棉织物。当然,两把梳栉各自的组织记录也可不同,这样即是使用同种原料,织物两面的外观也会不同。

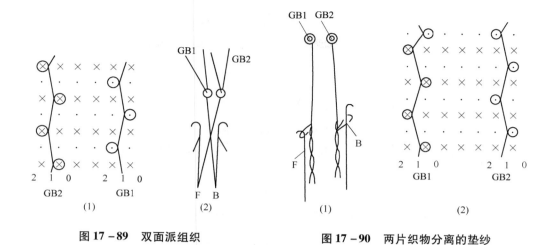

图 17 - 89　双面派组织

图 17 - 90　两片织物分离的垫纱

②如果前梳 GB1 只在前针床垫纱成圈,后梳 GB2 只在后针床垫纱成圈,则如图 17 - 90(2)所示。此时两把梳栉的垫纱数码如下。

GB1:1—0—1—1/1—2—1—1//。

GB2:1—1—1—0/1—1—1—2//。

图 17 - 90(1)表示两梳分别在各自靠近的针床上垫纱成圈,互相无任何牵连,实际上各自均成为单针床单梳织物,两片织物之间无任何联系。但作为某些横列的编织而言,此种垫纱可以形成"双层"织物效果。这些横列作为一个完全组织的其中一部分,而具有特殊的外观与结构。

在双针床双梳组织中,还有一种部分衬纬结构,如图 17 - 91 所示。两把梳栉中一把梳栉的纱线在两个针床上均垫纱成圈,假定它为前梳 GB1。而另一把梳栉 GB2 则为部分衬纬运动,即后梳为三针衬纬。此时,双梳的垫纱数码如下。

GB1:2—3—2—1/1—0—1—2//。

GB2:0—0—3—3/3—3—0—0//。

梳栉 GB2 的衬纬纱可夹持在织物中间,如采用高强度纱,可使织物的力学性能增强;如采用高弹性纱,可使织物弹性良好;如采用低质量的粗特纱,可使织物质厚价廉。

梳栉 GB2 的衬纬纱,不能在前针床上衬纬。如按图 17 - 91 中虚线进行衬纬,则不能衬入前针床线圈内部,这在设计时应特别注意。

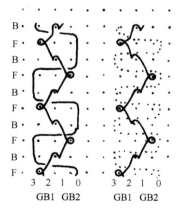

图 17 - 91　双针床双梳部分
衬纬组织

(2)双梳部分穿经组织。双针床单梳组织一般不能部分穿经,而双针床双梳组织通常可以部分穿经。与单针床双梳部分穿经组织相似,双针床双梳部分穿经能形成某些网眼结构,也能形成非网眼织物。例如图 17 - 92 所示的垫纱运动,在每一完整横列的前后针床上垫纱时,虽然有的纵行间没有延展线连接,但前后针床相互错开,不在同一相对的两纵行间,因而在布面上找不到网眼。这种组织的垫纱数码如下。

GB1:1—0—2—3//。

GB2:2—3—1—0//。

在双针床双梳部分穿经组织中,如要形成真正的网眼,必须保证在一个完整横列,相邻的纵行之间没有延展线连接。这时的垫纱数码如下。

GB1:1—0—1—2/2—3—2—1//。

GB2:2—3—2—1/1—0—1—2//。

此时,一个完整横列前后针床的同一对针与其相邻的针之间有的没有延展线连接,织物则有网眼。改变双梳的垫纱数码,使相邻纵行间没有延展线的横列增加,孔眼就扩大了,如图17 –93所示。这种组织的垫纱数码如下。

GB1:2—1—1—0/1—2—1—0/1—2—2—3/2—1—2—3//。

GB2:1—2—2—3/2—1—2—3/2—1—1—0/1—2—1—0//。

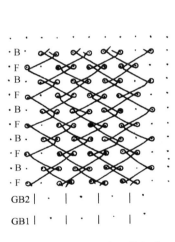

图 17 –92 双针床双梳部分
穿经非网眼组织

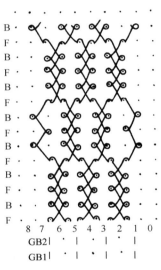

图 17 –93 双针床双梳部分
穿经网眼组织

(三)其他双针床经编组织

1. 圆筒形织物组织 图17 –94所示为最简单的经编圆筒形织物组织,前梳栉GB1和后梳栉GB4分别对前、后针床垫纱,形成两片织物,而在中间梳栉GB2和GB3的两侧各放置一根指形导纱针,各穿入一根纱线,并同时对前、后针床垫纱,则可将两片织物在两侧连接起来,从而形成圆筒形结构。这种组织的垫纱数码和穿纱规律如下。

GB1:1—0—1—1/1—2—1—1//,在一定范围满穿。

GB2:1—0—1—0/1—1—1—1//,只穿左侧一根纱。

GB3:0—0—0—0/0—1—0—1//,只穿右侧一根纱。

GB4:1—1—1—0/1—1—1—2//,在一定范围满穿。

经编双针床圆筒形织物具有广泛的用途,例如包装袋、弹性绷带等产品。如果梳栉数增加,结合垫纱运动的变化,可以编织出具有分叉结构的连裤袜、无缝服装及人造血管等结构复杂的产品。

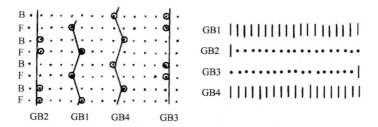

图 17 – 94　双针床圆筒形织物

2. 间隔织物组织　在编织两个针床底布的基础上，采用满置或间隔配置导纱针的中间梳栉，并可满穿纱线，使其在两个针床上都垫纱成圈，将两底布相互连接起来，形成夹层式的立体间隔织物，如图 17 – 95 所示。可以通过调节前、后针床脱圈板的距离，来改变两个面的间距（即织物厚度）。

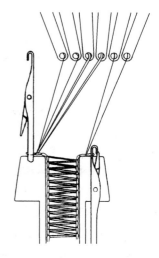

某种间隔织物的垫纱穿纱规律如下。

GB1：3—3—3—3/0—0—0—0//，满穿。

GB2：0—1—0—0/1—0—0—0//，满穿。

GB3：1—0—0—1/1—0—0—1//，1 穿 1 空。

GB4：0—1—1—0/0—1—1—0//，1 穿 1 空。

GB5：0—0—0—1/1—1—1—0//，满穿。

GB6：0—0—3—3/3—3—0—0//，满穿。

其中，梳栉 GB1 和 GB2 在前针床编织的编链衬纬组织形成一个密实的表面；梳栉 GB5 和 GB6 在后针床编织的编链衬纬组织形成另一个密实的表面；梳栉 GB3 和 GB4 一般采用抗弯刚度较高的涤纶或锦纶单丝，并作反向对称编链垫纱运动，形成间隔层。

图 17 – 95　间隔织物编织原理

3. 毛绒织物组织　如果在夹层式结构的织物织出后，利用专门的设备将联结前后片织物的由中间梳栉毛绒纱线构成的延展线割断，就形成两块织物。该两块织物表面都带有切断纱线的毛绒，从而形成了双针床毛绒织物。图 17 – 96 显示了一种双针床毛绒织物组织的梳栉垫纱运动。

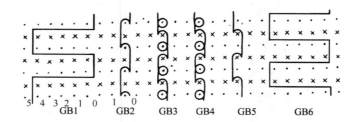

图 17 – 96　双针床毛绒织物组织的梳栉垫纱运动

这种组织的垫纱穿纱规律如下。

GB1：5—5—5—5/0—0—0—0//，满穿。

GB2：0—1—1—1/1—0—0—0//，满穿。

GB3:0—1—0—1/1—0—1—0//,·|·|。

GB4:0—1—0—1/1—0—1—0//,|·|·。

GB5:0—0—0—1/1—1—1—0//,满穿。

GB6:0—0—5—5/5—5—0—0//,满穿。

其中梳栉 GB1、GB2 和 GB5、GB6 分别在前、后针床形成两个编链衬纬表面层,梳栉 GB3、GB4 垫毛绒纱。

织物下机后,还要经过剖幅、预定形、染色、复定形、刷绒、剪绒、烫光、刷花、印花等工艺,形成经编绒类产品。根据所用原料的不同,经编绒类产品一般有棉毯和腈纶毯等。根据双针床隔距不同,经编绒类产品可分为短绒和长绒两类。

第十节　轴向经编组织与编织工艺

一、轴向经编组织的结构

众所周知,传统的针织物由于线圈结构的易变形性和纱线的弯曲而具有较好的弹性和延伸性,因此在内衣及休闲服等领域得到了广泛的应用。但是,在产业用纺织品领域,要求产品具有很高的强度和模量,传统的针织品很难满足这样的要求。从 20 世纪后期,经编专家和工艺人员对经编工艺进行了深入研究,在全幅衬纬经编组织基础上提出了定向结构(directionally orientated structure,简称 DOS)。之后,经编双轴向和多轴向编织技术获得了迅速发展,产品在产业用纺织品领域得到广泛应用,目前正逐渐替代传统的骨架增强材料。

轴向经编组织有单轴向、双轴向和多轴向之分。单轴向经编组织(uniaxial warp – knitted stitch)是指在织物的经向或纬向衬入不成圈的平行伸直纱线,全幅衬纬经编组织也可以看作是单轴向经编组织。

双轴向经编组织(biaxial warp – knitted stitch)是指在织物的经向和纬向分别衬入不成圈的平行伸直纱线。图 17 – 97 所示为一种双轴向经编组织,其衬经衬纬纱线按纵横方向配置,由成圈纱将其束缚在一起。

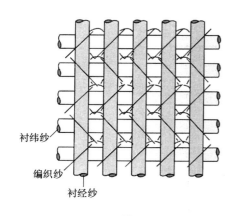

衬纬纱

编织纱

衬经纱

图 17 – 97　双轴向经编组织

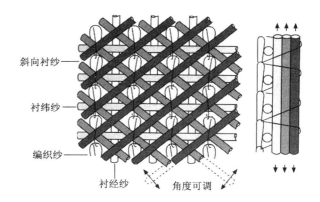

斜向衬纱

衬纬纱

编织纱

衬经纱　　角度可调

图 17 – 98　多轴向经编组织

多轴向经编组织(multi－axial warp－knitted stitch)指除了在经纬方向有衬纱外,还可根据所受外部载荷的方向,在多达五个任意方向(在 -20°~ +20°范围内)上衬入不成圈的平行伸直纱线。图 17－98 所示为一种多轴向经编组织。

目前,双轴向和多轴向经编组织应用较多。

二、双轴向、多轴向经编组织的编织工艺

双轴向经编组织是在衬经衬纬经编机上编织的,与传统的经编机比较,该机在编织机构上有些不同,图 17－99 显示了某种衬经衬纬双轴向经编机的成圈机件配置。

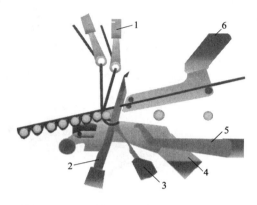

图 17－99 中 1 为地组织导纱梳栉,它可以编织出双梳地组织结构;2 为槽针针床,其动程为 16mm,由于动程较短,机器速度有了很大提高;3 为针芯床;4 为沉降片床;5 为推纬片床,带有单独的推纬片;6 为衬经纱梳栉,以穿在导纱片孔眼中的铜丝来引导和控制衬经纱的垫入。由于其改变了传统的导纱针孔眼结构,故纱线在编织过程中不会被刮毛。同时,由于导纱片刚性较大,所以在编织高性能纤维时,在很大编织张力情况下仍能保持导纱片的挺直。

图 17－99　双轴向经编机的成圈机件配置

衬纬纱衬入织物内是由经编机的敷纬机构完成的。图 17－100 显示了这种机型独特的敷纬机构。

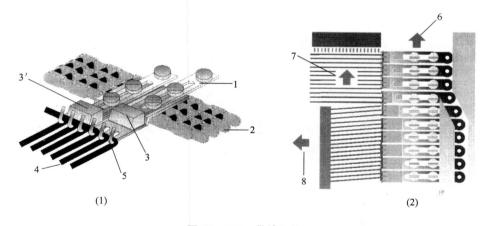

(1)　　　　　　　　　　　　　　　(2)

图 17－100　敷纬机构

如图 17－100(1)所示,游架 1 由传动链 2 带动。在进入编织区之前,游架上的纬纱夹 3 是处于打开位置,此时纬纱 4 由专门的全幅衬纬装置送入挂钩 5。由于挂钩是与游架成为一体的,且钩距一致,这就使得纬纱之间保持平行,从而提高了纱线的强力利用系数,使织物的整体强度提高。在进入编织区后,纬纱夹便在传动链与游架的相互作用下,朝挂钩方向运动从而将纬纱封闭在挂钩中(纬纱夹 3′处于关闭位置),并且在整个编织过程中,纬纱在两端的游架的作

用下,始终保持相同的纱线张力以及纱线间的平直关系,从而保证了高质量织物的编织。图 17 – 100(2)表示游架与全幅衬纬装置的运动关系,其中箭头 6 为游架受传动链驱动时的运动方向(即传动链的运动方向),箭头 7 为游架带动的纬纱朝编织区的运动方向,箭头 8 为敷纬架带动纬纱从机器一端向另一端的运动方向。

多轴向经编机除了纬向有敷纬机构外,还有几个斜向的敷纱装置,其结构与双轴向经编机基本一致。只是在采用不同的衬入纱原料时,机构上的某些装置有所不同。图 17 – 101 显示了多轴向经编机的构造。

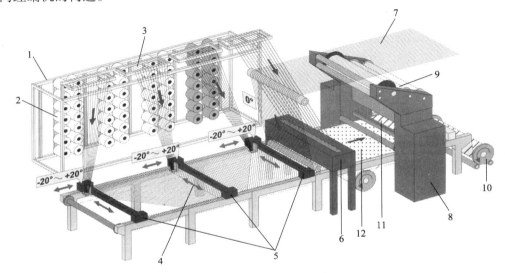

图 17 – 101 多轴向经编机的构造

1—衬纱筒子架 2—衬纱筒子 3—张力器 4—输送链 5—衬纱系统 6—短切毡 7—衬经纱
8—经编机 9—成圈机 10—织物卷取装置 11—成圈机件 12—纤维网

双轴向、多轴向经编组织没有特别的表示方法。束缚纱通常采用非常简单的组织结构,如编链组织、经平组织等,表示方法与普通的经编组织相同。

图 17 – 102 双轴向经编土工格栅

作为实例,图 17 – 102 显示了一种玻璃纤维双轴向经编土工格栅,其工艺如下。

原料:衬经纱、衬纬纱为 2400tex 玻璃纤维粗纱;地纱为 220dtex 涤纶长丝。

垫纱数码与穿纱记录:

衬经梳 ST:0—0/1—1//,6 穿 6 空。

地梳 GB1:1—0/1—2//,6 穿 6 空。

地梳 GB2:1—2/1—0//,6 穿 6 空。

衬纬纱:2 穿 10 空。

机上织物纵向密度 2.36 横列/cm,产品门幅 1.5m。

三、双轴向、多轴向经编组织的性能与应用

由于双轴向、多轴向经编组织中衬经衬纬纱呈笔直的状态,因此织物力学性能有了很大的

提高。与传统的机织物增强材料相比,这种组织的织物具有以下优点。

1. 抗拉强力较高 这是由于多轴向经编织物中各组纱线的取向度较高,共同承受外来载荷。与传统的机织增强材料相比,强度可增加20%。

2. 弹性模量较高 这是由于多轴向经编织物中衬入纱线消除了卷曲现象。与传统的机织增强材料相比,模量可增加20%。

3. 悬垂性较好 多轴向经编织物的悬垂性能由成圈系统根据衬纱结构进行调节,变形能力可通过加大线圈和降低组织密度来改变。

4. 剪切性能较好 这是由于多轴向经编织物在45°方向衬有平行排列的纱线层。

5. 织物形成复合材料的纤维体积含量较高 这是由于多轴向经编织物中各增强纱层平行铺设,结构中空隙率小。

6. 抗层间分离性能较好 由于成圈纱线对各衬入纱层片的束缚,使这一性能提高三倍以上。

7. 准各向同性特点 这是由于织物可有多组不同取向的衬入纱层来承担各方向的负荷。

正是由于双轴向、多轴向经编织物具有高强度、高模量等特点,因此这类织物普遍被用作产业用纺织品及复合材料的增强体,如灯箱广告、汽车篷布、充气家庭游泳池、充气救生筏、土工格栅、膜结构等柔性复合材料。另外,在刚性复合材料中,双轴向、多轴向经编织物还可作为造船、航天航空、风力发电、交通运输等许多领域复合材料的增强体。

思考练习题

1. 双梳栉满穿经编组织的有哪几种,各有何特性? 双梳栉部分穿经经编组织如何才能形成网眼,怎样改变网眼的大小?

2. 缺垫经编组织结构有何特点,可以形成什么花色效应,如何编织?

3. 部分衬纬经编组织结构有何特点,怎样表示,如何编织? 全幅衬纬经编组织的结构、衬纬方式、编织过程与部分衬纬经编组织有何不同?

4. 缺压经编组织有哪些类型,可以产生什么花色效应,如何编织?

5. 压纱经编组织结构有何特点,可以产生什么花色效应,如何编织?

6. 经编毛圈组织形成毛圈有几种方法,各自需采用什么特殊的编织机件和如何进行编织?

7. 贾卡经编组织结构有何特点? 压电式贾卡装置如何进行工作? 什么是奇数横列和偶数横列? 网孔区域、稀薄区域和厚密区域是如何形成的? 衬纬型与压纱型贾卡经编织物结构和花纹有何不同? 贾卡花纹意匠图和字符图如何表示?

8. 某一成圈型贾卡经编织物的贾卡意匠图如图17-103所示,其基本垫纱为1—0/2—3//,试画出与贾卡意匠图对应的垫纱运动图和字符图。

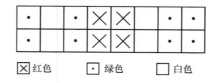

☒ 红色   ⋅ 绿色   ☐ 白色

图 17-103 某种经编织物的贾卡意匠图

9. 多梳栉经编组织常用的地组织有哪些类型,如何形成花纹? 与普通的拉舍尔经编机相比,多梳栉拉舍尔经编机有何特点? 如何进行多梳栉花边织物的工艺设计?

10. 双针床经编机成圈过程中梳栉与针床如何进行运动配合? 双针床经编组织的表示方法与单针床经编组织的表示方法有何区别? 双针床单梳组织怎样才能形成整片织物? 双针床双梳组织可以产生什么结构与效应? 双针床圆筒形织物组织、间隔织物组织如何进行编织?

11. 双轴向、多轴向经编组织结构有何特点,如何进行编织?

第十八章　经编织物与工艺参数计算

本章知识点

1. 经编织物与工艺涉及的主要参数。
2. 经编织物与工艺参数的确定与计算方法。
3. 整经工艺参数的计算方法。

第一节　经编织物与工艺参数的确定及计算

一、经编织物与工艺计算的内容

经编织物与工艺参数的计算是经编工艺设计的重要组成部分。经编工艺设计的主要依据是根据产品用途确定产品方案,进而确定经编产品品种、选择坯布品种。

经编工艺设计可分为仿制设计、改进设计和创新设计。仿制设计是客户根据市场的要求提供样品,要求照样生产。设计人员必须认真分析研究来样的组织结构、外观、特征、手感、风格,确保设计的产品能够符合来样要求。改进设计是对现有产品或老产品进行改进,使产品更加完善。如适当改变原料的品种,改变面料的部分工艺参数,改变组织结构和花型图案及配色等。创新设计是设计者根据市场需要、坯布的用途和要求,独立进行设计,开发出新产品。

根据产品开发的要求或产品用途,在原料、产品规格和织物组织确定后,还要确定经编机的基本参数。在上机整经和编织前,再进行一系列经编织物与工艺参数计算。经编机的基本参数包括机型、针床幅宽、机号、梳栉数、特殊装置(EBC、EBA、EAC、EL、SU 和压纱板等)以及机器速度等,需要计算的经编织物与工艺参数主要有线圈长度、送经量、织物密度和单位面积重量、原料需用量和坯布生产量等。

二、线圈长度和送经量

(一)线圈长度

线圈长度是经编针织物的重要结构参数,是确定其他工艺参数和送经量的依据。经编工艺中的线圈长度是指一个完全组织中每个横列的平均线圈长度。由于线圈的几何形态呈三维弯曲的空间曲线,准确计算其长度较为困难,在生产中采用简化的线圈模型估算线圈长度简单可行,并接近实际。经编线圈的组成部段如图 18-1 所示,可根据简化的线圈模型对各部段长度进行计算。

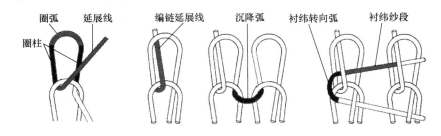

圈柱　圈弧　延展线　　编链延展线　沉降弧　衬纬转向弧　衬纬纱段

图 18 – 1　经编线圈的组成部段

1. 圈弧长度 K_1（mm）

$$K_1 = \frac{\pi d}{2.2} \tag{18 – 1}$$

式中：d——针头直径，mm。

针头直径与机号有关，机号与针头直径和针距的关系见表 18 – 1。

表 18 – 1　机号与针头直径和针距的关系

机号 E	14	20	24	28	32	36	40	44
针头直径 d（mm）	0.7	0.7	0.55	0.5	0.41	0.41	0.41	0.41
针距 T（mm）	1.81	1.27	1.06	0.91	0.79	0.71	0.64	0.58

2. 圈柱长度 K_2（mm）

$$K_2 = B = 10/P_B \tag{18 – 2}$$

式中：B——圈高，mm；

P_B——机上纵密，横列/cm。

3. 延展线长度 K_3（mm）

$$K_3 = nT \tag{18 – 3}$$

式中：n——延展线跨越的针距数；

T——针距，mm。

对于编链线圈，$K_3 = B$。

4. 沉降弧长度 K_4（mm）

$$K_4 = T \tag{18 – 4}$$

5. 衬纬纱长度 K_5（mm）

在部分衬纬组织中，转向弧的长度为 $0.5T$。如果衬纬纱段跨越的针距数为 n，则有：

$$K_5 = (n + 0.5)T \tag{18 – 5}$$

式中：n——衬纬纱段跨越的针距数。

6. 衬经纱长度 K_6（mm）

$$K_6 = B \tag{18 – 6}$$

7. 线圈长度 l（mm）　根据以上计算方法，将组成经编针织物线圈的各个部段长度相加，求得一个横列的线圈长度，然后计算出一个完全组织循环内各横列的线圈长度。线圈长度在工艺设计时也可先参照经验数据进行上机,然后根据编织情况和要求的织物风格进行适当调节,生产时可用线圈长度测量仪测定。

(二)送经量

送经量通常是指编织 480 横列(1 腊克)的织物所用的经纱长度。

$$R = 480 \times \frac{\sum\limits_{i=1}^{m} l_i}{m} \qquad\qquad (18-7)$$

式中:R——每腊克送经量,mm/480 横列;

l——每横列送经量,mm/横列;

m——一个花纹完全组织中的线圈横列数。

送经量的计算方法很多,一般与假设的经编线圈模型有关,但均为估算。因此,通过任何一种方法计算出的送经量在上机时均需要进行调整,即在上机编织时应及时根据实际布面情况调整送经量。

三、送经比

送经比是指各把梳栉的送经量之比,也是各梳栉编织一个完全组织的平均线圈长度之比。通常以前梳栉(GB1)的送经量定为 1,其他梳栉送经量对前梳栉送经量之比值即为送经比。送经比选择合适与否,对产品的质量与风格影响很大。

如果各梳栉的线圈长度已经确定,送经比就可直接用各梳的线圈长度与前梳的线圈长度比得到。但在实际生产中,通常是先用估算法确定送经比,上机后再实测修订。估算送经比最常用的方法是用线圈常数估算法,它是将线圈的各个线段定为一定的常数,计算方法如下。

(1)一个开口或闭口线圈的圈干(针编弧 + 圈柱)为 2 个常数单位。

(2)线圈的延展线每跨越一个针距为 1 个常数单位,编链的延展线为 0.75 个常数单位。

(3)衬纬的转向弧为 0.5 个常数单位,衬纬纱段每跨一个针距为 0.75 个常数单位。

(4)重经组织两个线圈之间的沉降弧为 0.5 个常数单位。

按照以上规定,经编基本组织的送经常数单位如下。

①开口或闭口编链组织(1—0/0—1//)的送经常数单位为 5.5。

②开口或闭口经平组织(1—0/1—2//)的送经常数单位为 6.0。

③开口或闭口三针经平组织(1—0/2—3//)的送经常数单位为 8.0。

④开口或闭口四针经平组织(1—0/3—4//)的送经常数单位为 10.0。

⑤一针衬纬组织(0—0/1—1//)的送经常数单位为 1.0。

⑥二针衬纬组织(0—0/2—2//)的送经常数单位为 2.5。

⑦三针衬纬组织(0—0/3—3//)的送经常数单位为 4.0。

⑧重经编链组织(0—2/2—0//)的送经常数单位为 10.5。

送经比对经编坯布的线圈结构具有一定影响,主要表现在线圈的歪斜程度和各梳纱线相互覆盖的质量上。确定送经比时,应注意各梳栉的线圈横列数应相等。如果各梳栉使用的原料性质和纱线粗细都不同时,按上述方法确定的送经比要适当修正。

四、织物密度

(一) 横向密度

横向密度是织物 1cm 内的线圈纵行数, 它取决于经编机机号, 其关系如下:

$$P_A = \frac{E}{2.54} \tag{18-8}$$

式中: P_A——针床上织物的横向密度, 纵行/cm;

E——经编机机号。

(二) 纵向密度

纵向密度是织物 1cm 内的线圈横列数, 它取决于织物单位面积重量、纱线线密度和送经量。在已知其他参数的情况下, 可按下式计算:

$$P_B = \frac{480 \times 1000 \times G}{10 \times P_A \times (R_1 Tt_1 + R_2 Tt_2)} \tag{18-9}$$

式中: P_B——织物纵向密度, 横列/cm;

G——织物单位面积重量, g/m^2;

P_A——织物横向密度, 纵行/cm;

R_1、R_2——前梳和后梳送经量, mm/480 横列;

Tt_1、Tt_2——前梳和后梳纱线线密度, tex。

五、穿经率

有些织物的一把或几把梳栉采用部分穿经方式, 即梳栉上有些导纱针不穿经纱, 这时要用到穿经率这一参数。穿经率可以用下式计算。

$$a = \frac{I}{I + O} \tag{18-10}$$

式中: a——穿经率;

I——一个花纹循环内穿经的纱线根数;

O——一个花纹循环内空穿的纱线根数。

六、弹性纱线牵伸后线密度

经编弹力织物采用弹性纱线 (氨纶丝) 与其他原料交织, 在整经过程中氨纶丝经牵伸后以伸长状态卷绕到盘头上。在计算经编弹力织物的工艺参数时, 不能用氨纶丝的公称线密度, 要用实际线密度。一般已知牵伸率, 可以根据以下公式计算氨纶丝的实际线密度:

$$Tt = \frac{Tt_0}{Vs} \tag{18-11}$$

式中: Tt——氨纶丝的实际线密度, dtex;

Tt_0——氨纶丝的公称线密度, dtex;

Vs——氨纶丝的牵伸率。

七、织物单位面积重量

织物单位面积重量是织物的重要经济指标之一, 也是进行工艺设计的依据。影响织物单位面积重量的因素有织物组织、原料线密度、送经量和穿纱方式等,可按下式计算。

$$Q = \frac{10 \times P_{\mathrm{A}} \times P_{\mathrm{B}}}{480 \times 1000} \times \sum_{i=1}^{n} R_i \mathrm{Tt}_i a_i \qquad (18-12)$$

式中:Q——织物单位面积重量,g/m²;

$\quad P_{\mathrm{A}}$——织物横向密度,纵行/cm;

$\quad P_{\mathrm{B}}$——织物纵向密度,横列/cm;

$\quad R_i$——第 i 把梳栉的送经量,mm/480 横列;

$\quad \mathrm{Tt}_i$——第 i 把梳栉的纱线线密度,tex;

$\quad a_i$——第 i 把梳栉的穿经率;

$\quad n$——梳栉数。

当一把梳栉采用不同种类的纱线时,不同的纱线应该分别计算,然后把这些数据叠加起来就是理论计算的织物单位面积重量。

八、用纱比

当几种原料交织时,需要计算各原料用纱重量的比例,以便进行原料计划和成本核算。

$$G_j = \frac{R_j \times \mathrm{Tt}_j \times a_j}{\sum_{i=1}^{n} R_i \times \mathrm{Tt}_i \times a_i} \times 100\% \qquad (18-13)$$

式中:G_j——第 j 把梳栉的用纱比;

$\quad R_j$——第 j 把梳栉的送经量,mm/480 横列;

$\quad R_i$——第 i 把梳栉的送经量,mm/480 横列;

$\quad \mathrm{Tt}_j$——第 j 把梳栉的纱线线密度,tex;

$\quad \mathrm{Tt}_i$——第 i 把梳栉的纱线线密度,tex;

$\quad a_j$——第 j 把梳栉的穿经率;

$\quad a_i$——第 i 把梳栉的穿经率;

$\quad n$——梳栉数。

九、经编机产量

1. 按长度计算

$$A_{\mathrm{L}} = \frac{60 \times n \times \eta}{100 \times 100 \times P_{\mathrm{B}}} \qquad (18-14)$$

式中:A_{L}——经编机产量,m/h;

$\quad n$——经编机转速,r/min;

$\quad \eta$——经编机生产效率。各机型的生产效率见表 18-2。

表 18-2　经编机的生产效率

机型	高速经编机	贾卡经编机	多梳栉经编机	衬纬经编机	双针床经编机
生产效率(%)	85~95	85~95	80~90	80~90	70~80

需要注意的是,在计算机上产量、坯布产量、成品产量时,织物的纵密 P_B 是不同的。

2. 按重量计算

$$A_Q = \frac{A_L \times W \times Q}{1000} \qquad (18-15)$$

式中:A_Q——经编机产量,kg/h;

$\qquad W$——织物幅宽,m;

$\qquad Q$——织物单位面积重量,g/m²。

第二节　整经工艺参数计算

一、整经根数

整经根数是指每一只分段经轴(盘头)上卷绕的经纱根数。每只盘头上经纱根数取决于成品布的幅宽,也与经编机上的工作针数、盘头数以及穿纱方式有关。经编机上的编织幅宽与成品幅宽存在一定的关系,可以用幅宽对比系数来表示。

1. 幅宽对比系数

$$C = \frac{W_0 + 2b}{W} \qquad (18-16)$$

式中:C——幅宽对比系数;

$\qquad W_0$——成品幅宽,mm;

$\qquad W$——经编机编织幅宽,mm;

$\qquad b$——定形边宽度,一般取 $1 \sim 1.5$mm。

经编非弹力织物的幅宽对比系数随品种不同在 $0.8 \sim 0.95$ 之间。

2. 工作针数　由机号和编织幅宽可求得工作针数。

$$N = \frac{W}{T} = \frac{WE}{25.4} \qquad (18-17)$$

式中:N——经编机工作针数;

$\qquad T$——经编机针距($T = 25.4/E$),mm;

$\qquad E$——经编机机号,针/25.4mm。

3. 整经根数　工作针数即总的纱线根数,根据所用盘头个数就可计算出每个盘头上的整经根数。

$$n = \frac{N \times a}{m} = \frac{W \times a}{m \times T} = \frac{(W_0 + 2b) \times a}{m \times T \times C} \qquad (18-18)$$

式中:n——每个盘头的整经根数;

$\qquad a$——穿经率;

$\qquad m$——经编机用盘头个数。

4. 用横向密度推算整经根数　如果织物是按来样生产,整经根数可以用来样的横向密度来推算。

$$n = \frac{P_A \times 10 \times (W_0 + 2b)}{m} \tag{18-19}$$

式中：P_A——样品横密，纵行/cm。

二、整经长度

每匹经编坯布的整经长度，由工厂的具体条件决定，一般有以下两种方式。

1. 定长方式　当需要制得的每匹坯布的长度 $L_B(m)$ 一定时：

$$L = \frac{L_B \times P_B \times R}{480 \times 10} \tag{18-20}$$

式中：L——每匹布的整经长度，m；

L_B——每匹布长度，m；

P_B——坯布纵密，横列/cm；

R——送经量，mm/480 横列。

2. 定重方式

$$W = \frac{\sum m \times n \times Tt}{1000 \times 1000} \tag{18-21}$$

式中：W——每匹坯布的重量，kg；

Tt——纱线线密度，tex；

$\sum m \times n$——表示 n 把梳栉纱线重量的总和。

三、盘头上的纱线重量和长度

1. 纱线重量

$$Q = \frac{V \times \rho}{1000} \tag{18-22}$$

式中：Q——盘头上纱线重量，kg；

ρ——盘头卷绕密度，g/mm^3；由实验确定，根据原料不同，一般为 0.00007 ~ 0.00105 g/mm^3；

V——盘头上纱线的体积，mm^3，可由下式计算：

$$V = \frac{\pi B_2 (D_H^2 - D_0^2)}{4} \tag{18-23}$$

式中：B_2——盘头内档宽度，mm；

D_H——盘头卷绕直径，mm；

D_0——盘头轴管直径，mm。

2. 纱线长度

$$L_H = \frac{Q \times Tt \times 10^{-7}}{n} \tag{18-24}$$

式中：L_H——盘头上纱线长度，m；

Tt——纱线线密度，dtex；

n——盘头上的整经根数。

四、整经机产量

1. 整经机理论产量

$$A_L = 6 \times 10^{-5} \times v \times n \times Tt \tag{18-25}$$

式中:A_L——整经机理论产量,kg/h;

  v——整经线速度,m/min;

  n——盘头上的整经根数;

  Tt——纱线线密度,dtex。

2. 整经机实际产量

$$A_S = A_L \times \eta \tag{18-26}$$

式中:A_S——整经机实际产量,kg/h;

  A_η——整经机生产效率。

☞ 思考练习题

1. 经编织物与工艺参数主要包括哪些?

2. 送经量计算主要依据什么? 如何计算不同织物结构的送经量?

3. 何谓送经比? 怎样估算送经比?

4. 欲在机号 $E32$ 的特里柯脱型经编机上编织经编麂皮绒织物(即前梳栉 1—0/3—4//;后梳栉 1—2/1—0//),编织时机上纵密为 25 横列/cm,试估算两把梳栉的每腊克送经量。

5. 欲在机号为 $E32$、针床宽度为 432cm(170 英寸)的特里科经编机上生产如下两梳栉满穿的织物。

GB1:1—0/0—1//(原料为 86dtex 涤纶长丝,送经量为 1180mm/腊克)。

GB2:3—4/1—0//(原料为 86dtex 涤纶长丝,送经量为 2120mm/腊克)。

若前梳栉用经轴的整经长度为 10824m,机上织物密度为 20 横列/cm,使用的盘头规格为 762mm ×533mm(30 英寸×21 英寸)(边盘外径×外档宽度),试计算:

(1)每个经轴上的总经纱根数? 需要整几个盘头? 每个盘头整多少根经纱?

(2)为保证两根经轴的经纱同时用完,后梳栉用经轴的整经长度?

(3)若落布长度为 50m/匹,每匹布的重量?

(4)现欲生产 0.624 吨毛坯布,生产后盘头上分别剩余的纱线长度? 还可以生产多少匹布?

参考文献

［1］龙海如. 针织学［M］. 北京：中国纺织出版社,2008.

［2］许吕崧,龙海如. 针织工艺与设备［M］. 北京：中国纺织出版社,1999.

［3］宋广礼,蒋高明. 针织物组织与产品设计［M］.2 版. 北京：中国纺织出版社,2008.

［4］天津纺织工学院. 针织学［M］. 北京：纺织工业出版社,1980.

［5］D. J. Spencer. Knitting Technology［M］.3 edition. Woodhead Publishing Limited, 2001.

［6］C. Iyer, B. mammel, W. Schäoch. Circular Knitting［M］. Bamberg(Germany)：Meisenbach GmbH, 1992.

［7］S. Raz. Flat Knitting［M］. Bamberg(Germany)：Meisenbach GmbH, 1991.

［8］S. Raz. Warp Knitting Production［M］. Heidelberg(Germany)：Melliand Textilberichte GmbH, 1987.

［9］大圆机针织技术. 赵恒弟,南方一晃,译. 日本：福原精机制作所,2006.

［10］潘寿民. 国外新型圆纬机构造调整和使用［M］. 北京：纺织工业出版社, 1992.

［11］宋广礼. 成形针织产品设计与生产［M］. 北京：中国纺织出版社,2006.

［12］蒋高明. 经编针织物生产技术［M］. 北京：中国纺织出版社,2010.

［13］《针织工程手册》编委会编. 针织工程手册(纬编分册)［M］.2 版. 北京：中国纺织出版社,2012.

［14］《针织工程手册》编委会编. 针织工程手册(经编分册)［M］.2 版. 北京：中国纺织出版社,2011.

［15］A. A. 古赛娃,E. п.伯斯毕洛夫. 针织花纹的形成与设计［M］. 王爱凤,张祖勤,译. 北京：纺织工业出版社, 1985.

［16］п. A. 库德利亚文. 针织工艺实验教程［M］. 中国纺织大学针织教研室,译. 北京：纺织工业出版社, 1987.

［17］п. 奥菲尔曼, X. 达乌什－马其顿. 针织生产工艺基础［M］. 许吕崧,蒋文惠,译. 北京：纺织工业出版社, 1990.